電気鉄道技術変遷史

持永芳文・望月 旭・佐々木敏明・水間 毅 監修
電気鉄道技術変遷史編纂委員会 著

Ohmsha

本書に掲載されている商品名等は，一般に各社の商標または登録商標です．

本書を発行するにあたって，内容に誤りのないようできる限りの注意を払いましたが，本書の内容を適用した結果生じたこと，また，適用できなかった結果について，著者，出版社とも一切の責任を負いませんのでご了承ください．

本書は，「著作権法」によって，著作権等の権利が保護されている著作物です．本書の複製権・翻訳権・上映権・譲渡権・公衆送信権（送信可能化権を含む）は著作権者が保有しています．本書の全部または一部につき，無断で転載，複写複製，電子的装置への入力等をされると，著作権等の権利侵害となる場合があります．また，代行業者等の第三者によるスキャンやデジタル化は，たとえ個人や家庭内での利用であっても著作権法上認められておりませんので，ご注意ください．
本書の無断複写は，著作権法上の制限事項を除き，禁じられています．本書の複写複製を希望される場合は，そのつど事前に下記へ連絡して許諾を得てください．
(社) 出版者著作権管理機構
(電話 03-3513-6969，FAX 03-3513-6979，e-mail: info@jcopy.or.jp)

JCOPY <(社)出版者著作権管理機構 委託出版物>

はじめに

　日本で初めて鉄道が開通したのは，1872（明治5）年の新橋〜横浜間の蒸気運転である．その後，鉄道は蒸気運転からディーゼル運転，さらに電気運転へ著しい進化を遂げて，最近では旅客輸送の95%を電気運転が担うとともに，世界有数の電気鉄道の技術を持つに至っている．

　電気鉄道は1895（明治28）年に京都で直流500 V・スプレーグ式電車を運行したのが最初である．その後，輸送量の増加に伴い，直流電気鉄道は，電車線電圧が600 V，750 V，1 200 V，1 500 Vへと漸次昇圧され，現在ではわが国の主要線区では直流1 500 Vが用いられている．また，太平洋戦争終戦後の輸送量の増加に伴い，幹線では直流方式の限界が見えてきて，1957（昭和32）年には20 kVの商用周波単相交流き電方式が仙山線および北陸本線で実用化され，その後の交流25 kVを用いた新幹線の開発に大きく貢献している．

　鉄道は初期には英国をはじめとした欧州や米国など海外から技術が輸入されたが，ユーザーやメーカーの努力によって，日本の国情に合うように改良されて進化している．特に電気鉄道は，電気技術の実用分野の先駆者として発展しており，エレクトロニクス技術や，回転機の制御技術の進歩に伴い，新幹線に代表される高速電車の登場や，列車運行の信頼性向上をもたらしている．

　都市交通も路面電車やトロリバスから地下鉄に，さらにLRTやモノレールなどに推移し，新しい交通システムの導入が盛んである．リニアモータ式鉄道も，リニア地下鉄や常電導磁気浮上方式「リニモ」が実用化されている．さらに，超電導磁石を用いた浮上式鉄道も開発に続き建設が行われており，2027年に東京〜名古屋間の開業が計画されている．

　電気鉄道の幅広い技術や，開発・進展の技術的な経緯を理解するために，オーム社では雑誌「OHM」に2013（平成25）年1月から2014（平成26）年7月にかけて，海外での電気鉄道の黎明期と日本への技術導入を含めて，電気鉄道全般の発展の歴史について連載を行った．一般に電気鉄道関連の図書では，電気車が中心であるが，この連載では電気車へ電力を供給する方式，列車を安全に運行する信号方式なども含めて，電気鉄道の技術発展について幅広く述べている．

　連載された内容は，長年にわたり鉄道の各分野に携わった専門家が豊富な経験に基づいた執筆となっており，本書は2014（平成26）年11月のオーム社創立100周年の記念出版として連載内容を「単行本」にまとめたものである．

　本書が電気鉄道の技術の歴史に関する継承と，先達の業績を知ることで，今後の電気鉄道の発展に役立てば幸いである．また，鉄道を利用する一般の方にも電気鉄道の歴史を辿ってもらい，思いを馳せていただければ幸いである．

　おわりに，雑誌「OHM」の連載を企画されるとともに，単行本にまとめることに尽力されたオーム社雑誌局の各位，および執筆していただいた著者各位に感謝する．

編纂委員会を代表して　持永 芳文
2014（平成26）年11月

「電気鉄道技術変遷史」

監修者・編纂委員会一覧

監修者

持永　芳文（ジェイアール総研電気システム）

望月　　旭（日本鉄道車両機械技術協会）

佐々木敏明（ジェイアール総研電気システム）

水間　　毅（交通安全環境研究所）

編纂委員会（五十音順）

油谷　浩助（元 鉄道総合技術研究所）［第 7 章］

安藤　正博（日本地下鉄協会）［第 14 章］

小田　和裕（日本貨物鉄道）［第 9 章］

佐々木敏明（ジェイアール総研電気システム）［第 10～11 章］

佐藤　安弘（交通安全環境研究所）［第 12～13 章］

中川　哲朗（日本貨物鉄道）［第 9 章］

沼野　稔夫（元 東日本旅客鉄道）［第 9 章］

三浦　　梓（元 日本国有鉄道）［第 3～4 章，第 15 章］

水間　　毅（交通安全環境研究所）［第 12～14 章］

望月　　旭（日本鉄道車両機械技術協会）［第 2 章，第 6 章，第 8～9 章］

持永　芳文（ジェイアール総研電気システム）［第 1～5 章，第 15 章，付録］

目次

第1章　蒸気運転から電気運転へ……………………………1
1. 電気鉄道とは………………………………………2
2. 動力方式の変遷……………………………………5
3. 日本の鉄道の発展…………………………………13
4. 線路…………………………………………………19

第2章　欧米での電気鉄道の誕生と日本への技術移転………27
1. 欧米での電気鉄道の誕生…………………………28
2. 直流電気鉄道の発展と限界………………………33
3. 交流き電と交流電気車……………………………35
4. 商用周波交流電化の発展…………………………45

第3章　電気鉄道への電力供給—直流電気鉄道—…………49
1. 日本における電気鉄道のはじまり………………50
2. 戦前における直流変成機器………………………57
3. 戦後の直流電気鉄道の発展（復興期）……………63
4. 直流電気鉄道の発展（安定期）……………………66
5. 電力回生車とき電回路……………………………75
6. 多数変電所の集中監視制御………………………80

第4章　電気鉄道への電力供給—交流電気鉄道の発展—……85
1. 直流き電方式から交流き電方式へ………………86
2. 東海道新幹線の開発………………………………90
3. 大容量負荷に適した交流き電方式の開発………96
4. き電回路の保護継電方式…………………………103
5. 電力変換装置の交流き電回路への適用…………107
6. 交流電化の現状と今後……………………………112

第5章　電車線路と集電方式………………………………115
1. 各種接触集電方式…………………………………116
2. 初期の架空集電方式………………………………117
3. 戦後の電化の進展と電車線………………………122

4．新幹線用の高速架線 ··· 127
　　5．景観に配慮した電車線路 ·· 133
　　6．剛体電車線の発展 ·· 134
　　7．パンタグラフ ·· 135

第6章　直流電車技術の変遷 ·· 139
　　1．欧米から日本への電気車技術の導入 ······························ 140
　　2．日本の電車のはじまり ·· 145
　　3．本格的国産化と標準化 ·· 152
　　4．戦前の電車技術の進展 ·· 154
　　5．戦後の電車の発展 ·· 162
　　6．新性能電車の発展 ·· 167
　　7．振子電車の開発 ··· 173
　　8．チョッパ電車の開発 ··· 175
　　9．インバータ−誘導電動機方式の開発 ······························ 178
　　10．省エネルギー化 ·· 183
　　11．設計・検査・修繕の一体化の成果 ·································· 185

第7章　交流電車および交直流電車 ·· 187
　　1．動力方式の模索 ··· 188
　　2．シリコン整流器式電車の実用化 ···································· 190
　　3．交直セクション ··· 194
　　4．サイリスタ整流器式交流電車の登場 ······························ 196
　　5．サイリスタ整流器式交流電車の発展 ······························ 200
　　6．PWMコンバータ式交流・交直流電車の登場 ···················· 204
　　7．主変圧器の変遷 ··· 208
　　8．補助電源装置の進化 ··· 209

第8章　新幹線電車 ·· 211
　　1．東海道新幹線の建設 ··· 212
　　2．東海道新幹線電車の基本方針：島秀雄の信念 ··················· 213
　　3．高速列車の技術の壁：基礎技術開発テーマ ······················ 214
　　4．東海道新幹線電車の概要 ··· 224

5．営業開始後の諸問題とその解決策 ……………………………… 229
　6．新幹線速度向上とその背景 ……………………………………… 231
　7．速度向上に関する技術的課題と解決策 ………………………… 235
　8．車両技術の変遷 …………………………………………………… 247
　9．新在直通新幹線電車 ……………………………………………… 256
　10．むすび：速度向上の変遷 ………………………………………… 257

第9章　電気機関車 ……………………………………………………… 261
　1．直流電気機関車：国鉄時代 ……………………………………… 262
　2．交流電気機関車：海外での開発から国鉄時代まで …………… 271
　3．JR移行後の電気機関車 ………………………………………… 283
　4．ディーゼル機関車 ………………………………………………… 294

第10章　信号システム …………………………………………………… 299
　1．信号システムの発展 ……………………………………………… 300
　2．初期の信号システム ……………………………………………… 300
　3．戦前の信号装置（輸入から国産技術の開発へ） ……………… 306
　4．戦後における電気信号の展開（機械から電気へ） …………… 307
　5．新幹線のエポックと電子化の進展 ……………………………… 309
　6．マイクロエレクトロニクスの利用 ……………………………… 315
　7．無線式信号システム ……………………………………………… 317
　8．安全性に関して …………………………………………………… 319
　9．今後の展開 ………………………………………………………… 320

第11章　運行管理 ………………………………………………………… 323
　1．運行管理と情報通信技術 ………………………………………… 324
　2．CTC（列車情報の収集と信号機制御） ………………………… 325
　3．ダイヤ記録とダイヤ作成 ………………………………………… 328
　4．列車番号表示装置 ………………………………………………… 329
　5．進路自動設定 ……………………………………………………… 331
　6．運行管理システム ………………………………………………… 332
　7．総合運行管理システム …………………………………………… 338
　8．今後の展開 ………………………………………………………… 343

第 12 章　都市鉄道（路面電車・地下鉄）……………………347
　　1．馬車鉄道………………………………………………348
　　2．馬車鉄道から路面電車へ……………………………350
　　3．路面電車の発展・衰退と地下鉄の勃興……………351
　　4．路面電車から LRT へ…………………………………356

第 13 章　ゴムタイヤ式鉄道………………………………363
　　1．モノレール（単軌鉄道）の誕生と日本への導入……364
　　2．トロリバス（無軌条電車）の発展と衰退……………370
　　3．ゴムタイヤ式地下鉄…………………………………373
　　4．ゴムタイヤ式新交通システム（案内軌条式鉄道）…374
　　5．ガイドウェイバス……………………………………379
　　6．運転の自動化…………………………………………380
　　7．ゴムタイヤ方式の今後………………………………382

第 14 章　リニアメトロ電車・常電導磁気浮上式鉄道……385
　　1．リニアモータの方式…………………………………386
　　2．リニアメトロ電車の概要と特徴……………………388
　　3．リニアメトロ電車の研究開発………………………393
　　4．常電導磁気浮上式鉄道………………………………403

第 15 章　超電導磁気浮上式鉄道…………………………415
　　1．開発の経緯……………………………………………416
　　2．宮崎実験線……………………………………………419
　　3．山梨実験線……………………………………………432
　　4．実験線から実用化へ…………………………………436

おわりに（情報化社会と電気鉄道）……………………………440

付録 1　鉄道年表………………………………………………444
付録 2　直流電気鉄道（国鉄・JR 在来線）の主な変遷………451
付録 3　交流電気鉄道の変遷…………………………………456

第 1 章

蒸気運転から電気運転へ

1872（明治5）年にわが国に鉄道が入ってきて約140年になるが，蒸気機関車から，電気機関車，内燃車そして電車へと進化する様子，わが国の鉄道の発展と現状，および車輪を案内するとともに帰線電流や信号電流の経路となるレールについて，その発展を紹介する．

1 電気鉄道とは

1.1 電気鉄道システム

電気鉄道というと，電車や電気機関車を思い浮かべる読者が多いが，これらの車両を安定して安全に運行するためには，列車を支えて案内する線路はもちろん，電車への電力供給，列車を安全に運行する信号保安設備，運行管理，移動する列車への通信設備など，ハード面の直接的な設備が必要である．

その周辺には，駅における出改札や座席予約，日常的に安定して運行するための設備保全，騒音対策などの環境技術，法体系などがあり，さらに，最近では車両運行における情報技術，旅客への様々な情報案内などのソフト面に注視する必要がある．

また，鉄車輪式鉄道に限らず，ゴムタイヤ式などの各種都市交通システム，および浮上式鉄道などの交通システムが誕生している．

図 1.1 はこれらを電気鉄道システムとして捉えたものであり，幅が広い技術の上になりたっていることが分かる．

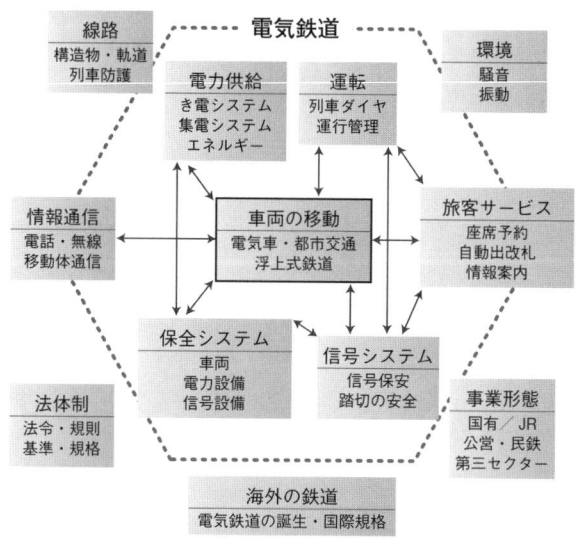

図 1.1 電気鉄道システムの概念

1.2　電気鉄道の発展

　鉄道の動力は，1825年9月に英国のストックトン〜ダーリントン〜ウィットンパーク炭鉱間および支線を結ぶ鉄道（44.3 km）におけるジョージ・スティーブンソンの蒸気機関車に始まっている．

　わが国においても，1872（明治5）年の新橋〜横浜間の鉄道が蒸気機関車で開通し[*1]，その後，日本全国に広がった．

　初期の日本の鉄道は国営事業（官設鉄道）として明治政府が管理していたが，その後，1883（明治16）年に開業した日本鉄道の上野〜熊谷間を皮切りとして，私設鉄道が相次いで開業した．これらは幹線鉄道が主体であり，蒸気機関車が主体であった．一方で，1906（明治39）年に鉄道国有法が成立して，主要幹線は国に買収されている．

　これに対し，都市内の鉄道として馬を主体にした馬車鉄道が登場した．馬車鉄道は1882（明治15）年に開業した新橋〜日本橋間の東京馬車鉄道（**図1.2**）がその始まりであったが，ごく一部を除いて普及せず，路面電車へと移行していった．

　わが国で最初に電車が走ったのは，1890（明治23）年に上野公園で開催された内国勧業博覧会であり，直流500 Vの電車の走行であった．

　わが国で最初の電車による営業運転は1895（明治28）年の京都電気鉄道

図 1.2　新橋駅と東京馬車鉄道 (栗塚又郎：「日本鐵道紀要」, 小川写真製版所, 1898年11月)[1]

[*1] 鉄道の開業（1872（明治5）年10月14日）

（直流 500 V）であり，その後，名古屋や京浜地区，阪神地区の電車へと進展している．

国有鉄道の電気運転は 1904（明治 37）年に甲武鉄道（直流 600 V）を買収したのが最初であり，その後，東京市内が相次いで電化している．

国有鉄道の幹線電化は戦時中は進まなかったが，太平洋戦争の終戦後に直流 1 500 V 方式の電化が積極的に行われるようになり，さらに輸送力増加のため，商用周波 20 kV の単相交流電化も 1957（昭和 32）年に仙山線および北陸本線で実用化された．

交流電化の技術は 1964（昭和 39）年に開業した交流 25 kV の東海道新幹線に生かされ，その後，山陽新幹線，東北・上越新幹線へと続いている．

戦後の電気技術の進歩は著しく，車両はもちろん，車両を運転するために必要な，電力供給，信号保安，運転，保全システムなどにも，エレクトロニクス技術を中心とした新しい電気技術が導入されており，安全度の高い快適な高速・高密度運転が可能になっている．

以上のように，幅広い電気鉄道技術であるが，本書では，蒸気機関車から電気車への進展や，線路，電力供給，電車，電気機関車，信号システムについて，さらに，これらの鉄車輪式鉄道のほかに都市交通システム，磁気浮上式鉄道について，電気鉄道技術が今日に至った技術変遷に絞って述べている．

1.3　海外の電気鉄道

電気鉄道は，ドイツのジーメンスが 1879 年にベルリン勧業博覧会で，直流 150 V・第三軌条の機関車で，6 人乗り 3 両の客車をけん引したのが最初とされている（**図 1.3**）．その後，海外において電気鉄道は欧州や米国を主体に発展していった．

本書では，海外の電気鉄道について，その黎明期について述べており，どのように日本に技術が輸入されたかが分かる．

当初はわが国の電気鉄道は海外から技術が輸入されたが，その後，ユーザーやメーカーの努力により，日本の国情に合うように改良されて発展し，今日では海外にも技術輸出を行うなど，日本は世界有数の技術力を持つに至っている．

図 1.3　ベルリン勧業博覧会の電気機関車
(「鉄道電化と電気鉄道のあゆみ」，鉄道電化協会，1978 年 2 月)[4]

2　動力方式の変遷

2.1　日本初の蒸気機関車と明治時代[2],[3]

　ペリーが 1853 (嘉永 6) 年，浦賀に 2 度目の来航をしたときに，蒸気機関車の模型を幕府に献上し横浜で運転してみせたが，その半年前にロシア使節団が長崎に来航し，模型の蒸気機関車を運転し佐賀藩にみせている．

　佐賀藩は長崎警護を重要な任務としており，西洋の最新情報を吸収して 1850 (嘉永 3) 年に反射炉を築き，2 年後に洋式の鉄製大砲を鋳造するなどの工業力を持っていた．1852 (嘉永 5) 年には精錬方をおき，理化学者の中村奇輔，「からくり儀右衛門」と呼ばれた田中久重 (後の芝浦製作所の創始者)，蘭学者の石黒寛次を招いた．彼らは蒸気機関の研究を行い，1855 (安政 2) 年に日本で初めて，極めて精巧な蒸気機関車の模型を完成させている (**図 1.4**)．

　わが国で初めて軌道が敷かれたのは，1869 (明治 2) 年の北海道積丹半島

図 1.4　日本初の蒸気機関車の複製模型 (写真提供：鉄道博物館)

の茅沼炭鉱軌道で，港までの約 3 km の区間に，木に鉄板を張り付けた軌道を敷設して，トロッコにより人力または牛馬を用いて石炭を運搬したのが最初とされている．軌道は約 10 年後に鉄レールに，軌間も 762 mm に更新されている．

　一方，明治新政府で活躍した佐賀藩の大隈重信と長州藩の伊藤博文は鉄道敷設を推進し，1872（明治 5）年に新橋～横浜間に最初の官設鉄道が開通し，佐賀藩の蒸気機関車の模型が現実のものとなった．

　このときの蒸気機関車は 10 両で，すべて英国製で，機関車本体に石炭庫と水槽を持つ軸配置 1B（先輪 1・動輪 2）のタンク式であった．図 1.5 はその形式の一つで，1874（明治 7）年に増備として 2 両輸入された蒸気機関車である．

　軌間は，建設価格が低廉で，建設が容易な 3 フィート 6 インチ（1 067 mm）の狭軌が用いられた．

　その後，1874（明治 7）年に大阪～神戸間が，1877（明治 10）年に大阪～京都間の鉄道がそれぞれ開業しているが，炭水車をけん引して長距離の走行が可能なテンダ式が英国から輸入された．

　一方，北海道開拓のため米国人技術者が雇用されて，1880（明治 13）年に官営幌内鉄道手宮（小樽）～札幌間が，1882（明治 15）年に札幌～幌内間が米国式で開業した．

　図 1.6 は米国製の軸配置 1C（先輪 1・動輪 3）の 7100 形テンダ式蒸気機関車で，先頭部には排障器が取り付けられ，火の粉止付き煙突，自動連結器，および空気ブレーキが装備されている．

図 1.5　1B 形タンク式機関車（博物館明治村）　　図 1.6　7100 形テンダ式機関車「しづか号」
　　　　　　　　　　　　　　　　　　　　　　　　　　　　　（小樽市総合博物館）

一方,九州鉄道や四国の讃岐鉄道はドイツの鉄道技術を導入して建設されている.

蒸気機関車は構造が複雑であり,輸入機関車の技術を習得しながら段階的に国産化が進められ,1893(明治26)年に官設鉄道神戸工場で英国製部品を用いて国産第一号の860形テンダ式蒸気機関車が完成している.

1889(明治22)年に官設鉄道東海道線新橋～神戸間が,1901(明治34)年に私設鉄道・山陽鉄道神戸～馬関(下関)間が開通し,1898(明治31)年に急行列車として,東海道線に英国製6200形機関車が,山陽線に米国製5060形/5900形機関車が使用されている.これらの機関車は動輪径が1 524 mmで高速性能が重視されていた.

2.2 大正時代～昭和時代の蒸気機関車⁽³⁾

1906(明治39)年に鉄道国有法により私設鉄道が国有化された.鉄道院では初期に輸入された機関車の老朽化と,多くの種類の機関車による保守の困難性から,国産の中型蒸気機関車の開発が行われ,部品の共通化が図られている.まず,1911(明治44)年から飽和蒸気式の旅客用のテンダ式6700形機関車が汽車製造と川崎造船所で国産化されている.

その後,わが国の国情に適した機関車が設計・製造されており,1914(大正3)年から旅客・貨物両用のテンダ式8620形機関車(**図1.7**)が,1913(大正2)年から貨物用としてテンダ式の9600形機関車がそれぞれ汽車製造,川崎造船所で製造され,大正時代を代表する機関車となった.

その後,大形の機関車が設計され,1919(大正8)年から動輪径1 750 mm

図1.7　8620形テンダ式機関車(青梅鉄道公園)

図 1.8　SL ばんえつ号－旅客用 C57 形（著者撮影）

の高出力の旅客用テンダ式 C51 形機関車が汽車製造，三菱造船所などで製造されている．

また，幌内鉄道を除き，車両の連結にねじ式連結器が用いられていたが，1925（大正 14）年に安全性の高い自動連結器へ一斉に取り替える大事業が行われた．

その後，勾配・貨物の両用として，1936（昭和 11）年から島秀雄（1901 － 1998）らの設計によるテンダ式 D51 形機関車が量産された．

太平洋戦争後は旅客用の C60 形，C61 形，C62 形テンダ式機関車，勾配・貨物用の D62 形機関車が登場した．

終戦直後の蒸気機関車は 5 899 両で主流であったが，幹線電化と内燃化により廃車が進み，1976（昭和 51）年に本線用は全廃された．

しかし，近年は観光面の需要から，蒸気機関車の復活が JR 各社や大井川鐵道などの民鉄で活発に行われている（**図 1.8**）．

2.3　都市鉄道の発展

中長距離の鉄道網が整備される一方，都市内の交通機関も整備されていった．

わが国最初の旅客を乗せた都市鉄道は，1882（明治 15）年に新橋～日本橋間で開通した東京馬車鉄道である．その後，馬車鉄道は各地に広がったが，

トラブルも多く，電車にとって代わられるようになった．

わが国で最初に電車が走ったのは1890（明治23）年に上野公園で開かれた第3回内国勧業博覧会で，東京電燈の技師長であった藤岡市助博士が，米国から輸入した直流500 V方式電車2両を公開し，馬車鉄道に代わり得ることを示している．

その後，京都市では，1891（明治24）年に琵琶湖疎水を用いたわが国で初めての蹴上水力発電所が完成した．その電力を用いて，1895（明治28）年に実業家の高木文平により，藤岡市助の技術指導のもと，日本初の電車として直流500 V方式の京都電気鉄道が開業した（**図 1.9**）．

以後，1898（明治31）年に名古屋電気鉄道，1899（明治32）年に大師電気鉄道，1900（明治33）年に小田原電気鉄道（1888（明治21）年に馬車鉄道として開通）と続いて，1903（明治36）年に東京馬車鉄道も電化され東京電車鉄道となっている．

また，国有鉄道としては，1904（明治37）年8月に甲武鉄道が飯田町〜中野間を直流600 Vで電化を行い，同年12月に御茶ノ水まで電化を延伸して，1906（明治39）年に逓信省が買収したのが初めての電気鉄道である．

その後，東京市内および東北本線の一部，山手線および東京市街線の電車運転に着手し，1912（明治45）年までに49.2 kmが相次いで電化開業している．さらに，1925（大正14）年に山手線の環状電化が完成し，東京で東北本線，品川で東海道本線との接続も行われた．

なお，1909（明治42）年10月に鉄道院告示第54号で「国有鉄道線路名

図 1.9　京都電気鉄道－直流 500 V
（「鉄道電化と電気鉄道のあゆみ」，鉄道電化協会，1978 年 2 月）[(4)]

称」が制定され，本線が区別された．

2.4 電気機関車[3]

わが国で初めて電気機関車を製造して実用化したのは，1891（明治24）年の足尾銅山である．

幹線では，明治時代に関東と関西を結ぶ鉄道として，東海道とともに，中山道の建設が行われた．横川〜軽井沢間の碓氷峠は66.7‰（千分率）の急勾配の鉄道となりアプト式が採用されて，約10年をかけた工事が行われ，1893（明治26）年に蒸気機関車が運行された．

なお，1888（明治21）年に碓氷新道（現在の旧国道18号線）に線路を敷設して碓氷馬車鉄道が運行され，鉄道建設の資材運搬も行ったが，アプト式鉄道の開通とともに廃止された．

しかし，横川〜軽井沢間はトンネル内の煤煙対策や急勾配で輸送力の限界もあって，電化工事が急がれた．

このため，碓氷峠は国有鉄道の幹線ではいち早く電化が行われることになり，1912（明治45）年に直流600Vの下面接触式第三軌条方式で11.2kmの電化が行われた．

電気機関車は1911（明治44）年にドイツからEC40（10000）形AEG（Allgemeine Elektrizitäts-Gesellschaft）社製直流電気機関車が輸入された（**図1.10**）．その後，1919（大正8）年に鉄道院で国産のED40形アプト式電気機関車が製造されている．

平坦区間では，東海道本線の電化が1926（大正15）年に小田原まで完成

図1.10　EC40形アプト式機関車（直流600V）－模型（鉄道博物館）

図 1.11　第 2 広瀬川橋梁をゆく ED44 形機関車
(持永芳文・秦広・長沢広樹・髙重哲夫：「交流電化 40 周年の歩み」, OHM, 1997 年 5 月) [5]

し，幹線鉄道用の電気機関車が使用されている．国鉄の電車線電圧は直流 600 V および 1 200 V であったが，東海道本線電化によって 1 500 V が採用された．

最初の機関車は米国の WH（Westinghouse）社から輸入されており，その後，スイスの BBC（Brown Boveri & Co.）社や英国の EE（English Electric）社から購入している．しかし，当時は機関車故障や架線故障が多く，一時期，蒸気機関車との併結運転も行われていた．

その後，東京〜国府津間の急行列車用に 1928（昭和 3）年に国産最初の EF52 形電気機関車が開発され，電気機関車製作の基礎となった．

日本の電気鉄道は直流 1 500 V 方式を標準としていたが，輸送量の増加に伴い，新しい電化方式として 1953（昭和 28）年から商用周波単相交流 20 kV 電化の研究を開始し，仙山線で実験が行われた．電気機関車は，交流整流子電動機式の ED44 形（日立製作所製，**図 1.11**）と，水銀整流器式の ED45 形試作機関車（三菱電機製）によって試験を行い，粘着性能と保全の面から水銀整流器方式が選択された．1957（昭和 32）年に仙山線（仙台〜作並）および北陸本線（田村〜敦賀）が電化開業している．

この頃大容量シリコン整流器が開発され，1961（昭和 36）年，常磐線電化で 401 系，鹿児島本線電化で 421 系交直流電車が投入された．次いで，1962（昭和 37）年に主変圧器とシリコン整流器を搭載した ED74 形機関車が登場し，安定した運転が行われるようになった．

2.5 内燃車両

内燃車にはガソリン,およびディーゼル機関がある.ディーゼル運転の開始は電気運転より約30年遅れている.機関回転数を変速する方式には機械式,液体式,および発電機を駆動して電動機を制御する電気方式がある.

太平洋戦争後,石油資源の発掘による石油類のコスト低減と,ディーゼル機関の高性能化により,非電化区間ではディーゼル運転が採用されている.

(1)ディーゼル機関車

鉄道省では第一次世界大戦の賠償としてドイツから機械式のDC10形機関車と電気式のDC11形を購入し,鷹取工場で構造の資料収集が行われている.

この成果をもとに,1932(昭和7)年に入替用のDB10形機関車が,1935(昭和10)年に幹線用のDD10形機関車が製造された.しかし,これ

図1.12 液体式DD51形機関車(「国鉄歴史事典」,日本国有鉄道,昭和48年11月)[6]

図1.13 特急用キハ181系気動車(著者撮影)

らの機関車は戦時中の燃料事情の悪化で廃車されている．

　1953（昭和28）年に電気式のDD50形機関車が製造されて亜幹線用に使用され，DF50形機関車につながった．幹線用としては，1962（昭和37）年から液体式のDD51形機関車（**図1.12**）などが量産されて動力近代化に大きく貢献している．

（2）ディーゼル動車

　内燃動車の原型は，客車の端にボイラと走行装置を搭載した，蒸気動車（外燃動車）であるとされており，1900年代前半に用いられている．

　鉄道省が設計した内燃動車は1929（昭和4）年の機械式キハニ5000形ガソリン動車が最初である．しかし，ガソリン動車は火災の危険性や戦争によるガソリン統制で，ディーゼル動車に代わっていった．

　ディーゼル動車は1937（昭和12）年に総括制御が可能な電気式のキハ34000形が登場している．太平洋戦争後は，1953（昭和28）年から液体式で総括制御方式のキハ10形の量産が進み，さらに準急用や勾配用のディーゼル動車が開発されている．

　また，大出力の機関も開発されて，1968（昭和43）年に500 PSの機関を搭載した特急用キハ181系内燃動車（気動車）も登場している（**図1.13**）．

　JR発足後の内燃動車はステンレス車体に，機関は大出力の直噴式になって勾配区間も電車並みの性能を有し，制御振り子を用いるなど高速性能が向上している．

3　日本の鉄道の発展 (4),(6),(7)

3.1　鉄道の始まりから太平洋戦争までの鉄道

　初期の鉄道は官営事業として明治政府が行っていたが，西南戦争などによる財政難で民間資本家からも鉄道建設に参加する動きが高まり，1881（明治14）年にわが国最初の私設鉄道として日本鉄道が誕生し，1883（明治16）年の上野〜熊谷間の開通を皮切りに，翌年に高崎線が前橋まで，さらに東北線が大宮から分岐して順次部分開業して1891（明治24）年に青森まで開通した．

さらに各地で私設鉄道を設立する動きが活発になり，1901（明治34）年には山陽鉄道が神戸〜馬関（下関）間を開通させた．このように，民間資本の導入によって，わが国の幹線鉄道がほぼ完成し，北海道から九州まで鉄道で輸送する体制が整った．

　一方で，国が建設すべき鉄道路線を定めた鉄道敷設法（1892（明治25）年），鉄道を統一した基準で建設するため，鉄道建設の基本となる技術基準を定めた鉄道建設規程（1900（明治33）年）が制定された．

　私設鉄道は鉄道建設の促進については大きな意義があったが，一方で，国家的な見地から全国の鉄道網を整備するべきであるとの主張もなされるようになり，軍事輸送も重視されて，1906（明治39）年に鉄道国有法が成立して，主要幹線は国に買収された．さらに1909（明治42）年10月に鉄道院が国有鉄道名称を制定した．これにより，路線名で本線が区別された．

　その後の私鉄は，大都市圏を中心として電車化により発展して今日の大手民鉄の前身となった鉄道と，主として，1910（明治43）年に公布された軽便鉄道法による地方ローカル鉄道に分かれて行った．

　また，1918（大正7）年にわが国初の鋼索鉄道（ケーブルカー）として生駒鋼索鉄道が開通し，観光面から鋼索鉄道が広まっていった．

　わが国の国有鉄道は開業以来，3フィート6インチ（1 067 mm）の狭軌が用いられていたが，さらなる発展のためには欧米の標準である4フィート8.1/2インチ（1 435 mm）（標準軌／広軌）に改築すべきとの主張が明治中期からなされるようになった．一方で，狭軌でネットワークを整備すべきとの主張も根強くあった．1919（大正8）年に狭軌派の床次鉄道院総裁が就任したことや，関東大震災の影響，電化により石炭消費が節約できることと輸送力の増強を図れるとの議論などにより，広軌改築の議論は下火になっていった．

　1930年代に入ると世界的な不況の波がわが国にも及び，一時は輸送量が減少しているが，準戦時体制による需要に支えられて，輸送力が増強されている．

　地下鉄道の建設が始まったのもこの頃であり，1927（昭和2）年にわが国初の東京地下鉄道が，直流600 V第三軌条方式で，浅草〜上野間が開通している．

3.2 太平洋戦争後の鉄道

　戦後は戦争で破壊された鉄道施設の修復や，物資や引揚者などを大量に輸送する必要が生じ，輸送力の確保に全力を傾注されている．また，1949（昭和24）年6月には公共企業体として日本国有鉄道が発足した．

　このような状況下，戦時中は進まなかった国鉄幹線の鉄道電化も積極的に行われるようになり，1947（昭和22）年に上越線電化，1956（昭和31）年に東海道本線の全線電化が完成した．さらに輸送力の増強のために，商用周波の単相交流電化も開発が進められ，1957（昭和32）年に仙山線および北陸本線で実用化された．

　機関車のエネルギー効率を比較すると，蒸気運転は約5 %，ディーゼル運転は約22 %，電気運転は約28 %（当時）であり，電気運転は効率が高く，燃料を補給する必要がなく，けん引力も大きくできる特長がある．このため，国鉄では1958（昭和33）年に動力近代化委員会を設けて，1960（昭和35）年から主要幹線約5 000 kmの電化を積極的に行い，残りの線区はディーゼル化することにして，1970年代半ばまでに蒸気運転は全廃することになった．

　図1.14は国鉄・JRの機関車の両数の推移である．図1.15は客車・電

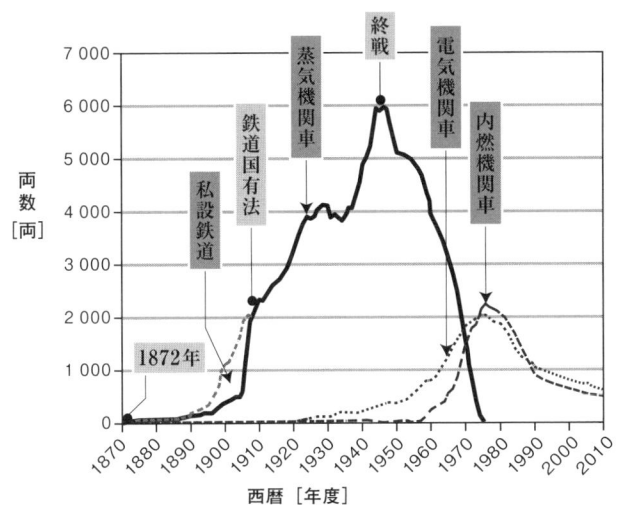

図1.14　国鉄・JRの各種機関車の両数の推移
（「国鉄歴史事典」，日本国有鉄道，昭和48年11月，ほか）[6]

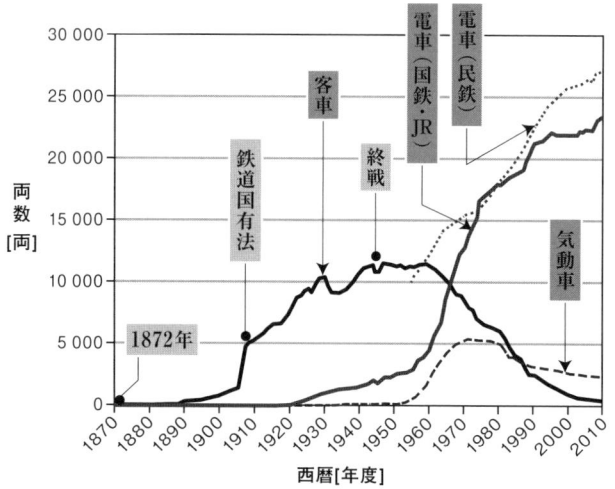

図 1.15　国鉄・JR の客車／気動車／電車の両数の推移
(「国鉄歴史事典」, 日本国有鉄道, 昭和 48 年 11 月, ほか)[6]

車および気動車の両数の推移である.

鉄道電化の進展とともに，長大編成で長距離を走行する電車列車が普及し，列車のスピードアップも図られるようになった.

また，戦後は大都市圏への人口集中が目立つようになり，郊外から都心へ向かう旅客が増加して，国鉄および民鉄ともに電車を中心とした輸送力の増強が行われた.

このような流れの中で，東海道本線の輸送力を改善するため，十河信二国鉄総裁の新幹線の実現が必要との信念のもとに，標準軌 1 435 mm の別線が計画され，1964（昭和 39）年 10 月に東京オリンピックに合わせて東京〜大阪間を 3 時間強で結ぶ東海道新幹線が完成した.

東海道新幹線の成功は，鉄道斜陽論が渦巻いていたときに高速鉄道時代の到来を彷彿させ，1970（昭和 45）年に全国新幹線鉄道整備法が成立し，山陽新幹線，東北・上越新幹線，さらに整備新幹線へと，ネットワークが形成されていった.

一方，1960 年代に起きたモータリゼーションにより，路面電車や，1950 年代に一時的に増加したトロリバスなどの都市鉄道は道路交通の障害になり，各地で地下鉄の建設が急速に進められ，さらに地下鉄と民鉄との乗入れも行われるようになった.

トロリバスは本格的には1952 (昭和27) 年に東京都営トロリバスが上野公園～今井橋間が開通して，大阪市，川崎市，横浜市などで路線が拡大したが，道路渋滞のため，1960年代には順次廃止された．

また，低廉な交通機関として，1964 (昭和39) 年の東京モノレールや1981 (昭和56) 年の新神戸交通 (新交通システム) など，新たな都市交通が導入されるようになっていった．

今後，鉄道は沿線住民に密着したサービスに努めるとともに，JRと民鉄，民鉄同士が協力し，さらに他の交通機関とも協調することが重要と思われる．

3.3 営業キロ・電化キロの変遷

国鉄・JRにおける営業キロおよび電化キロの変遷を図1.16に示す．

営業キロは戦後の1980年頃にピークとなっており，その後，1987 (昭和62) 年の国鉄改革 (分割・民営・JRの発足) や整備新幹線による並行在来線の第三セクター化により，現在では2万キロ弱に漸減している．

図1.17は，JRグループの電気鉄道の現状 (2013 (平成25) 年3月現在) である．

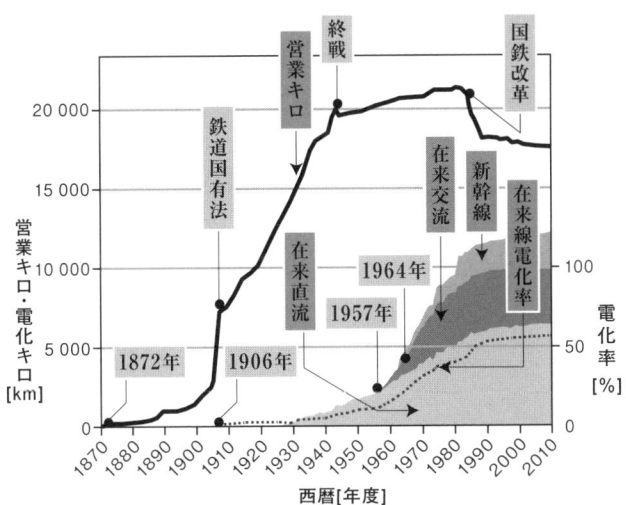

図1.16　国鉄・JRの営業キロと電化キロの変遷
(「鉄道電化と電気鉄道のあゆみ」，鉄道電化協会，1978年2月) [4], [8]

第 1 章　蒸気運転から電気運転へ

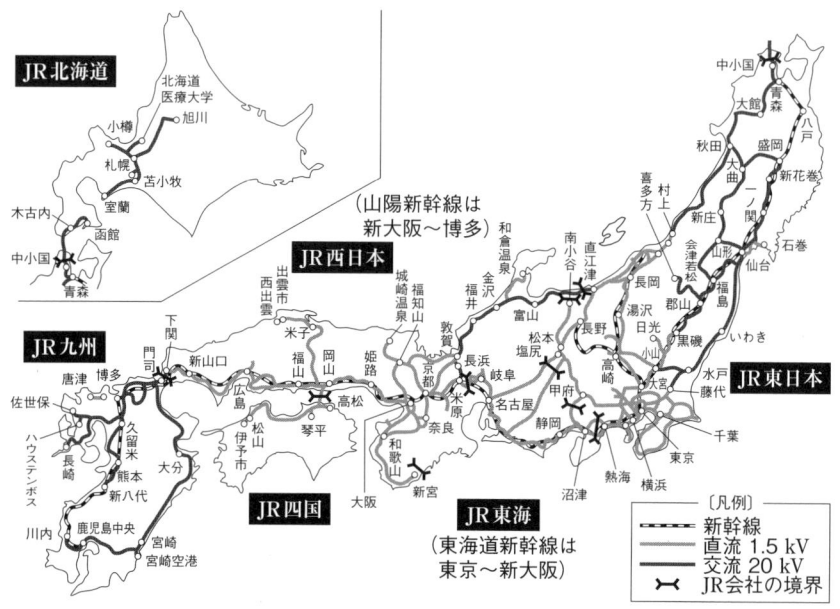

図 1.17　JR グループの電気鉄道の現状（2013（平成 25）年 3 月現在）
（持永芳文 編著：「電気鉄道技術入門」，オーム社，2008 年 9 月．より一部改編）

　在来線の電化は関東・甲信越・東海・関西・中国および四国地方が直流 1 500 V で，北海道・東北・北陸・九州地方が交流 20 kV 電化であり，2010（平成 22）年度末現在の電化キロは 9 752.2 km で，電化率は 55.5 % である．新幹線の電化キロ（営業キロ）は 2 620.2 km で，電化率は 100 % である[9]．

　公営および民鉄の営業キロおよび電化キロの変遷を**図 1.18** に示す．軌道は軌道法の適用を受けて，道路交通を補助する路面電車などである．

　私設鉄道の時代は営業キロの増加が著しかったが，鉄道の国有化により営業キロは急激に減少している．その後，公・民鉄は，主として中短距離の電車輸送が中心に発達し，電化キロは 1920 年代に急速に増加している．

　しかし，1960 年代後半から 1970 年代にかけて路面電車やトロリバスが，地下鉄の整備と相まって廃止されており，また，地方民鉄の廃止ないしはバス転換によって，営業キロおよび電化キロが急速に減少している．特に軽便鉄道の多くはこの時代に廃止されている．

　その後，公・民鉄は都市圏を中心に次第に営業キロおよび電化キロを増

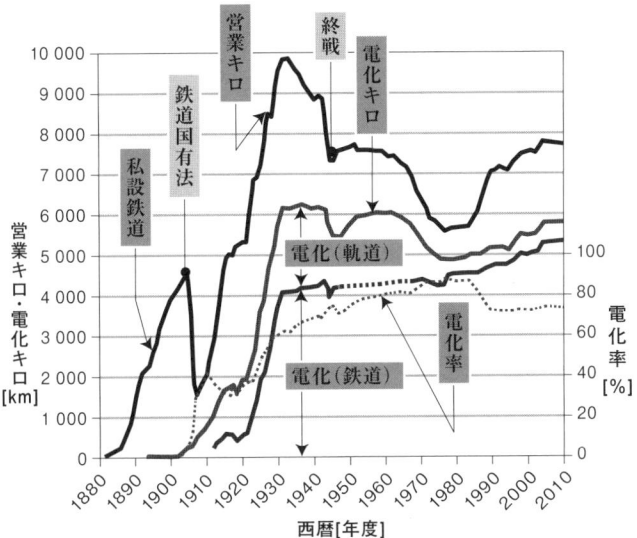

図 1.18　公・民鉄の営業キロおよび電化キロ
(「鉄道電化と電気鉄道のあゆみ」, 鉄道電化協会, 1978 年 2 月)[4],[8]

やして, 2010 (平成 22) 年度末現在の営業キロは 7 605.1 km, 電化キロは 5 986.5 km で, 電化率は 78.7 ％であり, JR に比べて電化率が高くなっている[9].

4 線路

4.1 レールの発展[10],[11]

(1) 形状

　英国で蒸気機関車が発明され, 1925 年のストックトン・ダーリントン鉄道などでの実用化により, 鉄製レールと鉄車輪の組合せによる鉄道システムの基礎が確立された. 製鉄技術の発達によって, 錬鉄製の圧延レールが使用されるようになったが, レールの断面は試行錯誤が繰り返され, 1837 年に Locke により双頭レールが考案されている (**図 1.19**). 双頭レールは, 上下を逆にしても転用できる利点があるが, 使い勝手が悪く, 軌道構造も複雑である.

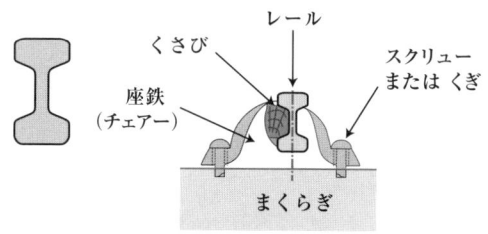

図 1.19　双頭レール

　1872（明治5）年に日本最初の蒸気機関車による鉄道が新橋〜横浜間で開業したが，この際に用いられたのは，1本の長さが24フィート（7.3 m），重さ約 30 kg/m の，英国製の錬鉄製双頭レールであった．

　鋼鉄製の双頭レールは，1880（明治13）年に開業した京都〜大津間の鉄道に使用された．さらに 1883（明治16）年に一部が開業した長浜〜敦賀間の鉄道からは鋼鉄製の平底レールが全面的に採用された．

　レールの製造は国産化が難しく，しばらく輸入の時代が続いたが，1900（明治33）年に官営の八幡製鉄所が設立され，翌年 11 月からドイツから技師を招いてレールの生産が開始された．

　この際に製造されたのは 60 ポンドレール（30 キロレール相当）である．鉄道の輸送量の増加とともにレールの重軌条化も進み，鉄道省では 1906（明治39）年に 37 キロレール，1922（大正11）年から 50 キロレールを採用している．大正時代〜昭和初期にかけて輸入レールの時代から国産の時代へと次第に移行し，1930（昭和5）年度にはほぼすべてが国産となった．

　図 1.20 は米国で設計・制定された米国土木学会（ASCE）形およびペンシルバニア鉄道規格（PS）形平底レールの断面形状である．

　その後，1961（昭和36）年にわが国の実情に合わせ，高さを高くして縦剛性を大きくしたり，頭部幅を狭くして首部の応力集中を低減したりするなど形状を改良した，40Nレールと50Nレールが設計・制定された．

　東海道新幹線が開業した当初は 50T（東海道新幹線用，53 kg）レールが使用されたが，輸送量が増えてレールの寿命が短くなったため，1967（昭和42）年に断面積の大きな 60 キロレールが制定され，以降の新幹線で使用されている．この 60 キロレールはのちに在来線でも用いられている．**図 1.21** にこれらのレールの形状を示す．

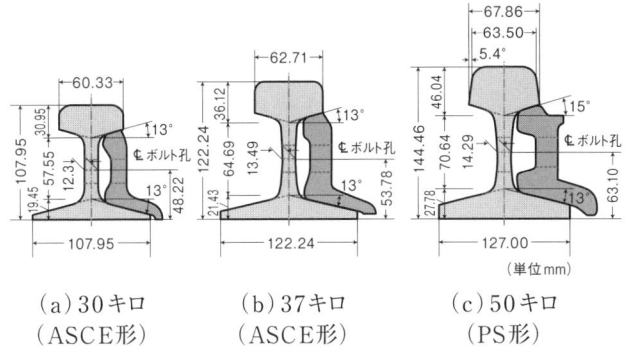

図 1.20　平底レールの断面形状 [11]

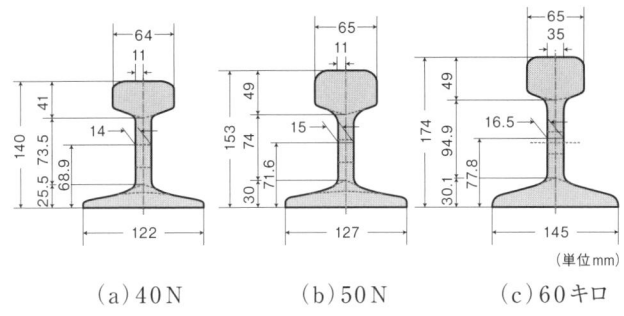

図 1.21　改良された平底レールの形状
(持永芳文 編著:「電気鉄道技術入門」, オーム社, 2008年9月) [12]

(2) ロングレールの登場

　レールの1本あたりの長さは，わが国では1933 (昭和8) 年に50キロレールと37キロレールについては25 m, 30キロレールについては20 mを, 標準的な長さである定尺レールとして使用することを定めた.

　定尺レールを溶接で接続してロングレールにすることによって，乗心地が良好で・軌道保守が軽減する線路にできる. 鉄道省では, 1934 (昭和9) 年に東海道本線茅ヶ崎〜平塚間に電気溶接による延長250 mのレールを試験的に敷設した. また, 1937 (昭和12) 年には仙山トンネル内のレールで，テルミット溶接と電気溶接の比較が行われた. ロングレールは, その後, 温度変化の少ない長大トンネルを中心に適用された.

　わが国のロングレールの溶接に用いられる圧接法には，電気溶接の一種であるフラッシュバット溶接と, 突き合わせ部をガス炎で熱しながら圧接

するガス圧接があり，融接では接続部に当金をはめて大きな電流で溶接棒を溶かしながら流し込むエンクローズアーク溶接と，化学反応で高温を発生させて溶融鉄を型枠内に流し込むテルミット溶接がある．

テルミット溶接は，東海道新幹線で損傷が相次いで新幹線では用いられていないが，改良が進み，現在では他の溶接法と遜色ないものになっている．

(3) 鉄筋コンクリートまくらぎとPCまくらぎ

日本の鉄道の開業の頃は，木製のまくらぎ（枕木）が基本であったが，新橋〜横浜間などに鉄製まくらぎが使用された．鉄製まくらぎは，厚さを薄くすることができるためトンネルの断面を節約でき，また第三軌条が取りつけやすいなどの理由で，直江津線（現・信越本線）横川〜軽井沢間（碓氷峠）のアプト式区間で使用され，東海道本線（現・御殿場線）の山岳区間でも用いられた．

木材資源の枯渇などを背景として，欧米で実用化されつつあった鉄筋コンクリート（RC）まくらぎの開発が進められ，1926（大正15）年に関西本線湊町駅構内に「石浜式」と呼ばれる鉄筋コンクリートまくらぎを敷設した．その後，さまざまな鉄筋コンクリートまくらぎが全国に敷設されたが，戦争の激化による鋼材統制などで開発は中断した．

プレストレストコンクリート（PC）は，コンクリートの内部の鋼材（鉄筋またはケーブル）にあらかじめ引っ張る力を与えておくことにより，引張り強度を高めたコンクリート構造である．

このプレストレストコンクリートの技術を用いたPCまくらぎが，高強度で耐久性が高い新しいまくらぎとして開発された．最初の試作品は，1951（昭和26）年に国鉄鉄道技術研究所で製造され，東海道本線大森〜蒲田間に敷設された．翌年からは，本線にPCまくらぎ，側線にRCまくらぎを使用する方針として，徐々にその適用が広がった．1956（昭和31）年に1号まくらぎが設計され，直線・緩曲線用の3号が1962（昭和37）年の設計，急曲線用の6号が1969（昭和44）年の設計である．

PCまくらぎは，東海道新幹線でも全面的に採用されることとなり，鴨宮モデル線での試用を経て，1962（昭和37）年度から量産が始まった．**図1.22**は新幹線用のPCまくらぎの例である．

また，1979（昭和54）年にはガラス繊維と硬質発泡ウレタンの複合材料を用いた合成まくらぎも開発され，主として，耐久性が求められる橋梁部

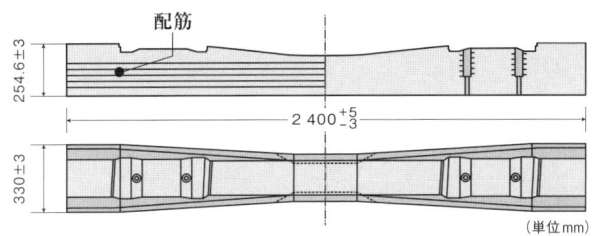

図 1.22　PCまくらぎの例 (新幹線用)
(持永芳文 編著:「電気鉄道技術入門」, オーム社, 2008年9月) [12]

分のまくらぎとして用いられている.

(4) スラブ軌道

　スラブ軌道は，従来のバラスト軌道に比べて保守管理の手間が軽減でき，乗心地の良い新しい軌道構造として開発され，現在では新幹線をはじめとして，在来線などの軌道構造として普及している.

　スラブ軌道の開発は，1965 (昭和40) 年に国鉄の技術課題として，「新軌道構造の研究」がとりあげられたことに始まる.

　国鉄では，形態や構造の異なる数種類の試作タイプを設計し，試験敷設を実施し，改良を繰り返し，1970 (昭和45) 年には建設が進められていた山陽新幹線新大阪〜岡山間の神戸トンネル，中井高架橋など一部の区間でも採用された.

　こうした試験敷設の成果を踏まえて，山陽新幹線岡山〜博多間の工事で

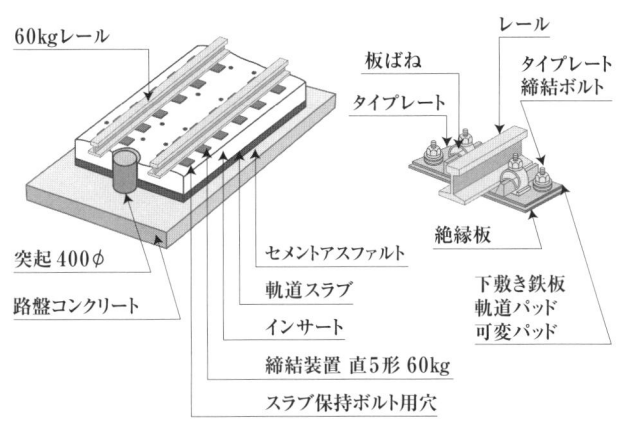

図 1.23　スラブ軌道の例 (持永芳文 編著:「電気鉄道技術入門」, オーム社, 2008年9月) [12]

はスラブ軌道を全面的に採用することとなった．その後，ゴムマットをはさんだ防振スラブが開発され，1974（昭和49）年に姫路駅構内と西明石付近に試験敷設された（**図1.23**）．

4.2 分岐器[11]

(1) 分岐器の発達

一つの軌道を二つに分ける軌道構造を「分岐器」，二つの軌道が同一平面で交差する軌道構造を「ダイヤモンドクロッシング」という．

図1.24は片開き分岐器の例である．クロッシング（てっさ）部で基準線と分岐器の交差する角度θを「クロッシング角」といい

$$N = \frac{1}{2} \cot \frac{\theta}{2} \quad\quad\quad\quad\quad\quad\quad\quad\quad\quad\quad\quad\quad\quad\quad\quad\quad\quad\quad\quad\quad\quad\quad\quad (1.1)$$

に相当するNを「クロッシング番号」と呼んでいる．

初期の分岐器は外国製の部品を組み立てていたが，1906（明治39）年の鉄道国有化を契機として，「旧形定規」と呼ばれる，30キロレールおよび37キロレール用などの分岐器の標準設計が行われた．その後，「大正14年形」と呼ばれる50キロレールを含む新設計の分岐器が1919（大正8）年から1925（大正14）年にかけて登場し，1962（昭和37）年に40Nレールおよび50Nレール用分岐器が登場するまで使用された．

また，レールが途切れている欠線部が構造上の弱点となり，1951（昭和26）年に主要線区では全体を一体として鋳造したマンガンクロッシングが敷設されるようになった．

(2) 高速分岐器

新幹線用の分岐器は，基準線側を高速で通過するため，**図1.25**のノーズ可動形分岐器が新たに設計された．

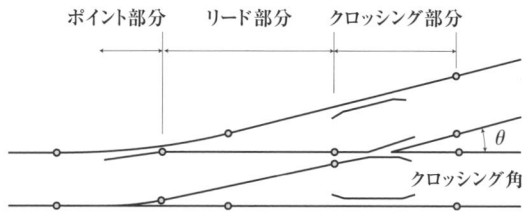

図1.24　片開き分岐器（持永芳文 編著：「電気鉄道技術入門」，オーム社，2008年9月）[12]

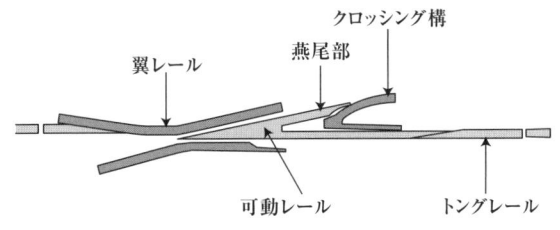

図 1.25　ノーズ可動クロッシング

　1960（昭和 35）年に東海道新幹線の鴨宮モデル線に数組が試用されて，1964（昭和 39）年に東海道新幹線で用いられた．
　また，在来線用の高速分岐器として 1971（昭和 46）年に直線側通過速度 130 km/h の 50N レールおよび 60 キロレール用高速分岐器の規格が制定された．
　その後，1997（平成 9）年に上越新幹線と北陸新幹線の分岐箇所に分岐側の最高速度を 160 km/h とした 38 番分岐器が敷設された．さらに，在来鉄道では 2010（平成 22）年に，成田高速鉄道アクセス線の 160 km/h の複線と単線の分岐に 38 番分岐器が敷設された．

参考文献

(1)　栗塚又郎：「日本鐵道紀要」，小川写真製版所，1898 年 11 月
(2)　福岡博：「佐賀の幕末維新　八賢伝」，出門堂，2010 年 7 月
(3)　堤一郎：「近代化の旗手，鉄道」，山川出版社，2001 年 5 月
(4)　「鉄道電化と電気鉄道のあゆみ」，鉄道電化協会，1978 年 2 月
(5)　持永芳文・秦広・長沢広樹・髙重哲夫：「交流電化 40 周年の歩み」，OHM，1997 年 5 月
(6)　「国鉄歴史事典」，日本国有鉄道，昭和 48 年 11 月，ほか
(7)　須田寛：「昭和の鉄道」，交通新聞社，2011 年 4 月
(8)　「鉄道電気設備年鑑」，鐵道界図書出版，2011 年
(9)　柴川久光：「電気運転統計」，鉄道と電気技術，Vol.24，No.7，日本鉄道電気技術協会，2013 年 7 月
(10)　「鉄道施設技術発達史」，日本鉄道施設協会，1994 年
(11)　持永芳文・宮本昌幸・小野田滋ほか：「鉄道技術 140 年のあゆみ」，コロナ社，2012 年
(12)　持永芳文 編著：「電気鉄道技術入門」，オーム社，2008 年 9 月

第2章

欧米での電気鉄道の誕生と日本への技術移転

電気鉄道は1879年にジーメンスの直流150 V電動機駆動の模型機関車が最初である．その後，欧米で種々の試みがなされ，1888年に米国でフラック・スプレーグが実用的な電車の開発に成功し，日本では1895（明治28）年に京都電気鉄道がスプレーグ式で開業している．1890年代に鉄道でも欧米で三相交流方式の研究が行われたが，集電の複雑さや定速運転のため，1910年代には低周波単相交流方式へ変わっていった．さらに，第二次世界大戦後にはフランスで商用周波単相交流方式が成功した．このことは日本で商用周波単相交流方式を開発するきっかけになり，1957（昭和32）年に仙山線および北陸本線が交流電化で開業した．商用周波単相交流方式の技術は，新幹線へと発展した．

1 欧米での電気鉄道の誕生

1.1 蒸気運転の悩み

　英国で18世紀末期に本格的な産業革命が始まった．石炭の使用から機械工業や製鉄が発展し，蒸気機関の活用が主力となって，産業革命の技術的，生産力的成果の総仕上げが鉄道の出現であった．1825年から鉄道は急速に英国全土に広がり，産業と消費の流通の大動脈を形成し，国内市場が一挙に広がった．鉄道はまさに産業文明のシンボルとなり，西ヨーロッパから米国へ，さらに世界中に広がった．

　当時，列車をけん引する蒸気機関車の性能は著しく発展したが，その煤煙が大きな悩みであり，大都市内での普及と山岳地帯の通過が極めて困難であった．ちなみに1863年にロンドンで地下鉄が生まれているが，蒸気運転のため，一定区間毎に煤煙を放出する明かり区間を設けていた．本格的な地下鉄（いわゆるチューブ）は電気機関車けん引が可能になる1890年まで待たされた．

　この頃には電気が趣味の世界から実用に供せられるようになり，最初に鉄道が電気を信号に利用したのが1839年であった．1831年にマイケル・ファラデー（Michael Faraday, 1791 – 1867）によって電磁誘導が発見されると，直ちに発電機が生まれ，実用に供されたが，電動機の実用的な発明は容易でなかった．この努力のほとんどは蒸気機関に代わる原動機を求めるものであったといわれている．そして1873年に発電機を電動機として使えることが発見され，ようやく実用的な電動機が生まれた．

1.2 蓄電池車の試み

　電気で動く車は蓄電池車から始まっている．

　前述のファラデーの電磁誘導の発見が基になり，1835年に米国で鍛冶職人であるトーマス・ダベンポート（Thomas Davenport, 1802 – 1851）が直径4フィート（約1.2 m）の円形軌道を走行する，ボルタ電池を用いた電車の模型を製作し，一般の観覧に供したことが始まりである（**図2.1**）[1]．

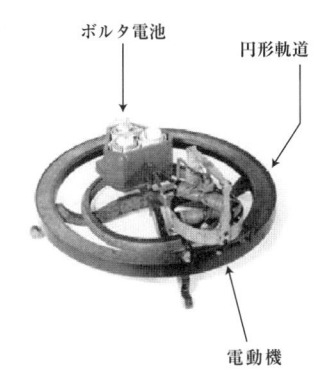

図2.1 ダベンポートの電車模型
MOTORZ By Frank Wicks (http://mootorz.blogspot.jp/2008/08/blacksmithsmotor.html)

電動機は，2つの電磁石の一方を固定し，他方を回転させて，2つの電磁石が重なったところで反発する方向に電流を流す方式であった．

次いで，1840〜1842年に，英国でロバート・ダビットソン（Robert Davidson，1804 – 1894）が，エジンバラ・グラスゴ鉄道で，ガラス槽の電池を積んだ重さ5 tの蓄電池式機関車を，整流器式電動機を使い時速6 kmで数度にわたり運行している．

その後，1850年頃までの10年間は主として蓄電池を積んだ往復電動機（電磁エンジンと呼ばれた）による電気車の実験が米国で繰り返されていた．これに対し，欧州では回転形電動機によるものが多かったが，当時は振動に弱い電池を車上に搭載したことにより双方とも実用化には至っていない．

1.3　電動機の誕生（欧州の電気鉄道）

実際の鉄道用としての電動機は1879年にジーメンスがベルリン勧業博覧会で見せた直流電動機駆動の模型機関車が最初である．この機関車は，直流150 V・2.2 kW（3馬力）・2極の電動機で，18名の乗客を乗せた3両の客車をけん引して，一周300 mの線路を時速12 kmで走っている．

その後，各所で電気運転を試みているが，問題は主に集電と駆動装置にあった．1879年の模型機関車は軌間490 mmの軌道中央に第三軌条を敷いた集電方式で，歯車直結駆動であった．その主電動機は今日，ミュンヘンの博物館で見られるが，製品として立派なものである．つまり設計，製造の技術的経験がかなり積み重ねられていることがわかる．なお，ジーメン

スの電気機関車の複製が本八幡（市川市）の千葉県立現代産業科学館に展示してある．

電気鉄道が実用化されたのは，1881年にジーメンス・ハルスケ社がベルリンのアンハルト～リヒテルフェルデ間に直流180 V，最高速度が時速48 kmの電気鉄道を敷設し，一般乗客の輸送を開始したのが最初である．軌間は1 mで両側のレールを＋と－で使用したレール給電方式である．そのため，左右のレールを絶縁する必要や感電の危険性があり，開業9年後に架線集電方式に改良されている．

その後の1884年に英国の電車では第三軌条集電による専用軌道であったので問題なかったが，上記のベルリンのように道路への敷設では危険と見なされていた．また，これらの駆動装置はベルトやチェーンが使われ，信頼性が低かったようである．

1881年のパリの電気博覧会にはジーメンス・ハルスケ社が架空集電式でかなり立派な電車を走らせたが，その集電方式は，架空複線式の溝付きの金属パイプの架空梁に電気を流し，その溝の中を滑らせて移動するシャトル（集電子）に車両からの電線をつないで集電する方法であった[2]．しかし極めて故障が多かった．このシャトル式はのちの1895年に米国のボルチモアの都市トンネル区間に使われたが（**図2.2**），パンタグラフにシャトルが付き，架線は溝付きの鋼板製で，駆動方式は主電動機を車軸に搭載するギアレスであった．

1890年のロンドンのチューブは電気運転で，集電は第三軌条の電気機関車けん引で，主電動機は車軸搭載のギアレスであった．地下鉄なので，集

図 2.2 二つの架空線は上下線の中心に設置（ボルチモア鉄道博物館）

電に問題はなかった．

一方，パリでは路面車両で，主として馬力けん引で，電車化については架空線が都市景観上許されず，1888年に蓄電池車が生まれ，本命と期待されたが，非効率ですぐ廃業となった．代わって1894年には地下埋設集電方式が生まれたが，これも故障続発で長続きしなかった．結局，パリも1900年に地下鉄方式になった[2]．

1.4 電車の普及（米国の電気鉄道）

米国でも各所で同じような試みが行われていたが，やはり芳しくなかった．そうした中で1888年に米国のリッチモンドでフランク・スプレーグ（Frank Julian Sprague, 1857 – 1934）がトロリ集電方式と釣掛式駆動方式を開発して成功した．これは架空のトロリ線に溝付きローラを押し上げて接触させる方法で（トロリポール），構造が簡便で安定していた．また釣掛式は電動機の回転数を高くしても台車に搭載でき，整備の良くない軌道やトロリ線でも安定して走れるところが経済的であった．この時期にトロリ方式を開発した別の人もいたが，釣掛式とのセットが成功を導いた．この経済性が一気に電車を都市交通用に普及させることになり，1895年には米国で営業キロが17 600 kmにも達した．

当時，花のパリもニューヨークも街路は馬の糞尿や死骸で極めて汚染され，日本人には耐えられなかったと記録されているので，経済的で信頼性のあるスプレーグ式路面電車が大いに歓迎されたわけである[3]．

そしてスプレーグが成功した1888年の僅か2年後の1890年には東京電燈の技師長である藤岡市助博士（1857 – 1918）が，このスプレーグ式電車を上野公園で走らせている（**図 2.3**）．集電方式は，直流500 V，架空単線式で，トロリポールを用いている．

蒸気鉄道が50年近く遅れて日本に入って来たのに対して，電気車はほとんど遅れていない．

京都では，藤岡市助の指導により1895（明治28）年に京都電気鉄道（のちの京都市電）がスプレーグ式電車で開業しており，パリの地下鉄が1900年に同じスプレーグ式電車で開業している．

さらにスプレーグは総括制御を開発し，1897年に編成電車 EMU（electric

図 2.3 第三回内国勧業博覧会のスプレーグ式電車
(「鉄道電化と電気鉄道のあゆみ」,鉄道電化協会,1978年)[4] (デッキが藤岡市助)

multiple unit) がシカゴの高架鉄道に登場して,蒸気運転に代わった.その後,ニューヨークやボストンにも導入される.以上3点セットはスプレーグシステムと呼ばれ,さらに電気車の普及を加速させることになった.1904(明治37)年8月の甲武鉄道・飯田町〜中野間・直流600Vの電化にこれを利用している.当初,MTM(M:電動車,T:付随車)の3両編成であったが(**図2.4**),国有化後に1両運転に改造された(**図2.5**).

実はスプレーグは日本ではあまり知られていなかった.彼は元米海軍の電気技師で,1879年のベルリン博や1881年のパリ博でジーメンスの電気車を見ているらしい.そして1883年には海軍からエジソンのメンロパーク研究所に移るが,翌年には独立して電車用電動機会社を作った.そして1888年にリッチモンドで成功し,1897年には蒸気けん引列車を電車列車EMUに置き換えるまでに至って,1902年に総括制御方式の特許をエジソンGE(General Electric)社に売っている.それ以前に電車用電動機会社がエジソンGE社に吸収されているので,スプレーグシステムはGE社が売り出すことになったが,スプレーグの名を付けずに各鉄道に販売し,1904(明治37)年に甲武鉄道も購入した.

その時の資料にはGE形C-14制御器としか書いてなかった.交流電動機開発のテスラも1884年にエジソンの会社に入るが1年でやめている.2人ともエジソンの人格について行けなかったらしい.

図 2.4 甲武鉄道の電車（総括制御の 3 両運転：国鉄百年写真史）

図 2.5 国有化後の甲武鉄道の電車（形式デ 963，御茶ノ水付近，国鉄百年写真史）

② 直流電気鉄道の発展と限界

　電気車の主電動機に直流電動機を使うのは速度-トルク特性が鉄道車両に適し，制御しやすく，並列運転も容易であるなど長所が多かった．短所としては整流子とブラシの頻繁な点検保守が必要で，今日でも変わらない．

　移動する電気車へ電力を供給することを饋電（以下：き電，feeding）という．1914 年までのデータでは，多くの電気鉄道は直流 600 V き電であり，このような低電圧では，1～3 両程度の電車列車で短距離区間であれば，問題は少ないが，編成が長くなり，長距離を高速で走らせようとすると電流

表 2.1　世界の直流き電方式と電化キロ（2011 年，都市交通を除く）

き電方式	日本 [km]	世界	
		[km]	主な国
1 500 V 未満	316	5 022	ドイツ，英国，スイス，米国，日本
1 500～3 000 V 未満	10 410	22 296	フランス，スペイン，オランダ，オーストラリア，日本
3 000 V 以上	0	76 414	ロシア，ポーランド，イタリア，スペイン，南アフリカ
合計	10 726	103 732	全電化キロの34%

が多くなり，き電系の電圧降下が著しく，多数の変電所の設置や高電圧化が必要になった．そこで，本線電化などの中には 1 200 V，1 500 V の電圧などが用いられ，主電動機電圧も直列接続により電圧を上げたり，1 200 V の高電圧化があったが，後者は試験的で普及しなかった．電動機の絶縁や整流が難しかったが，最大の難関は事故電流遮断器で，き電電力が大きくなると技術的に難しかったと考えられる．

高電圧化については，1913 年に米国の GE 社が鉱山鉄道で直流 2 400 V 電化に成功し，その後，ミシガン鉄道では直流 2 400 V 電化，シカゴ・ミルウォーキー鉄道では 1915 年に直流 3 000 V 電化が実用化された．以後，ロシアや欧州諸国でも直流 3 000 V 方式が主流になった．しかし，今日でも直流 3 000 V の電車では遮断器の搭載箇所に苦心している．

表 2.1 は都市交通を除いた 2011 年現在の世界の直流き電方式と電化キロ[5]であり，世界の直流電気鉄道は，1/4 が 1 500 V または 1 500 V 未満，何と 3/4 が直流 3 000 V 方式である．

世界の地下鉄（メトロ・MRT）は 2011 年現在 51 か国・約 140 都市に 8 809 km が営業されており，ほとんどが直流の架空方式と第三軌条方式である．世界の路面電車（トラム）は 42 か国・約 370 都市で 16 274 km が営業されている．電気方式は，ほとんどが直流 500～2 000 V 未満である．

表 2.2 は，都市鉄道の直流き電方式と電化キロである．

表 2.2 世界の直流き電方式と電化キロ（2011 年，都市鉄道）

種類	方式	世界	
		[km]	主な国
メトロ・MRT（51 か国）	1 500 V 未満	5 804	米国，中国，英国，ドイツ，フランス
	1 500～1 600 V	2 611	中国，韓国，スペイン，フランス，イタリア
	3 000 V	114	ブラジル
トラム・LRT 等（41 か国）	1 500 V 未満	14 782	ウクライナ，ドイツ，ポーランド，イタリア
	1 500～1 600 V	390	スペイン，スウェーデン，中国，トルコ，イタリア
	3 000 V	199	イタリア，ブラジル
合計		23 900	全都市交通の 95 %

※日本を除く

3 交流き電と交流電気車

3.1 交流電気鉄道の始まり

　高性能の蒸気機関車なみの直流電気車は輸送量が多いなど経済的に恵まれた場合しか作れなかった．そこで交流電化が必然的に検討された．

　路面電車や地下鉄では電気車の出力は比較的小さいので直流き電で普及したが，大都市の高架鉄道を除き，一般の幹線鉄道では上記の理由で蒸気機関車が有利であり，経済的に直流電化は不利であった．しかし，急勾配を持つ山岳鉄道では，特に長大トンネルのある路線では蒸気機関車けん引は不可能に近かった．

　初期の直流発電機の主な用途は照明で，主としてアーク灯であったので，整流子を持つ直流発電機でなくても，整流子のない交流発電機でも良かった．しかし，交流発電機で回す電動機はまだなかった．セルビア人のニコラ・テスラ（Nikola Tesla, 1856 – 1943）[6] が，1882 年頃に火花の出ない電動機を求めて，容易に回転界磁を得られる二相交流を考案し，誘導電動機の基礎を考えた．

　その後，1884 年に米国に渡って，エジソンの会社に入っている．

図 2.6 スコット博士

　また，1884 年にウエスティングハウス（Westinghouse：WH）社のチャールズ・スコット（Charles. F. Scott, 1864 – 1944）（**図 2.6**）は二相交流と三相交流を相互に変換可能なスコット結線変圧器を発明したが[7]，この変圧器結線は日本で現在，交流電気鉄道のき電用変圧器として用いられている．1880 年代後半になって送電網に三相交流が考案され，1885 年に実用的な変圧器が発明された．さらに 1888 年にはテスラが多相電動機を発明した．それによって 1890 年代に三相交流電力事業が実用化された．

　実は直流電力事業と交流電力事業の論争は電力を使う電灯と電動機がキーであって，交流電動機が実用化されるまではエジソンが唱える直流電力事業が有利であった．1884 年の入社から僅か 1 年ほどでエジソンのもとを飛び出した交流派のテスラが 1888 年に誘導電動機を発明すると，WH 社が支援して多相交流機器の研究を始めている．WH 社は交流電力事業を有利に導き，1896 年のナイヤガラの交流発電所からの長距離送電（25 Hz・多相交流）の成功で交流電力方式が決定的となった[8]．これらにより，三相交流電力システムから三相誘導電動機の実用化が可能になった[9]．

　周波数も様々であるが，当時はアーク灯の電源として，アークの安定性，チラつきなどの面から，40～60 Hz 周辺の周波数が選ばれている．また，長距離送電や，交流から直流に変換する回転変流機に無理のない周波数として，25 Hz や 30 Hz が選ばれている．その後，誘導電動機が登場し，回転変流機が発達して，商用電源の周波数は，米国が 60 Hz，欧州が 50 Hz になっている[10]．

　三相誘導電動機が実用化されると，まず主として山岳鉄道で交流電化が始まった．各所で様々な工夫をして実用化されたが，速度制御が不自由な点とき電用の電車線が複雑（3 線または 2 線）な点が欠点であった．

表 2.3 初期の交流電化の変遷[11]〜[13]

年	三相交流 三相電動機（回生制動可）	単相交流 直接式（交流整流子電動機）	間接式
1892		WH 社で試作失敗	
1895	ルガノ市路面電車に三相電動機を装備		
1896	ガンツ社がカンドの三相電気機関車		
1897	スイスゴルナーグラート山狭軌鉄道		
1898	スイスのユングフラウ電気鉄道		
1899	スイスのブルクドルフ-トゥーン線 45 km で 25 ‰、40 Hz・750 V	米国 60 Hz での試験失敗、25 Hz で可能性を見る	
1902	イタリア・スイスで 15 Hz・3 300 V 試験	フランスで 16.2/3 Hz 試験失敗	
1903	ドイツの高速試験電車で 210 km/h	ドイツ・AEG 社は 25 Hz	
1904		スイス 50 Hz・20 kV および 15 kV	直流変換も試験
1905		スイスでエリコン製 15 Hz・15 kV	
1906	スイスのシンプロントンネル開通		
1907		スイスでジーメンス製 15 Hz・15 kV 米国ニューヘブン線 25 Hz・11 kV ドイツ・AEG 社は 25 Hz から 16.2/3 Hz へ	
1908	シンプロントンネル 16 Hz・3 kV 開始 イタリアで 15 Hz、16.2/3 Hz・3 300 V	スイスのレッチベルグトンネルで 15 Hz・15 kV 英国で 25 Hz・6 600 V、1929 年直流へ	
1909	米国カスケードトンネル 25 Hz・6 600 V		
1910			米国 25 Hz・11 kV 回転変流機式三相電動機
1915			米国回転変流機式三相電動機　回生付き
1918			ガンツは 50 Hz 変流機式三相電動機を実験
1925			米国で MG 式機関車 25 Hz・11 kV イタリア 50 Hz・16 kV 変流機式三相電動機
1928			米国カスケードトンネル三相 25 Hz・6 600 V 単相に変更し、MG 式とする。回生付き
1936		ドイツで 50 Hz・20 kV、直接、間接式各種試験	
1940			ハンガリー 50 Hz 間接式大型機関車運転
1949			米国 WH 社水銀整流器式機関車成功
1951			フランス 50 Hz・25 kV 水銀整流器式機関車成功
1955		日本で 50 Hz・20 kV、直接式・間接式各種試験	

　この対策として，直流電動機に交流を印加することが試みられた．基本的には交流でも直流電動機は回転するからである．しかし，実際には商用周波数では実用化できず，低周波き電にして交流整流子電動機として広く使われるようになった．

　一方で電源を単相にして変圧器と電動発電機のような周波数変換装置を

搭載して誘導電動機を駆動する様々な方式の電気機関車が作られた.

商用周波単層交流き電は整流器が実用化されて直流電動機を駆動するようになって実用化された.

以上の方式の概略を示すと**表2.3**の年表のようになる. ただし, 表から漏れている実験や試験がこのほかに多くある. 実用化についてもこの表が全てではない. フィリップ・ドーソン (Philip Dawson, 1866 – 1938) の著書[11]やアルフレッド・トーマス・ドーバー (Alfred Thomas Dover) の著書[12]など当時のテキストが参考になるが, それらも全てを網羅しているわけではない. 主として近著の Electric Railways[13]を参考にした.

直流主電動機の電源は, 鉄道事業者がそれぞれ直流発電所を設けているのが普通であった. しかし, 三相長距離送電が生まれると, 電力事業者から電力を受電して電気車の電源に利用する利点が認識された.

交流の場合にはき電システムに相数, 周波数, 電圧など種々の組合せがあり, 車両の主回路システムも主電動機の種類など様々であった[13]. その各種の方式について以下説明する.

3.2 各種交流方式

(1) 三相交流直接駆動方式

いまから120年も前の1890年代に, 欧州各国で交流電気鉄道の研究が行われるようになり, 三相電動機が発明されると, 固定速度であったが, 整流子の除去がメンテナンスを縮小し, 回生ブレーキが使えるメリットがあり, 定速でよい登山電車などに使われ始めた.

1898年にスイスのユングフラウ線で 40 Hz・650 V (最初は 38 Hz・500 V) で, 三相巻線形誘導電動機を用いた三相2線式交流方式が開発されている[15].

図2.7はスイスの登山電車の例である.

誘導電動機には巻線形とかご形があるが, 20世紀初期の時代は巻線形が使われた. 誘導電動機は起動トルクが小さく, 電源周波数に近いほぼ固定された速度で回転する. 起動トルクを大きくするには回転子 (2次コイル) の抵抗を大きくするといくらか効果がある. また回転速度を変えるには極数を変える方法と, 2次コイルの抵抗を変化する方法がある. したがって, 巻線形が使われた. この場合, スリップリングを2次コイルに付けて, ブ

図 2.7 スイスの登山電車 (ルツェルン鉄道博物館：斎藤勉氏撮影，三相 2 線式交流 660 V)

ラシを介して外部の可変抵抗器につなぐのが一般的であった．

19 世紀末から 20 世紀に入る頃には本線でも連続急勾配のある路線用に出力の大きな電気機関車が使われるようになった．電源電圧は機関車搭載の変圧器で自由に変えられるので，電圧は当初，750 V など低かったが，この頃には 3 000 V と高圧になり，直流き電の欠点を補うようになった．

1899 年からドイツの交流電車は架空 3 線式で三相誘導電動機を搭載して試験を行い，1903 年 10 月に最高時速 210 km の高速記録を作った (ジーメンス製と AEG 製の 2 両)．高速試験が目的だったので，抵抗制御のほか，地上の発電所で発電機の周波数も変えている．

図 2.8 は高速運転試験電車で，50 Hz・10 kV 縦形配置の 3 線式架空電車

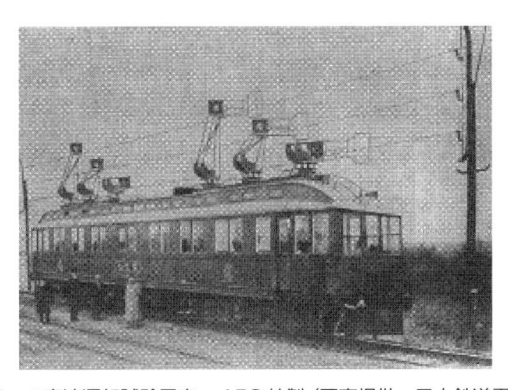

図 2.8 ドイツの高速運転試験電車 − AEG 社製 (写真提供：日本鉄道電気技術協会)

線から集電している[4].

余談であるが,当時日本の鉄道車両の権威であった島安次郎(1870-1946)はこの試験に立ち会っており,後に彼が技術的にリードした弾丸列車計画(1941(昭和16)年)に影響があったそうである[16].

1902年にガンツ社が開発した3 300 Vの15 Hzおよび16.2/3 Hzの周波数を備えた三相のシステムをイタリアとスイスで試験し,1910年に34‰の勾配と6本のトンネルを持っていたイタリア国鉄のトリノ～ジェノバ間の山岳鉄道が電化された.

1906年にスイスでシンプロントンネルが開通,AC16 Hz・3 000 Vで極数変更で試験し,1908年に軸配置1D1(先輪1-動輪4-従輪1)形機関車で開業し,1930年まで続いた.

1909年に米国のグレートノーザン鉄道は4.2 kmのカスケードトンネル(ワシントン州カスケード山脈,当時4 230 m)に,架空複線式でGE社の25 Hz・6 600 V三相システム使用した.1時間定格1 500 hp質量104.5 tの軸配置B-B(動輪2-動輪2)形機関車で,22‰の勾配で2 500 tをけん引した.その後,1928年に25 Hz・11.5 kV単相交流電動発電機(MG)変換機関車に変更された.

三相交流き電は架空3線または複線(2線)式で分岐部などに問題があり,車両も定速運転で使いにくかったために,1910年代以降は単相交流方式に代わってゆき,登山電車のような定速運転が適した路線だけに残る.

(2) 単相交流直接駆動方式(低周波単相交流電気鉄道)

この方式は単相交流架空単線式でき電できるが,19世紀末の時代,まだ単相誘導電動機はなかった.1899年頃に米国で直流直巻電動機に交流60 Hzを印加して直流電動機のように使おうと試験した.商用周波数では使えなかったが,低周波数での可能性を得た.

欧州では1902年頃から単相交流の様々な方式の比較試験を行った.結局,1905～1907年頃には15 Hzの低周波による交流整流子電動機駆動方式になった.

交流整流子電動機は直流直巻電動機であるから,同じ特性を持ち,起動トルクが大きい.速度制御も直流直巻電動機と同じである.しかし,交流を印加すると電機子コイルに変圧器起電力が生じて,整流子のブラシで短絡することになるので,大きなアークが出て整流不良を起こす.周波数が

低ければ変圧器起電力は小さくなる.それでも変圧器起電力対策として各種の補助巻線が追加された.

1907年から1912年にオーストリアで,交流25 Hz・6 500 V,そしてスイスでは単相交流16.2/3 Hz・11 kVを採用した.その後,25 Hzは放棄された.

1908年に英国ミッドランド線ではじめて25 Hz・6.6 kVで交流電化された.その後,ロンドン・ブライトン・南海岸鉄道の一部も電化された.

1908年にスイスのレッチベルグ鉄道(長大トンネルを含む急勾配路線)が開業した時,単相15 Hz・15 kV電化で機関車は交流整流子電動機を使った.後にスイスが行った交流16.2/3 Hz・15 kV(商用周波電源を利用した)方式の開発で本格的な実用化となったが,これで欧州の単相電気鉄道が確立し,オーストリア,ドイツ,ノルウェー,スウェーデンおよびスイスで標準になった.

図2.9はドイツの16.2/3 Hzき電方式の構成であり,鉄道専用の送電網を必要とする.なお,16.2/3 Hzの呼称は,2004年改定の欧州規格(EN50162)以降は16.7 Hzとしている.これは,回転機のスリップリングの過熱を減少させるためといわれている[17].

また,スウェーデンでは大地導電率の値が極めて小さく,16.2/3 Hz・15 kV電化の際に通信誘導が問題になり,その対策として吸上変圧器(boosting transformer)の研究を行い,その結果1920年に誘導電圧を約1/30に激減している.このことは,後に日本が商用周波BTき電方式を開発する際の

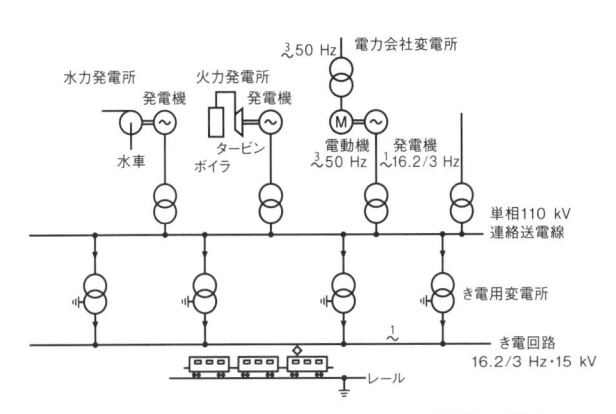

図2.9　ドイツの16.2/3 Hz・15 kVき電回路の構成

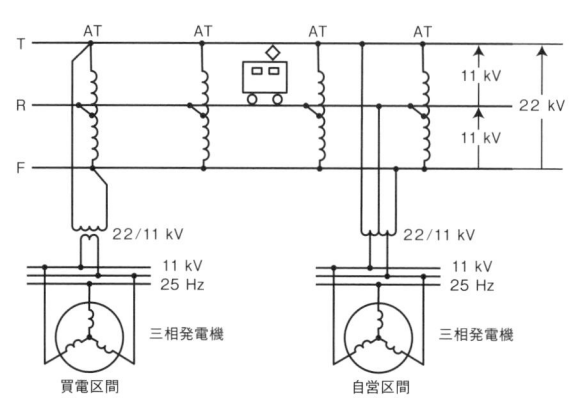

図 2.10　25 Hz・22/11 kV・AT き電方式の構成

参考になった.

　一方,米国では,1907 年に 25 Hz・11 kV で,ニューヨーク～ニューヘブン間およびスタンフォードからの支線 140 km を単相電化し,100 両の機関車を使った.この区間は当初 25 Hz・11 kV の直接き電方式で計画されていたが,AT き電方式に変更されたものである(**図 2.10**).この AT き電方式の発明者は,スコット結線変圧器を発明した WH 社のスコットである.

　同区間は 1968 年に 60 Hz・12.5 kV に変更されている.

　日本では,のちに 1966(昭和 41)年に国鉄電気局の関経男が米国に派遣されて,AT き電方式の調査を行った.1970(昭和 45)年に鹿児島本線(八代～鹿児島)で,商用周波数 60 Hz・44 kV の AT き電方式が実用化され,日本の交流電化の標準方式となった.

　単相直接式は電力会社の商用周波数と異なる場合は,専用の低周波電源が必要なため,第一次世界大戦(1914～1918)後は商用周波数への挑戦が始まる.

(3) 単相交流間接式

　単相交流電源を変換して直流電動機や三相交流電動機を駆動するシステムである.1904 年からスイスのエリコン(Oerlikon)社がゼーバッハ～ヴェッティンゲン間(20 km)で,単相交流 50 Hz・1.5 kV 方式により,電動発電機による直流変換式も試験された.き電圧を高くすることで変電所間隔を長くできる特徴がある.この種の機関車は多種作られたが,成功しなかったようである.

1915 年に米国で，連続勾配 20 ‰を 2 500 t けん引する機関車を 25 Hz・11 kV の単相交流集電で，三相誘導電動機駆動方式で WH 社が作った．回生ブレーキが使われた．単相から三相への変換は回転機によって作られた．1950 年まで使われたという．

　その後，他の区間にもこの方式が使われたが，固定運転速度のために，誘導電動機の速度制御用の接続替えや極数変更をしなかった．そのため，特殊な用途以外に広がらなかった．

　そして 1925 年頃からは交流整流子電動機の改良が著しく進み，速度制御の自由なことから誘導電動機より広く使われるようになった．

　一方，1927 年頃には米国で GE 社により電動発電機式の大型機関車（235 t）が作られた．一例として，交流 2 300 V 同期電動機＋直流発電機から 1 500 V 直流電動機駆動のシステムで運転した．

　また，1931 年頃にジーメンスほかが作った回転式相変換機式（回転変流機）機関車が走った．単相交流集電→変圧器→回転変流機で三相に変換→同期電動機→直流発電機→直流電動機のシステムで，10 年間ウィーンの近くで働いた．

　1930 年代中頃に機関車に搭載された水銀整流器を使用する見通しが見えた．そして，整流器式機関車は 1936 年にヘレンタール（Höllenthal）線の試験で使用された．

（4）単相商用周波式

　一般の電力網で使用される商用周波電源の電力を直接使用することは魅力があり，19 世紀末に米国で 60 Hz で整流子電動機を 6 か月も試験するが失敗している．

　1918 年，ハンガリーのガンツ社が 50 Hz で誘導電動機の機関車を米国の多相変換と似た方式で作り試験をした．1925 年にガンツ社はイタリアで 50 Hz・16 kV 電源で回転式相変換機により単相を三相に変換し，三相誘導電動機を駆動する機関車を作った．25，50，75 および 100 km/h の速度段式であった．

　1932～1934 年の間に 50 Hz・15 kV で製造された 29 両の機関車がハンガリー国鉄 V40 形として使用され，オーストリアでも 16.2/3 Hz の単相き電において使用された．誘導電動機の速度変化は変換器出力のタップおよび主電動機の極数を変えることにより，25，50，75 および 100 km/h の運転

速度であった.

　1936〜1939年の間にドイツのヘレンタール線の単相20kV, 50Hz電化方式で, 4種類4両の4軸機関車で試験を行った. いずれも定格2 000〜2 400kWで, ジーメンス製は整流子電動機を8台搭載したが成績は悪かった. AEG製は水銀整流器を使ったが, 運転速度が制限された. クルップ製は相変換機で三相電動機を駆動したが, 運転速度が制約された. ブラウンボベリ製は高電圧切換と水銀整流器, リアクトルを使って直流電動機を駆動して成功した. 第二次世界大戦で中断されたが, 大戦後, 1950年代の欧州の交流電化につながった.

　1949年に米国ではWH社が25 Hz・11 kV電源で水銀整流器（イグナイトロン）式機関車を試作し, ペンシルバニア鉄道の試験で成功した. 翌年から量産に入ったが, 1954年には結局失敗に終わった. 保守に問題があったという.

　フランスは, 第二次世界大戦の終戦時の1945年にヘレンタール線の成果を見て興味を持ち, スイス国境に近いサボア（Savoy）線の一部を50 Hz・20 kVで電化して, 交流整流子電動機式および水銀整流器式の機関車を試作し, 1948〜1951年の間, 商用周波単相交流き電方式の調査・研究を行い成功を収めた.

　同線はその後, 標準電圧の25 kVに変更されている.

　フランスは, サボア線での研究成果をまとめ, 1951年10月に各国の関係者をアヌシー（Annecy）に集めて報告を行った. このアヌシー報告書はわが国で交流電化方式を導入するきっかけになっている.

　1953（昭和28）年に, 国鉄から車両専門家の矢山康夫がサボア線を視察している. さらに同年に少し遅れて当時の国鉄総裁の長崎惣之助は欧州視察の際にフランスに赴き, フランス国鉄総裁のルイ・アルマン（Louis Armand, 1905 - 1971）と会談し, 深い感銘を受けて帰国し, すぐに国鉄に交流電化調査委員会を発足させた. これにより, 1954（昭和29）年9月から1年半にわたって仙山線の北仙台〜作並間（23.9 km）に商用周波交流電化設備を設置して試験を行うことになり, 1955（昭和30）年には交流電気機関車の試作も行われた. これらの技術が新幹線に発展している.

4 商用周波交流電化の発展

4.1 海外における発展

フランスは1949年の米国の整流器機関車の試験に触発されて，1951年にアルストム製の50 Hz・25 kVのイグナイトロン機関車の試験を始めた．

1952年には英国で商用周波数電源の試験が始まった．1953年に世界初のゲルマニウム半導体整流器をテストした．しかし，英国の商用周波交流電化の実用化は遅れた．

フランスは1954年に北東部のバランシューヌ～チオンビル間（363 km）を50 Hz・25 kV直接き電方式で世界初の商用周波数による電気運転を開始し，交流電化の標準方式となっている．この方式は経済性が高いことから標準方式として各国で採用された．

また，北東部幹線で，整流子電動機機関車，水銀整流器（イグナイトロン）機関車，電動発電機（MG）機関車，および周波数変換誘導電動機機関車の4種類で比較試験を合計105両の電気機関車で始めた．その結果，水銀整流器は不調で，MG式が最も技術的に確実であった．回転形周波数変換かご形誘導電動機方式は技術的に困難であったが，画期的な機関車CC14000形として20両製造され，現在も保存されている[14]．

その後，1960年代のシリコン整流器などの半導体技術の進展は電気車に大きな進歩をもたらし，さらに1980年代にはPWMインバータ制御で誘導電動機を駆動する方式が実用化されて，新しいAT（単巻変圧器）き電方式の実用化とともに，高速鉄道に交流電化方式が採用され，大きく飛躍した．

4.2 交流電化の電気方式別現状

表2.4は都市交通を除いた2011年現在の交流き電方式と電化キロであり，約3/4が商用周波25 kV方式，約1/4が低周波き電方式である[5]．

表2.5は都市交通の2011年現在の交流き電方式と電化キロであり，都市交通に占める電化キロの5％弱である．

ドイツが商用周波交流電気鉄道の基礎を構築し，フランスが1948～

1951年に完成させた商用周波数交流電化システムは，その後世界中に広がり，今や圧倒的に多くなっている．

高速化については東海道新幹線が世界の原点となり，今や200～300 km/h走行は世界の常識になっている．

き電方式については，わが国で完成させた商用周波ATき電方式に対する世界の評価は，当初は「種々の長所はあるものの建設費が多少高価」という見方であったが，高速大容量車両の出現で，従来のき電方式では信頼度・安定度の高い電力供給ができない事態が生じ，ATき電方式が一躍脚光を浴びるようになった[18]．

表2.4 世界の交流き電方式と電化キロ（2011年，都市交通を除く）

き電方式		日本[km]	世界	
			[km]	主な国
単相 50 Hz 60 Hz	20 kV 未満		470	フランス，米国
	20 kV	3 811	3 811	日本
	25 kV	2 620	154 729	ロシア，フランス，中国，日本，台湾
	50 kV		1 044	米国，カナダ，南アフリカ
単相 25 Hz	11～13 kV		811	米国，オーストリア，ノルウェー
単相 16.7 Hz	11 kV		467	スイス
	15 kV		37 468	ドイツ，スウェーデン，スイス，オーストリア
三相	不詳		25	スイス，フランス
合計		6 431	198 825	全電化キロの66 %

表2.5 世界の都市交通の交流き電方式と電化キロ（2011年現在）

種類	方式	世界	
		[km]	主な国
メトロ （4か国）	50/60 Hz　25 kV	277	韓国，インド，イラン
	三相	4	中国
トラム・LRT等 （7か国）	50/60 Hz　25 kV	110	フランス，トルコ
	16.7 Hz　15 kV	214	スウェーデン，ドイツ
	25 Hz　11～13 kV	567	米国
	三相	12	シンガポール，オーストラリア
合計		1 184	

*日本の新交通システム（三相交流600 V）60 kmを除く

商用周波 AT き電方式が，世界の主要 20 か国で実用されるに至ったことは，わが国の電気鉄道技術陣にとって誇りである．

参考文献

（1） MOTORZ By Frank Wicks http://mootorz.blogspot.jp/2008/08/blacksmiths-motor.html
（2） ベルトラン：「電気の精とパリ」，玉川大学，1999
（3） 延芳晴：「荷風のあめりか」，平凡社，2005
（4） 「鉄道電化と電気鉄道のあゆみ」，鉄道電化協会，1978
（5） 柴川久光：「海外鉄道の電気方式」，鉄道と電気技術，Vol.25，No.5，日本鉄道電気技術協会，2014
（6） T.P.ヒューズ（市場泰男・訳）：「電力の歴史」，pp.164-172，平凡社，1996
（7） IEEE Global History Network ＞ Topic Articles ＞ Charles F. Scott：http://www.ieeeghn.org/wiki/index.php/Charles_F_Scott
（8） 高橋雄造：「百万人の電気技術史」，pp.130－135，工業調査会，2006 年
（9） 「電気の史料館（ガイドブック）」，電気の史料館，2008
（10）山本充義，石郷岡猛：「電力用交流の歴史－波形，周波数，相数の変遷」，電気学会誌，pp.421－424，125 巻 7 号，2005
（11）P. DAWSON：「ELECTRIC TRACTION ON RAILWAYS」，'The Electrician'，1909
（12）A. T. Dover：「Electric Traction」，Sir Isaac Pitman & Sons, Ltd, 1917
（13）M. C. Duffy：「Electric Railways 1880－1990」，英国電気学会，2003
（14）入江則公：「交流電気車輌」，1994，（電気鉄道便覧，第五章，オーム社，1956）
（15）Hans, G. Wagli：「Schienennetz, Schweiz-Ein technisch-historischer Atlas」，SBB CFF FFS
（16）原田勝正：「日本鉄道史－技術と人間」，刀水書房，2001
（17）「Nennfrequenz 16 2/3 Hz ade ?」，Elektrische Bahnen 100（2002）12
（18）「日仏鉄道技術シンポジウム講演集－日仏技術交流史を中心に」，pp.62-77，日仏技術交流会，2007 年

第 3 章

電気鉄道への電力供給
―直流電気鉄道―

日本で最初の京都電気鉄道が 1895（明治 28）年に開業し，電気鉄道は都市圏へ広がっていった．当時は電力が不十分なため発電所を持つ鉄道会社も多かった．その後，幹線鉄道も電化され，電圧も 600 V，1 200 V，1 500 V と漸次昇圧された．これらに関して，交流から直流に変成する装置，電車線路の故障保護装置，直流遮断器，電力回生と変電所設備などの変遷について述べる．さらに，当初は変電所は有人であったが，昭和に入り変電所を指令所から監視・制御する遠方制御装置が開発され，多くの変電所の遠方制御が可能になった．

第3章 電気鉄道への電力供給—直流電気鉄道—

1 日本における電気鉄道のはじまり[(1)~(3)]

1.1 電気鉄道の誕生

日本で最初に電車が走ったのは，1890（明治23）年の第3回内国勧業博覧会の会場である．

東京電燈の技師長であった藤岡市助博士（のちの東京電気（現・東芝）の創始者）は，1886（明治19）年に欧米視察に出かけた際に電気鉄道に関心を持ち，帰国後に東京市に電気鉄道敷設の許可を申請したが許可されず，1890（明治23）年に上野公園で開かれた第3回内国勧業博覧会で，軌間1 372 mm，延長400 mの路線に，米国ブリル社から輸入した直流500 Vスプレーグ式電車運転のデモンストレーションを行った．

（1）民営電気鉄道

日本で最初に営業を開始したのは，日本で最初の水力発電所である京都市の蹴上水力発電所に設置した直流発電機を用いて，1895（明治28）年に伏見線塩小路～高倉～京橋間（6.6 km）に輸入の電車を走らせた京都電気鉄道（のちの京都市電）であり，トロリ線電圧は500 Vであった．車体は平岡工場（のちの汽車製造会社）で製作され，電動機は米国のGE社製であった．

その後，路面電車は次第に発達し，1898（明治31）年に名古屋電気鉄道が専用の直流550 Vの火力発電所で，2.6 kmの電車運転を行った．しかし，東京，大阪の路面電車の開業はこれよりも遅れ，1903（明治36）年に東京馬車鉄道が電化した，東京電車鉄道以降である．

都市間の電気鉄道としては，1899（明治32）年に大師電気鉄道（現・京浜急行電鉄）が，六郷川に自営の直流550 Vの火力発電所を建設して六郷橋～川崎大師間（2.0 km）を開業したのが始まりである．

一方，小田原馬車鉄道では上野の博覧会の実績をみて調査研究を続け，1896（明治29）年に商号を小田原電気鉄道（現・箱根登山鉄道）と改めて，1900（明治33）年に自家用水力発電所の電力と回転変流機を用いて国府津～箱根湯本間の電化が完成した．鉄道電化としては日本で最初であり，直流600 V，直接ちょう架方式であった．

法令では，道路上を1～2両で低速で運転するものは軌道とし，専用敷を多数連結して走るものを鉄道とした．以上は軌道条例（1890（明治23）年）によるものである．

私設鉄道条例（1892（明治25）年）による最初の電気鉄道は甲武鉄道である．同社は，1889（明治22）年4月に新宿1890立川間を蒸気運転で開業，その後，1895（明治28）年に飯田町まで路線を延長し，その一部である，飯田町～中野間が1904（明治37）年8月に直流600Vで電化され，同年12月に御茶ノ水まで電化した．

（2）民営電気鉄道と電気事業

明治後半から大正期の電力の供給は，小規模な火力発電所が散在し，それぞれ単独に運転を行っており，一般には直流210V・3線式または110Vで近距離配電を行っている程度で貧弱であった．このため，大正時代までほとんどの鉄道会社が自営発電所で電気鉄道を運行，または電力供給事業（電気事業）を営んでいた．

その後，1941（昭和16）年当時，関東では京成電気軌道，東京横浜電鉄などが，関西では南海電鉄，阪神電気鉄道，京阪電気鉄道などが電気事業を営んでいたが，1939（昭和14）年の日本発送電株式会社の創立と，1942（昭和17）年の配電会社9社への配電統合により，鉄道会社の電気事業は消滅している．

（3）国有鉄道（当時の逓信省）の電化

次いで，甲武鉄道は，1906（明治39）年3月に公布された鉄道国有法により，同年10月に逓信省鉄道作業局に買収されて，国鉄として最初の電気鉄道となった．

東京市内および近郊の発展に対して，山手環状線の一部として，東海道本線烏森～品川間，山手線品川～新宿～田端間，東北本線田端～上野間（合計29km）が1909（明治42）年12月に電化され，1910（明治43）年6月に東海道本線烏森～有楽町間（1.1km）および同年9月には有楽町～呉服橋間（0.8km）の電化が完成した．ついで1919（大正8）年3月には中央本線東京～万世橋間（1.9km）が電化されて中央本線を含めて山手線の電車の「の」の字運転が行われるようになった．なお，1914（大正3）年の東京駅開業時に，烏森は新橋，呉服橋は東京に改称された．1925（大正14）年11月に東京～上野間（3.6km）の電化が完成し，山手線は環状電車運転が行われるよ

図 3.1　集電ポール 2 本式の電車（「電気鉄道技術発達史」，鉄道電化協会，1983 年）[1]
　　　　（GE 社製 50 PS × 4，1911（明治 44）年，東海道線有楽町駅）

うになった．

　また，当初は京都電気鉄道のように帰線としてレールを使用する架空単線式で建設されていたが，電食や通信誘導障害の発生により，1895（明治 28）年 7 月以降，トロリ線を 2 本張り集電ポールを 2 本用い，帰電流をレールに流さない架空複線式が用いられた（**図 3.1**）．

　その後，逓信省の研究により，1911（明治 44）年の電気事業法施行に伴う電気工事規程で，バラストと枕木を用いた専用軌道については漏れ電流が少ないので，帰線にレールを用いることが緩和された．

　一方，幹線用直流電気機関車が初めて運転されたのは，1912（明治 45）年の信越本線横川〜軽井沢間（11.2 km）であり，蒸気運転から電気運転に切り替えられた．

　この区間は，66.7 ‰の非常な急勾配でトンネル区間が多く，蒸気運転には不向きな線区であり，電化が急がれた．急勾配のため，歯軌条を用いたアプト式により運行されていた．

　電気方式は直流 600 V で，電車線路には明かり区間を走行するため，下面接触方式第三軌条が用いられた（**図 3.2**）．運転用の電力は横川に 25 Hz・6 600 V・3 000 kW の発電所を新設し，丸山と矢ケ崎に変電所を設置して，回転変流機により直流 600 V に変成してき電していた．

　その後，鉄道省では 1915（大正 4）年の京浜線（東京〜桜木町間の通称）電化の際に，六郷川に矢口火力発電所を建設し，25 Hz・11 kV の送電線で

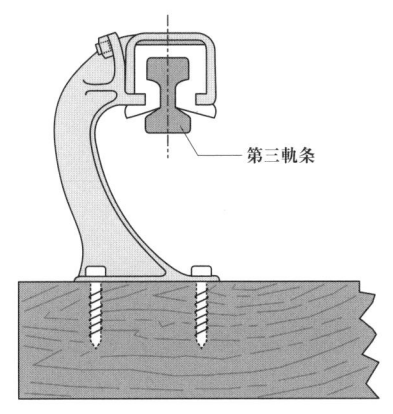

図 3.2 下面接触方式第三軌条

各変電所に送電して，山手，京浜，東海道の各線へき電している．

当時は交流を直流に変換する回転変流機は整流能力を考慮して周波数は25/30 Hz としており，商用周波数に対応できるものはなく，さらに買電よりも自営電力が安価であり，電力会社からの購入は行われなかった．

その後，1920（大正 9）年に大久保変電所および田端変電所に 50 Hz の回転変流機（芝浦製作所（現・東芝）製）が設備されて，東京電燈からの電力の購入が行われた．

1923（大正 12）年 9 月 1 日には関東大震災が発生し，首都圏の変電設備は大打撃を受けて一時は全線運転不能に陥っているが，比較的被害の少なかった東京電燈猪苗代系統から受電を受けて，9 月 16 日から順次運転を再開している．その後，輸送増加に対する適正な変電所容量や間隔，大容量変成機の選定など，画期的な構想が樹立された．

また，第一次世界大戦後，国内輸送の増加に対応して鉄道電化の議論が盛んになり，1919（大正 8）年に，「国有鉄道運輸ニ関シ，石炭ノ節約ヲ図ルノ件」が閣議決定され，幹線電化により，当時年間 300 万トンを消費していた石炭の節約を図るとともに，これに必要な自営電力開発の方針が樹立された．これにより 1921（大正 10）年に，信濃川水力発電所の第 1 期工事が着手された．千手発電所（**図 3.3**）の第 1 期工事は 1939（昭和 14）年 11 月に完成し（出力 5 万 kW），送電を開始している．

しかし，水力発電所の建設工事には長期間を要することから，1920（大正 9）年に赤羽発電所（50 Hz・11 kV）が着工，1923（大正 12）年に運転開始

図 3.3　千手発電所の発電機（30 MVA）（日立製作所製：一般公開時に著者撮影）

され，1926（大正 15）年に矢口発電所は廃止された．さらに，昭和初期における都市近郊線の電化に対処するため，1927（昭和 2）年 8 月に川崎火力発電所が着工，1930（昭和 5）年 8 月に完成して，運転を開始した．

さらに，1951（昭和 26）年に，千手発電所で使用した水を利用した小千谷発電所の 1，2 号機が発電を開始している．

その後，赤羽発電所は老朽のため 1957（昭和 32）年に廃止されたが，現在，信濃川発電所および川崎発電所は東日本旅客鉄道（JR 東日本）の使用電力の 60 %弱を供給している．

（4）地下鉄の建設

日本最初の地下鉄は 1927（昭和 2）年の東京地下鉄道（現・東京地下鉄、愛称・東京メトロ）浅草〜上野間である．箱形トンネルの天井高さを低くして建設費を抑えるため，直流 600 V，上面接触方式第三軌条（**図 3.4**）を用いて開業している．

1933（昭和 8）年に大阪市営地下鉄が，梅田〜心斎橋間を直流 750 V，第三軌条で開通している．

1960（昭和 35）年に東京都交通局も路面電車の廃止を考慮して，都営地下鉄として参入することになった．その後，都市基盤整備のため各地で地下鉄の必要性が高まり，公営鉄道として建設されてきており，現在日本には，東京のほか，大阪，名古屋，札幌，横浜，神戸，京都，福岡，仙台の 9 都市で地下鉄が運行されている．

なお，一般の鉄道と相互運転を行う路線では，直通する路線に規格を合わせるために，剛体架線またはカテナリ電車線で直流 1 500 V 方式にしている．

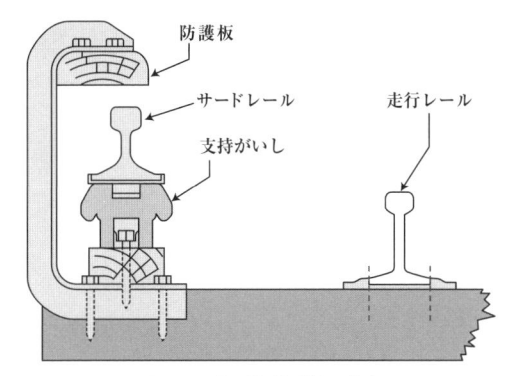

図 3.4　上面接触式第三軌条

1.2　直流き電電圧の変遷

(1) 直流 500 V 方式
　前記のように，わが国の直流電化におけるき電電圧は，直流 500 V から始まっている．

(2) 直流 600 V 方式
　その後，欧米では直流 600 V が一般に用いられるようになり，わが国においても車両および一部変電所機器などを欧米から輸入することを考慮して，直流 600 V が一般に用いられるようになった．国鉄においても 1906（明治 39）年鉄道国有法の実施にともない，当時の甲武鉄道から国に引き継がれた中央線御茶ノ水～中野間，および御茶ノ水～昌平橋間の電圧は直流 600 V であった．なお同線区は電食を考慮して，架空複線式（正負のトロリ線による方式）であった．

　また，1909（明治 42）年から 1922（大正 11）年頃にかけて電化された京浜線烏森～有楽町～呉服橋間および中央本線昌平橋～万世橋～吉祥寺～国分寺間などは直流 600 V で当時の標準電圧となっていた．

(3) 直流 1 200 V 方式
　欧米においては次第に高い電圧が使用されるようになった．わが国においても，輸送の増加に伴い電圧降下も次第に大きくなったため，1914（大正 3）年の京浜線品川～横浜間の電化には従来の 600 V に代え直流 1 200 V に昇圧された．この時，東京～品川間は，すでに直流 600 V で電化されていたので，従来の電車の主電動機の接続を直・並列運転の切換えにより対処

した．その後の東京〜上野間，国分寺〜立川間などは開通当初から 1 200 V が採用された．

(4) 直流 1 500 V 方式

1923（大正 12）年に大阪鉄道（現・近畿日本鉄道）大阪天王寺（現・大阪阿倍野橋）〜布忍（ぬのせ）間が初の 1 500 V 新線電化になり，同時に既設の布忍〜道明寺間も 1 500 V で電化された．

その後，東海道本線の電化が計画されるようになり，列車単位も大きくしかも高速運転の要求もあり，1 500 V 方式を採用しようという機運になってきた．また，これを契機に，すでに 600 V および 1 200 V で電化している区間もすべて 1 500 V に昇圧すべきとの結論に達し，1925（大正 14）年に京浜線東京〜桜木町間，1928（昭和 3）年には東京〜上野〜赤羽間を 1 200 V から 1 500 V に昇圧したのをはじめ，1929（昭和 4）年には中央本線東京〜国立間が昇圧された．なお，東京〜荻窪間は 600 V から一気に 1 500 V に昇圧されている．

1.3　現在のき電電圧

現在，直流 1 500 V 方式は国鉄の在来線や民鉄の都市輸送として現在広く採用されている．また，第三軌条を用いた地下鉄や，地方の中小民鉄では，直流 750 V または 600 V 方式が用いられている．

国鉄・JR では，その後のさらなる輸送量の増大に対処するため，1975（昭和 50）年頃から 3 000 V 化の検討も行われたが，わが国は電車方式であるため絶縁離隔が厳しいことや，改造する車両数や電力設備がばく大なことなどにより見送られている．

電車線路電圧は，国鉄の設計施工標準や地方鉄道建設規程に，各標準電圧と最低電圧の規定があった．

その後，1987（昭和 62）年の国鉄改革に伴う普通鉄道構造規則や，規制緩和により 2001（平成 13）年に施行された「鉄道に関する技術上の基準を定める省令」で，「電車線の電圧は，車両の機能を維持し，列車の運転時分を確保するに十分な値を保たなければならない」と規定されている．

現在は電気運転計画の目安として，同省令の解説に電車線路の標準（公称）電圧および許容電圧範囲を**表 3.1** のように定めている．また，JR の場

表 3.1 電車線路の標準電圧と許容電圧範囲

種別	標準[V]	最高[V]	最低[V]
省令の解説	1 500 750 600	1 800 900 720	1 000 500 400
国鉄	1 500	き電 1 650 回生 1 800	幹線 1 000 亜幹線 900

合は国鉄で定められた値に基づいているものが多い.

2 戦前における直流変成機器(1)~(3)

直流き電回路は，当初は発電所に直流発電機を設備して直接電力を供給していたが，その後，図 3.5 に示すように，変電所で三相電力系統から受電し，変成装置（整流器）で直流電力に変換して電気車に電力を供給している．

2.1 回転変流機

回転変流機（rotary converter：RC）は交流電動機と直流発電機の回転子を共用した構造で，銅損や電機子反作用が小さくなり，電圧降下も小さい．

わが国で初めて回転変流機を採用したのは，1900（明治 33）年の小田原

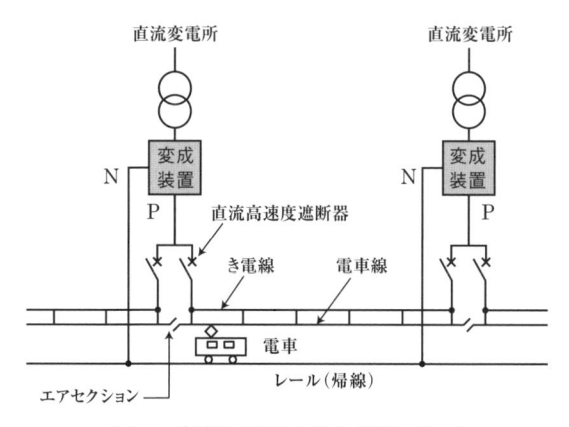

図 3.5 直流き電回路の構成（単線で表示）

電気鉄道であり，交流350 V/直流500 V・100 kWで外国製であった．

1906（明治39）年に国が甲武鉄道から買収した当時は，中央線御茶ノ水～中野間は柏木，市ヶ谷両変電所の25 Hz・600 V・100 kWの回転変流機によりき電していたが，これらは自営火力である柏木発電所から受電し，機器はすべて輸入品であった．

回転変流機の国産第1号機は，1907（明治40）年に芝浦製作所が小田原電気鉄道に納入した30 Hz・150 kWといわれている．1914（大正3）年には同じく芝浦製作所が大津電車軌道に60 Hz用300 kW2台を納入している．

回転変流機は芝浦製作所の国産品が使用された時点より，商用周波数の国産品製造の努力が積み重ねられ，日立製作所，三菱電機（1921（大正10）年），富士電機（1923（大正12）年）などが加わり，1930（昭和5）年以降は専ら国産品が使用されるに至った．

回転変流機は負荷の急変に対して整流悪化が発生するため，標準電圧は直流600 Vまたは750 Vとしており，直流1 500 V用は1 000 kWを2台直列にして使用された（**図3.6**）．

また，電気車の負荷変動に対応するため，一部で，蓄電池を補助に設けて負荷を救済する方式が1926（大正15）年頃まで用いられた．

図3.6　回転変流機（東中野変電所・750 V・1 000 kW×2直列）（写真提供：鉄道技術研究所）

2.2 特殊変流機

　1925（大正14）年国鉄の大船，二宮の両変電所には電動変流機（motor converter：MC）が，1927（昭和2）年には湯河原変電所に電動発電機（MG）などの特殊な変流機が輸入された（**図 3.7**）．これは，東海道本線電化にあたって送電線が長距離となり電圧変動のため50 Hzの回転変流機がフラッシオーバ（閃絡）に悩まされたため，乱調や閃絡を生じにくいこの形式のものが採用されたものである．

　電動変流機とは，別の名を縦続変流機（cascade converter：CC）といい英国のBruce Peaple社より輸入したもので，両変電所にそれぞれ1 500 V・2 000 kW 4台が設備された．これは，誘導電動機の回転子と回転変流機の電機子とを直結したようなもので，その特性は回転変流機と直流発電機の中間にあるといわれている．

　この電動変流機は1954～1955（昭和29～30）年に大船，二宮変電所が水銀整流器に改修する際廃却されたが，このうち二宮変電所4台は，国鉄鉄道技術研究所の実験設備として高速度遮断器の特性改善に貢献した．

　電動発電機（motor generator：MG）は同期電動機と直流発電機を直結したもので，1914（大正3）年に川崎（旧）変電所にジーメンス社製（ドイツ）1 200 V・1 000 kW 3台が設備され，また1927（昭和2）年には湯河原変電所にWH社製（米国）1 500 V・2 000 kW 2台が設備された．

　これは，御殿場線電化の目的で輸入されたもので，当時回転変流機では

図 3.7　電動変流機（大船変電所・英国BP社製，1 500 V・2 000 kW）

電力回生が困難なことから計画されたものであるが，電力回生には使用されなかった．その後同所には回転変流機が増設されたが，電動発電機との並列運転には苦労したとのことである．

2.3　水銀整流器

水銀整流器は米国の Cooper Hewitt が 1902 年に水銀蒸気アークが電流に対して弁作用があることを発見して，ガラス製水銀整流器を発明し，さらに 1910 年に鉄製水銀整流器を製作したことに始まる．

図 3.8 は水銀整流器の原理であり，電磁石で点弧子と陰極を短絡させて起動する．

当時は新技術導入は民鉄が積極的で，京都嵐山電鉄（現・京福電鉄）が国鉄より早く，1923（大正 12）年に水銀整流器を輸入している．その後，国鉄で 1926（大正 15）年に大井町変電所に鉄製水銀整流器（1 500 V・1 500 kW）が輸入されている．

国産では，1927（昭和 2）年に盛岡電灯が花巻温泉鉄道を創設したが，ここに芝浦製作所製国産 1 号の鉄製多極水銀整流器 600 V・300 kW（**図 3.9**）が設置された．

また，軽負荷用として芝浦製作所製のガラス製水銀整流器（直流 600 V・180 kW）が，1936（昭和 11）年にわが国で初めて江ノ島電気鉄道に設置さ

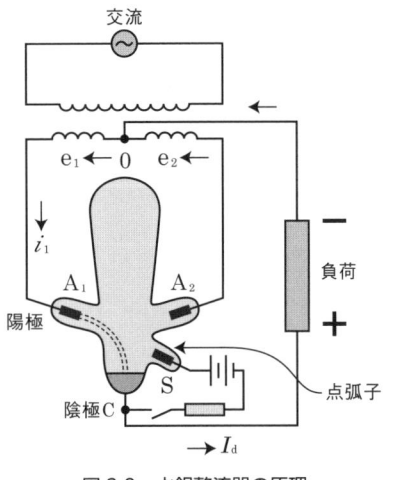

図 3.8　水銀整流器の原理

図 3.9　多極鉄製水冷式水銀整流器
（600 V・300 kW）（東芝科学館所蔵）

図 3.10　単極封じ切り水銀整流器（日立製作所製，1 500 V・3 000 kW）

れた．

その後，鉄製水銀整流器は従来の回転変流機に代わり，太平洋戦争後めざましい進歩を遂げ，水冷式から風冷式に，多極から高効率で小型軽量な単極へ，さらに排気装置が不要な封じ切りへと進歩し，1955（昭和 30）年頃に単極風冷式封じ切り形（**図 3.10**）が実用化された．

水銀整流器は半導体整流器の発展により，1967（昭和 42）年頃に製造は打ち切られた．

2.4　高速度遮断器

直流高速度遮断器（high speed circuit breaker）は，開極時に接触子間で発生するアークをアークシュートに導いて引き伸ばすことでアーク電圧を高くして，アーク電圧が回路電圧より高くなることで直流電流を減衰し消滅させる方式である（**図 3.11**）．

直流高速度遮断器は 1900 年頃に米国で，回転変流機や直流発電機の整流子がフラッシオーバしたときの保護用に開発されたもので，回転変流機の発達とともに進歩してきた．

いい替えれば，直流高速度遮断器の発達によって商用周波数による回転変流機が実用化し，それが直流電気鉄道の発達を推進した．この時代の直流高速度遮断器は，短絡電流が回転変流機の極間短絡に発展しないうちに早く（50 Hz では約 20 ms 以内，60 Hz では約 16 ms 以内）に遮断することに重点を置いていた．

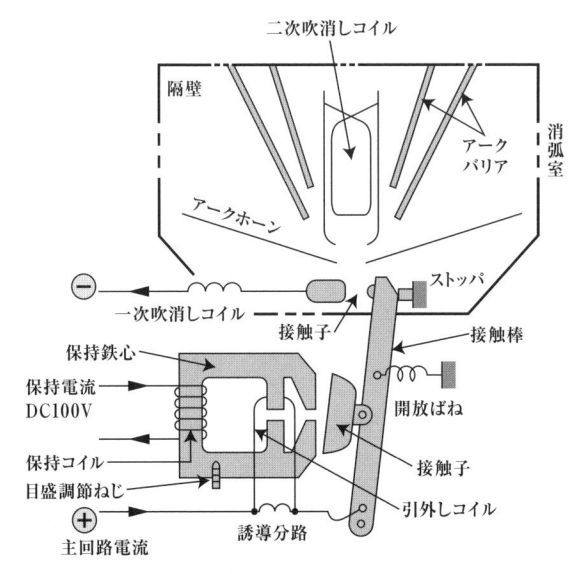

第3章　電気鉄道への電力供給―直流電気鉄道―

図 3.11　直流高速度遮断器（電気保持式）の構造

　この手段として，単に目盛設定値（電流整定値）で遮断するのではなく，引き外しコイル（インダクタンス小，抵抗中）に並列に誘導分路（インダクタンス大，抵抗小）を取り付け，事故電流のような急激の立ち上がりの電流では電流整定値より少ない電流でトリップする遮断特性（選択特性）を付加した機構が米国で考案され，1926 年にシカゴ市内の鉄道に使用された．

　わが国では直流高速度遮断器は，1924（大正 13）年に鉄道省が大井町変電所（現在の JR 東日本）で試運転線用として米国 GE 社製のものが初めて使用された．さらに，1927（昭和 2）年以降に，き電回路の開閉ならびに保護のため，広く用いられるようになった．

3 戦後の直流電気鉄道の発展（復興期）[(1)~(3)]

3.1 上越線電化と東海道本線全線電化

　第二次世界大戦中の電化は中断されていたが，1945（昭和20）年の終戦直後，鉄道省は連合軍司令部（GHQ）に対し上越線，東海道本線全線，山陽本線全線の電化を申請したが，GHQは敗戦国日本にとって電化は贅沢であるとの理由でなかなか許可が得られなかった．本省施設局の西村英一鉄道監，東鉄電気工事部（のちの東京電気工事局）の関四郎次長らを中心に電化の効用を必死に訴え，その結果，上越線のみ電化着工の許可が得られた．

　上越線は1929（昭和4）年に清水トンネル開通と同時に水上〜石打間はすでに電化されていた．工事は1946（昭和21）年2月に着工し，1947（昭和22）年4月に上越南線59.1 kmが完成し，ここに高崎〜長岡間約170 kmに及ぶ長距離電化区間が初めて誕生した．

　東海道本線については，戦前に東京〜沼津間および神戸〜京都間は電化が完成していたが，1949（昭和24）年沼津側から電化工事を着工し1956（昭和31）年11月19日東海道本線の全線電化が完了した．この日はのちに鉄道電化協会により「鉄道電化の日」と定めている．

3.2 戦後の事故と技術の発展

　太平洋戦争後の輸送力増強に伴う負荷電流の増大は，直流高速度遮断器の選択特性による，き電回路の事故電流と運転電流の判別を次第に困難にさせた．

　特に，戦後復旧の十年間（1950〜1960（昭和25〜35）年）には歴史に残る大きな事故があり，その解決のため各種の保護技術は飛躍的に向上した．

（1）桜木町事故

　1951（昭和26）年4月24日，国鉄京浜東北線・桜木町駅構内において，電車線路のがいし交換作業中に地絡が発生して断線，トロリ線が垂下したところへ電車が進入し，先頭車のパンタグラフがトロリ線とからまり，火花が発生し，故障が数分間継続して，2両の電車が火災，乗客106名が死亡，

92名が負傷するという，国鉄電化開業以来の痛ましい事故が発生した．

当時は物資もない時代で，車両は木製部分が多く，車両間の渡りの設備もなく，また窓から出入りできない構造の63型電車であったが，これが結果的に不幸を拡大した一因ともなっている．

(2) 新宿変電所における高速度遮断器遮断不能

1956（昭和31）年新宿変電所において水銀整流器に逆弧が発生し並列水銀整流器ならびに隣接変電所からの流入電流が大きく高速度遮断器（54P）が遮断不能となる事故が発生し，変電所の一部を焼損させた．新宿変電所は，当時，直流変成設備として3 000 kW × 4組，計12 000 kWを持つ大容量変電所であり，この事故の原因は高速度遮断器の遮断容量の不足であった．

これを機に，高速度遮断器の性能向上と運用の見直しが行われた．

(3) 直流き電回路の保安度の向上

1. 保護方式の進展[4]

き電回路の故障選択装置の研究は1950～1952（昭和25～27）年に鉄道電化協会に「直流回路研究委員会（委員長：東京大学　福田節雄教授）が設置されるなど，大学，国鉄，メーカーなどが参加して，1950（昭和25）年頃より行われていたが，桜木町事故を契機に研究に拍車がかかり，故障選択装置として1955（昭和30）年にdi/dt～ΔI形が開発されて採用された．しかし，di/dt要素による不要動作があることがわかり，1959（昭和34）年に有極リレーを用いたΔI検出形故障選択装置（**図 3.12**）が開発された．

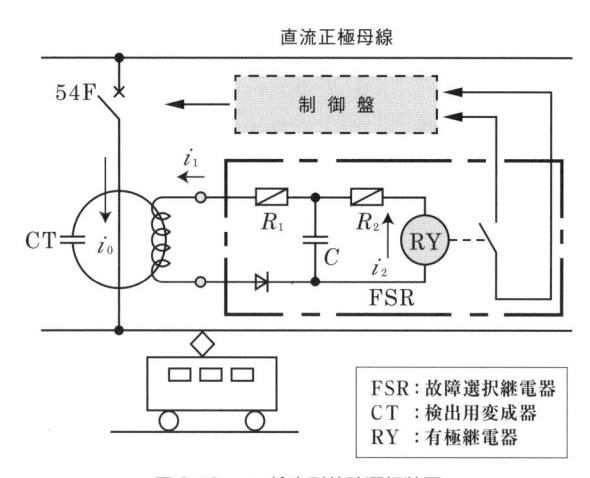

図 3.12　ΔI 検出形故障選択装置

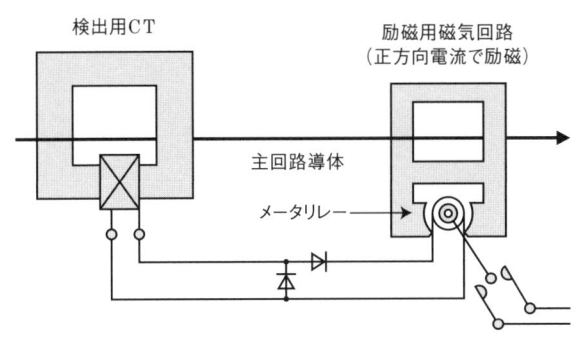

図 3.13 単方向性故障選択装置

さらに，1961（昭和36）年に正方向のみで動作するメータリレーを用いた，単方向性故障選択装置（**図 3.13**）が開発されて，き電区分所を対象に一部使用された．その後，単方向性形が標準になり，国鉄および民鉄の変電所で用いられた．

当時は変電所間の「連絡遮断装置」のない時代で，これを契機に対向する変電所の直流高速度遮断器間の連絡遮断が義務づけられたのは大きな前進であった．

2. 直流高速度遮断器の改良

1955（昭和30）年に東海道本線二宮変電所が水銀整流器変電所になったのを機に，旧二宮変電所の電動変流機を直流遮断試験用に改造し，鉄道技術研究所二宮直流遮断実験所として開設され，初代電力保安研究室長・広瀬健吾を中心に，高速度遮断器の性能改善の研究が始められた．

二宮直流遮断実験所において高速度遮断器の遮断性能の改善に努め，開極機構，磁気吹消機構，消弧室構造について大幅な改良を加え，それまでの遮断容量 10 kA のものを，1959（昭和34）年遮断容量 50 kA にまで向上させた飛躍的な進歩である．

主回路ははめ込み式，移動を容易にするため車輪付きとした．**図 3.14** に直流高速度遮断器の外観を示す．さらに当時，輸送量の著しい増加に伴い変電所の設備容量も急増し，短絡電流は高速度遮断器の容量をさらに上回ることが予測された．そこで，変電所の一つの母線に接続される整流器の台数を制限する母線分離方式の研究が行われ，1967（昭和47）年頃から一部の大容量変電所で実施している．

図 3.14　車輪付きの直流高速度遮断器

4 直流電気鉄道の発展（安定期）

4.1　シリコンダイオード整流器の発展[2], [5], [6]

（1）金属整流器のはじまり

水銀整流器の改良にもかかわらず，逆弧がなくならず，より信頼性が高く保守の容易な変成機器が要求された．

金属整流器のはしりはセレン整流器であり，1957（昭和32）年に西日本鉄道に600 V・400 kWのセレン整流器が設置された．その後，600 V級のシリコンダイオード整流器（シリコン整流器）が1959（昭和34）年に南海電鉄，東京都交通局（路面電車），阪急電鉄で実用化された．

さらに，素子の製作技術が進んで，1960（昭和35）年に近畿日本鉄道に1 500 V・3 000 kWのシリコン整流器が初めて設置されて業界の注目を集め，シリコン整流器の設置数は急激に増加するとともに，単位容量も大きくなった．

電力用シリコン整流素子は，p形半導体とn形半導体の2層を接合して，電流に対して整流作用を持たせた素子であり，陽極から陰極の方向にのみ電流が流れる．

初期のシリコン整流素子は図 3.15に示すスタッド形素子で，接続用のリード線がついており，定格電圧は500〜1 000 V程度，電流容量は300 A程度である．

(a) 構造　　　(b) 外観

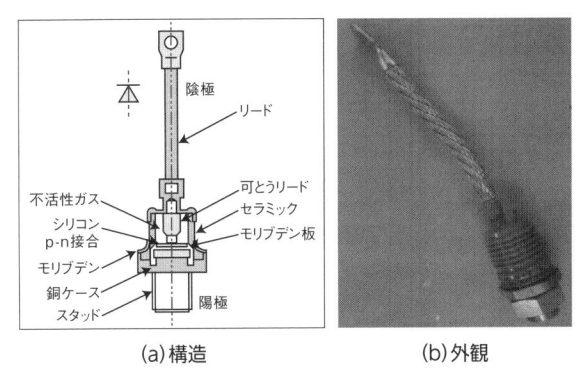

図 3.15　スタッド形素子

その後，1965（昭和 40）年頃に平形素子が開発された．平形素子は，**図 3.16** に示すように円盤形の形状で両面が電極になっており，両面を冷却できるので電流容量を大きくできる．現在では，平形で逆耐圧 5 000 V・電流容量 3 480 A や 3 400 V・5 100 A の素子が開発されており，整流器の直並列素子数が少なくなっている．

（2）シリコン整流器の構成

当初シリコン整流器は，三相全波整流である 6 パルス（6 相）整流器が用いられていたが，1994（平成 6）年に当時の通産省資源エネルギー庁から特定需要家への「高調波抑制対策ガイドライン」の通達が出され，高調波低減のために 30°位相差の 6 パルス方式を組み合わせた 12 パルス（12 相）方式が用いられるようになった．

図 3.17 は 12 パルスシリコン整流器の結線であり，第 5 調波と第 7 調波は打ち消しあって発生せず，高調波は低減する．並列方式は当初は相間に

図 3.16　平形素子

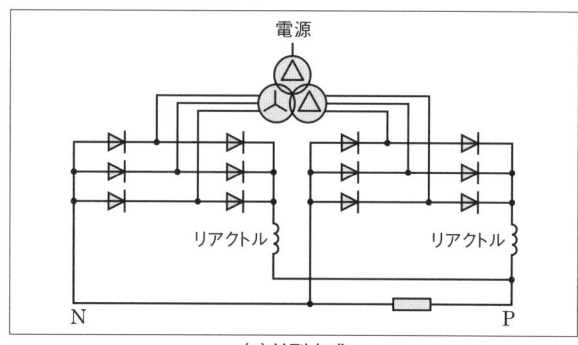

(a) 並列方式

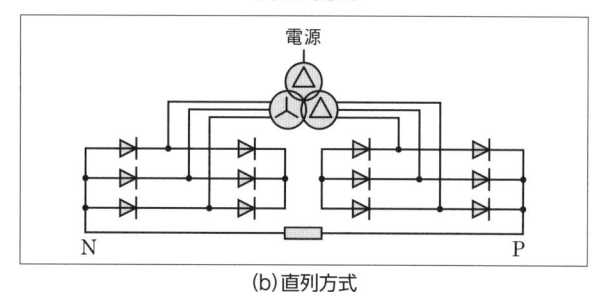

(b) 直列方式

図3.17　12パルス変換器の結線

高調波循環電流抑制のためにリアクトルが設けられたが，その後，設計上の配慮により直接接続されるようになった．

（3）シリコン整流器の定格と冷却

シリコン整流器は1963（昭和38）年の電気学会技術報告No.58「電鉄負荷の把握と線区に応じた整流器容量の選定」により，**表3.2**のように定格（主要部の抜粋）が定められている．その後，電気学会規格調査会規格JEC 2410-1998（半導体電力変換装置）以降では，定格はクラスで表されている．

シリコン整流器の冷却には，**図3.18**に示すように，風冷式，油冷式，蒸発潜熱による沸騰冷却自冷式，ヒートパイプ自冷式へと進歩してきた．す

表3.2　シリコン整流器の定格

定格	負荷条件
D種（クラスD）	定格電流で連続使用，その後150 %で2時間，さらに300 %で1分間
E種（クラスE）	定格電流で連続使用，その後120 %で2時間，さらに300 %で1分間
S種（クラスS）	D種，E種以外の特殊定格

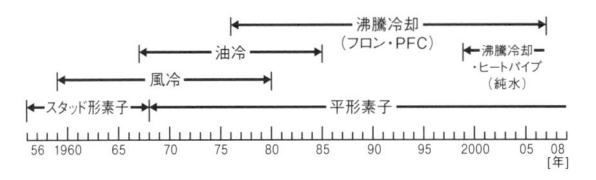

3.18 シリコン整流器の冷却方式の変遷

図 3.19 乾式自冷式（トレイ式）シリコン整流器（三菱電機製，スタッド形素子，1 500 V・1 000 kW）

なわち，スタッド形素子に代わる平形素子の導入により，劣化素子検出装置が廃止され，密閉形の液冷式シリコン整流器に代わっていった．

図 3.19 はスタッド形素子を用いた乾式自冷式シリコン整流器の外観である．

沸騰冷却自冷式は，**図 3.20** に示すように，密閉タンクに封入された冷却媒体に素子を浸漬し，気化した冷媒が上部凝縮器で冷却，液化することで自冷としている．

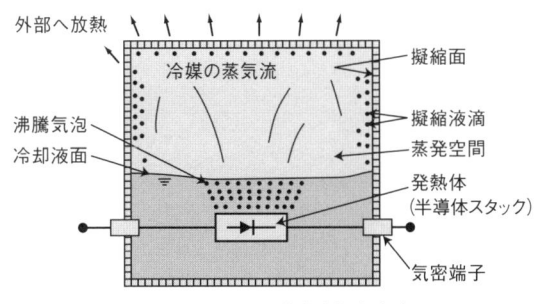

図 3.20 PFC 沸騰冷却自冷式

冷媒には1970（昭和45）年代後半から1980（昭和55）年代までフロンを用いていたが，その後，オゾン層保護のため，1990（平成2）年台まではパーフルオロカーボン（PFC）が用いられた．

2000（平成12）年代に入り，温暖化防止に配慮して，純水を用いた沸騰冷却自冷式やヒートパイプ冷却自冷式が用いられている．純水は低温で沸騰するように減圧して封入されている．

4.2 高速度遮断器の発展[5]

表3.3は，直流高速度遮断器の遮断性能の変遷である．直流高速度遮断器は，桜木町事故を契機に「直流高速度遮断器専門委員会」が設置され，その報告書を基礎に，1961（昭和36）年に電気学会規格調査会において，規格JEC 152-1961として制定された．

規格制定後10年を経て，負荷電流が著しく大きくなったこと，シリコン整流器が広く普及したこと，主器定格が3 000 kWから6 000 kWになったことなどから，1971（昭和46）年に規格が改定された（JEC 152-1971）．

さらに，負荷の増大に伴う変電所容量の増加などから，1991（平成3）年にJEC 7152-1991が制定されるとともに，高速度ターンオフ遮断器に対して，JEC 7153-1991が制定された．さらに「IEC/TC9国内委員会」の下で国際規格IEC 61992との整合性について検討が行われ，2010（平成22）年にJIS E 2501-1, -2が制定されている．

（1）機械保持式直流高速度気中遮断器

直流高速度気中遮断器（d.c. high speed air circuit breaker）は投入状態を電磁石で保持する電気保持式が適用されてきた．これに対し，投入状態を機械的なラッチ（つめ）で保持する機械保持式遮断器が1960（昭和35）年

表3.3 直流高速度遮断器の遮断性能の変遷

年	定格遮断容量[kA]	規定回路条件		定格遮断電流[kA]	アーク電圧最大値[kV]	遮断時間[ms]
		推定短絡電流最大[kA]	突進率×10^6 [A／s]			
1951	10	10	1.5	—	—	18
1959	50	50	3	25	4	—
1991	100	100	10	55	4	—

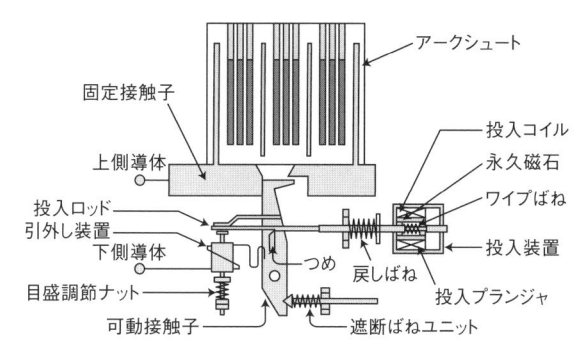

図3.21 直流高速度気中遮断器（東芝製，機械保持式）の構造

代に開発されてきた．この遮断器は電気保持式に対して大幅に小形・軽量化できるため，1990（平成2）年代以降，急速に普及している．

図3.21はスイスのセシュロン社の高速度気中遮断器を，わが国の規格（JEC 152）に適合するように改良した機械保持式の高速度遮断器であり，1993年（平成5）年に東芝が，1995（平成6）年に日立製作所が鉄道事業者に納入している．投入は電磁操作式で，引き外しは電磁引外コイルによっている．

（2）直流高速度真空遮断器

高速度真空遮断器（d.c. high speed vacuum circuit breaker：HSVCB）は，騒音が小さく，気中アークを発生しない遮断器として最初に日立製作所で開発され，1988（昭和63）年に直流1 500 V・連続電流4 kA・遮断電流50 kAの装置が相模鉄道で採用された．その後，東京急行電鉄など民鉄を中心に採用が広がっている．

図3.22に高速度真空遮断器の構造を示す．

高速度真空遮断器は常時コンデンサを充電しておき，異常電流を検出したら，転流回路により真空バルブに約1～2 kHzの高周波電流を供給して電流零点を発生させて電流を遮断する方式である．開極時間が約1 msと短い．

（3）ターンオフサイリスタ遮断器

静止形遮断器として，直流1 500 V用のサイリスタ遮断器が1978（昭和53）年に開発されて，国鉄福塩線上戸手変電所で1年間の実証試験が行われた．なお，サイリスタ遮断器は電流零点を作るための転流回路が必要である．

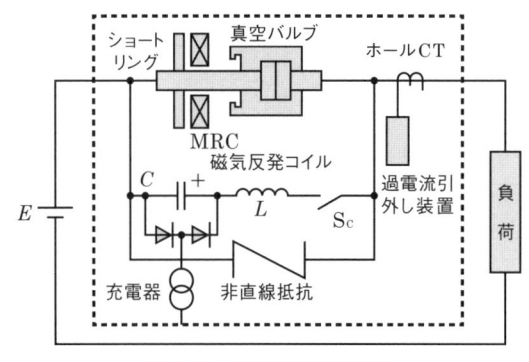

図 3.22 高速度真空遮断器

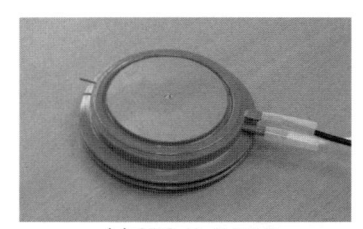

(a) GTO サイリスタ

(b) GTO 遮断器の構造

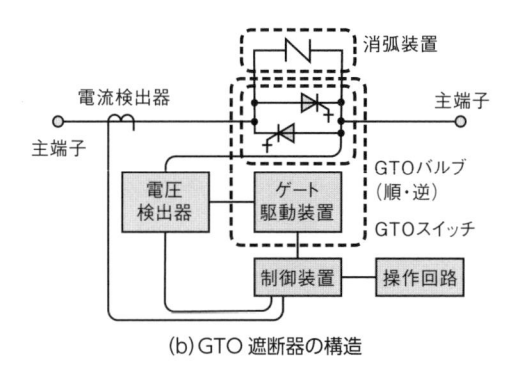

図 3.23 GTO サイリスタと GTO 遮断器の構造

　その後，自己消弧形半導体が開発され，GTO サイリスタを用いた GTO 遮断器が開発された．GTO 遮断器は遮断時間が 1 ms 以内で非常に短く，気中式に比べて，無アーク，低騒音，小限流値，省保守であるが，素子の保護，通電時の損失に留意が必要である．**図 3.23** に GTO サイリスタと GTO 遮断器の構造を示す．

1986（昭和61）年に直流1 500 V・連続1 800 A・20秒4 500 Aの装置が札幌市交通局東豊線で採用された．その後，一部の公・民鉄で採用されている．

4.3 き電回路保護方式の見直し[7]

ΔI（デルタ）形故障選択継電器は，事故時において電流変化が大きいことにより故障を判別するものである．

ΔI 形故障選択継電器は電子形から，最近はディジタル形になり，電流方向判別形やウインドウ形が使用されている．変電所前のセクションでの電流変化や，回生車による負の電流変化で不要動作しないようにしている．

（1）電子形故障選択装置

有極リレー形，メータリレー形の故障選択装置とも電流検出回路の時定数が大きいため，高速度遮断器が短時間で事故電流を遮断すると，急激な電流変化に追随できず動作しないことがあった．

これを解決するために，**図 3.24** に示すように，電流検出器（DCCT）を飽和変成器（FD）として二次巻線にき電電流の微分量を発生させ，この電圧を積分（IM）することで過渡的に一次電流とほぼ相似の波形を出力し，レベル検出を電子回路で行う高速動作の電子形が開発された．電子形故障選択装置は，1976（昭和51）年以降，多くの変電所で導入されて，保護性能を向上させた．

（2）ディジタル形故障選択継電器

負荷電流の重なりによる不要動作低減のため，1984（昭和59）年に，負荷分解能を100 msまで縮めた電流方向判別形（FM形）が開発された．

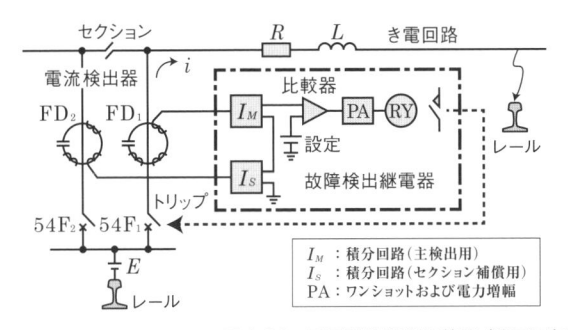

図 3.24　電子形故障選択装置（津田電気計器製）

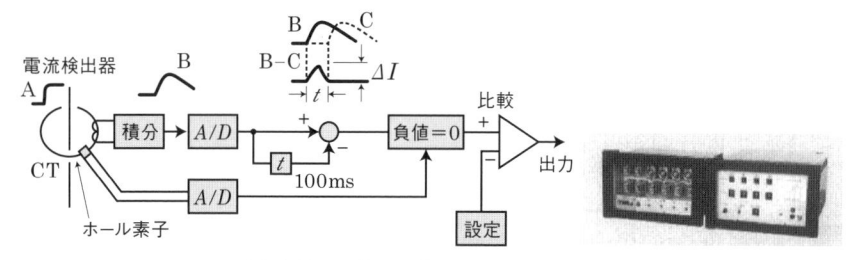

図 3.25　電流方向判別形（FM形）故障選択継電器（津田電気計器製）

図 3.25 は電流方向判別形のブロック図であり，積分回路出力をディジタル化し，現在の電流と 100 ms 前の電流の差を求めて，電流変化が一定の大きさを超えると故障と判断する．電力回生が中断したときの負領域の電流変化は無視し，正領域の ΔI のみを演算している．自己診断機能も付与されて，装置の保全性が向上した．

さらに，変電所配電盤の ME（micro electronics）化に伴い，主要ブロックを二重化して保護連動機能を追加して信頼性を飛躍的に向上させた MEF 形が，1988（昭和63）年から実用化されている．

1991（平成3）年には，電流検出器にホール素子を用い，負荷電流の ΔI 分解能向上（40 ms）と回生失効時の負方向電流急減対応のディジタル方式のウインドウ形故障選択継電器が導入された．

（3）故障点標定装置[8]

故障が発生したときに故障点を標定できると，故障復旧時間を短くできる．直流き電回路は変電所間隔が短いので，故障点標定装置は使用されなかったが，2001（平成13）年に，故障点の両側の変電所における事故電流

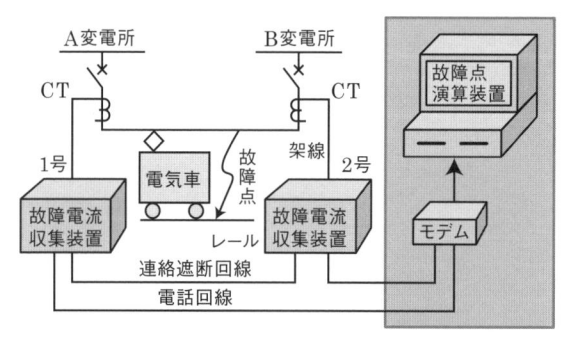

図 3.26　直流き電故障点標定装置の構成（津田電気計器製）

の立上りの比から故障点を標定する，直流増加量比例配分方式の故障点標定装置（**図3.26**）が，JR西日本奈良線で実用化され，その後，順次導入されている．

5 電力回生車とき電回路

5.1 電力回生と消費[9]

電力回生ブレーキ付き車両は，連続急勾配の抑速対策としての歴史は古いが，最近ではチョッパ制御電車やVVVFインバータ制御電車の普及に伴って，車両の軽量化や省エネルギー化のため，都市圏での採用が顕著になってきている．インバータ車の回生率は30〜35％程度である．

電力回生が最初に行われたのは，1928（昭和3）年に高野山電気鉄道（直流1500V）の電車であり，50‰前後の急勾配対策として用いられた．

国有鉄道における直流電気機関車による電力回生運転は，1935（昭和10）年中央本線笹子トンネルを分水嶺とする連続勾配区間において，EF11形電気機関車により行われた．当時，き電用変電所は回転変流機であったので回生電力は電源へ返還された．本格的な回生運転は33‰の勾配が連続する奥羽本線福島〜米沢間で，1951（昭和26）年に庭坂などの3か所の変電所に逆変換装置として制御格子付きの水銀整流を設置して，下り勾配をEF16形電気機関車により回生ブレーキを使用した抑速運転が行われた．同区間は1968（昭和43）年に交流電気鉄道に変更されている．

直流回生は，回生車両の電圧を電車線路電圧より高くして行う．シリコン整流器の場合，回生電力は電源へ戻らず，近くを走る力行車が消費することになるが，回生電力を消費する負荷がないと回生は失効し，機械ブレーキに切り替わる．また，負荷が遠方の場合は，き電回路の電圧降下のため，回生車の電圧は著しく高くなり，回生電流を絞り込む必要が生じる．

このため，半導体電力変換装置を用いた各種の回生対策装置が実用化されている[9]．

上越線水上〜石打間の約41kmの急勾配区間においても，越後湯沢変電

所は回転変流機であり，1955（昭和30）年にEF16形電気機関車による電力回生による抑速運転が行われた．

1974（昭和49）年に変電所がシリコン整流器に更新されるのに伴い，回生電力を抵抗で消費されるサイリスタチョッパ抵抗式回生電力吸収装置が同変電所に設備された．その後，半導体素子として自己消弧形のGTOサイリスタを用いた回生電力吸収装置（**図3.27**）が，1986（昭和61）年に京阪電気鉄道京津線（直流750 V）で実用化されている．

また，サイリスタの開発に伴い回生電力を有効に利用するために，1976（昭和51）年6月に札幌市交通局東西線では，**図3.28**に示すように，シリコン整流器とともに電車線電圧が無負荷電圧より高くなると交流に変換する電力回生用サイリスタインバータが設備され，回生電力を駅舎に供給している．

サイリスタインバータは，その後，主に第三セクターを含む公・民鉄に

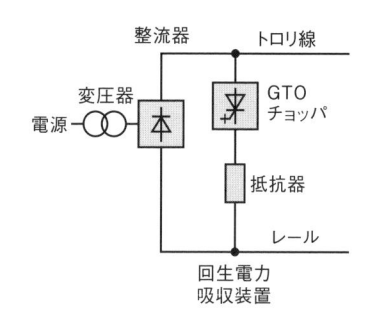

図3.27　GTOサイリスタチョッパ抵抗電力吸収装置

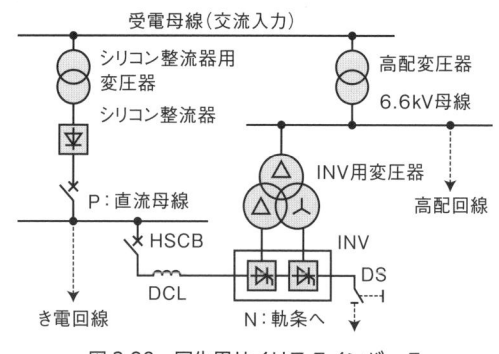

図3.28　回生用サイリスタインバータ

導入されている.

サイリスタ整流器は,軽負荷時の電圧上昇を抑えることができ,回生電力を遠くの力行負荷に届きやすくする.

国鉄では 1981(昭和 56)年に電圧降下対策として,1 500 V・6 000 kW のサイリスタ整流器(**図 3.29**)を,山手線の 2 か所の変電所に設置している.

また,阪急電鉄では 1988(昭和 63)年以降,回生電力を有効に利用するために,サイリスタ整流器を設備して電圧一定制御を行っている.

サイリスタ整流器を用いて出力電圧を一定に制御し,サイリスタインバータ電圧を下げて回生効率を高める方式が,1982(昭和 57)年に札幌市交通局で用いられている.

さらに,PWM(パルス幅変調)整流器で順変換(交流→直流)と逆変換(直流→交流)を行い電圧一定でき電を行う方式(**図 3.30**)が,2005(平成 17)

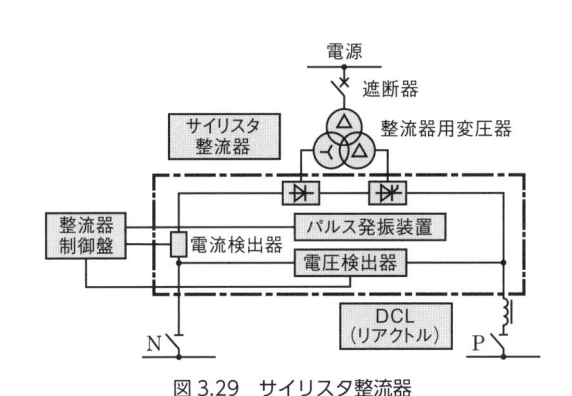

図 3.29 サイリスタ整流器

図 3.30 PWM 整流器

年8月に開業したつくばエクスプレスで実用化されている.

5.2 電力貯蔵装置による電圧降下対策と回生電力対策

電力変換装置の技術進歩や電力貯蔵媒体の進歩により,回生電力の有効利用や電圧降下対策が注目されている.

電力貯蔵媒装置の歴史は古く,1910(明治43)年代に信越本線碓氷峠の2か所の変電所(丸山,矢ヶ崎),および山手線の永楽町・京浜線の大井町など4か所の変電所で,鉛蓄電池を回転変流機と組み合わせて負荷の平準化を図った時期があった.その後,1979～1983((昭和54～58)年に,広島県の国鉄可部線で,サイリスタチョッパと鉛蓄電池を用いたバッテリーポストの試験が行われたが,半導体電力変換装置の技術が緒についたばかりで,高調波ノイズや蓄電池の課題があり,実用に至らなかった.

電圧降下対策として,1988(昭和63)年に京浜急行電鉄逗子線で,電動発電機とフライホイールを組み合わせたフライホイールポストが実用化された(**図3.31**).

フライホイールは質量14.1 t,回転数は2 100～3 000 min^{-1}で,ヘリウムガス冷却である.しかし,機械的な損失があるため,その後の発展は見られない.

その後,電気自動車用に充放電特性が良い電力貯蔵媒体として,電気二重層キャパシタ,リチウムイオン電池やニッケル水素電池などの二次電池が開発されてきた.

電気二重層キャパシタは筒形と平形があり,1セル当たり2.5 V程度の定格電圧であるが,電気鉄道は電圧が高いため,平形を用いて集電板を共用

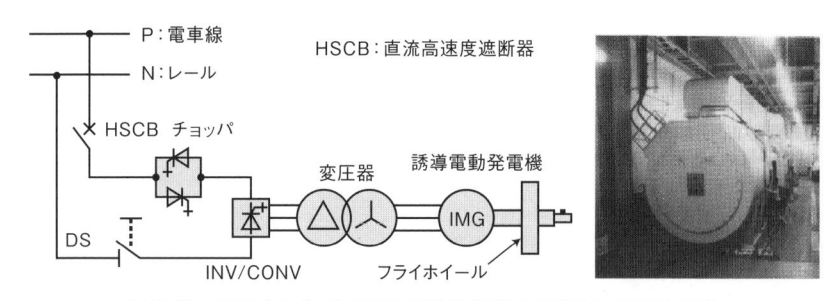

図3.31 フライホイールポストの構成(直流1 500 V・3 000 kW)

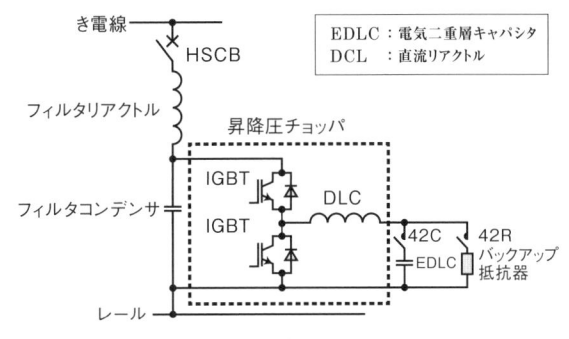

図 3.32　電気二重層キャパシタを用いた電力貯蔵装置

し直列接続で積層できるバイポーラ形が使用されている.

図 3.32 は電気二重層キャパシタ（EDLC）を用いた電力貯蔵装置の構成であり，IGBT（絶縁ゲートバイポーラトランジスタ）を用いた昇降圧チョッパで高速スイッチングを行うことにより，き電電圧を降圧してキャパシタを充電し，あるいはキャパシタ電圧を昇圧してき電線に放電する．抵抗器は回生電力の吸収によりキャパシタが満充電になり，他の力行車への供給が期待できないときのバックアップ用である．

電気二重層キャパシタは，2007（平成 19）年に西武鉄道秩父線（直流 1 500 V）で電力回生対策として設置されている．

また，リチウムイオン電池と IGBT チョッパ（**図 3.32** で EDLC をリチウムイオン電池に置き換え）を組み合わせた電力貯蔵装置も実用化されている．リチウムイオン電池を用いた電力貯蔵装置は，2006（平成 18）年に JR 西日本北陸本線が長浜から敦賀まで直流化（交流 20 kV から直流 1 500 V）したときに電圧降下および回生対策として用いられた．その後，2007 年に神戸市交通局（直流 1 500 V）および鹿児島市交通局（直流 600 V）で用いられている．さらに，2013（平成 25）年に JR 東日本青梅線に電力回生対策として設置されている．リチウムイオン電池は架線レス電車への適用が検討されており，2014（平成 26）年 3 月に，JR 東日本烏山線に蓄電池駆動電車 EV-E301 系が投入された．

従来のニッケル水素電池は円筒形が使用されていたが，鉄道用として平形で電極をバイポーラ形として，大容量化した電池が開発されている．電池の定格電圧は 1 セル当たり 1.2 V であるが直列接続してモジュール化し，

さらにモジュールを直列化している．

電池の電圧変化が小さく内部抵抗が低いので，電力変換装置を必要とせず，き電回路に直接接続して用いられているのが特徴である．ニッケル水素電池は，2010（平成22）年に大阪市交通局谷町線（直流750 V）で電圧降下および回生対策用として用いられている．今後1 500 V回路での適用が期待されている．

6 多数変電所の集中監視制御[7]

6.1 親子式遠方制御装置

わが国における遠方制御の始まりは親子式遠方制御であり，1929（昭和4）年に阪和電気鉄道（のちに国鉄阪和線）のき電用高速度遮断器の制御が最初である．日本電気が制御部を，芝浦製作所が電力機器部を担当している．

1932（昭和7）年には東京地下鉄道の上野変電所〜神田変電所の遠方監視制御にも採用された．しかし，戦争が続いたために，遠制化は進まなかった．

国鉄では東京近郊で，1937（昭和12）年頃から，大船から戸塚き電室，八王子から立川・淺川（現・高尾）き電室の3き電室への遠方制御が行われた．

その後，太平洋戦争後の電化の進展および輸送力増強に伴って，変電所の新設が急激に増加する傾向にあったため，1950（昭和25）年に小田原変電所（RC）の新設に当って，二宮変電所から親子式の遠方制御が行われた．この親子式は，東海道本線や高崎線などで1957（昭和32）年頃まで多く採用されている．親子式では連絡線設備に多額の経費を要し，装置の信頼度向上も要請された．

6.2 多数変電所の無人集中制御

1955（昭和30）年に天坊裕彦国鉄副総裁を委員長とする電化調査委員会が設けられ，3 300 kmの幹線電化計画が策定されて，単位変電所の採用による無人化と，これらを総合した多数変電所の集中制御方式（**図3.33**）が構想された．

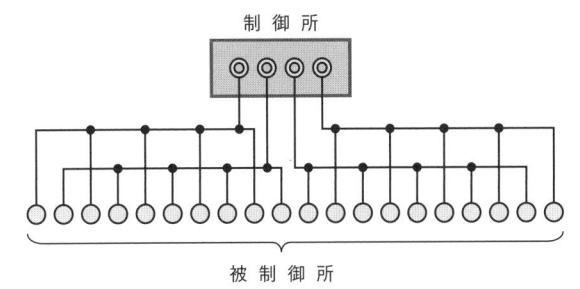

図 3.33 集中制御方式遠方監視制御

図 3.34 「鉄研 B 形」遠方監視制御装置の監視制御盤

　これを受けて鉄道技術研究所電力機械研究室の能木貞治主任研究員を中心に集中制御方式の開発が進められ，1958（昭和 33）年に，山陽本線（西明石～姫路），東北本線（大宮～宇都宮）でワイヤスプリングリレーを用いた「鉄研 B 形」が採用された．以後，国鉄在来線の標準方式となり長く使用された．**図 3.34** は「鉄研 B 形」の監視制御盤である．

　その後，トランジスタを用いた遠方制御装置が開発されて，1960（昭和 35）年に東武鉄道鶴瀬変電所で用いられた．国鉄では 1964（昭和 39）年に完成した東海道新幹線の「鉄研 H2 形遠方監視制御装置」であり，東京の中央指令所から変電所など 50 か所を制御した．

6.3　電子計算機の導入

　1960 年代後半（昭和 40 年代）に大手民鉄では，全線にわたる電力司令（国鉄・交通営団では指令，民鉄では司令）を一元化するため，親変電所の遠方制御や線区ごとに分散していた制御所を一か所の中央司令所へ統合する動

図 3.35　DECS の地方指令卓（日立評論（1981 年 11 月号）に掲載）

きが盛んになった．この動きに並行して制御所への電子計算機の導入の動きが始まった．最初に計算機を導入したのは 1967（昭和 42）年の大阪市交通局である．

国鉄では，1972（昭和 47）年の山陽新幹線新大阪〜岡山間の開業で，従来の H2 形に小形計算機を導入するなどの改良と IC を採用した H3 形が開発・採用された．さらに，1970〜1975（昭和 45〜50）年にかけて全国新幹線網計画をうけて，遠方制御装置のあり方，指令所のあり方，指令業務の自動化などの検討が進められた．1976〜1979（昭和 51〜54）年にかけて，鉄研 W（wagon）形遠制の開発を行い，1979（昭和 54）年に，電力情報処理装置，遠方制御システムおよび配電盤連動システムの 3 つのサブシステムからなる新幹線電力系統制御システム（DECS：DEnryoku keito Control System）が完成し，翌 1980（昭和 55）年 10 月の上越新幹線雪対策試験線で使用開始された．**図 3.35** は DECS の地方司令卓である．

ワゴン式の鉄研 W 形遠制は，制御装置と被制御装置をループ状の回線で構成して，空ワゴンという送信許可信号を巡回させて，伝送する子局がこれを取得して任意の局への情報（満ワゴン）を伝送する方式である．

参考文献

（1）「電気鉄道技術発達史」，鉄道電化協会，1983
（2）「鉄道電化と電気鉄道のあゆみ」，鉄道電化協会，1978
（3）鎌原今朝雄：「電気鉄道の歩み」，新電気（1975 年 1 月〜1976 年 3 月），オーム社

（4） 通信教育教科書「変電所」, 日本国有鉄道, 1970
（5） 持永芳文 編著：「電気鉄道技術入門」, オーム社, 2008
（6） 持永芳文：「直流電気鉄道用変電設備の変遷」, 平成20年度 電力セミナー, 日本鉄道電気技術協会, 2008
（7） 「鉄道電気技術者のための電力概論：制御と保護」, 日本鉄道電気技術協会, 2009
（8） 前川千明, 川島剛, 内田久吉, 田中秀昭：「直流故障点標定装置の開発」, 鉄道におけるサイバネティクス利用国内シンポジウム, No.619, 1997
（9） 主査 持永芳文：「電気鉄道におけるパワーエレクトロニクス」, 日本鉄道電気技術協会, 1998
（10） 長谷伸一, 中道好信, 持永芳文：「直流電気鉄道への電力媒体適用の基礎試験」, 平成12年電気学会全国大会, No.E.5-246, Vol.5, 2001

第4章

電気鉄道への電力供給
―交流電気鉄道の発展―

　交流電気鉄道は仙山線で開発試験が行われ，1957（昭和32）年にBTき電方式で仙山線および北陸本線が開業している．BTき電方式は東海道新幹線で採用されたが，その後，大電力の供給が可能なATき電方式が開発され，山陽新幹線以降の標準方式になった．受電も特別高圧から超高圧受電が行われることになり，新たに変圧器の開発が行われた．さらに，エレクトロニクスの進展により，き電回路故障の保護方式の高性能化や，電力変換装置によるき電電圧の安定化が行われている．ATき電方式は，海外でも注目されるようになり，技術協力も行われている．

1 直流き電方式から交流き電方式へ

1.1 交流電気鉄道の導入契機

太平洋戦争後（1945（昭和20）年）以降，日本における電化は急速に進展し，上越線，奥羽本線，高崎線，および東海道本線の電化が完成していった．

これらはすべて直流1 500 V方式であり，戦後の復興に伴って輸送量は増加し，かつ長大編成車両の機運が高まった．このため，電気車電流が増加し，地上設備の容量不足を招き，また，負荷電流の増大により事故時の故障選択保護が困難になるなど，直流き電方式による高速・大出力電気車の運転は限界に達してきた．

この様な情勢から，日本においても特別高圧を使用した交流電気鉄道の優位性に着目して，1950（昭和25）年頃から検討が進められてきた．

1.2 交流電化調査委員会と仙山線試験[1]

（1）交流電化調査委員会

第二次世界大戦後，フランス国鉄は，スイス国境に近い山岳線であるサボア線78 kmを50 Hz・20 kVで電化して商用周波単相交流き電方式の調査・研究を行い，成功を収め，この成果をまとめて1951年にアヌシー（Annecy）で，各国の関係者を集めて技術報告会を行った．

1953（昭和28）年に，国鉄の長崎惣之助総裁は欧州視察の際にフランス国鉄総裁と会談し，わが国にもこれを導入すべく，同年に交流電化調査委員会を発足させた．

本委員会（初代委員長：天坊裕彦 国鉄副総裁）のもとに，運転，施設，電気，車両，連合，交流電化試験などの6分科会があり，さらに各分科会のもとに下部組織を設けて研究・開発が行われた．委員総数は434名にも及び，当時の国鉄が如何に力を入れたかが伺われる．

1954（昭和29）年6月の中間報告で「商用周波による単相交流方式は，わが国においても経済的に有利となるべきことを予想しうるに至った．（原文）」とある．

しかしながら，この方式を採用するに当たっては，①近接する通信線路その他の施設に対する誘導障害，②三相電力網に対する電力不平衡，③特別高圧電車線路構造と給電方式，④交流電気機関車の製造，および⑤既設電化方式との接続，等々の問題の解決が必要であることが指摘された．

（2）仙山線における試験

委員会による諸理論検討のほか，上記に関する技術的可能性と経済性とを，わが国の実情に即して解決するため，仙山線の北仙台～作並間（23.9 km）に交流電化設備を設置して試験を行うことになった．

き電方式は，最大の関心事であった通信誘導障害の観点から，当時欧州で実用されていた直接き電方式の採用は日本では無理との判断から，スウェーデンで実績のある BT（boosting transformer）き電を採用することにした．図 4.1 は BT き電回路の構成であり，BT 間隔は通信誘導障害軽減の観点から 4 km と定められた．高電圧による建築限界の拡大もそれほど大きなものではなく，通信誘導障害も BT き電方式やケーブル化などにより問題なく展開した．

き電電圧は，わが国では当時 20 kV が一般の電力網で標準とされていること，わが国の鉄道が狭軌で，隧道などの支障物を考慮して，常規使用電圧（標準電圧）を 20 kV，最高電圧を 22 kV，最低電圧を 16 kV とした．

試験は 1954（昭和 29）年 9 月から 1956（昭和 31）年 3 月までの 1 年半で行われた．

初めての交流電気機関車は，整流子電動機による直接式機関車（ED44 形，日立製作所製）と，イグナイトロンによる直流変換式機関車（ED45 形，三菱電機製）の各 1 両を国産で試作した．2 種類の機関車とも良好な性能で，特にイグナイトロン方式は粘着性能に優れており，整流子電動機方式は高

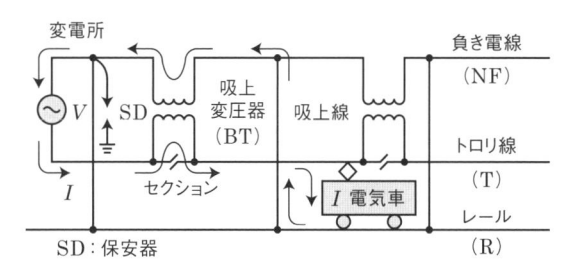

図 4.1　BT き電回路の基本構成

速域におけるけん引力が著しく大きいことが確認された.

さらに，1956（昭和31）年3月に，米国GE社において，シリコンダイオード素子の完成が近いとの情報がもたらされ，最終的に同年5月に交流電化調査委員会は交流電化採用を決定している．なお，GEは同年9月にシリコンダイオード素子の開発に成功を発表している．

き電用変電所において三相電力網から受電することから，発電機や回転機の過熱など，単相負荷の許容限度について，単相受電，T結線（スコット結線），およびV結線について検討し，おおむね2時間平均の最大負荷に対し，当時フランスでは5%を許容限度としていたが，日本では電圧不平衡率を3%に抑制することを目標として差し支えないとし，1959（昭和34）年に改正が行われた，通商産業省の電気工作物規程（昭29.4通産令第55号，昭34.5改，昭和40年に電気設備技術基準）にも反映された．

交流電化採用の決定を受けて，仙山線の試験設備は営業運転に向けた改修工事が行われ，1957（昭和32）年9月に仙台〜作並間が初めての商用周波交流50 Hz・20 kV・BTき電方式で開業した．図4.2は仙山線作並駅構内にある，交流電化発祥地の記念碑である．

(3) 交流BTき電方式による在来線の電化

仙山線の試験の成功により，直流電化の予定で工事中であった北陸本線米原（田村）〜敦賀間（41.1 km）が急きょ交流方式で行うことが決定され，交流60 Hz・20 kV・BTき電方式で開業した．図4.3は敦賀運転所にある交流電化発祥地の記念碑である．仙山線は試験線の延長であるが，北陸本線は新たな電化であるので，2か所に記念碑が建てられている．

なお，仙山線，北陸本線ともに当初は単相受電である．

図4.2 交流電化発祥地の記念碑（作並駅）　　図4.3 交流電化発祥之地の記念碑（敦賀運転所）

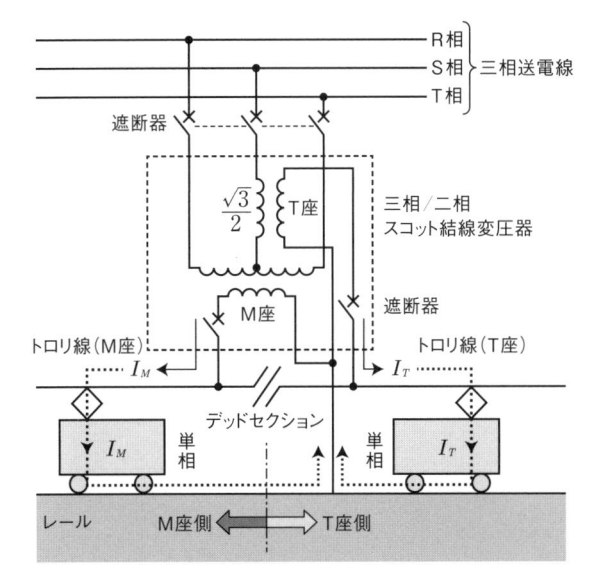

図4.4 交流き電用変電所とスコット結線変圧器

引き続き1959 (昭和34) 年7月に東北本線黒磯～白河間 (25.0 km) が電化され，特別高圧の三相電力系統からスコット結線変圧器で受電した (**図4.4**). スコット結線変圧器は，二次側のM座とT座で同一負荷をとれば，一次側の三相電流が平衡する作用があり，電気鉄道の不平衡軽減に有効である．

電気事業者にとっては，三相平衡負荷を目的とした設備から単相負荷をとれば設備利用率が低下するという考えがあり，単相電力を考慮した割増しの基本料金設定をしている．このこともあって，三相受電するために，三相二相変換変圧器を用いている．

さらに，1960 (昭和35) 年3月に東北本線白河～福島間 (84.6 km)，1961 (昭和36) 年8月に東北本線福島～仙台間 (79.3 km)，同年6月に常磐線取手～勝田間 (83.7 km)，および鹿児島本線門司港～久留米間 (115.4 km)[*1]，

---

*1 電化完成記念切符

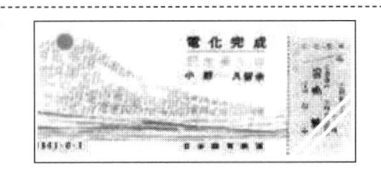

図4.5 吸上変圧器 (320 V, 200 A, 64 kVA)

1962（昭和37）年2月に久留米～荒木間（4.9 km）などが，相次いでBTき電方式で電化開業した．

吸上変圧器（BT）は，対地22 kVで容量は36 kVAまたは64 kVAが用いられ，約4 km間隔で設置された．**図4.5**にBTの設置例を示す．

同時期に大容量のシリコン整流器が実用化されて，シリコン整流器を用いた高性能の電気車が普及した．

商用周波単相交流き電方式は，直流方式に比べて変電所および電車線路設備が簡素化され，経済的であり，その後の運転実績も良好であった．このため，負き電線と吸上変圧器を有するBTき電方式は，1970（昭和45）年にATき電方式が鹿児島本線で採用されるまで，交流電化の標準方式となった．

2 東海道新幹線の開発

2.1 建設の必要性

戦後10年が経った昭和30年代に入ると，わが国の経済も成長期に入り鉄道の需要も急増した．特に東海道本線は著しく，全国鉄の輸送量の1/4が東海道本線にかかり，1955（昭和30）年ころには複線区間で片道200本に

達し，しかも，特急，急行，準急，普通，さらに貨物列車と，速度の異なる列車の混合交通のため線路容量は限度に達した．

このため東海道本線の輸送力増強が大きな課題となり，1956（昭和31）年5月に国鉄本社内に島秀雄技師長を委員長とする「東海道線増強調査会」を設けて本格的な対策の検討に入った．折しも，1957（昭和32）年5月，東京銀座ヤマハホールで開かれた国鉄鉄道技術研究所主催の講演会で，"東京〜大阪間に広軌電車による新幹線を建設し，最高時速 250 km/h 運転で両都市間を3時間で結ぶことが技術的に可能である"との提言が行われた．

当時の国鉄総裁の十河信二も広軌（当時は標準軌をこのように表現）の新幹線案を強く主張し，国鉄部内でも新幹線建設に向かっての検討が本格化した．

1957（昭和32）年8月には運輸省に大蔵公望（日本交通公社会長）を会長とする「日本国有鉄道幹線調査会」が設けられ，1958（昭和33）年7月には「東海道新幹線によって東海道線の抜本的輸送力増強をはかるべき」との答申が行われた．これにより，軌道は標準軌（4 フィート 8.5 インチ，1 435 mm），電気方式は交流 25 kV，最高時速 250 km/h（目標）等による東海道新幹線は国の認知を受け，さらに 1958（昭和33）年12月，東海道新幹線建設が閣議決定された．工事期間は，1959（昭和34）年4月から 1964（昭和39）年10月とされた．これは東京オリンピックに間に合わせるためであった．

2.2 電力供給システムの発展[(1)]

(1) き電システム

東海道新幹線に採用するき電方式の検討については，1957（昭和32）年に新幹線建設の機運が高まったころから行われていた．当時の結論は，トロリ線とレールより構成される直接き電方式は，構造は簡単であるが通信誘導障害の問題があり，後述の単巻変圧器（auto-transformer：AT）を用いた AT き電方式は回路解析が不十分のため，初めての 200 km/h 以上の高速運転に対するき電方式としては，未経験の方式より実績のある方式にすべきであるとの見解から，吸上変圧器（BT）を用いた BT き電方式の採用が決定された．

電力関係での最も大きな問題は，供給電力の周波数の決定であった．わが

国では，富士川を挟んで東側が50 Hz，西側が60 Hzの地域に分かれている．

海外では，例えば米国，カナダなどは60 Hz，欧州やアフリカなどは50 Hzと統一されており，日本のように周波数が混在する国はまれである．何故このようになったのかは，明治時代に東京電力の前身の東京電燈がドイツAEG社製の50 Hzの交流発電機を，関西電力の前身の大阪電燈が米国GE社製の60 Hzの発電機を採用したのに端を発している．

そこで，50/60 Hz両用車両の製作と，周波数統一方式の2つの案の技術的・経済的な比較検討が行われた．前者は車両搭載電気機器の質量（重さ）が60 Hz専用車両に比し増加するので，初めての210 km/hの高速走行を確実に成功させるためには少しでも軽量化を図りたい強い要望があった．一方，周波数統一方式は，富士川以東の東京まで60 Hz電力を供給するため，地上電気設備費の増大を招くが，50/60 Hz周波数変換装置技術は十分対応できることが想定されたため，後者の周波数統一方式が選択された．そこで50 Hz区間の小田原近郊と横浜に周波数変換変電所を設け対処することになった．

図4.6は回転形周波数変換装置の構成であり，東京電力から154 kVを受電して，三相50 Hz・50 MW・10極の同期電動機により，三相60 Hz・60 MVA・12極の同期発電機を$600\ \text{min}^{-1}$で回転させて周波数を変換し，77 kVの送電線で各き電用変電所に電力を供給することとなった．その後，2003（平成15）年にインバータを用いた静止形周波数変換装置が開発され設置されている[2]．

き電用変圧器は77 kV受電（一部154 kV受電）のスコット結線変圧器（**図4.7**）を用いたが，電源の短絡容量が列車負荷に対して弱かったために，後に電力会社変電所で鉄道専用バンクにするなどの対策を行っている．

き電電圧は標準25 kVで，最高電圧は国際的には27.5 kVであるが，初めての200 km/h以上の高速運転ということで余裕をみて特に30 kVとし，最低電圧22.5 kV，瞬時最低電圧20 kVとした．変電所間隔は約20 kmとした．

吸上変圧器（BT）は，通信誘導障害を考慮して，一般区間が容量240 kVAを約3 km間隔，東京地区などの都市部が容量120 kVAを約1.5 km間隔で設置している．

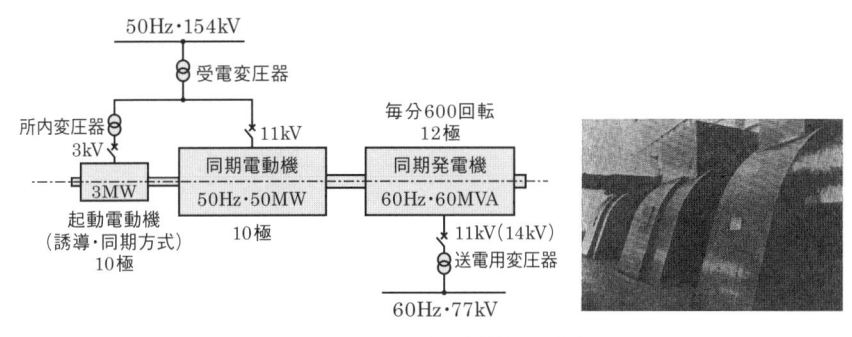

図 4.6　回転形周波数変換装置の構成

図 4.7　スコット結線変圧器（右は VT）（77 kV/30 kV + 30 kV・30 MVA）（著者撮影）

（2）変電所間の並列き電と上下線別異相き電

　新幹線負荷容量は在来車両に比し格段に大きいので，安定した電力を供給するため並列き電の研究が行われた．並列き電の利点は，電圧降下／き電電力損失の軽減，電圧不平衡の軽減，瞬時ピークの低減等の効果があるが，実現可能か否か，並列投入・開放時の過渡現象／保護の問題を検討するとともに，受電予定地の電圧相差角等の調査を実施し，可能であることを明らかにした．

　図 4.8 は各種の異相き電方式であり，一般には方面別異相き電が用いられるが，並列き電を行うためには，上下線別異相き電にする必要がある．問題は，上下線のき電電圧が異相であるため駅で車両は上下線を直接渡ることができないので，上下線の中間に特殊なデッドセクションを設けて解

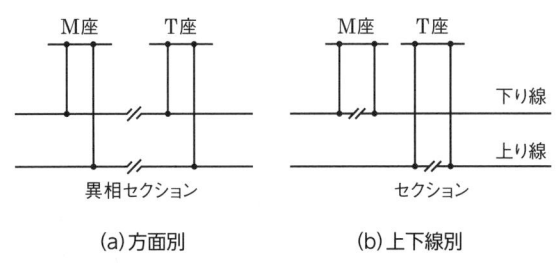

図 4.8　方面別異相き電と上下線別異相き電

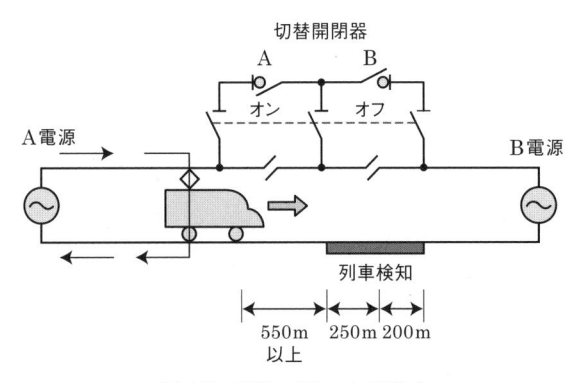

図 4.9　切替セクションの構成

決した．上下線別異相き電により，さらに変電所前の異相セクションが不要になる．

また，変電所やき電区分所の異相突合せを，在来線ではデッドセクションとして電車が通過するときにノッチオフで惰行で通過しているが，新幹線は高速のため，**図 4.9** に示すように，約 1 km の切替セクションを設けて切替開閉器により 300 ms の僅かな停電時間で切り替える方式が開発された．

切替開閉器には，当初，空気遮断器が用いられたが，保守の省力化などのために，1977（昭和 52）年に真空開閉器化が計画され，実証試験を経て，逐次真空開閉器が用いられるようになった．

さらに，東海道新幹線では，サイリスタ素子を使用した静止形切替用開閉器が開発されており[3]，2013（平成 25）年度から逐次取り替えられる．

（3）BTセクションのアーク消弧対策[4]

東海道新幹線がBTき電方式によって，着々と工事が進行していた

図4.10 2S形抵抗セクション方式の構成

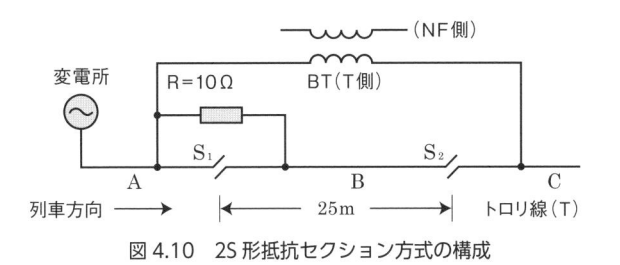

図4.11 BT（240 kVA）と抵抗器（10 Ω）

1961（昭和36）年5月，東北本線越河〜貝田間のBTセクション部のちょう架線（CdCu 60 mm^2）の素線切れおよびトロリ線の焼鈍事故が発生した．この原因はBTか所に挿入した直列コンデンサの値が大きかったため，セクションでの遮断電流が増大したことであることが分かった．

そこで1962（昭和37）年に完成されたモデル線（車両走行試験を初めとする各種試験を行うための約30 kmの新幹線先行工事区間）で，開業までの2年半，鉄道技術研究所の林正己博士を中心に徹底的に試験・研究を繰り返し，BTセクションのパンタグラフの遮断電流限界（280 A）を明らかにして，BT箇所に2つのセクションを切り込み，抵抗器により遮断電流を抑制する**図4.10**に示す"抵抗セクション"と称する方式が開発され，新幹線開業に事なきを得た．

この2S形抵抗セクション方式は1968（昭和43）年の16両運転に伴い，さらに右側にも抵抗セクションを切り込んだ3S形抵抗セクション方式に変

更された．

図4.11 はBTと抵抗器の外観である．

このほか，高速車両の開発は勿論のこと，電気関係としてはき電回路高調波解析，変電所・車両間の保護協調等々，種々な問題が解決された．

2.3　栄えある開業と高速鉄道の幕開け

技術的諸問題を解決して，東海道新幹線は1964（昭和39）年10月1日予定通り無事開業した[*2]．

新幹線の成功はわが国の鉄道技術陣の総力をあげた成果であるが，交流電化の技術なくしては実現しなかった．同時に新幹線の成功は，世界中の鉄道に大きな衝撃を与えるとともに鉄道に対する認識を改めさせ，本格的な輸送機関としての高速鉄道網発展への礎となっている．

一つの例として，フランスのTGV推進者は1964（昭和39）年の東海道新幹線の開業が，1967（昭和42）年のTGVの研究計画の立ち上げに多くの役割を果たし，TGV誕生の契機となったことを証言している[5]．

3 大容量負荷に適した交流き電方式の開発

3.1　開発の背景と目的 [1]

大容量負荷に適するき電方式としてのATき電方式は1957（昭和32）年の仙山線開業直後から話題にのぼり，また，東海道新幹線計画の際にも検討されたが，本格的に取り組んだのは，東海道新幹線が無事開業して一段落した1965（昭和40）年頃からである．

開発の目的は，①き電回路の無セクション化，②大容量列車運転，③変

[*2] 記念切手

電所間隔の拡大，④保安度の高い安定な電力供給，などであるが，このうち①の無セクション化が，最も注目されていた．

新幹線においては，BTセクションのアーク消弧問題は，前述の抵抗セクション方式が開発されて一応解決されたものの，BTセクションは依然としてき電回路の弱点箇所であるので，ATき電方式の新幹線への適用が強く期待された．一方，在来線の電化についても，今後は電源事情の悪い地域へと進展するので，変電所間隔の拡大は，受電点選定の自由度を増し，経済的メリットが増大すると考えられた．

ATき電方式における通信誘導特性は，BTき電方式なみとすることを目標とした．

3.2　ATき電方式の開発

ATき電方式の起源は，1911年に米国のCharles F. Scott博士により発明された25 Hz・2×11 kV・ATき電方式で，米国ではThree-Wire Systemと呼ばれていた．

わが国はこれを参考とするとともに，鉄道技術研究所の林正己室長を中心に，商用周波き電方式としての研究を進めた．**図4.12**はATき電回路の基本構成例であり，き電用変電所からは電車線路の2倍の電圧でき電され，約10 km間隔で配置された単巻変圧器（AT）で降圧される．

1964年以前（昭和30年代）は，まだ電子計算機のない時代でATき電回路の解析はトロリ線，レール，き電線の3線で表した等価回路を使っての理論計算によるほかはなかったが，1965（昭和40）年に，当時の国鉄の鉄道技術研究所にBendix-20なる機種が導入されたのを機に，電子計算機による解析の研究が進められた．この結果，回路現象，通信誘導特性等が次第に明らかにされた．ついで日豊本線（1966（昭和41）年），水戸線での模擬試験（1968（昭和43）年），および鹿児島本線での実用化試験（1969（昭和44）年）を経てシステムを完成させ，1970（昭和45）年に鹿児島本線八代〜鹿児島間が初の商用周波ATき電方式で実用化された．

(a) 回路構成

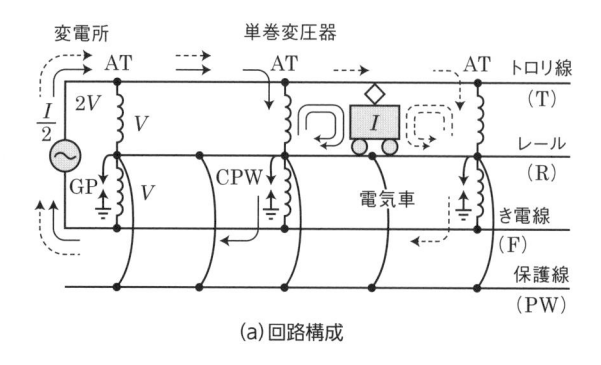

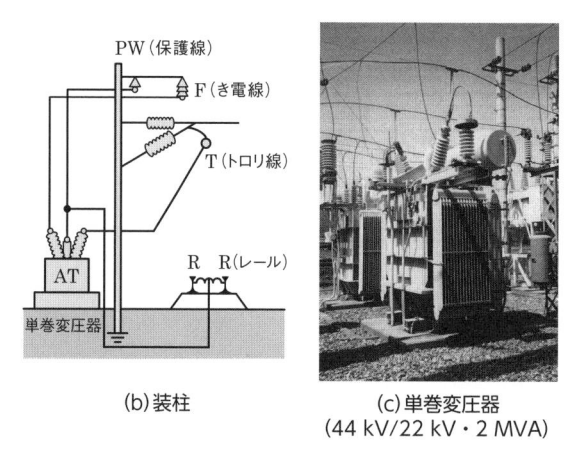

(b) 装柱

(c) 単巻変圧器
(44 kV/22 kV・2 MVA)

図 4.12　AT き電方式

3.3　山陽新幹線への適用

　山陽新幹線に AT き電方式を適用するにしても，新幹線は負荷容量が大きく，AT き電方式はき電距離が約 30 km と長くて負荷が増加するので，強力な電源からの受電が必要である．

　このため受電電圧 220 kV または 275 kV の超高圧電源より，1 段落としで直接 60 kV（標準電圧 50 kV）をき電する方式が研究され，国鉄電気局電化課の権藤豊美らにより，変圧器結線として**図 4.13** に示すように一次側中性点が直接接地可能な「変形ウッドブリッジ結線（modified Woodbridge connection）変圧器」が開発され，1972（昭和 47）年 3 月に山陽新幹線新大阪〜岡山間に適用された．

　変形ウッドブリッジ結線と，特に「変形」という言葉を被せた理由は以下

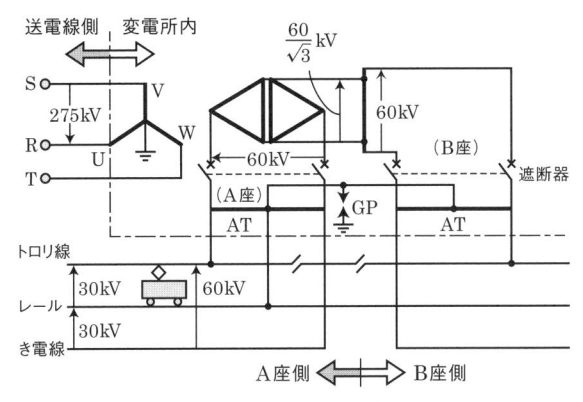

図 4.13　変形ウッドブリッジ結線変圧器と AT き電

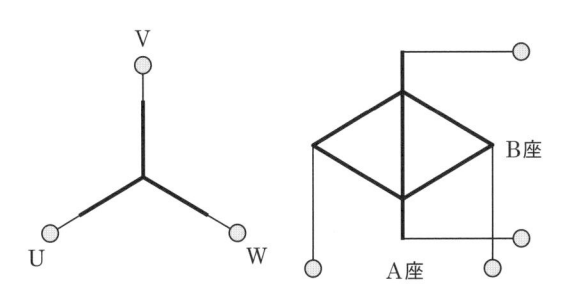

図 4.14　ウッドブリッジ結線変圧器

のようである．**図 4.14** のようなウッドブリッジ結線は以前より存在したが，この方式では変圧器二次側 A 座または B 座からみた一次側のインピーダンスが等しくないため，一次中性点を接地して，二次側で負荷をとった場合に中性点電位が移動し中性点電流が流れ，電源系統および通信誘導に影響を与える．これを防止するため，実績のある△結線と単巻変圧器を組み合わせたものである．

　AT き電回路の AT の所要容量（自己容量）は 10 MVA を想定した．このような容量の標準設計品のインピーダンス電圧［%］は 2 %（1.8 Ω 30 kV 基準）程度であるが，東海道新幹線の BT き電方式とほぼ同程度の通信誘導量にするとして，AT の漏れインピーダンスの値は 0.6 Ω 以下のなるべく小さい方がよいということで，基準値として 0.5 %（0.45 Ω 30 kV 基準）とした．

　このように AT き電方式は約 100 年前の米国での 25 Hz 方式の実施例は

あるが，50/60 Hz の商用周波単相交流き電方式として開発したのは，わが国が初めてである．

この方式は，車両への供給電圧は 25 kV であるが電力供給面からは 50 kV の実力があるので大電力の供給に適するほか，き電回路の弱点であった BT セクションのような箇所もなく，変電所間隔は BT き電方式の場合の約 3 倍で，しかも通信誘導軽減特性もほぼ BT き電方式なみと優れているので，BT き電方式に代わり，わが国交流電化の標準き電方式となり，その後の在来線，東北・上越・北陸および九州新幹線に適用された．

新幹線では，車両の上下線渡り時のパンタグラフのアーク消弧対策や電圧降下対策として，方面別異相き電方式で上下線を結ぶ上下タイが行われることとなった．

AT き電方式の変電所間隔は JR 在来線が 90 km 程度，新幹線が 50～60 km 程度で，変電所の中間のき電区分所で異電源を区分している．

3.4 その後の発展

(1) 東海道新幹線のき電方式の AT 化

東海道新幹線は前述のように 1964（昭和 39）年 10 月に BT き電方式で開業し安全運転が保たれていたが，BT セクションの保守は架線構造が複雑なため多難なものがあった．一方，東海道新幹線は開業以来約 25 年を経て変電所設備更新の時期を迎えるとともに，当初と比べて輸送量も増加した．加えて，車両の 270 km/h 運転の要求もあり AT き電方式への変更が計画された．

東海道新幹線の変電設備は残存寿命のある主回路機器の採用や，用地が狭小のため，変電所き電側の絶縁強度を BT き電方式なみにすることとし，スコット結線変圧器のき電側に中性点を出した三巻線変圧器の開発と，中性点をレールに接続した絶縁低減方式が開発された[6]．

AT 化工事は 1984（昭和 59）年から 1991（平成 3）年の 7 年をかけて行われた．

AT 化にともない従来の上下線別異相き電方式から方面別異相き電方式に改修され，上下タイも行われた．

(2) ルーフ・デルタ結線変圧器[6]

変形ウッドブリッジ結線変圧器は巻線構造が複雑のため，1985（昭和 60）

表 4.1 き電用変圧器の比較

受電	結線	巻線容量比	質量比
特別高圧	スコット	1.04	−
超高圧	変形ウッドブリッジ	1.21	1.0（基準）
	ルーフ・デルタ	1.12	0.91

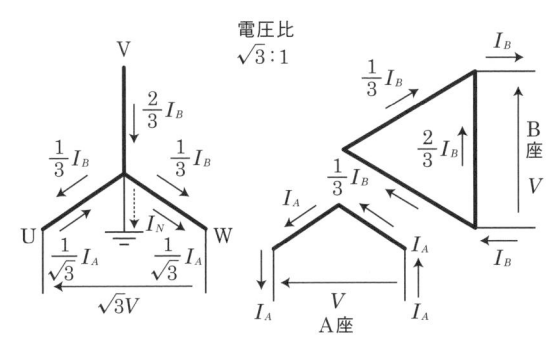

図 4.15 ルーフ・デルタ結線変圧器の結線，電流分布

年ころから鉄道技術研究所で巻線構造の簡素化の研究が行われた．この結果，一次側のY結線の中性点を接地しても中性点電流が流れない条件を満足する変圧器として，横巻線（A座）を「⌒」屋根（ルーフ），縦巻線（B座）を「△」（デルタ）とした，ルーフ・デルタ結線変圧器が，巻線構造が簡単であることから開発が行われた．

表 4.1 はき電用変圧器の比較であり，ルーフ・デルタ結線変圧器は変形ウッドブリッジ結線変圧器と比較して，巻線容量比が小さく，質量も軽くなり損失も約 20 % 小さくなる．

この巻線は変圧器内部の⌒箇所にインパルスが集中することや，△巻線のインピーダンス整合に課題があったが，最近の電磁界解析技術などの進展で製作が可能になり，2010（平成 22）年開業の東北新幹線新七戸変電所，2011（平成 23）年開業の九州新幹線新鳥栖変電所などで適用されている．**図 4.15** はルーフ・デルタ結線変圧器の結線および電流分布で，**図 4.16** は外観である．

図 4.16　ルーフ・デルタ結線変圧器の外観－ 275 kV／60 kV ＋ 60 kV・40 MVA
（写真提供：鉄道建設・運輸施設整備支援機構）

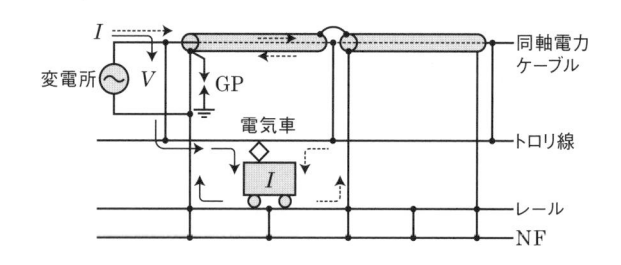

（3）同軸ケーブルき電方式

　同軸ケーブルき電方式は，用地が狭隘な地区に適するき電方式として，1970（昭和45）年に鉄道電化協会「新き電方式研究委員会」で提案され，その後，国鉄で各種の基礎試験や日豊線での実用化試験が進められてきた．

　同軸ケーブルき電方式は**図 4.17**に示すように，同軸電力ケーブルと電車線路を並列に接続した方式であり，内・外導体の結合が極めて高く，低インピーダンスであるため，ATき電方式に近似した電流分布になる．

　同軸ケーブルき電方式は，東海道新幹線の変電設備更新（AT化）に伴い，東京地区は用地が狭く単巻変圧器やき電線の設置が厳しいなどの理由により，1987（昭和62）年3月に東京（浜松町）～大崎間に適用された[8]．

　また，1985（昭和60）年に東北新幹線の上野～田端間，1991（平成3）年に東京～上野間にも適用された．

図 4.17　同軸ケーブルき電方式

4 き電回路の保護継電方式

4.1 保護継電器[4]

き電回路で故障が発生すると，直ちに故障を検出して故障電流を遮断することが必要である．

故障検出には変電所から事故点の距離（すなわちインピーダンス）を検出して保護する距離継電器（44F）を用いている．距離継電器は1957（昭和32）年の交流電化当時は，電磁形を使用して，保護特性は**図4.18**に示すように，円特性や円特性と直線特性を組み合わせていた．

交流き電回路の保護方式の研究は鉄道技術研究所の渡辺寛主任研究員を中心に行われ，1964（昭和39）年ころから理想的な平行四辺形の保護領域を持つトランジスタ静止形が開発されて磐越西線で実用化され，東海道新幹線の一部でも用いられた．

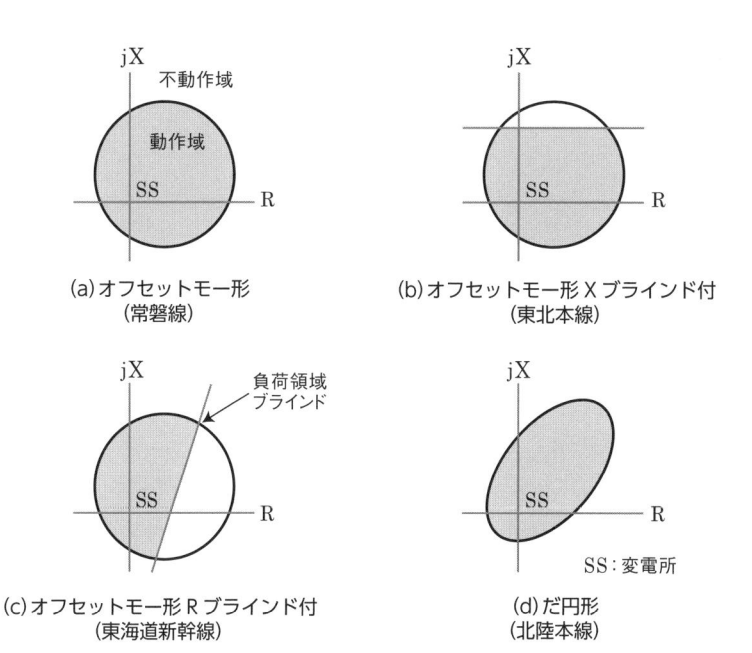

(a) オフセットモー形
（常磐線）

(b) オフセットモー形Xブラインド付
（東北本線）

(c) オフセットモー形Rブラインド付
（東海道新幹線）

(d) だ円形
（北陸本線）

SS：変電所

図4.18　電磁形距離継電器の保護特性

図4.19 静止形距離継電器

さらに，1968（昭和43）年から電化されるすべての線区に静止形距離継電器が適用された（**図4.19**）．

図4.20は東海道新幹線の16両化に伴う保護継電方式である．縦長の44Fと横長の44FRを組み合わせ，さらにき電区分所の延長き電を考慮して，トロリ線の温度上昇限度に基づいた階段反限時の過電流継電器（51F）を設けている．

一方，負荷の増加に伴い，距離継電器の後備保護として故障電流の大きな電流変化を検出して動作する，交流$\varDelta I$形故障選択継電器（50F）が開発された．

初期の50Fは1967（昭和42）年ころから在来線に適用されたが，変圧器の励磁突入電流による不要動作防止のため，所用動作時間が400 ms以上であった．そこで，高調波で不要動作を抑制あるいは抑止（2nd抑止15 %）する高速動作の50Fが開発され[9]，1977（昭和52）年に東海道新幹線で実用化された．**図4.21**は高調波抑制形50Fの構成である．

さらに，東海道新幹線の変電設備更新（AT化）では，横長特性の距離継電器（44R）は高力率のインバータ車が導入されると負荷と領域が競合するので省略することとし，縦長特性の距離継電器（44F）と交流$\varDelta I$形故障選択継電器（2nd抑止12 %）を用いた保護継電方式が採用された．

その後，ディジタル継電器の開発が行われ，機能を追加した多機能形交流き電線保護継電器として，1992（平成4）年に，東北本線仙台地区および

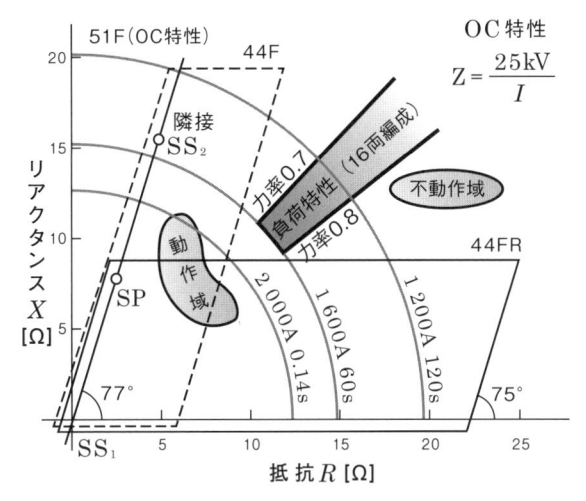

図 4.20　東海道新幹線の保護特性（16両化）

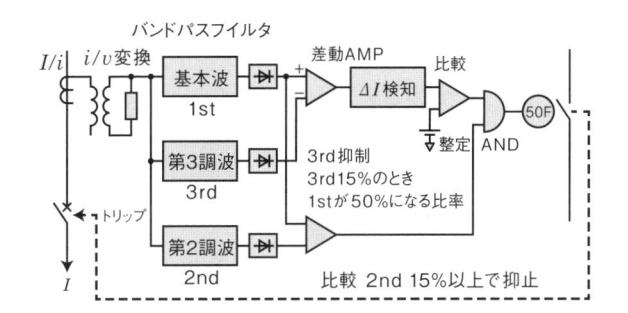

(a) 構成

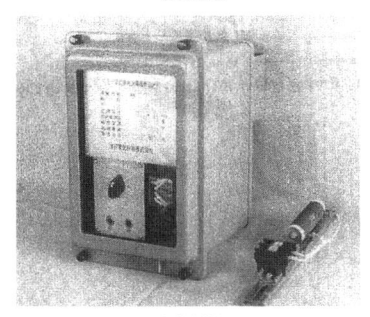

(b) 外観

図 4.21　高調波抑制形交流 $\varDelta I$ 形故障選択継電器（津田電気計器製）

鹿児島本線博多地区に導入され[10]，高力率のPWM制御電車を考慮してベクトル的に電流変化を検出するベクトル検出形50F[11]を追加し，新幹線にも適用されて，今日に至っている．

4.2 故障点標定装置

故障が発生したときに速やかに故障点を標定することは，早期の事故復旧のために重要である．

(1) リアクタンスロケータ

BTき電用の故障点標定装置（ロケータ）は，1965（昭和40）年に東北線でインピーダンス計測方式が実用化されたが，故障点に抵抗分があると誤差が発生した．

そこで，東海道新幹線では1970（昭和45）年に，平行四辺形の距離継電器を5個組み合わせたリアクタンス計測方式の44FLが用いられた．次いで，JR在来線のBTき電回路用に100段階のリアクタンス計測方式ロケータが開発され，1971（昭和46）年に奥羽本線青森～秋田間に用いられ，精度が向上し，その後の標準方式になっている．

(2) AT吸上電流比方式ロケータ

ATき電回路ではリアクタンスが上部に凸状になり，距離に比例しない．一方，故障点の両側のAT中性点の吸上電流が，故障点までの距離に反比例することから，AT中性点電流を計測し，中央のセンターで吸上電流比を演算して故障点を標定する，AT吸上電流比方式ロケータが開発された[12]．

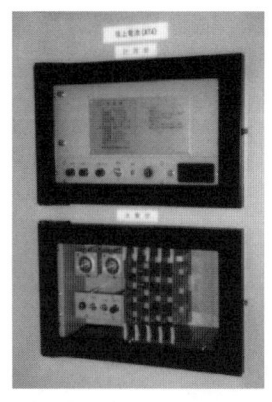

図4.22　AT吸上電流比方式ロケータの計測部と送量部（津田電気計器製）

AT吸上電流比方式ロケータは，1975（昭和50）年に山陽新幹線岡山〜博多間の開業で，1979（昭和54）年に日豊本線南宮崎〜隼人間で実用化され，その後のATき電回路ロケータの標準方式になっている．**図4.22**はAT吸上電流比方式ロケータの計測部と送量部である．

5 電力変換装置の交流き電回路への適用

5.1 電力回生車（交流回生車）の導入

（1）サイリスタ位相制御車

1968（昭和43）年9月に奥羽本線福島〜米沢間が，直流き電方式から交流き電方式に変更されたときに，サイリスタ位相制御車のED78形交流電気機関車により，急勾配の抑速運転用に電力回生（交流回生）が行われた．

その後，交流回生は，JR在来線では1984（昭和59）年に長崎本線に713系近郊電車が投入され，さらに783系特急電車に使用されるなど，進展している．また，1988（昭和63）年に開業した津軽海峡線において，連続勾配区間の抑速運転用にED79形機関車に採用された．

サイリスタ制御車は力率角が力行時に40°，回生時に115°程度であり，無効電力が多く発生している．

（2）PWM制御車

北陸新幹線について，1980年代に，横川〜軽井沢間の30‰の急勾配運転用に回生ブレーキの検討，および50/60Hz異周波電源対策の検討が行われ，1984年頃からGTOサイリスタを用いて力率1で運転を行う，自励式のPWMコンバータ（整流器）＋VVVFインバータで誘導電動機を駆動する交流回生車の開発が行われた．

開発は国鉄の最後の時期であり，実用化は国鉄の分割民営化後の1992（平成4）年に，東海道新幹線において力率1で回生ブレーキ付き，最高速度270km/hの300系電車（のぞみ）として登場した．その後の新幹線電車はすべてPWM制御による誘導電動機駆動で，交流回生車が標準である．

(3) 回生車と電力設備の協調

交流回生の採用とともに,電車の高速化や増発が行われ,変電所からみた負荷電流が増加することになった.このため,鉄道総合技術研究所,鉄道・運輸整備機構およびJR各社で電圧降下や電源に対する不平衡・電圧変動対策が検討・実施された[13].

さらに,交流回生の採用により,負荷の電流方向が変化するため,変電所から見た力率角が広く分布するようになり,き電回路用の保護継電器で区別すべき負荷の領域が変化して,保護方式の見直しが行われた[10].

5.2 電力変換装置による電源対策[2],[13]

(1) 電圧不平衡・電圧変動対策

電力会社は三相交流電源であり,大容量の単相電力を使用すると電源側に不平衡や電圧変動を生じ,回転機の過熱やトルクの減少,照明のチラツキを生じる.このため,電気設備技術基準では電圧不平衡を2時間平均負荷で3%以下にするように定めている.

交流電気鉄道は三相二相変換変圧器を使用して電流不平衡を軽減しているが,高速電車の導入や列車負荷の増加により,電源容量に比較して負荷容量が大きい場合には電圧不平衡や電圧変動が大きくなる場合がある.

そこで,電源容量の小さい変電所では,静止形無効電力補償装置(static var compensator:SVC)による,積極的な対策が行われるようになった.

1. 他励式SVC

当初の新幹線電車はタップ制御(0系電車)またはサイリスタ位相制御(100系電車)で,力率が0.8程度で,無効電力を補償すると電流が小さくなり有効であった.

図4.23は連続制御の他励式SVCの基本回路であり,高インピーダンス変圧器をサイリスタで位相制御する.

新幹線用に最初にSVCが採用されたのは1984(昭和59)年に中部電力の新幹線へ電力を供給している変電所で,**図4.24**に示す変位相スコットSVCである.その後,変位相スコットSVCは東海道新幹線のAT化で,1991(平成3)年に新幹線変電所に設置された.

変位相スコットSVCは力率角が30°の負荷に対して平衡させる機能がある.

図4.23 他励式SVCの基本回路

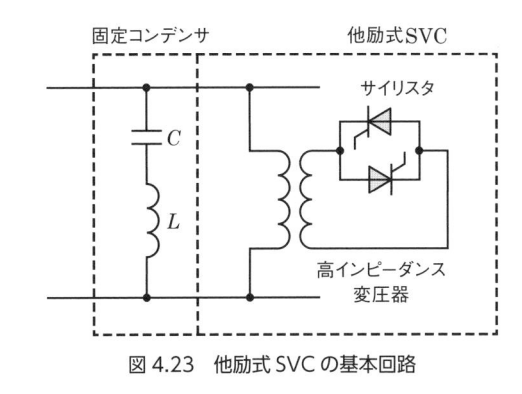

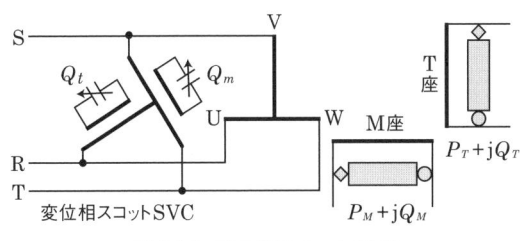

図4.24 変位相スコットSVC

図4.25の単相SVCは電圧変動を半減する効果がある．

1987（昭和62）年に東北本線青森変電所に設置され，その後，奥羽本線峠変電所など3か所に，東海道新幹線では7か所の変電所に用いられた．単相SVCは電車のPWM制御に伴う高力率化により，減少の方向にある．

UV相とVW相にそれぞれ単相SVCを接続すると，逆相電流を補償することができる．この方式を逆相電流補償装置（static unbalanced power compensator：SUC）と称し，1991（平成3）年から東海道新幹線の3か所の周波数変換変電所に設置して，周波数変換機の能力を向上している[14]．

2. 自励式SVC

PWM制御車は力率1で制御されるため，無効電力補償による他励式SVCの効果が少なくなり，有効電力融通による電力の平衡化が必要になった．

自励式SVCの基本原理は**図4.26**のとおりであり，インバータで電圧を電源より高くすることでコンデンサ，電源より低くすることでリアクトル動作になり，さらに位相の調整により有効電力の融通ができる．

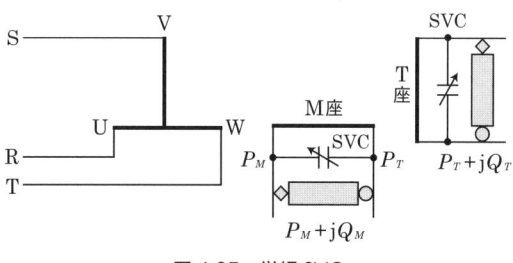

図 4.25 単相 SVC

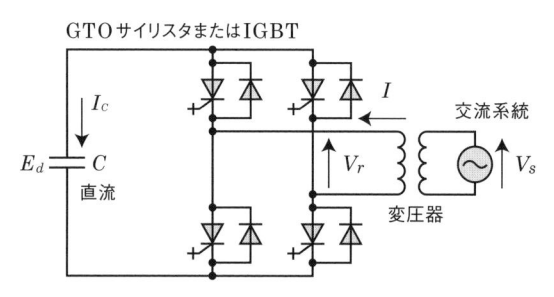

図 4.26 自励式 SVC の基本回路

　自励式三相 SVC は，三相側に自励式 SVC を接続し，直流側を共通にした方式である．関西電力犬山開閉所で安定度改善のために設置されていた装置方式に，不平衡補償機能を追加して，1993（平成 5）年に東海道新幹線名古屋地区で実用化され，さらに 4 か所に設置された[2]．

　その後，き電用変圧器の二次側で補償する，**図 4.27** のき電側電力融通方式電圧変動補償装置（railway static power conditioner：RPC）が鉄道総合技術研究所で開発され[15]，2002（平成 14）年に東北新幹線新沼宮内変電所および新八戸変電所で実用化された．さらに，2007（平成 19）年から 2008（平成 20）年に東海道新幹線の 6 か所の変電所に設置されている．

　RPC は JR 在来線では，2010（平成 22）年に青森西変電所に設置された．

　図 4.28 は東北新幹線新沼宮内変電所のインバータ盤の外観である．

　また，車両基地の単相き電用として，RPC と同様にスコット結線変圧器の M 座と T 座にインバータを接続して直流連系し，M 座と T 座の頂点から斜めに単相電力を供給する，不平衡補償単相き電装置（single phase feeding power conditioner：SFC）が開発され[16]，1997（平成 9）年に北陸新幹線の

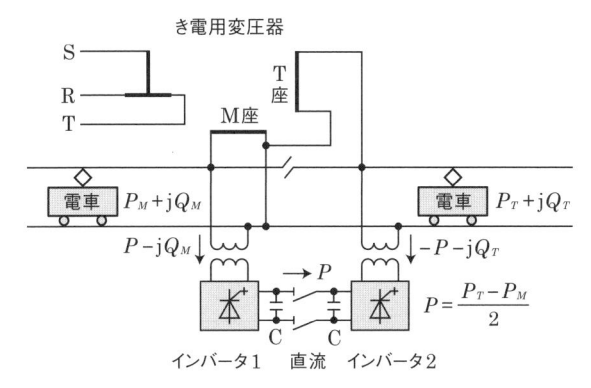

図4.27　き電側電力融通方式電圧変動補償装置（RPC）

図4.28　RPCのインバータ盤（5 MVA + 5 MVA・2 set）

長野車両基地に適用された．SFCは例えば力行負荷に対して，M座は遅れ無効電力を，T座は進み無効電力を供給して，三相側を平衡させる．

さらに，2014（平成26）年に常磐線牛久き電区分所（SP）にRPCを設置して，両側の変電所の電流情報を通信技術で取り込み，SPで電力を融通して，回生電力を有効利用するSP-RPC方式が実用化された[17]．

（2）電圧降下対策

交流き電用変電所（変圧器）およびBTき電回路の電圧降下対策は，長年，直列コンデンサで回路のリアクタンスを補償する方法が行われてきた．

ATき電回路の電圧降下対策としては，電圧調整用変圧器のタップをサイリスタで制御する，き電電圧補償装置（a.c. line voltage regulator：ACVR）が，1971（昭和46）年に鹿児島本線佐敷ATポストおよび阿久根き電区分所に採用され，その後，JR在来線において用いられてきた．

ACVRは電車線に無加圧のデッドセクションが必要なこと，および電源側

の電流が増加することから，SVC の発展に伴い，他励式 SVC をき電回路末端に設置して，き電回路全体の電圧降下を補償する SP-SVC が開発された．

SP-SVC は東海道新幹線のき電区分所で，1992（平成 4）年から連続制御方式が順次設備された．一方，列車本数の少ない線区では段制御方式が待機時の損失が少ないことから，1992（平成 4）年に鹿児島本線袋駅に設備され，その後，山陽新幹線，秋田新幹線などに採用されている．

SP-SVC は高力率の PWM 制御車の導入により，無効電力が少なくなり，一部の線区で使用を停止している．

6 交流電化の現状と今後

1957（昭和 32）年に BT き電方式でスタートした日本の交流電気鉄道は，1970（昭和 45）年に鹿児島本線で AT き電方式が採用されて，以降は在来幹線，新幹線ともに AT き電方式が標準となっている．在来線と新幹線をあわせると，2014（平成 26）年 3 月現在で AT き電方式が 4 165.9 km，BT き電方式が 2 120 km で，AT き電方式が 2 倍のキロ数になっている．

特に新幹線については，北陸新幹線や北海道新幹線などの整備新幹線が AT き電方式で建設され，延伸している．

また，き電設備も順次更新時期を迎えており，変圧器や配電盤の劣化診断技術の進歩や，機器の更新，配電盤の ME 化など，新しい技術の導入も行われている．特に新幹線や，特急電車が走行する在来線では，輸送量の増加による電気車の高速・大容量化に伴い，パワーエレクトロニクス技術を用いた電源対策が積極的に行なわれている．

一方，海外へのインフラ輸出の一環として，2007（平成 19）年に営業を開始した台湾高速鉄道など，電気鉄道に関する技術協力が盛んに行われている．海外の電気鉄道は，一般に，近郊鉄道や幹線は交流電気鉄道であり，わが国で完成した商用周波 AT き電方式は世界的に評価が高く，個別には改良されているものの，世界の主要な 20 か国で実用化されている．

参考文献

（1）新井浩一，伊藤二朗，榎本龍幸，濱寄正一郎，三浦梓，持永芳文：「高速運転に適した交流き電システムの開発」，日本鉄道電気技術協会，2010
（2）久野村健：「東海道新幹線における電力変換装置の導入事例」，平成19年電気学会産業応用部門大会，3-S9-3，2007
（3）久野村健ほか：「新幹線切替開閉器の静止化について」，平成18年電気学会全国大会，5-184，2006
（4）渡辺寛：「交流き電回路に関する研究」，鉄道技術研究報告 No.813，鉄道技術研究所，1972
（5）「日仏鉄道技術シンポジウム講演集－日仏技術交流史を中心に」，日仏工業技術，53-No.2，2007
（6）持永芳文，新井浩一：「ATき電方式におけるき電用三巻線変圧器の適用」鉄道技術研究資料，Vol.41,No.8,p.29 鉄道技術研究所，昭和59年8月
（7）安藤政人，中道好信，久水泰司，持永芳文，新海拡，勝河幸一：「超高圧受電箇所に適した新幹線き電用変圧器の開発」，J-Rail2001，S1-3-3，2001
（8）持永芳文，藤江宏史，三戸将照：「新幹線鉄道への同軸ケーブルの適用」，電気学会論文誌D，第107巻，3号，1987
（9）渡辺寛，持永芳文：「高調波抑制形交流ΔI形故障選択装置の開発」，鉄道技術研究資料264，鉄道技術研究所，1978
（10）持永芳文，久水泰司，大久保清孝ほか：「交流電気鉄道用保護領域切換形距離継電器の開発」，電気学会論文誌B，第113巻4号，pp.413〜419，1993
（11）持永芳文，戸田弘康，久水泰司，長崎寛美，平松博，上村修，吉舗幸信，増山隆雄：「交流き電用ベクトル形継電器」，日本国特許公報，特許第3715517号，登録2005年9月
（12）藤江宏史：「AT吸上電流比方式故障点標定システム」，鉄道技術研究報告，No.1020，鉄道技術研究所，1976年8月
（13）電気学会調査専門委員会（委員長：持永芳文）：「静止形無効電力補償装置の現状と動向」，電気学会技術報告，第874号，2002
（14）持永芳文，石井ゆうじ，後藤益男，中村知治：「静止形逆相電流補償装置」電気学会論文誌B，第112-B巻7号，1992
（15）持永芳文，久水泰司，竹田正俊，宮下武司：「3相／2相変換装置用不平衡補償装置」：特許第2828863号，登録1998年9月
（16）持永芳文，兎束哲夫，長谷伸一，久水泰司，石関由男：「新幹線車両基地用不平衡補償単相き電装置の開発」，電気学会論文誌B，第120B巻8/9号，2000
（17）林屋均，宮武昌史：「鉄道におけるエネルギーマネジメント」，電気学会誌，第133巻12号，pp.817〜820，2013

第5章

電車線路と集電方式

電気鉄道は1879年にドイツで第三軌条方式で誕生したが，感電の危険性から架空電車線が用いられるようになっていった．1895（明治28）年開業の京都電気鉄道は1本のトロリ線とトロリポールで集電している．しかし，電食などの発生により架空複線式で集電が行われるようになったが，集電の複雑さから，1911（明治44）年から専用軌道では架空単線式が許容されている．その後，電車線には吊架線(ちょうかせん)が用いられるようになり，集電装置はビューゲルからパンタグラフへと変わっていき，パンタグラフも菱形からシングルアームに進展している．さらに新幹線用の高速架線や低騒音パンタグラフ，景観に配慮した架線や，剛体架線を紹介する．

1 各種接触集電方式

電気鉄道で電気車が走行中に地上の導体から電気エネルギーを得ることを集電という．

電気車の集電には**表 5.1** に示すように地上に電車線路（電線路の総称）が，車上に集電装置が設けられる[1]．

最初の電気鉄道は，1879 年にベルリン勧業博覧会でジーメンスが運転した電気機関車であり，490 mm の軌間中央に敷設した第三軌条方式の電車線に直流 150 V を給電していた．

ついで，1881 年にジーメンス社がベルリンのアンハルト～リフィテルフェルデ間に敷設した鉄道で，直流 180 V で両側のレールを正負の電圧で使用したレール給電方式である．当初，第三軌条式で始まった電気鉄道は，露出した地表の電車線が危険な存在であり，1880 年代に架空電車線路が実用化された．

架空電車線路による集電も，当初は溝付きの金属パイプ内部を滑らせて移動する集電子に車両から電線をつないで集電する方式であり，支持方法や運転速度に制約があった．

その後，米国のフランク・J・スプレーグは 1888 年に営業したリッチモンドの路面電車で，架空電車線（架線）に下方の車両からばねの力で集電器を押し付けるトロリポールを適用し，電車線の支持方法や運転速度の制約から解放されて今日に至っている．

第三軌条については，第 3 章第 1 節 1.1 で触れているので，ここでは架空電車線について述べる．

表 5.1 主な接触集電方式

集電方式	地上導体	車上集電装置
転がり集電	直接ちょう架式電車線	トロリポール（のちに摺動集電）
摺動集電	直接ちょう架式電車線	ビューゲルパンタグラフ
	カテナリちょう架式電車線	
	剛体電車線	
	第三軌条	集電靴

2 初期の架空集電方式[(1)]

2.1 直接ちょう架式電車線[(2)]

わが国における営業用の電車の運転は 1895（明治 28）年の京都電気鉄道であり，スプレーグ式電車で開業している．集電方式は直流 500 V，架空単線式でトロリポールを用いている．

この電車線は直接ちょう架式電車線（**図 5.1**）であり，直径 3 分（9.52 mm）の硬銅の円形トロリ線に，トロリホイールが転がり接触することにより集電を行った（**図 5.2**）．

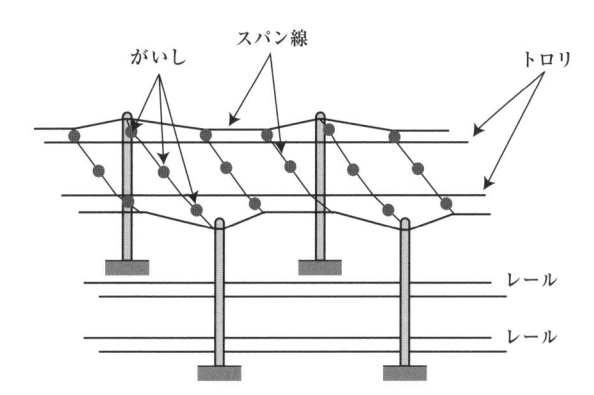

図 5.1 直接ちょう架式電車線（路面電車）

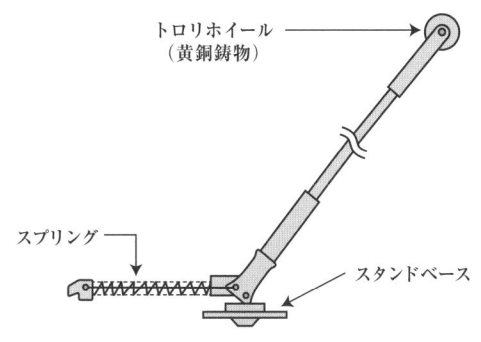

図 5.2 トロリポール（シングル）

当初は帰線をレールとして用いたが，通信誘導障害，ガス管や水道管の電食などがあり，1895（明治28）年7月以降，帰線にレールを使用しない架空複線式になった．

国鉄として初めての電車として，1906（明治39）年に甲武鉄道を買収した御茶ノ水～中野間の電車線路は，直流600Vで，正負2本の直接ちょう架式電車線を架設した架空複線式で，集電にトロリポール（ダブル）を用いていた．

その後1909（明治42）年に電化された山手線も架空複線式で，トロリポール（ダブル）を用いていた（第3章**図3.1**を参照）．

架空複線式は建設コストが高く，電車運転と保守の面でも課題が多く，逓信省の研究により，1911（明治44）年の電気事業法施行に伴う電気工事規程で，帰線にレールを用いることが許容された．

これにより，1911（明治44）年に南海鉄道が日本で初めて架空単線式のシンプルカテナリ式電車線を導入し，架空単線式が主流となった．しかし，一部の路面電車では太平洋戦争終戦（1945年）ころまで架空複線式が用いられた．なお，トロリホイールは低速小電流であったので，摺動式に変更されて路面電車で使用された．

また，1932（昭和7）年に京都市でトロリバスが運行され，首振り機構付き摺動式のトロリポールが用いられた．トロリバスの本格的な普及は太平

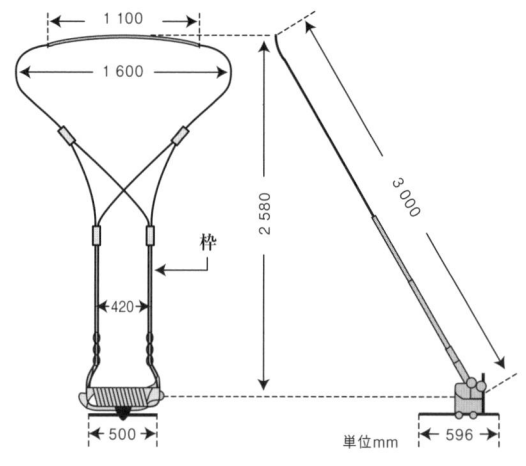

図5.3　ビューゲル

洋戦争後である．

一方，欧州で1890（明治23）年にトロリ線の横方向の移動に対応できる図 5.3 に示すビューゲル（Bügel：集電弓）が開発され，トロリ線との摺動部分の幅が広く，トロリ線から外れる問題がなくなった．

しかし，ビューゲル先端の高さの変化に対する押上力の変化が大きく（50〜70 N 程度），電車線の高低差が大きい場合や高速集電には不向きである．また，走行方向も片方向に限られており，終点での折り返しの際は枠の向きを逆転させている．ビューゲルはその後，多くの路面電車や地方交通線に使用されている．

2.2　カテナリちょう架式電車線[2],[3]

電車を運転するためには，支持経間を大きくするとともにトロリ線の弛度を小さくすることが必要であり，ちょう架線を張り，ハンガによりトロリ線をつるカテナリ（懸垂曲線）ちょう架式電車線（カテナリ式電車線）が考案された．図 5.4 に示すようにちょう架線とトロリ線がそれぞれ1本の

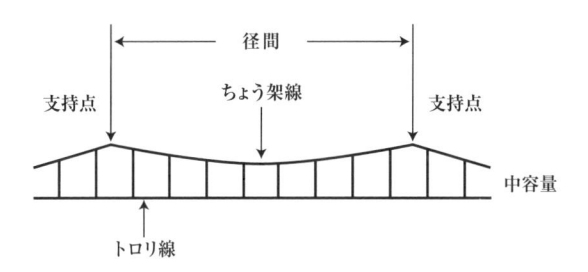

図 5.4　シンプルカテナリ式電車線

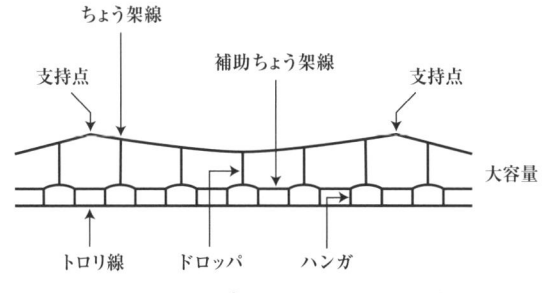

図 5.5　コンパウンドカテナリ式電車線

電車線を，シンプルカテナリ式電車線（シンプル架線）という．

図 5.5 はコンパウンドカテナリ式電車線（コンパウンド架線）であり，ちょう架線とトロリ線の間に補助ちょう架線を張り，この線を使用してトロリ線の高さをより均一にし，トロリ線を押し上げたときのばね定数を，径間内でより均一化し，速度特性を向上させた電車線である．

国鉄としてカテナリちょう架線式電車線が初めて使用されたのは，1914（大正3）年12月の京浜線電化で，東京〜品川間にはドイツ・ジーメンス社のコンパウンド架線が，品川〜横浜（桜木町）間には米国・オハイオブラス社のシンプル架線が架設された（**表 5.2**）．電車線には**図 5.6** に示す円形溝付きトロリ線（groove trolley：GT）が用いられている．

このとき，架線電圧は直流 600 V から直流 1 200 V に昇圧されている．

京浜線電化で，わが国の電車で初めてパンタグラフが搭載された．使用されたのは米国 GE 社製の菱形（ひしがた）パンタグラフであり，転がり接触式のローラ形舟体であった．

図 5.7 は京浜線電化時の電車線と，ローラ形舟体のパンタグラフを搭載した京浜線電車である．

表 5.2 京浜線電化時の架空電車線[3]

架線方式		線種 [mm^2]	張力 [kN]
シンプル（米国系）	ちょう架線	鋼 4 耗 7 本 St 90 相当	約 9（0.9 tf）
	トロリ線	GT-Cu（溝付銅）110 相当	
コンパウンド（ドイツ系）	ちょう架線	鋼 5 耗 7 本 St 135 相当	約 15（1.5 tf）
	補助ちょう架線	鋼 3.2 耗 7 本 St 55 相当	
	トロリ線	GT-Cu170 相当	
き電線		Cu（銅）325 相当	

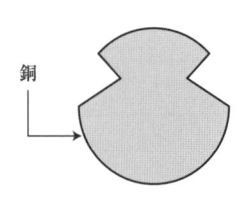

図 5.6 円形溝付きトロリ線の断面形状

図 5.7 京浜線電化時の電車線と電車（品川駅）（「国鉄百年写真史」より転載）

　初期の架空電車線路の資材は海外からの輸入であり，施工技術も未熟で調整も不十分であったため，京浜線開業翌日には，各界の名士を招待した電車のパンタグラフが架線に引っかかって立ち往生するなど，故障が続出して，僅か1週間で再び蒸気運転となり，半年遅れの1915（大正4）年5月に電気運転になっている．特に，新線で地盤が固まっていない区間の車両動揺対策として，パンタグラフの押上力を25ポンド（111 N，約11 kgf）から，現在の押上力に近い50 N（5 kgf）に，舟体をローラ式から摺動形すり板に変更しており，国産のパンタグラフの原型が生まれた．

　その後の電車線はシンプル架線が標準になっている．

　当時のシンプル架線の標準径間長，ちょう架線からトロリ線をつるハンガ間隔，およびトロリ線高さは，それぞれ150フィート，15フィート，17フィートであり，メートル換算した，45 m（鉄柱），4.5 m，5.2 mは長くわが国の標準値として用いられた．

　品川〜桜木町間はコンパウンド架線で，電柱は鉄柱で径間は61 mであった．

　現在は，JR在来線の電車線のレール面上高さは，パンタグラフの有効作動範囲などから5 m以上，5.4 m以下としている．標準高さは，最低高さに電車線の弛度0.1 mの余裕をみて5.1 mとしている．また，標準径間長さを50 m，標準ハンガ間隔を5 mとしている．

2.3 き電ちょう架線[1], [3], [4]

　直流電気鉄道では，電車線に並列にき電線が張られている．これに対して，き電ちょう架線は，ちょう架線がき電線を兼ねた架線であり，1931（昭和6）年の中央本線八王子～甲府間の電化時に狭小隧道対策として採用されている．この区間は43箇所のトンネルや25 ‰の急勾配があった．その後，1934（昭和9）年の東海道本線熱海～沼津間の丹那トンネルや，1942（昭和17）年の山陽本線下関～門司間の関門トンネルの電化にも採用された．

　また，1949（昭和24）年に電化した東海道本線沼津～浜松間は，太平洋戦争終戦後の深刻な資材難，さらにはGHQ（連合軍司令部）の統制化の中を，経費節減のため，ちょう架線に硬銅より線200 mm^2，トロリ線に110 mm^{2}を用いた，き電ちょう架線が採用された．しかし，き電線として硬銅より線200 mm^{2}または325 mm^{2}を架設しており，き電線のない方式ではなかった．

3 戦後の電化の進展と電車線

3.1 特急こだま号による高速試験[4]

　東海道本線は1958（昭和31）年に全線が電化され，1958（昭和33）年に151系電車特急こだま号が誕生し，最高速度は110 km/hに向上，東京～大阪間が6時間50分で結ばれた．151系電車は東海道本線藤枝～島田間において高速走行試験を行い，1959（昭和34）年に当時の狭軌世界最高速度163 km/hを樹立している．

　当時の集電力学理論では，**図5.8**に示すように，架線をばねとして，パンタグラフが走行する際に支持点間（径間内）で架線のばね定数が正弦波状に変化するとして解析された．

　この結果，無離線速度を高めるには
　①パンタグラフの慣性質量を小さくすること
　②トロリ線の張力を高めること
　③架線のばね定数をできるだけ一定にすること

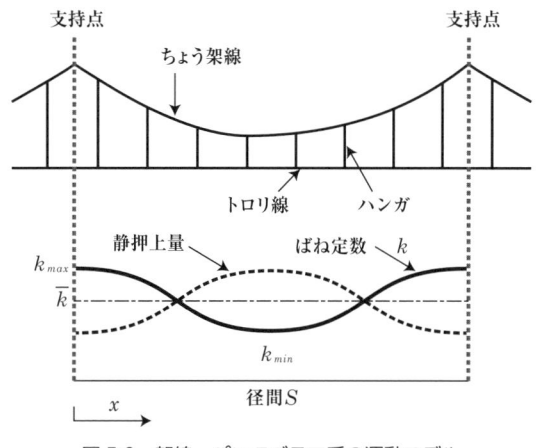

図 5.8 架線・パンタグラフ系の運動モデル

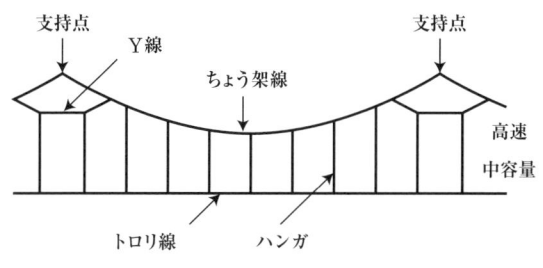

図 5.9 変形 Y 形シンプル架線

が示された.

　1955（昭和 30）年に東海道本線藤沢〜茅ヶ崎間で，シンプル架線のほか，高速用電車線として，コンパウンド架線，変形 Y 形シンプル架線（変 Y シンプル架線，**図 5.9**），シンプル架線を 15 cm 離して 2 本張ったツインシンプル架線について，120 km/h の走行試験が行われた．**図 5.10** は試験結果であり，ツインシンプル架線やコンパウンド架線は離線が少ないことが分かる．

　ツインシンプル架線は，高速性能に優れるとともに電流容量の面でも優れており，東海道本線では，既設のシンプル架線に追加して採用されている．

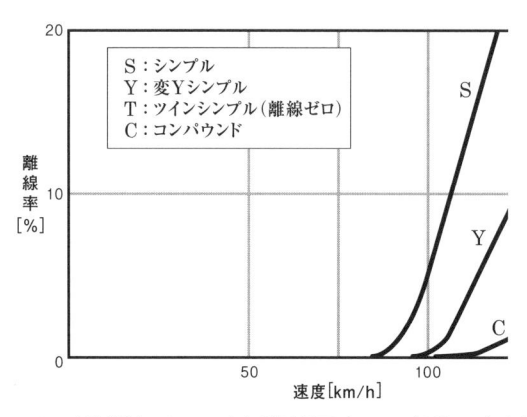

図 5.10　東海道線における走行試験結果（1955（昭和 30）年）

3.2　JR 在来線の高速電車線

変 Y シンプル架線は支持点付近に Y 線を挿入し，支持点付近を柔らかくすることにより，支持点間のばね定数の一様化を図ったもので，高速運転用として開発された．

1958（昭和 33）年の東北本線大宮～宇都宮間の電化で全面的に採用され，その後，山陽本線，鹿児島本線，北陸本線，常磐線など他の主要線区にも拡大した．

変 Y シンプル架線は速度特性は良いが，Y 線の張力調整が難しいことや，強風により支持点付近のトロリ線の押上量が大きくなるなどの弱点が指摘された．

そこで，**表 5.3** に示すように，Y 線をなくし，ちょう架線を太くして，張力を 9.8 kN（1 tf）から 19.6 kN（2 tf）に増加したヘビーシンプル架線が開発され，高張力による高速化と信頼度向上が図られた．

ヘビーシンプル架線は，1970 年代後半（昭和 50 年代）から，東北本線や常磐線，北陸本線などで，変 Y シンプル架線から改良され，その後の高速区間の標準電車線になっている．変 Y シンプル架線は現在わが国では用い

表 5.3　JR 在来線用ヘビーシンプル架線の構成

電線	線種 [mm^2]	標準張力 [kN]
ちょう架線	St 135	19.6
トロリ線	GT-Cu 110（または 170）	9.8

られていないが,海外ではドイツで用いられている.

1980年代(昭和50年代後半)以降,JR在来線や民鉄においても速度向上が行われ,従来のシンプル架線でも130 km/h走行が可能となった.また,湖西線では1984(昭和59)年から160 km/hを目指した高速試験が行われ,トロリ線を高張力化するとともに,支持点付近にばねダンパ素子を使用した,高張力合成ヘビーシンプル架線が開発されている.

3.3 可動ブラケットの採用

電車線の支持物としては,長く固定ビームが使用されてきたが,1954(昭和29)年から始まった仙山線での商用周波交流20 kV電化試験線区において,図5.11に示すように初めて可動ブラケットが採用された.

可動ブラケットは,自動張力調整装置(図5.12)とともに,架線の張力調整による高速性能向上のためにはなくてはならない設備であり,当時としては最も顕著な技術革新であった.北陸本線の電化以降,直流・交流区間を問わずに採用されて,形状もスマートになっている.

図5.13は,直流電気鉄道の可動ブラケット区間における電車線路の標準

ア 20 kV架線

イ 可動ブラケット

ウ 20 kV長幹がいし

エ 負き電線

図5.11 仙山線試験線の電車線路(傾斜カテナリ架線)
(「50c/s単相交流による鉄道電化」,三菱電機技報,Vol.30, No.4, P.232, 1956. より転載)

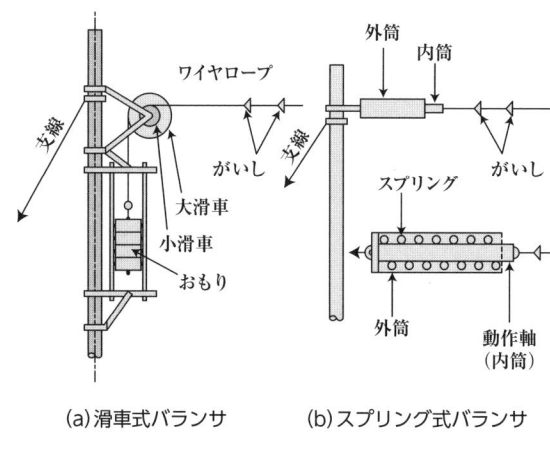

(a) 滑車式バランサ　　(b) スプリング式バランサ

図 5.12　自動張力調整装置

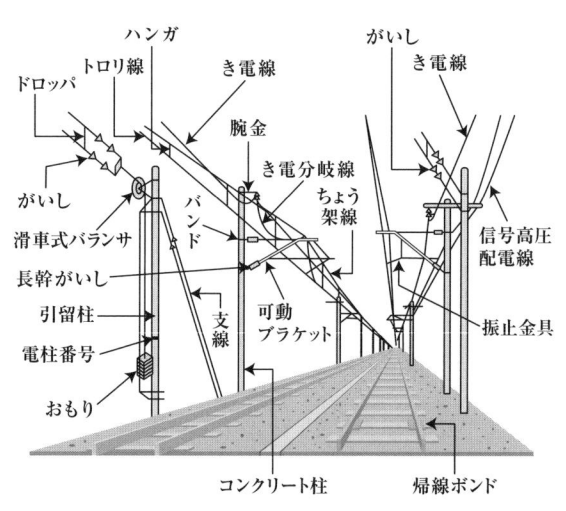

図 5.13　直流電気鉄道可動ブラケット区間の標準構成

構造である．トロリ線，ちょう架線，金具類，がいし，き電線，支持物，帰線，自動張力調整装置などから構成されている．

　また，地上設備の経済化を目的として，1955（昭和30）年に東海道本線関西地区の貨物線に傾斜カテナリ架線が実用化された．1956（昭和31）年に仙山線試験線で用いられ，その後，交流区間の一部の曲線トンネルで用いられた．

4 新幹線用の高速架線[(1), (4)]

4.1 東海道新幹線

　東海道新幹線用の架線は，鉄道技術研究所電車線研究室の粂沢郁郎室長を中心に開発が行われ，1960〜1961年（昭和35〜36年）に，東海道本線藤沢〜島田間と，東北本線宇都宮〜岡本間で速度175 km/hまでの高速試験が行われた．

　図5.14は検討対象となった4種類の電車線である．

　このうち，連続網目架線は，径間内のどのハンガ位置においても同じばね定数を有し，無離線架線として期待されていた．しかし，電線の数が多いため建設コストが高くなることや，ハンガ間隔を長くすると離線も目立

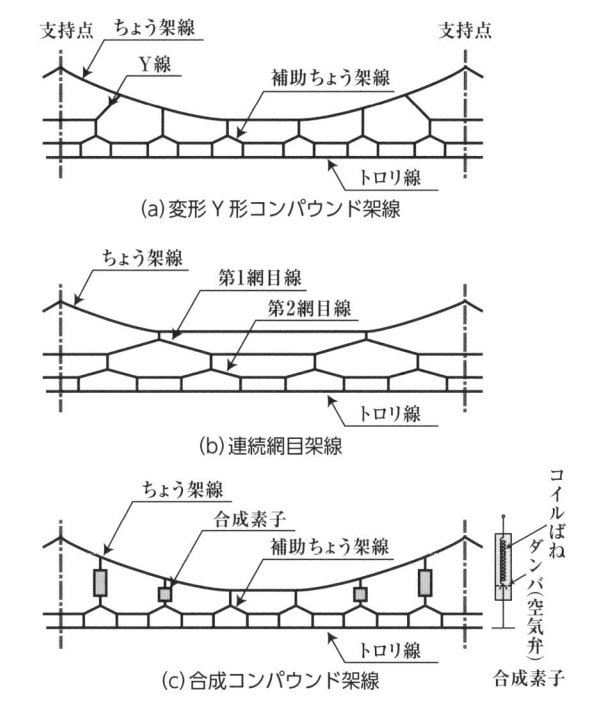

図5.14　検討対象となった新幹線用電車線（コンパウンド架線は省略）

表5.4 合成コンパウンド架線の構成 (建設当時)

電線	線種[mm²]	標準張力[kN]
ちょう架線	CdCu 80	9.8
補助ちょう架線	CdCu 60	9.8
トロリ線	GT-Cu 110	9.8

ち,特許が国鉄部外で取得されていたこともあり,採用は見送られた.このとき特許の重要性が再認識されている.

変形Y形コンパウンド架線は集電性能は良かったが,調整が困難と予想されたため,採用されなかった.

合成コンパウンド架線は,コンパウンド架線にばねダンパ素子(合成素子)を挿入した架線構造であり,各ハンガ点のばね定数が均一になるように考案された電車線である.この合成素子のダンパは架線振動を吸収する効果があり,2両に1台のパンタグラフを持つ0系新幹線電車に対する多数パンタグラフの集電系に向いていたため,当初の東海道新幹線の電車線として採用された.

表5.4は東海道新幹線建設当時の合成コンパウンド架線の構成である.

新幹線電車線のレール面上の標準高さは,パンタグラフの折りたたみ高さの4.5 mに,絶縁離隔距離0.3 mと高低差を考慮して,5 m ± 0.1 mとしている.

東海道新幹線では,開業後にパンタグラフの通過数や負荷電流は飛躍的に増加して,架線事故発生も増加した.これに対して架線振動の小さい架線が検討されるとともに,ちょう架線にも疲労が見られることから,1974(昭和49)年から1978(昭和53)年にかけて山陽新幹線用に開発された,ヘビーコンパウンド架線に取り替えられた.

また,BTき電方式が採用されたため,約3 kmおきのBTセクションに構成が複雑な抵抗セクション(第4章**図4.10**を参照)が設備され,保全管理に手が掛かるとともに,セクション部におけるトロリ線の摩耗が多く発生した.このため,1984(昭和59)年から1991(平成3)年にかけて,山陽新幹線に適用されたATき電方式に改良された.

4.2 山陽新幹線および東北・上越新幹線

東海道新幹線の架線は振動変位が大きいことや，強風による変位とパンタグラフによる変位が重畳して押上量が大きいことが指摘された．そのため，1969（昭和44）年に東海道新幹線で，合成素子を用いず，線条径を太くして，総張力を53.9 kNに増加させたヘビーコンパウンド架線（重架線）の試験が行われ，押上量が小さく，離線率も小さいことが確認された．

その後，最高速度250 km/h運転にも対応できることが確認されて，1972（昭和47）年開業の山陽新幹線新大阪～岡山間で，ヘビーコンパウンド架線が採用された．

図5.15および**表5.5**は新幹線用ヘビーコンパウンド架線の構成である．

1982（昭和57）年に，東北新幹線大宮～盛岡間および上越新幹線大宮～

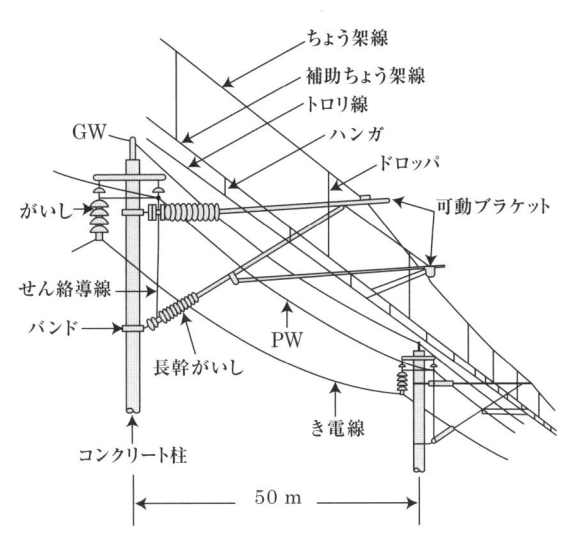

図 5.15 新幹線用ヘビーコンパウンド架線の構成

表 5.5 ヘビーコンパウンド架線の構成（建設当時）

電線	線種 [mm^2]	標準張力 [kN]
ちょう架線	St 180	24.5
補助ちょう架線	PH 150	14.7
トロリ線	GT-Cu 170	14.7

（**注**）PH：送電線用硬銅より線

200系E編成(210 km/h)

200系F編成(240 km/h)　　　　　特別高圧母線

図5.16　パンタグラフの母線接続と半減

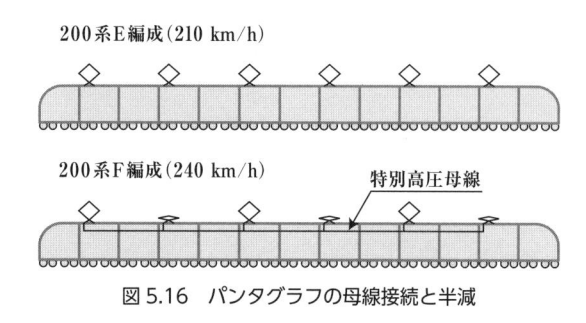

新潟間が開業したが，電車線方式は山陽新幹線で実績のある，ヘビーコンパウンド架線が採用されている．さらにトロリ線として，長寿命のすず入りトロリ線が開発され採用されている．

また，1895（昭和60）年の上野開業時に最高速度が210 km/hから240 km/hに引きあげられた．このとき，集電系騒音，電波雑音のレベルを維持するため，パンタグラフ間を25 kVの特別高圧母線で接続し，パンタグラフ数を半減している（**図5.16**）．

4.3　新幹線の高速化と架線

(1) トロリ線の波動伝搬速度

1985（昭和60）年頃から新幹線の300 km/h運転を目指した研究が進められたが，集電に関しては，パンタグラフの離線低減と集電系騒音の低減が大きな課題であり，鉄道総合技術研究所の眞鍋克士により波動伝搬速度による理論解析が行われた．

トロリ線の波動伝搬速度C[m/s]は，トロリ線の張力をT[N]，線密度をρ[kg/m]とすれば，次式で表される．

$$C = \sqrt{\frac{T}{\rho}}$$

高速領域でのトロリ線の波動現象解析が行われ，走行速度が波動伝搬速度に近づくと，パンタグラフの接触力変動が急激に増大することが分かり，営業速度はトロリ線の波動伝搬速度の約7割以下が必要との目安も示された（**図5.17**）．

(2) 高張力架線の開発

新幹線の速度向上のためにはできるだけ軽いトロリ線を高張力で張るこ

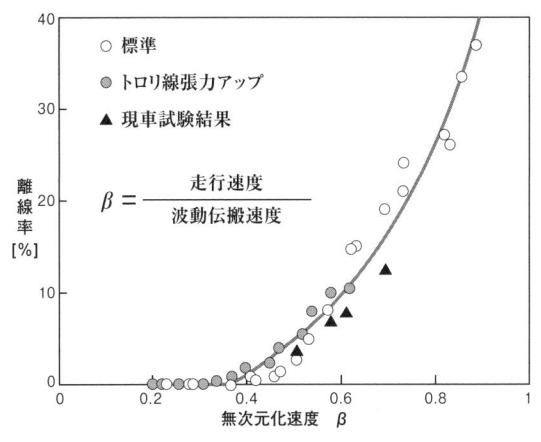

図 5.17　無次元化速度と離線率

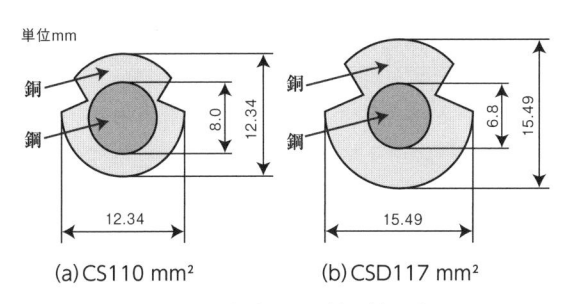

$$\beta = \frac{走行速度}{波動伝搬速度}$$

図 5.18　鋼心トロリ線の断面形

(a) CS110 mm²　(b) CSD117 mm²

とが有効であり，**図 5.18** に示す CS（copper clad steel：銅被覆鋼）トロリ線などの開発が行われた．

　鋼心トロリ線は中心部の鋼が張力を，周囲の銅が電流容量を負担している．

　東海道新幹線では CSD170 mm²，山陽および東北・上越新幹線では 170 mm² のすず入りトロリ線を用いて，張力を 14.7 kN から 19.6 kN や 17.6 kN に高めた高張力ヘビーコンパウンド架線により，高速化を実現している．日本の最高速度は山陽新幹線の 300 km/h であったが，2013（平成 25）年 3 月から東北新幹線で E5 系「はやぶさ」による最高速度 320 km/h 運転が行われている．

　車両ではパンタグラフから発生するアークを低減するために，パンタグラフ間を 25 kV の特別高圧母線で接続し，パンタグラフ数を削減するとと

表 5.6 高速用 CS シンプル架線の構成

電線	線種 [mm²]	標準張力 [kN]
ちょう架線	PH150	19.6
トロリ線	CS110	19.6

もに,パンタグラフカバーや低空力音パンタグラフの開発が進められた.

現在は,パンタグラフは1編成当たり2台としている.

その後建設された,北陸新幹線などの整備新幹線では,比較的少ない列車密度で大きな電流容量を必要としないことから,より経済的な電車線構造が求められた.

そこで,CSトロリ線を用いた**表 5.6**の構成のCSシンプル架線が開発され,1997(平成9)年に開業した北陸(長野)新幹線高崎～長野間で採用され,その後の整備新幹線の標準架線となった.CSシンプル架線のトロリ線の波動伝搬速度は520 km/hに達し,300 km/hを超える高速走行でも問題がないことが確認された.

近年,環境負荷の軽減に配慮することが必要で,電車線ではトロリ線摩耗の軽減による張替え周期の延伸やリサイクル性に優れた材料の採用が求められている.このため,トロリ線として電気的な特性が優れて,CSトロリ線と同等の機械的な強度を持つ,析出強化銅合金(precipitation hardened copper alloy)を用いたPHCトロリ線が開発され,2010(平成22)年の東北新幹線八戸～新青森間,および2011(平成23)年の九州新幹線博多～新八代間に採用されて,260 km/h運転が行われている.

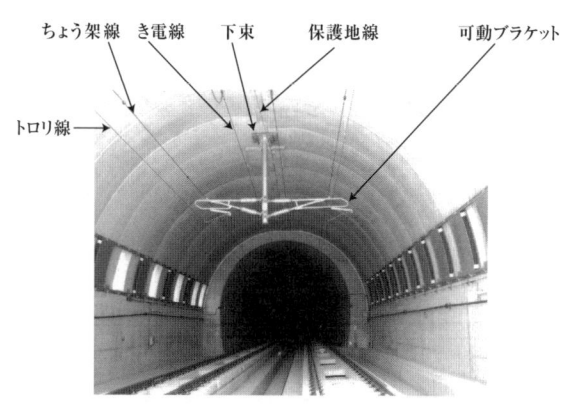

図 5.19 九州新幹線の電車線路(鳥栖付近のトンネル入口,PHCトロリ線)

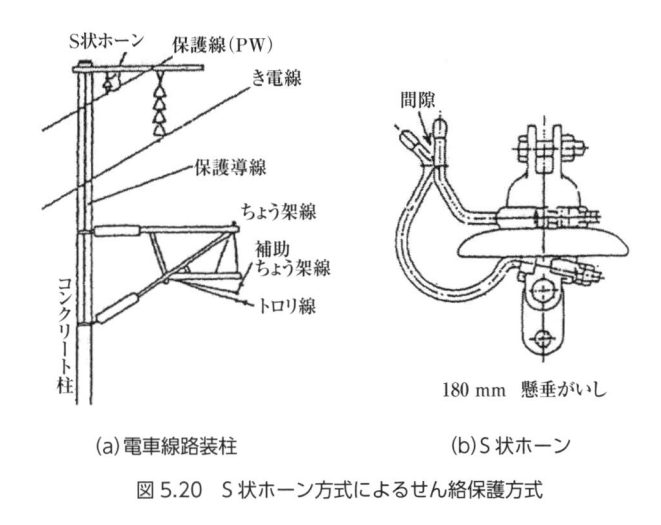

(a) 電車線路装柱 — S状ホーン, 保護線(PW), き電線, 保護導線, ちょう架線, 補助ちょう架線, トロリ線, コンクリート柱

(b) S状ホーン — 間隙, 180 mm 懸垂がいし

図 5.20 S状ホーン方式によるせん絡保護方式

図 5.19 は PHC トロリ線を用いた九州新幹線鳥栖付近の電車線路である．

4.4 せん絡保護装置

電車線路がいしのせん絡保護方式は，当初は NF または と保護線（PW）とせん絡導線が用いられていた（**図 5.15**）．1973（昭和 48）年頃から，せん絡導線のがいし高圧部への巻きつけを省くことや，地絡事故時の電流経路を確立するために，保護線に取り付けるホーン付きがいしの開発が行われた（**図 5.20**）．このホーンは S 状ホーンと称し，1978（昭和 53）年に東北本線小山実験線に設備されて，その後の新幹線に採用されている[5]．

5 景観に配慮した電車線路

1990 年代になって，部品数が少ない点に注目し，よりメンテナンスフリーで長寿命な電車線として，大都市圏に導入されているのが，き電ちょう架線である[6]．

表 5.7 にき電ちょう架線の構成例を示す．

図 5.21 はインテグレート架線であり，ばね式張力調整装置により速度性能を向上させるとともに，鋼管ビームを採用し，高圧配電線路もトラフに

表 5.7　景観に配慮したき電ちょう架線の構成例

名称	電線	線種[mm²]	標準張力[kN]
インテグレート架線（東京地区）	き電ちょう架線	PH356 × 2 条	19.6 × 2 条
	トロリ線	GT-Sn170	14.7
ハイパー架線（関西地区）	き電ちょう架線	SB-TACSR/AC 730	19.6
	トロリ線	GT-Sn170	14.7

図 5.21　インテグレート架線（中央線千駄ヶ谷付近）

納めて景観に調和し，保全も容易な設備にしている．

さらに，最高速度 160 km/h に対応した，き電ちょう架コンパウンド架線が，2010（平成 22）年に成田高速鉄道アクセス線と成田空港高速鉄道線で実用化されている．

6　剛体電車線の発展[1]

剛体電車線は，摩耗管理などのメンテナンスを軽減できることや，トンネル断面を縮小できるため，地下鉄などで広く採用されている[1]．

地下鉄用の剛体電車線は，1961（昭和 36）年 3 月に部分開業した交通営団 2 号線（日比谷線）南千住～仲御徒町間に導入された．当初は 3 500 mm² の T 形鋼に 110 mm² トロリ線を固定する構造であったが，軽量で導電性の高いアルミ合金押出形材による 1 900 mm² の T 形材に改良されて，1962（昭和 37）年 5 月開通の日比谷線仲御徒町～人形町間に採用された（**図 5.22**）．

さらに，初期摩耗の少ない梯形トロリ線を使用した剛体電車線が日比谷

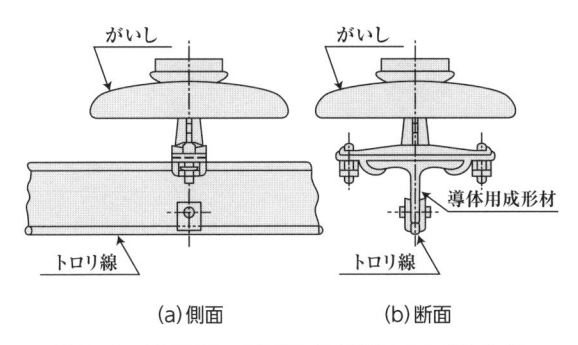

図 5.22 交通営団の剛体電車線（T 形アルミ架台方式）

線東銀座以遠の区間に採用された．

1964（昭和 39）年 12 月に部分開業した交通営団 5 号線（東西線）から，形材断面積を $2\,100\ \mathrm{mm}^2$ に増し，トロリ線も $110\ \mathrm{mm}^2 \times 2$ 条にして，連続的に固定して完全連続一体化を目指した剛体電車線が登場した．現在，この方式が地下鉄の標準剛体電車線とされ，東京地下鉄のほか，国内外で採用されている．

さらに，1991（平成 3）年 11 月に部分開業した交通営団 7 号線（南北線）からは導電率が高いアルミ形材に変更し，トロリ線も $170\ \mathrm{mm}^2 \times 1$ 条とした方式が登場した．

このほかに，トロリ線を用いない導電鋼レール方式（レールの両側にアルミニウムのバーを抱かせている）の剛体電車線が 1976（昭和 51）年に部分開業した札幌市地下鉄で，耐食性向上から銅製の T 形架台を用いた剛体電車線が 1997（平成 9）年開業の JR 西日本東西線で，採用されている．

また，狭小トンネル用としての剛体電車線も開発されて，JR 在来線のトンネルで用いられている．

7 パンタグラフ[1],[2]

国産のパンタグラフは，東洋電機製造によって 1920 年代に始まり，1923（大正 10）年に阪神急行電鉄（現・阪急電鉄）神戸線の電車に A 形といわれる菱形パンタグラフが使用され，この改良形として 1923（大正 12）

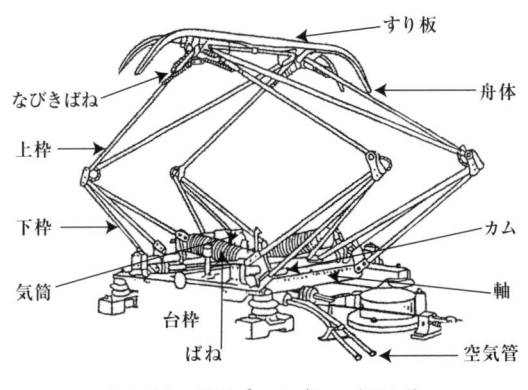

図 5.23 菱形パンタグラフ (PS16)

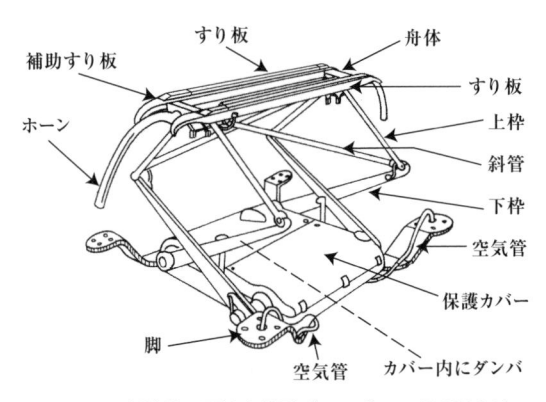

図 5.24 新幹線用下枠交差形パンタグラフ (PS200A)

年に PS2 形が鉄道省に納入された．当初はパンタグラフの自重をおもりでトロリ線に押し上げていたが，その押上力にばねが使用されるようになった（**図 5.23**）．

現在，在来線のパンタグラフの押上力は，直流区間で 55 N（5.5 kgf），交流区間で 45 N（4.5 kgf）となっている．

現在は 3 質点モデルを用いたパンタグラフが高速域で使用されており，トロリ線と接触する一番上のばね上質量（すり板）を小さくすることが，高速走行に対する必要十分条件になっている．

下枠交差形パンタグラフは，折りたたみ状態の枠組長さを菱形の約 2/3 に短くできる．0 系新幹線電車用に開発され（**図 5.24**），その後，在来線でも

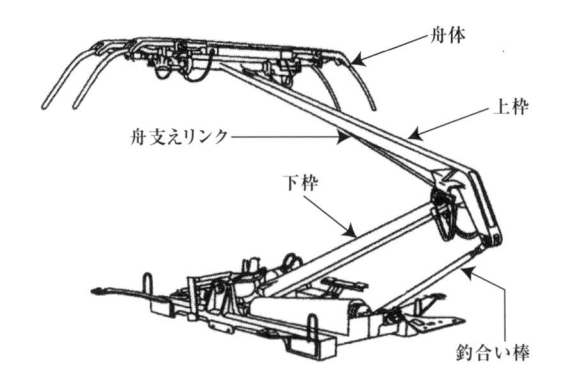

図 5.25　シングルアーム形パンタグラフ（PS232）

屋根上機器が多い交流電気車などに用いられている．

　新幹線用パンタグラフの押上力は，PS200A 形では 55 N（5.5 kgf）となっている．

　シングルアームパンタグラフは，路面電車用の簡単なものと，1955（昭和30）年にフランスのフェブレー社で開発されて欧州で使用されている高速大容量のものがある．

　フェブレー社の特許が切れたことから，わが国でも在来線用に，軽量化と保守の軽減を目的に 1990（平成 2）年ころからシングルアームパンタグラフが開発された（**図 5.25**）．上枠と下枠が 1 本で構成され，雪に強い特徴があり，最近の新製車両では主流になっている．

　わが国で初めて 300 km/h 運転を行う電車として，1997（平成 9）年 3 月に JR 西日本の 500 系新幹線電車が営業運転されたが，そのときに用いられたのが翼形集電装置である．ふくろうの羽根にヒントを得て，空力音の低減を実現したとされる（**図 5.26**）．

　さらに，新幹線でも低騒音化のためにシングルアームパンタグラフが開発されている．**図 5.27** は九州新幹線 800 系電車や東北新幹線 E2 系 1000 番台で用いられている，シングルアームの低空力音パンタグラフとがいしである．

図 5.26　翼形パンタグラフ

図 5.27　新幹線用低騒音パンタグラフ（800 系電車・KPS207）（写真提供：JR 九州）

参考文献

（1）持永芳文，島田健夫三，小山徹ほか：「鉄道技術 140 年のあゆみ 2.4 電車線路」，コロナ社，2012
（2）森口真一，菅野博一：「パンタグラフの歴史」，日本機械学会誌，第 85 巻 766 号，1982
（3）小林輝雄：「電気鉄道の技術・研究開発の歩み」，鉄道現業社，1996
（4）網干光雄：「電車線設備の変遷」，平成 20 年度電力セミナー，日本鉄道電気技術協会，2008
（5）鎌原今朝雄：「交流電車線路用 S 状ホーン方式の解説書」，電気技術開発株式会社，平成 13 年 11 月
（6）持永芳文，曽根悟，望月旭（監修）：「電気鉄道ハンドブック」，6 章　集電システム，コロナ社，2007

第6章

直流電車技術の変遷

日本で最初に輸入された電車はスプレーグ式電車で，藤岡市助が1890（明治23）年に上野の内国勧業博覧会で走らせた．日本では国産化の意欲が強く，京都電気鉄道以降，車体，電動機，制御器，台車などの国産化への挑戦が行われた．第一次世界大戦で電気機器の輸入が途絶えると，本格的な国産化が進み，国鉄では共同設計による標準化が進んだ．

太平洋戦争後は輸送力増強のため，高性能電車が開発された．電力用半導体技術の進歩により，チョッパ制御による直流電動機駆動が行われ，さらに，最近の新製される電車は，VVVFインバータによる誘導電動機駆動方式であり，編成質量も軽くなり，省エネルギー化が図られている．

第6章 直流電車技術の変遷

① 欧米から日本への電気車技術の導入

　日本では直流電気車の中でも路面電車と都市鉄道電車の導入は欧米からあまり遅れていなかったが，鉄道幹線電化は主に国防上の理由から長大トンネルや連続急勾配のある路線を除き遅れていた．初期には電車の電気機器と台車を欧米から輸入したが，早くから国産化の努力が払われた．しかし，信頼性とコスト面で輸入品に代わることは容易ではなかった．欧米のメーカーとの技術提携は比較的早くから行われ，第一次世界大戦で輸入が困難になると，国産化が進み信頼性も向上し，その結果，民鉄の郊外電車も国産品を使うようになった．昭和の時代になると輸入はほとんどなくなり，電車の各種技術も進んだ．第二次世界大戦後は欧米からの情報に基づ

表 6.1　電車の主回路の変遷

年代	形式等	電圧	MM	制御方式	抵抗・直並列・弱界磁	電気ブレーキ	遮断	避雷	事故遮断
1895	京都市電	550	25 HP×1	直接	抵抗・弱界磁		1台	CC+LA	
1904	甲武鉄道	600	45 HP×2	間接総括	抵抗・直並列		1台	CC+LA	ヒューズ
1914	多重連運転	1 200	105 HP×4	間接総括	抵抗・直並列，2電圧		1台	CC+LA	ヒューズ
1924	CS1, CS2	1 500	150 HP×4	間接総括カム軸	抵抗・直並列 短絡渡り，2電圧		2台直列	CC+LA	ヒューズ
1931	CS5	1 500	100 kW×4	間接総括カム軸	抵抗・直並 短絡・弱界磁		2台直列	CC+LA	ヒューズ
(20年)									
1950	CS10	1 500	142 kW×4	間接総括カム軸	抵抗・直並 橋絡・弱界磁		2直減流	避雷器	高速減流
1957	CS12	1 500	100 kW×8	間接総括カム軸	抵抗・直並 橋絡・弱界磁	発電ブレーキ	2直減流	避雷器	高速減流
1961	CS15	1 500	120 kW×8	間接総括カム軸	抵抗・直並・弱界磁・戻しノッチ	発電・抑速	2直減流	避雷器	高速減流
1971	電機子チョッパ	1 500	8	間接総括チョッパ	無接点化	回生ブレーキ	2直減流	避雷器	高速減流
1971	界磁チョッパ	1 500	8	界磁チョッパ	抵抗・直並・弱界磁	回生ブレーキ	2直減流	避雷器	高速減流
1979	高速回生ブレーキ	1 500	8	直列抵抗チョッパ	無接点化	回生ブレーキ	2直減流	避雷器	高速減流
1985	エコノミー	1 500	8	添加励磁	抵抗・直並・弱界磁	回生ブレーキ	2直減流	避雷器	高速減流
1986	誘導電動機	1 500	41 647	VVVFインバータ	無接点化	回生ブレーキ	1台	避雷器	高速遮断

※ CC は塞流線輪（チョークコイル），LA はアレスタ

いて，日本独自の技術を育てた．それは高性能の通勤用電車であり，欧米にはあまりない長距離電車列車であった．そして，欧米よりかなり遅れていた交流電化の技術の独自開発と相まって，世界で最初の超高速電車列車（新幹線）の実用化に至り，斜陽といわれた世界の鉄道を復権させる原動力となった．**表6.1**は電車の主回路の変遷である．

以下，直流電車の技術の変遷について第二次世界大戦前後に分けて記述する．

1.1　初期の技術導入の流れ

日本の明治時代の人々は生活に便利な新しい技術を欧米から積極的に取り入れた．さらに，その新しい技術を利用するだけでなく，積極的にそれらの技術を学び，自身で作ろうとする意欲が高かった．

はじめは，新しい技術を取り入れ，利用するために欧米から技術者を招いた．彼らは教育が目的の技術者と，単に新技術を使う技術者とがいた．日本人は両方の技術者達から熱心に学んだり真似たりした．同時に，留学生を積極的に欧米に送り出し，学ばせ，技術を身につけさせた．多くの場合，輸入品の発注に併せて留学させた．留学生は少数であったが，帰国後は欧米の技術者に代わり，ものづくりと教育に励んだ．日本人が技術の教育をするようになると同時に，欧米の技術書の翻訳も積極的に行った．そのために急速かつ広範囲な教育が可能となり，大量の技術者を育成して，大きな成果をあげることができた．

欧米の来日技術者の真似をして学ぶことと，欧米に留学して学ぶことから，急速に自前で作ることができるようになったが，すでに持っていた技術を活かす領域から始まったことは当然である．

鉄道車両では，当時の客車や貨車の車体は輸入車両も木製であったので，早くから真似て作ることができた．しかし，機関車や台車や輪軸は輸入を続けた．

蒸気機関車を全くの物まねでも作れるようになるのは，1893（明治26）年（官鉄神戸工場）で，鉄道の導入から約20年を経ていた．本格的な製造は1901（明治34）年となる．ちなみに材料の主体となる鉄鋼の生産は1901（明治34）年に八幡製鐵所が操業開始してからであった．日本人が独自に蒸

気機関車を設計して製造するようになるのは，さらに20年ほどが必要で，1914（大正3）年であった．最初の鉄道導入から40年以上が過ぎていた．

電気車の導入は次項で述べるように早かったが，国産化にはやはり時間がかかった．

1.2 最初の電気車の導入

電気車の導入は欧米の発展に対してほとんど遅れることがなかった．藤岡市助（1857 – 1918）は工部大学校（東京大学工学部の前身）で外国人の教授に電気工学を学び，1884（明治17）年に渡米してトーマス・エジソン（Thomas Alva Edison，1847 – 1931）に会い，電気機器の国産化の助言を受けた．

東京電燈の技師長になった藤岡市助は1890（明治23）年に，スプレーグ式電車を日本に輸入して，上野の内國勧業博覧会で走らせた．電源は東京電燈の火力発電所から供給した．スプレーグ（Frank Julian Sprague，1857 – 1934）が1888（明治21）年にリッチモンドで成功して僅か2年後であった．

一方，琵琶湖疏水の工事を手がけた工部大学校卒の田辺朔郎（1861 – 1944）は疏水の利用について，京都の実業家 髙木文平とともに疏水完成間近の1888（明治21）年に渡米して各所を視察中に，スプレーグ社の紹介で，コロラド山中において開発中の水力発電所を見学した．帰国後の1891（明治24）年に疏水を利用した蹴上水力発電所を完成させた．その電力を利用して髙木文平らは1895（明治28）年に京都に路面電車（京都電気鉄道，後の京都市電，図6.1）を走らせた．このとき，藤岡市助が技術面の指導をした．その後も藤岡市助は各地の電気鉄道について技術指導をした．

この路面電車の主電動機は1台で米国の25 HPのGE社製が使われ，台車も米国製であったが，車体は日本製であった．蹴上水力発電所の発電機は直流500 VのGE社製で100 kW 2台であった．その後，1898（明治31）年には名古屋で路面電車（トラム）が走りはじめ，1899（明治32）年には大師電気鉄道（現・京浜急行電鉄）でも運転が始まった．東京や大阪の路面電車は1903（明治36）年開業で，翌1904（明治37）年には甲武鉄道の電車

図6.1 京都電気鉄道の路面電車の模型（旧交通博物館）

（EMU, electric multiple unit）が運転を始めた[*1]．スプレーグの総括制御の編成電車EMUはこれが日本で最初であった．これもスプレーグが1897年にシカゴで総括制御運転を成功させたものであった．これらはいずれも電気機器と台車はほとんどが輸入品であった．

同じ時期1900年に開業のパリ地下鉄電車もスプレーグ式で，その最初の電車は当時日本で使われた電車とほとんど同じであった．すなわち，欧米で走っている電車も日本で走っている電車もほとんど同じ技術レベルであった．

1.3 国産化の意欲

こうした中で，国産化の意欲は高く，京都電気鉄道の路面電車の当初に主電動機を三吉電機が作っているが，その実績は定かでない．次いで田中製造所（東芝の前身）が輸入品の技術を見て1899（明治32）年から主電動機，制御器，台車の生産を始めた．それらは1901（明治34）年に京浜急行大師線の電車用（主にGE製）に供給された．しかし，国内で製造を初めても輸入品の方が多かった．理由は品質が低く生産能力が不足していたためと推定される．

路面電車の各都市での普及と同時に，1904（明治37）年に電化した甲武鉄道のような郊外電車が都市近郊に次々と開業した．1905（明治38）年の阪神電気鉄道，1907（明治40）年の南海鉄道の電化，1910（明治43）年の京阪

[*1] 日本では単車運転のトラムも編成運転のEMUも同じ電車と呼んでいるが，路面電車は単車運転が基本でトラムといい，総括制御の編成運転はEMUというのが欧米の習わしであるため，ここでは，トラムを路面電車，EMUを電車と称して区分する

電気鉄道(現・京阪電鉄), 箕面有馬電気軌道(現・阪急電鉄)などが開業した. それらの多くは, 最初は単車運転であったが, しばらくするとEMUになり, それらの台車と主要電気機器は輸入品でGEやWHやSSやEE製[*2]が使われた. これらの郊外電車は華々しく開業し, スピードも売り物であったので, 信頼性のある輸入品を使ったが, 路面電車では主電動機など国産化が進んでいた.

一方, 鉄道用としての電気機関車は1912(明治45)年に連続急勾配の碓氷峠でアプト式電気機関車が始めて運転された. AEG製[*2]であったが, 基本的に能力不足でトラブルが多かった. 当時欧州でも十分な信頼性を持つ電気機関車技術が確立されていなかった. この電気機関車の発注に併せてドイツに留学中の国有鉄道(以下:国鉄)の技術者が1909(明治42)年に製作監督を兼ねて電気機関車の研究をした. このように, 当時の工学大卒の技術者で欧米に留学する例は多く, 新設される電気鉄道会社を渡り歩き, 輸入品の技術的選定をしていた.

一方, この頃には芝浦製作所(現・東芝)がGEと1909(明治42)年に技術提携した. その後, 東洋電機製造はEEと提携(1917(大正6)年:会社創立は1918(大正7)年)し, 三菱電機がWHと1923(大正12)年に技術提携した. そして欧米と技術提携しない会社を含めて国内設計が始まった. しかし独自の設計はなかった.

第一次世界大戦(1914〜1918)が発生すると, まず欧州からの輸入が途絶え, 次いで米国からの輸入も途絶えた. その一方で国内の電車の利用者が増加し, 電車の増備が必要となった. そこで本格的な国産化が始まった.

1916(大正5)年には国鉄の大井工場で50HPの主電動機の製造が始まった. それはEEの主電動機を分解して詳細図面を作り, デッドコピーで製造された. それまでに修繕で技術を身につけていたので, 最初から輸入品のレベルに達していて, 6年間に296台を作った. そこで, 1920(大正9)年に国内の電機メーカーである芝浦製作所, 日立製作所, 東洋電機製造の3社に国鉄の主電動機のほとんどを発注することになった. しかし, 大手民鉄が国産品を使うようになるのは1925〜1926(大正14〜15)年以降であった.

[*2] GE:General Electric, WH:Westinghouse, EE:English Electric, SS:Siemens-Schuckert, AEG:Allgemeine Elektrizitats-Gesellschaft

1.4 初期の技術導入のまとめ

スプレーグ方式により欧米で電車が急速に普及すると，いち早く日本も導入した．しかも積極的に技術も導入して国産化しようとした．しかし，木工技術以外の機械技術や電気技術の部品は真似るだけでは，信頼性が高くかつ輸入品以下の価格で競争できる力は容易には生まれなかったようである．

既述の田中製造所以外にも幾つかのメーカーが国産化に挑戦し，その企業の数は増加していた．こうして，輸入品を真似て作り，また保守を自ら行う内に，徐々に技術力を身につけていた．そして第一次世界大戦で輸入できなくなると，一気にその技術力を発揮した．

当時，都市の路面電車の電気機器は国産化が進んでいたが，デッドコピーであり，民鉄の高速電車（EMU）の電気機器はほとんどが輸入品であった．これは品質の問題が主要因であったが，第一次世界大戦後になっても同様で，国鉄が国策で国産化を進めるのに対して，輸入品の方が安価であることもあって，民鉄は必ずしも国産品利用ではなかった．

また各国産メーカーは，ライセンス生産しても幾つもの問題があり，特に国鉄では車両の種類が多くて運行や保守に問題が生じ，それを克服するため，日本独自の技術を確立して行くことになった．

2 日本の電車のはじまり

表 6.2 は初期の直流電気鉄道の変遷である．

2.1 京都に始まる電気軌道の車両技術

1895（明治 28）年開業の京都電気鉄道の路面電車の主電動機は 1 両に 1 台で GE 社製 25 HP（図 6.2）であった．駆動方式はスプレーグ式の釣掛式の歯車 1 段減速で，電動機の構造は絶縁材料が吸湿や塵芥に弱いため全閉形であった．

直流 500 V の電圧を制御する方式は抵抗 5 段制御で，分路式弱め界磁もあって，両運転台にある直接式コントローラで制御した．もちろん逆転器

表6.2 初期の直流電気鉄道の主な変遷

年	和暦	出来事
1888年		スプレーグ方式の確立
1890年	明治23	上野の博覧会に電車登場
1890年		ロンドンチューブ電気運転
1895年	明治28	京都に路面電車開業
1897年		スプレーグが総括制御開発
1898年	明治31	名古屋に路面電車
1899年	明治32	大師線に電車運転
1900年		パリ地下鉄開業
1903年	明治36	東京と大阪に路面電車
1904年	明治37	甲武鉄道に電車運転
1905年	明治38	阪神電車が開業
1909年	明治42	山手線の600 V電化
1912年	明治45	碓氷峠アプト式電化開通
1914年	大正3	1 200 Vに昇圧
1923年	大正12	1 500 V電化はじまる
1924年	大正13	国産の国電用主制御器
1927年	昭和2	東京に地下鉄開業

もあった.その他,両運転台にカットアウトスイッチがあり,リアクトルも備えていた.

運転を始めると蹴上水力発電所の発電機2台の200 kWでは不足で他車の力行の影響を受けたという.主電動機は定格25 HPでも加速電流は大きいことを十分に認識していたかどうか疑わしい.

その後の各都市に走る路面電車は似たような大きさであるが,徐々に大形化し,主電動機は台数が増加するが,基本的制御システムは同様である.例えば,現在,博物館明治村（愛知県犬山市）で走っている京都から移設した路面電車（**図6.3**）は1910～1911（明治43～44）年製で大形化された.電気機器はまだ輸入品で主電動機は2台であるが,直並列制御も弱め界磁制御も行わず抵抗制御だけであった.

電気軌道の路面電車は基本的には単車運行で（付随車も付くことがあるが,制御装置はない),主電動機は2台または4台で抵抗制御の直接制御が基本であり,直並列制御や弱め界磁制御の有無はまちまちであった.

図6.4は主回路の概略であるが,直列抵抗器を順に短絡する接触器は運

図 6.2　当初の京都電気鉄道の電車の台車と主電動機
（旧交通博物館）

図 6.3　京都市電
（博物館明治村）

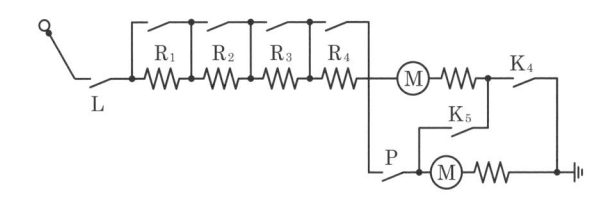

図 6.4　主回路の概略図（図中の○は主電動機電機子）

転台のコントローラ内にあって，運転士が手動で直接操作するので直接制御という．この図では2台の電動機を直並列につなぎ替えるのもコントローラ内にある．

初期の路面電車の主電動機とコントローラと台車はほとんど輸入であったが，国産の主電動機も京都の創業期以来，各鉄道会社で多数使われたが，信頼性に問題があったらしく，1914（大正3）年に第一次世界大戦が始まって輸入が止まるまで輸入が主であった．その後，1920年代半ばまで国産と輸入が混在していた．

当初の京都電気鉄道路面電車の台車（**図 6.5**）は4輪なので，2軸貨車と同じように見える．主電動機を搭載している台車（トラック）があるが，車体に対して旋回しない．

車体が大形になると4軸で旋回する台車を2台持つようになり，早いものでは1904（明治37）年頃から現れた．それをボギー車と称していることが多い．車体は木製であるが，鋼製の車体台枠の上に構築されていた．

図 6.5 京都電気鉄道の路面電車の台車（模型の写真）

2.2　甲武鉄道に始まる電気鉄道の車両技術
(1) 直流 600 V 時代

　甲武鉄道は 1904（明治 37）年に直流 600 V で電化して編成電車 EMU を導入した．1897（明治 30）年に開発されたスプレーグ式総括制御方式で，当初は付随車を挟んだ 3 両編成であった．この方式はシカゴで蒸気機関車牽引の客車列車を電気車に置き換える際に，単車運転の路面電車を多数連結することは不合理であることから，運転台のコントローラを各車の床下において，それを先頭車のマスタコントローラから間接制御する方式としたものであり，今日のいわゆる電車 EMU に踏襲されている．

　各車のコントローラは電磁接触器に置き換えられて制御器といわれ，運転台のマスタコントローラ（マスコン）から電気指令（引通し線）により制御された．

　この制御器のスイッチは**図 6.6** のような GE 製の電磁接触器で，1906（明治 39）年に導入した WH 製は電磁空気弁で作動する電空式であった．

　この電車も 4 輪で台車は 2 軸車であり，GE 製の 45 HP の主電動機を 2 台搭載している．**図 6.4** のように抵抗制御のほか直並列組合制御が行われているが，弱め界磁制御はない．

　京都電気鉄道の開業から 10 年を経ていないが，同じ GE 製でありながら，大きく異なっている．電気はトロリポールから列車開閉器を経てヒューズ，アレスタ，チョークコイルを通り，電動機開閉器から主抵抗接触器に至り，転換器と組合せ接触器を介して主電動機に入る．電機子回路から界磁回路を経て負のポールに帰る主回路を構成している．直列 4 段，並列 4 段は運転士の操作によって進段した．

　主回路と並列の回路に灯回路と空気圧縮機回路，制御回路がある．高圧 600 V 回路と制御回路は他車両との引き通し線を持っている．

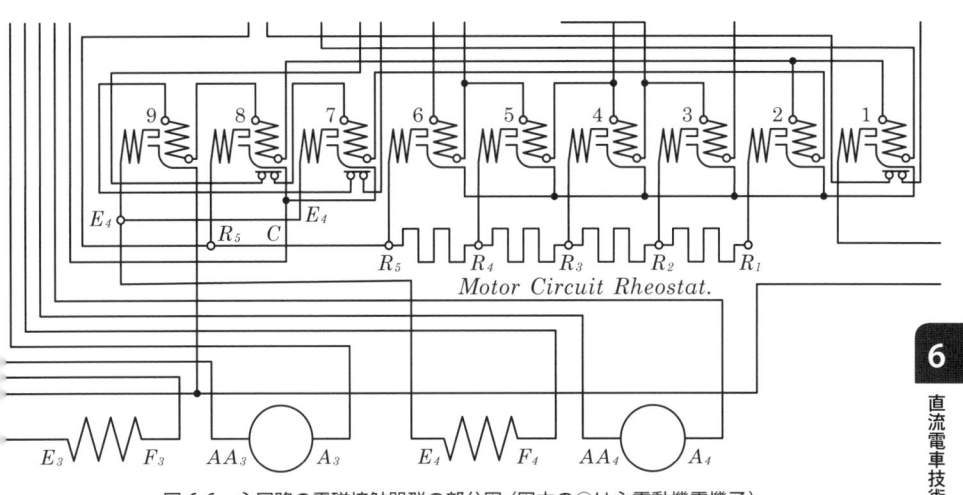

図 6.6　主回路の電磁接触器群の部分図 (図中の○は主電動機電機子)
(東京鉄道局電車掛編:「省線電車史綱要」:東京鉄道局, 1927)

　制御器は国有化の時点で電磁式と電磁空気式が使われていた．電磁式の構造は，接触部は磁力で閉じ，バネの力で開くので，構造上遮断容量が小さい．遮断容量を大きくするにはばねの力を大きくしなければならないが，そのためには接点を閉じるとき，強大な磁力が必要になる．これは困難であった．

　一方，電磁空気式 (**図 6.7**) は，エアシリンダと電磁弁が必要だが，接点はばねの力で開き，空気ブレーキ用の圧縮空気の力で閉じるようになっている．電磁空気式は電磁式に比べて接触圧力が高く，開く速度も非常に速く，電流容量も遮断容量も遙かに大きい．そのため電動機の容量が増し，電流が大きくなると電磁空気式が主流になり，後々まで単位スイッチとして用いられた．

　なお，1899 (明治32) 年に内務省の指導で架空複線式を採用することになったため，甲武鉄道は架空複線式であった．京都でも1907 (明治40) 年にポールがプラスとマイナス用の2本に改造された．理由は，漏れ電流による水道管などの電食をおそれて，レールに電流を流さないようにするためで，昭和の初期まで続いた．しかし，欧州では当初第3軌条集電であったが，架空電車線が開発されたとき，レールの電気的接続を完全にすることで，漏れ電流問題を解決していた．架空複線式は米国のシンシナティな

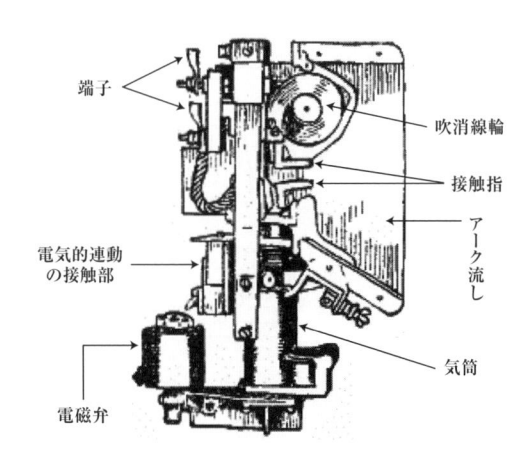

図 6.7　電磁空気式接触器の例（国鉄資料）

ど極く一部にしかなかったが，日本はこれを見て過剰反応したと推測される．ただし，名古屋の路面電車の開業は内務省の指導の前であったので単線式であったが，そのまま複線式にしないで済ませた．

現在の大手民鉄は様々な経過を経て大都市近郊や都市間の輸送を担っているが，甲武鉄道のように蒸気運転から電車化した，南海鉄道や東武鉄道の他は，初め軌道（鉄道と軌道の違いは第 3 章 1 節 1.1 (1) を参照）の形で開業し，1920 年代に電気鉄道になった．その車両技術の多くは 8 輪 2 台車の大形の単車運転からはじめ，徐々に複数車両連結の総括制御運転に移行して，1920 年代にはほとんどが電気鉄道になった．主電動機や制御器，台車などは当初から輸入品を使い，1920 年代の後半に入ってからようやく国産化された．特に関西の大手民鉄では国産は車体のみというのが常識だったといわれている．

軌道法で開業した民鉄の多くは直流 600 V き電で，1905（明治 38）年開業の阪神電鉄の場合，全長 13.4 m の 4 軸車に 4 台の WH 製の 38 HP 主電動機を搭載して，駅間距離を短くしたのにかかわらず，高速運転したために利用者が多かった．この頃から主電動機 4 台の車両が生まれているが，直接制御であった．

甲武鉄道のように鉄道を電化した南海鉄道は 4 主電動機車両で 1907（明治 40）年には直接制御であったが，1909（明治 42）年には総括制御を導入している．この年から国鉄も 4 主電動機車両となって，SS や GE，WH，DK

（Dick Kerr & Co.,Ltd 現在は English Electric Co.）が輸入され，主電動機は 45〜50 HP であった．

（2） 直流 1 200〜1 500 V 時代へ

1914（大正 3）年京浜線の電化は 1 200 V で行われ，40 両が新製された．同時に主電動機は 105 HP に強化され，制御器は GE 製が使われた．この制御器を持つ主回路は，本格的電車用制御の機能を持つ最初のシステムで，総括制御，自動進段，電動発電機付きで，600 V・1 200 V 両用であった．進段は電磁式接触器により，直列 6 段，並列 4 段であった．

架空電車線は単線式となり，集電はパンタグラフで行われた．当初はポールと同じローラ式であったが，故障続出ですり板式に変えられて安定したといわれる．

第一次世界大戦後の好況などにより，郊外の発展が著しく，乗客の増加は年々激増したために，連結両数を増加させると共に，1 500 V への昇圧の方向にあったが，1923（大正 12）年の関東大震災で中断された．しかし震災復興時に，京浜線の 1 200 V を 1 500 V に上昇させることになり，1925（大正 14）年の京浜線から実施され，600 V 路線の昇圧も行われた．これにあわせて 150 HP の主電動機の電車を新製し，電車性能を向上させた．この主電動機は国産各社の製品で，制御器も国産であった．ただし 1 メーカーを除き，欧米のライセンス設計で，構造は各社各様であった．

これらは総括制御で自動進段が可能な電磁空気作動カム軸式で，圧搾空気によって動かす「カム」軸の回転により，一列に配列された接触器を順次に開閉して電動機の電流を制御する．

この時期に民鉄も新線建設や新たな電化の場合，1 500 V で電化されるようになった．その最初が 1923（大正 12）年開業の大阪鉄道（現・近畿日本鉄道）の南大阪線であったが，従来の 600 V 電化の 1 500 V への昇圧は直ぐには行われなかった．この南大阪線の電車は米国製の電気機器と台車を装備していた．国鉄は国産化したが，民鉄大手は相変わらず輸入品を使っていた．

3 本格的国産化と標準化

3.1 国鉄の電機品の国産化

すでに述べたように，第一次世界大戦の影響で電気機器などの輸入が途絶えると同時に，戦時景気で電車の需要が増加し，本格的な国産化が必要になった．路面電車では国産化が進んでいたが，輸入が再開されると民鉄の都市間や郊外電車は，高速運転であり信頼性を重視して，輸入品を使う例が多かった．

こうして1920年代後半には日本の設計製品の主電動機や制御器が多数使われるようになったが，ほとんどが欧米の設計のまま，またはその派生であった．電車の総括制御，自動進段，電磁式接触器制御などの基本設計はGEまたはWH生まれであった．

しかし，国鉄の電車線電圧が1914（大正3）年には600Vから1200Vに昇圧された．さらに1925（大正14）年に1500Vが採用されると，複電圧式などの工夫が加わるようになり，日本独自の設計が行われるようになった．そして，すでに述べたように1916（大正5）年の国鉄工場の主電動機生産が成功したので，1920（大正9）年に国内の各電機メーカーに主電動機を発注した．この主電動機の国産化に参加したのは芝浦製作所，日立製作所，東洋電機製造の3社で，その主電動機の特性は異なり，連結運転も自由でなかった．さらに各主電動機の構造が異なっており，詳細な図面の提出もなく，部品も異なり，検査や修繕をする現場では困っていた．そこで1925（大正14）年頃から共同設計による標準化が行われることになった．

3.2 共同設計による標準化

国鉄の主電動機の共同設計会議に参加したメーカーは数社（芝浦製作所，日立製作所，東洋電機製造，三菱電機）あったが，GEやWH，EEと技術提携している会社や独自の技術を磨いているメーカーであり，詳細な構造図面を提出することは困難な事情にあった．しかも電気機器の製造会社は，蒸気機関車の製造者よりも秘密を保持する習慣があって，構造の詳細を示

す図面を提出しなかった．外国の電機メーカーも同様であった．

　一方，各社の製品の優劣を決定して，最良の設計のみを採用することも国策として困難な事情があり，かつ国鉄の主電動機を製造していた3社もその優劣の決定を希望しなかった．そこで国鉄形1種のみを製造することとし，その設計を先の4社の共同設計によることにした．これを実施するに当たっては，各社とも相当の難色を示したが，国鉄側が設計の統一は絶対であり，それが国産化の利益であるとして当時，国鉄車両課長であった朝倉希一（1883 – 1978）がリーダーとして強く推進した．その最初は1926（大正15）年の100 kWのMT15形主電動機であった．設計のベースは先進国の技術が使われたが，各社の技術を取捨選択して日本独自の設計となった．

　電車の制御装置は主電動機と違ってEMUの基本システムであり，単に真似ても経験の積み重ねが必要で，独自の技術は生まれず，輸入が長かった．しかし，ライセンス生産から1923（大正12）年には芝浦製作所や日立製作所の独自の設計製造が始まった．ところが，各社独自であり，共同設計が必要となり，主電動機に続いて1931（昭和6）年になって標準型の電磁空気カム軸式制御器CS5形が生まれた．これには芝浦製作所，日立製作所，東洋電機製造，三菱電機，川崎重工の5社が参加した．GEやWH，EEの技術がベースになったが，結果は良好で，この制御器はその後，20年もの長い間製造された．

　共同設計は国鉄にとって多大の利点があったが，最高の設計ではないおそれや，競争や創造を阻む心配があった．しかし，共同設計とはいいながら，原設計メーカーを選択する段階で競争があり，最も良い提案をしたメーカーが選ばれるので，競争も激しく，最良案も生まれた．メーカーにとっては，原設計に選ばれなくとも自社に有利な提案をすることができ，国鉄のリーダーにその提案が選ばれることもしばしばあった．また，参加する最も大きな利点は一定の受注が確保されたこと，高い品質が得られることで，参加を避けるメーカーはなかった．多くのメーカー技術者は共同設計会議に参加して相互の競争による技術力向上を感じていた．また鉄道の発展と共に一定の間隔で新しい設計を必要としたので，標準化による技術進歩の阻害は全く見られなかった．一方，民鉄にとってはメーカーの試験場となる場合と品質の高い国鉄の標準品を使える利点が得られた．

一方，共同設計はリーダーの資質に大きく影響される．設計リーダーは各社提案の優劣を判断し，各社の長所を選りすぐるとしてもバランス感覚が必要であるので，鉄道事業者の設計技術者を育成することになった．なお，この設計方式は国鉄の車両設計だけの方式であるが，今日のJRにも基本的には踏襲されている．

3.3　民鉄の電機品の国産化

この頃でもまだ民鉄では輸入が多かった．民鉄では特定のメーカーに継続して発注している場合が多く，標準化の必要性は少なかった．

しかしながら，国鉄で技術力を付けた国内メーカーが民鉄大手にも積極的に働きかけるようになった．例えば，1930（昭和5）年頃に建設された大阪〜伊勢間（参宮急行電鉄（現・近畿日本鉄道））の連続急勾配のある高速電車路線用の電車には，留学帰りの鉄道会社の技術者がGE製品を使うつもりであった．しかし，三菱電機が三菱グループの総力を挙げて国産化の要請を行い，三菱電機製を使うことになった．主電動機の設計者弘田実禧は国鉄の共同設計のメンバーであり，国鉄への納入実績も自信もあり成功した．しかし，制御器は抑速電気ブレーキを使うため，技術提携先のWHの技術を利用して設計しなければならなかった．開業後，トラブルが多発したが，鉄道会社の技術者とともに改良を重ね，技術を確実に身につけていった．

4　戦前の電車技術の進展

第一次世界大戦後に国鉄用の電機品の国産化が進み，民鉄の電車の技術が発展した．電車の運行の発展は，近い都市間と都市近郊が中心で，関西では大阪から神戸までが，競争をともなって特に発展した．それは通勤通学の輸送力だけでなく，高速化やその他の様々なサービスが付加された．しかし，第二次世界大戦が近づくと，新しい技術開発があっても実用化は停滞し，大戦に入ると物資の不足に悩まされ，車両は戦時設計となり，大戦末期には車両も著しく戦災の影響を受け，疲弊した．

4.1 戦前の主な電車

表 6.3 に，戦前の主な電車の諸元表を示す．

日本で最初の電車（路面電車）である京都電気鉄道，最初に国有化された甲武鉄道の電車，都市間高速ボギー電車である阪神電気鉄道や国有鉄道（鉄道院）のボギー電車，初期の 1 200 V 電車，初期の 1 500 V 電車，最初の地下鉄電車など，特徴のある形式について述べている．

4.2 民鉄の電車技術

既述のように 1923（大正 12）年に 1 500 V で電化されて開業した現・近畿日本鉄道の南大阪線の電車は米国製の大出力の電気機器と台車を装備したが，1928（昭和 3）年には長さ 20 m の鋼製車体に 150 kW クラスの主電動機で高性能化した．

東武鉄道は 1924（大正 13）年から 1 500 V 電化され，当初は輸入電機品を装備したが，1927（昭和 2）年に本線が全線電化され 1929（昭和 4）年から国産電機品の電車で高速運転された．

1929（昭和 4）年に阪和線が 1 500 V で開業し，翌年生まれた電車は 150 kW の国産主電動機 4 台で最高 100 km/h の高速運転をした．

1930（昭和 5）年には参宮線（現・近鉄大阪線）に 1 500 V が採用され，上述のように電車は国産電機品により製造され，連続 33 ‰の勾配に抑速用発電ブレーキ（電気抵抗ブレーキ）が採用された．

1931（昭和 6）年には新京阪（現・阪急京都線）も 1 500 V で電化開業され，国産の 150 kW の主電動機と電動カム軸式自動加速制御器とタップ式弱界磁制御で 100 km/h の高速運転を行った．

名古屋鉄道の東本線は 1924（大正 13）年から 1 500 V 電化されたが，名古屋駅で西側の 600 V と分断されていた．

京浜急行も横浜駅から南側が湘南電鉄として 1930（昭和 5）年の開業で 1 500 V 電化であったので，同じように分断された状態で，1933（昭和 8）年から 600 V と 1 500 V 両用の電車で直通運転が行われた．

このように，600 V 電化区間が 1 500 V に昇圧される路線は少なく，大戦後に輸送需要増加の時期を迎えてから昇圧されるケースが多かった．

一方，1933（昭和 8）年に生まれた京阪電気鉄道の京津線用の電車には東

第6章　直流電車技術の変遷

表 6.3　主な直流電車の諸元表 (戦前編)

	京都電気鉄道	甲武鉄道	阪神電気鉄道	国有鉄道	国有鉄道	国有鉄道	東京地下鉄道	参宮急行 (現近鉄)	国有鉄道	国有鉄道
形式	デ 960		1形	ホデ 6100	モハ 1形 (デハ 6340)	モハ 10 形 (デハ 63100)	1000 形	デ 2200 形	モハ 52 形	モハ 63 形
編成	1M	当初 MTM	1M	1M	MM〜MTM		1M	4M2T	MTTM	
質量・形態	6 t・2 軸車	11.5 t・2 軸車	2 軸ボギー× 2	22.4 t・2 軸ボギー× 2	35 t	39.19 t	34.8 t	47.5 t	48.6 t	M44.5 t, T24.5
車体長さと材料	約 6 m 幅 2 m 木製	10 m 幅 2.28 m 木製	13.4 m 幅 2.2 m	16 m 幅 2.59 m 木製	16 m 幅 2.7 m 木製	16 m 幅 2.8 m 木製	16 m 幅 2.56 m 全鋼製	20 m 幅 2.7 m 鋼製	20 m 幅 2.87 m 鋼製	20 m 幅 2.87 m 鋼製
電源電圧	500 V・2 ボール集電	600 V・2 ボール集電	600 V・2 ボール集電	600 V・2 ボール集電	1 200 V・パンタ集電	1 500 V・パンタ集電	600 V・第 3 軌条	1 500 V・パンタ集電	1 500 V	1 500 V
定格出力	25 HP	90 HP	180 HP	182 HP	340 HP	400 kW	240 HP	600 kW	400 kW	512 kW
歯数比	67 : 14			20 : 64 = 1 : 3.2	25 : 63 = 1 : 2.52		1 : 3.81		27 : 61 = 1 : 2.26	23 : 66 = 1 : 2.87
最高速度	12.8 km/h	(表定) 25.7 km/h	40 km/h	(表定) 27.1 km/h	95 km/h (表定 35.8 km/h)	95 km/h (表定 41.5 km/h)		100 km/h	95 km/h	95 km/h
主電動機出力×個数	GE 25 HP × 1	GE 45 HP × 2	GE 45 HP × 4	SS-45.5 HP × 4	GE 85 HP × 4	100 kW × 4	GE 120 HP × 2	150 kW × 4	100 kW × 4	128 kW × 4
制御方式	抵抗・弱界磁・直列・直接	抵抗・直並列・総括	抵抗・直並列・直接	抵抗・直並列・直接	抵抗・直並列・総括	抵抗直並列総括直並列空気カム	抵抗直並列総括空気カム	抵抗・直並列・弱界磁	抵抗・直並列・弱界磁	抵抗・直並列・弱界磁
ブレーキ方式	手ブレーキ	直通空気ブレーキ	直通空気ブレーキ	自動空気ブレーキ	自動空気ブレーキ	自動空気ブレーキ	ATS 付き自動空気ブレーキ	抑速発電付自動空気ブレーキ	自動空気ブレーキ	自動空気ブレーキ
製造 (運転) 初年	1895 (明治 28) 年	1904 (明治 37) 年	1905 (明治 38) 年	1909 (明治 42) 年	1914 (大正 3) 年	1923 (大正 12) 年	1927 (昭和 2) 年	1930 (昭和 5) 年	1936 (昭和 11) 年	1944 (昭和 19) 年
主な使用線区	京都市	甲武鉄道 (中央線)	大阪-三宮間	山手線	京浜線	京浜線運転 1925 年	地下鉄銀座線	参宮線 (青山隧道)	京阪神	京浜ほか
記事	日本最初の電車	最初の鉄道の電車	都市間高速ボギー電車	国電ボギー電車	1 200 V 電車の最初	初期の 1 500 V 電車	最初の地下鉄	連続 33 ‰	流線形	戦時設計：戦後復興

表の参考文献：東鉄局電車係「省線電車史綱要」,鉄道省工作局「車両形式図」,国鉄電車形式図集 [旧形編] 昭和 57 年　鉄道図書刊行会,電気車研究会編「国鉄電車発達史」昭和 52 年　電気車研究会

洋電機製造製の複巻電動機による回生ブレーキが採用された．国産では最初であるが，1930（昭和5）年に阪和線と高野山電気鉄道（現・南海電気鉄道）の高野線の国産電気機関車で回生ブレーキが採用されている．なお，高野山電気鉄道の高野線では1928（昭和3）年にAEGの電機品で回生ブレーキを行っている．

鋼製車体は1924（大正13）年頃からの新製車両で木製から切り替わった．1935（昭和10）年頃には流線形が流行して，名鉄や1937（昭和12）年の京阪などで採用された．外観は後述の国鉄モハ52形と良く似ていた．

4.3　国鉄の電車技術

国鉄の電車は東京中心の都市交通用であって，既述のように，甲武鉄道から山手線，京浜線・横須賀線の電化で，600 Vから1 200 Vを経て1 500 Vとなり，国産の主電動機を国産の制御器で運転するようになった．しかし，関西では東海道線などと並行する民鉄各社が積極的な利用者誘致の運転を行った．駅間距離を短くしながら高速で快適で高頻度の運転であった．

これに対抗する意図もあって，比較的長距離用の高速電車を1934（昭和9）年からの東海道本線の電化にあわせて設計した．1934（昭和9）年のモハ51形で先頭部は丸形，100 kW主電動機4台，電磁空気カム軸制御器で，最高速度95 km/hであった．

その後，1936（昭和11）年のモハ52形（**図6.8**）は流線形になり，歯車比も弱め界磁率もさらに小さくして，高速域の加速度を高くした．

図6.8　国電モハ52形流線形電車（1937（昭和12）年，芦屋付近）
（国鉄資料「100年の国鉄車両」）

4.4 地下鉄の開業

東京の地下鉄は1927（昭和2）年に開業した．大阪は1933（昭和8）年に開業した．戦前にはこの2都市だけであった（第3章1節1.1（4）を参照）．

東京の地下鉄は民鉄であり，計画から開業まで東京地下鉄道の創業者である早川徳次（1881 – 1942）が大変な苦労をしたが，大阪は大阪市営で順調であった．

直流600V第3軌条き電で電車にはGE製の主電動機と制御器を搭載し，日本で初めてメカニカルな打子式ATS（automatic train stop system）を備えていた．銀座線は地下水が漏れ，常時雨天のように湿度が高かった．しかし，輸入電機品は最初だけであった．

車体は，一般の電車が鋼製になったとはいえ，内部は木製であったが，地下鉄なので全金属製とした．

大阪の地下鉄は直流750Vであったが，将来の1500V化を考慮した設計で，主電動機は750V対応で発電ブレーキによる停止ブレーキが使われた．しかし，マスコンハンドル操作のため，空気ブレーキハンドルとの連携操作が難しく，広くは普及しなかった．

4.5 電車用電気機器の変遷

主要電気機器について以下にまとめて述べる．

(1) 主電動機

1895（明治28）年の京都の路面電車の主電動機の出力は僅か25 HP（18.6 kW）で，全閉形直流直巻電動機であった．1905（明治38）年の甲武鉄道の場合は45 HP（33.5 kW）2台，阪神電気鉄道の電車は38 HP（28.3 kW）4台であった．国鉄の電車は50 HP（37 kW）前後がしばらく続き，1914（大正3）年の1200V電化から105 HP（78 kW）4台となった．この頃には主電動機の絶縁技術が進み，1914年には米国でA種絶縁とB種絶縁が生まれており，おそらくB種絶縁が使われ，通風式になっていた．

1925（大正14）年頃に1500Vになると，600Vの電車も含めて100～150 kW4台となって，主に中間タップ式の弱め界磁も使われ，運転速度も著しく高くなった．この頃には1500V電車の主電動機の定格電圧は675Vであった．また質量は100 kWで約2 tであった．

1933（昭和8）年には回生ブレーキのため複巻電動機が使われた．

駆動方式は，はじめからスプレーグ式が定着しており，いずれも釣掛式で歯車1段減速であった．

（2）制御器

軌道の単車運転の路面電車などは直接式の抵抗制御で，運転手の手動による抵抗接触器を切り入れしていた．その後も，長年この方式が踏襲された．運転手のハンドル操作感覚と加速力が良くマッチしていたといわれている．

甲武鉄道などの編成電車は総括制御で初め複式制御と呼ばれていた．抵抗制御の接触器は間接制御で，最初はGE製の電磁接触器を床下に並べ，運転台の制御器（マスコン）の指令で切り入れしていたが，その2年後のWH製では電磁空気接触器が使われ，後に電流が増加すると，この方式が主流になり，単位スイッチとして発展した．電車の遮断器として使われ，電気機関車の抵抗制御などにも後々まで広く使われた．

主電動機が複数以上になると抵抗制御に加えて直並列組合せ制御も行われたが，短絡渡り方式で，後の橋絡渡り方式はまだであった．さらに高速化のために弱め界磁制御が行われた．

制御器の国産化は1919（大正8）年から技術提携で始まったが，1923（大正12）年頃には国産の設計のカム軸式制御器の製造が始まった．1920（大正9）年には電動カム軸式が輸入され，民鉄（京阪）で使われた．

1925（大正14）年になると芝浦製作所，日立製作所，三菱電機，東洋電機製造の各社が参入し，国電では1925（大正14）年の1 500 V化の時の制御器は芝浦製作所（後にCS1）と日立製作所（後にCS2）の設計製造で，総括制御が可能な電空カム軸式で，圧搾空気によってシリンダを動かす「カム」軸の回転により，一列に配列された接触器を順次に開閉して電動機の電流を制御する方式であった．カム接触器は動作が遅いために，電空式接触器式に比べて遮断容量かなり小さく電流容量も小さかった．しかし，1本または2本のカム軸で制御することができるから，電空式単位スイッチ式と比べて制御器全体の構造が簡単で，動作順序が機械的連動で決めてあるから，狂うおそれがないという長所が大きかった．しかし，各社独自の設計であり，機能と構造が異なるので，各社から購入している国鉄にとっては共同設計が必要となり，1931（昭和6）年に標準形（CS5）（本章3節3.2参

照）が設計製造された．民鉄はメーカーがほぼ同じであったことと，まだ輸入品に頼る傾向にあった．これらの国産のカム軸式の駆動方式は電磁空気式が主流であった．

1928（昭和3）年には長い急勾配区間で抑速用に発電ブレーキが使われるようになり，現在の近畿日本鉄道で本格的に実用化された．そして1933（昭和8）年には京阪電気鉄道の京津線で回生ブレーキが実用化された．

（3）集電装置

当初は電気軌道ならびに電気鉄道もスプレーグ式のポール集電であった．スプレーグ式が普及した理由はばね上昇式である点であった．外れやすいという欠点があったが，外れるとレトリーバ（retriever）で急速に引き下ろし，架線を防護していた．集電容量は500〜600 Aであった．また，ポールには方向性があるので，車体が短い時代は前後に旋回させて使った．最初の甲武鉄道の電車は架空複線式であってポールはプラスとマイナスの2本になり，MTMの編成運転を行ったので，後部の電車のポールだけを使い，引き通し線で前部の電車に給電していた．甲武鉄道は国有化されてから単車運転になった時期があり，前後に2本ずつ4本装備した．それが模型や写真に残っている．

国鉄の京浜線の電化の時1914（大正3）年にGE製のパンタグラフが使われるようになった（**図6.9**）．しかし，欧米で実績のあったローラ式は故障が多かったので，すり板式に改良された．1916（大正5）年からは国産化された．構造は菱形で，枠は引抜鋼管でばね上昇式であった．1932（昭和7）年からジュラルミン製になった．すり板は最初銅を使ったが，1942（昭和17）年から戦時対策でカーボンを使った．

民鉄では南海電気鉄道が1924（大正13）年からパンタグラフに変えたが，

図6.9　京浜線電車のパンタグラフと山手線のポール（1914（大正3）年）（国鉄資料）

図6.10 東武鉄道の電車の主抵抗器

たとえば京阪電気鉄道は1932（昭和7）年から徐々にポールからパンタグラフに改造している．路面電車ではポールからパンタグラフへの変更はなく，ビューゲルを使ったところもあるが，これが普及したのは第二次世界大戦後であった．

地下鉄では第3軌条集電で集電靴を使った．

（4）主抵抗器

抵抗制御用の主抵抗器は鋳鉄製のグリット形で，自然冷却であった．当時は力行のみの場合，起動から定格速度程度までの短い時間であったので，自然冷却でもコンパクトであった．

図6.10は東武鉄道が1924（大正13）年に1 500 V電化されたときの電車デハ5形の主抵抗器である．しかし，抑速ブレーキ用抵抗器は大容量が必要であり，参宮線（現・近鉄大阪線）の電車のそれは構造が不明であるが，苦労したといわれる．

（5）遮断器

600 Vき電の電車の遮断器は手動のカノピースイッチで，主電動機4台の頃から自動遮断器が設けられた．これには主回路電流で励磁される引外しコイルが設けられていた．

その後，1925（大正14）年頃から主回路の遮断器に過電流継電器で動作する機能を設け，通常の主回路遮断の他に過電流遮断を行わせた．これには電空式単位スイッチを用い，600 V回路では1台を使い，1 500 V回路では

2台を直列に使った．1 200 Vの時は1台であったが，GEの設計で1 500 Vでは2台にしたことになっている．しかし米国の電車でも1 500 Vは1925年頃からなので，日本の昇圧化にあわせて設計されたと推測される．当時，大量に輸入したEEの電気機関車には高速度遮断器が搭載されていなかったため問題を生じたが，GEの電気機関車には高速度遮断器が搭載されていた．その直後から，日本の電気機関車には高速度遮断器を搭載することになったが，電車には搭載しないことが踏襲された．

なお，事故電流遮断にはヒューズが設けられていた．

（6）ブレーキ装置

最初の路面電車は手ブレーキであった．1904（明治37）年の甲武鉄道の電車のブレーキから直通空気ブレーキを装備した．この頃から路面電車も直通空気ブレーキを装備しはじめた．1914（大正3）年の京浜線用電車から自動空気ブレーキとなった．1932（昭和7）年頃から電磁吐出シ弁を併用した電磁自動空気ブレーキが使用され始めた．主電動機をブレーキに使う電気ブレーキについては，1928（昭和3）年に高野線（高野山電気鉄道）でAEGの電機品で回生ブレーキを行い，1930（昭和5）年には参宮線で勾配抑速用に使われた．1933（昭和8）年には京津線（京阪電気鉄道）で東洋電機製造製の複巻電動機による回生ブレーキが採用された．

同年の大阪地下鉄の停止用発電ブレーキの採用は技術的には特異なものであった．

5 戦後の電車の発展

5.1 戦中の空白を埋める技術開発（昭和20年代）

鉄道は，まず第二次世界大戦中（1941〜1945）の荒廃を復旧させながら，戦後の経済復旧に1日も休まず輸送を担い社会的に大きな貢献をした．1945〜1946年頃には主電動機が半分しか付いていない電車が走っていたといわれ，筆者（望月）が子供のときに乗った横須賀線の電車は窓を板張りにして走っていた．

しかしながら一方では，大戦直前直後の技術の空白時代を取り戻すべく，1950（昭和25）年頃から再び欧米の技術情報をベースに技術開発が始まった．しかし，輸入はせず，技術提携などにより欧米の技術を取捨選択する独自の設計が急速に進んだ．それらの基になった代表はアメリカのPCCカーの技術で，それらは多くの民鉄で大々的に試され，各メーカーの技術を磨くことになった．

そうした中で，最初の牽引力となったのは後の新幹線の生みの親の一人となる島秀雄（1901 - 1998）がリーダーとなって1946（昭和21）年12月から進めた高速台車の研究会であった．その結果は，まず民鉄で試され，後述の湘南電車で成果を上げた．さらに，それらの結果として編成電車EMUの発展が進み，大都市では大量通勤通学輸送の主力となり，大都市間を結ぶ長距離高速列車に使われるようになった．

それらの技術の主力は，まず長距離電車の開発で，1950（昭和25）年3月の東京～沼津間の湘南電車80系の運行で，1951（昭和26）年2月には浜松まで運転され，みどりとオレンジの色調で復興の象徴として好評を博した．編成は15両と長く，客車のような諸設備を装備していた（**図6.11**）．主電動機はMT30形の平軸受をころがり軸受に変えたMT40形を使い，制御器は1931（昭和6）年設計のCS5形を使うなど，電気機器は基本的には戦前のままであったが，台車は戦前の京阪神の高速電車群で高速化のためトラブルがあり乗心地にも苦情があったので，高速台車の研究で改良されたDT16形などを使って乗心地は改良された．釣掛式は長距離旅客列車に適さないといわれたことは誤解となった．また，ブレーキ方式は電磁自動空気ブレーキで長い編成に対応した．

なお，大戦中は技術の空白時代といわれるが，資源節約の戦時設計の電車は63形（**図6.12**）といわれ，効果的な技術はいくつかあった．その一つが長さ20 m車体で，片側4ドアの形で，その後の標準となった．戦後，物資の少ない復興期に戦時設計で新製され民鉄各社にもそのままの形で納入された．そのため，民鉄の中には地上設備を直し，その後の輸送力増強に役立ったといわれる．また，細部になるが，電車の車体の側張りの張り方で，側梁に重ねず，突き合わせた方式で，腐食が進まないので，後の国鉄電車201系に活かされた．また，パンタグラフのすり板に銅の代わりとしてカーボンすり板が開発された．さらに，ころがり軸受は戦前には自由に使えな

図 6.11　湘南電車 80 系 (国鉄資料「100 年の国鉄車両」)

図 6.12　戦時設計の 63 形電車 (国鉄資料「100 年の国鉄車両」)

かったが，戦後には軸受メーカーの存続のために積極的に車軸軸受や主電動機の軸受に使って，一般的となった．

なお，湘南電車に使われた制御器 CS5 は改良されて CS10 (**図 6.13**) となり増備車から使われた．主な変更は主電動機の直並列組換えを短絡渡りから橋絡渡りに変えて，衝撃を少なくしたこととカム電動機駆動としたことであった (**図 6.14**).

5.2　戦後の主な電車の発展

戦後は経済復旧から経済発展の時期に入り，輸送力増強のため，高性能の電車が開発された．**表 6.4** は国鉄・JR および民鉄の主な電車を例に，制御方式別に諸元例を示したものである．

チョッパ制御以降，回生ブレーキが使用されている．最近の新製される電車は VVVF インバータ制御・誘導電動機駆動方式であり，編成質量も軽くなり，省エネルギー化が図られている．

①：カムモータ
②：カム軸
③：カム接触器
④：主電動機開放器
⑤：補助継電器
⑥：制御円筒
⑦：短絡リレー
⑧：進段リレー
⑨：限流リレー

図 6.13　CS10 形制御器

短絡わたり　　　　　　　　　　　　　　橋絡わたり

引張力変化大，回路簡単　　　　　わたりの変化少，抵抗器2群で回路複雑

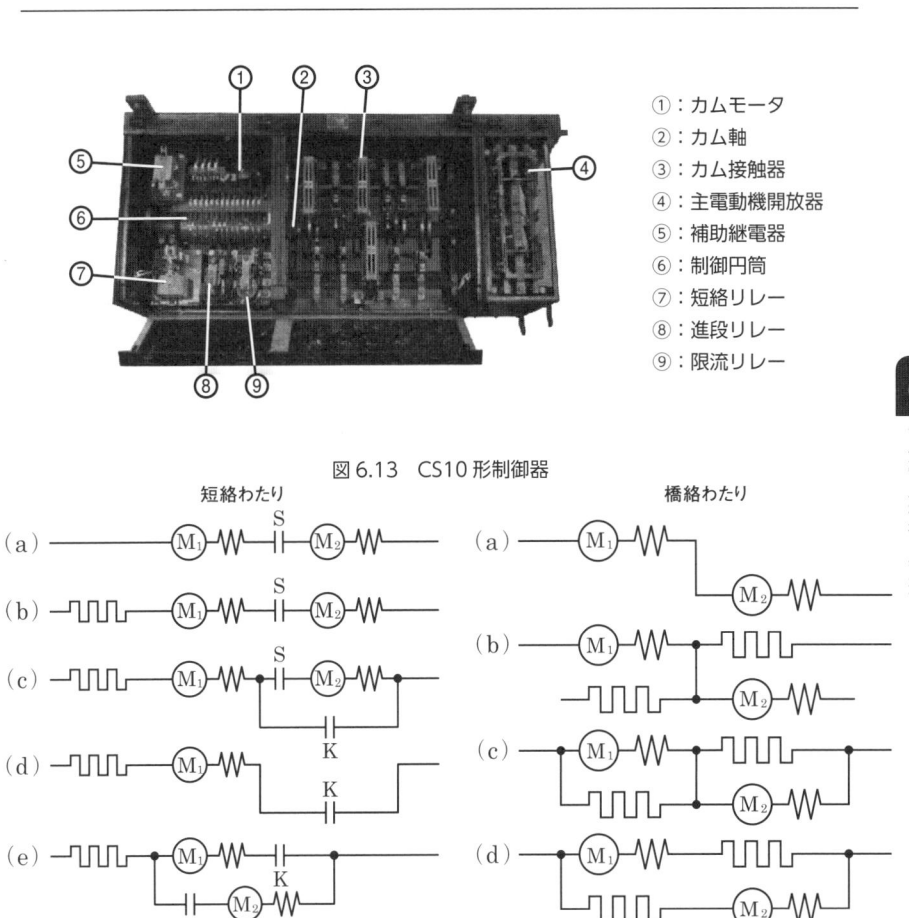

図 6.14　直並列の切換方式

第6章 直流電車技術の変遷

表6.4 主な直流電車の諸元表（戦後編）

	国有鉄道	帝都高速度交通営団	東京急行電鉄	国有鉄道	国有鉄道	国有鉄道	帝都高速度交通営団	国有鉄道	JR東日本
形式	モハ80形	300形	5000形	モハ90形のち101系	モハ151系	381系	6000系	201系	E233系
編成	4M6T + 2M3T = 15両	3M～6M	2M2T	10Mのち6M4T	4M4T	6M3T	6M4T	6M4T	6M4T
質量	M47.4 t, Tc35.8 t	40 t	M28 t, T20 t	44.5 t	M約38 t, T約30 t	M36.1 t, M' 35.1 t, Tc34 t, Ts35 t	M33.4 t, Tc24.5 t	M41.7 t, M' 41.5 t, Tc32.6 t	M32.7 t, Tc31.6 t
車体長さと材料	20 m・幅 2.8 m 鋼製	18 m・幅 2.8 m 鋼製	18 m・幅 2.7 m 鋼製	20 m・幅 2.87 m 鋼製	20 m・幅 2.95 m 鋼製	21.3 m・幅 2.9 m アルミ合金	20 m・幅 2.87 m 軽合金製	20 m・幅 2.8 m 鋼製	20 m・幅 2.95 m・SUS 製
電源電圧	1 500 V	600 V	1 500 V	1 500 V	1 500 V	1 500 V	1 500 V	1 500 V	1 500 V
定格出力	568 kW	300 kW	440 kW	512 kW	400 kW	480 kW	580 kW	600 kW	560 kW
歯数比	25 : 64 = 1 : 2.56	123 : 17 = 1 : 7.235	52 : 9 = 1 : 5.78	23 : 66 = 1 : 2.87	22 : 77 = 1 : 3.5	19 : 80 = 1 : 4.21	98 : 15 = 1 : 6.53	15 : 84 = 1 : 5.6	1 : 6.06
最高速度	100 km/h	75 km/h	120 km/h (許容)	95 km/h	120 km/h	120 km/h、曲線：本則 + 25 km/h	100 km/h	100 km/h	120 km/h
主電動機 kW 個数	142 kW × 4 釣掛式	75 kW × 4 WN 継手式	110 kW × 4 直角カルダン	100 kW × 4 中空軸平行	100 kW × 4 中空軸平行	120 kW × 4, 中空軸平行	145 kW × 4 WN 継手	150 kW × 4, 中空軸平行	三相 140 kW × 4
制御方式	抵抗・直並列・弱界磁・総括	抵抗・直並列・弱界磁・総括	抵抗・直並列・弱界磁・総括	抵抗・直並列・弱界磁・総括	抵抗・直並列・弱界磁・総括	抵抗・直並列・弱界磁・総括	電機子チョッパ	電機子チョッパ	VVVFインバータ
ブレーキ方式	電磁自動空気ブレーキ	発電 + 電磁直通 自動空気ブレーキ	発電 + 電磁直通 自動空気	発電 + 電磁直通 自動空気制動	発電 + 電磁直通 自動空気制動	発電 + 抑速直通 自動空気制動	回生 + 電気指令空気ブレーキ	回生 + 電気指令空気ブレーキ	回生 + 電気指令空気ブレーキ
製造 (運転) 初年	1950 (昭和25) 年	1953 (昭和28) 年	1954 (昭和29) 年	1957 (昭和32) 年	1958 (昭和33) 年	1972 (昭和47) 年	1969 (昭和44) 年	1980 (昭和55) 年	2006 (平成18) 年
主な使用線区	東海道本線	丸ノ内線	東横線	中央線通勤用	東海道本線	中央西線・篠ノ井線	千代田線	中央線通勤用	中央線通勤用
記事	長距離電車	初期の新性能電車	初期の軽量新性能電車	国鉄新性能電車	長距離高速電車	振子高速電車	最初の電機子チョッパ電車	高速回生電機子チョッパ電車	インバータ + 誘導電動機電車

表の参考文献・電気技術協会「電気鉄道要覧」昭和48年、畑弘敏「JR東日本E223系一般形直流電車の概要」R&m2007.2、国有鉄道車両設計事務所「電車要目表」特急編昭和52年 追録2 昭和59年

6 新性能電車の発展

6.1 高加速高減速電車の誕生

　戦後の復興期から，経済発展の時期に入ると輸送力の増強が国鉄・民鉄とも必須になった．そこで，PCCカーの影響もあり，高加速・高減速の電車が輸送力の増強につながると考えて，1954（昭和29）年から民鉄を中心に次々と高加速高減速電車が誕生した．ここに車両の軽量化，全電動車編成，主電動機の台車装架による高性能化，発電ブレーキ方式，MM'ユニット方式，電空併用ブレーキ制御，両開き片側4ドアなどが採用された．

　スプレーグ式で全米に広まった路面電車や近郊電車は1920年代には衰退に転じ，新世代の魅力ある高性能の電車を設計するために，1930年に米国で電気鉄道会社の社長会であるPCC（presidents' conference committee）が技術開発を始めた．その成果は路面電車と近郊電車や地下鉄電車のEMUとしてPCCカーと呼ばれ，欧米で普及した．その主な技術は車体の軽量化，台車装架の小形軽量の高性能の主電動機とそれを滑らかに制御する超多段制御器，そして発電ブレーキと空気ブレーキの連続使用の電空併用で，乗心地を改善し，車体には快適な暖房換気システムも設けられた．

　欧米を初め各国で路面電車もEMUも釣掛式で発展したが，振動と騒音を改善するために，主電動機の台車装架は，欧州では1920年代から徐々に，米国では1930年代からPCCで積極的に研究され，徐々に実用化されていった．これらの技術情報が1950年頃から日本に伝えられた．そして，1953（昭和28）年には国産のPCCカー1両が東京都交通局の路面電車に納入された．

　釣掛式の主電動機はレールからの衝撃が大きいために各部を頑丈に作らなければならず，その上，減速歯車の歯車比を大きく取れないため，回転速度が低い．これに反して台車装架では機械的衝撃を受けることが少なくなり，小型軽量化すなわち同一寸法なら大出力電動機とすることができる．さらに，一体化した歯車装置も大きな歯車比が取れるので，高速回転機とすることができる．このために高電圧大電流に耐えられる設計も可能とな

第6章 直流電車技術の変遷

り，高速から高減速度の電気ブレーキがかけられることになった．

これらの情報を元に電機メーカー各社は 1952（昭和 27）年頃から大手民鉄を中心に主電動機を台車装架にして，高加速・高減速の通勤電車の開発を始めた．台車装架方式には PCC 系の直角カルダンをはじめ，ニューヨーク地下鉄の WN（Westinghouse Nuttal）継ぎ手式平行カルダン（**図 6.15**），欧州系の中空軸式平行カルダン（**図 6.16**）を各社が競った．そして 1954（昭和 29）年には台車装架により一気に高性能化した主電動機を搭載した電動車 2 両を 1 ユニットとして，高速から停止直前まで電気ブレーキを使うようになった．この電気ブレーキは発電ブレーキという車両に搭載した大容量の抵抗器にブレーキエネルギーを吸収させる方式で，架線電圧と無関係に主電動機の整流性能が最高電圧と最大電流に耐えられる範囲内で高減速度の高速ブレーキをかけることができる．台車装架はそれを可能にしたのである．その典型的な電車が 1956（昭和 31）年に生まれた阪神電気鉄道の

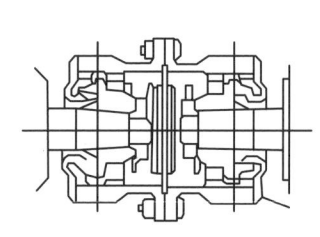

図 6.15 主電動機と歯車装置の間の WN 継手（左側：歯車装置，右側：主電動機）（交通科学博物館）

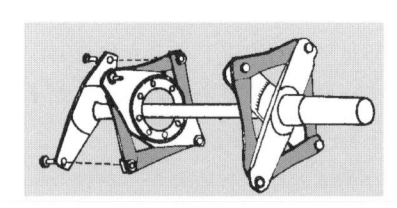

図 6.16 中空軸式平行カルダン式台車装架の主電動機（交通科学博物館）
中空の電機子軸に左の図の細い軸を通してたわみ板で撓みを持たせている

図 6.17　国鉄新性能電車モハ 90（101 系量産先行車）（国鉄資料「100 年の国鉄車両」）

ジェットカー（加速度 4.5 km/h/s，減速度 5.0 km/h/s）であった．

　主電動機の定格電圧を 300〜375 V に低く設定したために可能になったと誤解されているが，加速電流とほぼ同じ電流で，600〜750 V 以上 900 V 程度までの電圧に耐えられる設計としたために，高速・高減速度のブレーキが可能になったのである．き電電圧が 600 V では主電動機 2 台を永久直列にし，1 500 V では 4 台を永久直列にしたので，後者では必然的に電動車 2 両を 1 ユニットすることになった．

　そして国鉄は民鉄各社の技術を集大成して，中空軸式平行カルダン駆動の主電動機で，発電ブレーキ付き 2 両 1 ユニット方式の全電動車編成の通勤電車を 1957（昭和 32）年に開発し，以後，新性能電車の標準となった．

　図 6.17 は 1957（昭和 32）年に生まれたモハ 90 系電車であり，1959（昭和 34）年の称号改正により，101 系電車と呼称されている．

　実は既述のように 1933（昭和 8）年に開業した大阪市地下鉄では発電ブレーキによる高速からの停止ブレーキを使っていた．しかし電空併用ブレーキでなかったため大阪市地下鉄以外に普及せず，特異なシステムと見られていたと思われる．

6.2　日本独自の技術の発展

　前項で述べたように欧米の車両技術情報が 1950（昭和 25）年頃から入ってくると，各鉄道事業者と各メーカーは飢えを満たすように，それらの技術を取り込んだ．技術提携もあり，それを利用した面もあったが，ほとん

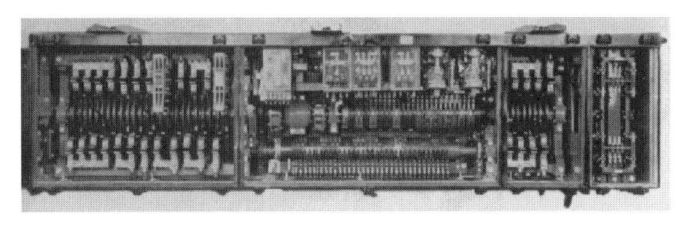

第6章 直流電車技術の変遷

組合せカム　　　軸制御円筒　　　抵抗カム軸

図6.18　2電動車1ユニットの制御器の代表例国鉄101系のCS12形

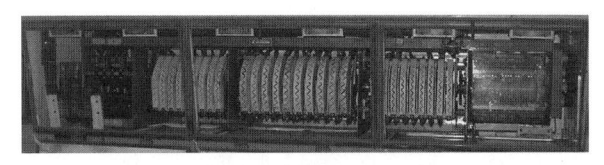

図6.19　フランス製カイロ地下鉄1号線の電車用制御器（1981（昭和56）年製）

どは日本の事情に合わせた工夫を行い日本独自の技術を発展させた.

　前述の湘南電車の発想は日本独自といえる．台車装架は既述のように方式がいくつかあったが，狭軌の多い日本では中空軸平行カルダン式が主流となり，その構造には独自のものがあった．また高速からの高減速発電ブレーキの考え方はWH社からの輸入であったが，それは600Vき電であり，1500Vき電の8個電動機1ユニット方式は日本独自であった．米国には1500Vき電の電車は僅かしかなかった．筆者（望月）が訪れたシカゴ近郊のサウスショア線は珍しい1500Vき電であったが，その検修工場のGE製主電動機と電動発電機は1500V対応の設計でなく故障が多発していた．8個電動機用の代表的制御器は国鉄のCS12形（**図6.18**）で，その特徴は基本的に戻しノッチを行わないため，電流を切るカム接触器が少なく，**図6.18**のようにアークシュートが少ない．つまり接点の劣化が少ない．欧州ではこういう配慮はなく，アークシュートが全部に付いていて，しかも接点の消耗が激しい（**図6.19**）．一般の読者には，直流電流は切りにくいことを思い出してほしい．なお，抑速ブレーキ付きの電車の場合は戻しノッチが必要なので，その接触器を限定してアークシュートを付けている．

　発電ブレーキを空気ブレーキと連動して連続的に操作できるようにした

図 6.20　151 系こだまの空気ばね台車（交通科学館）
下揺れ枕の上に載っている

のは PCC カーやニューヨーク地下鉄で採用されていた WH 製のもので，日本では電磁直通空気ブレーキ方式と称して扱いやすくなっているが，近年の日本では力行から電空ブレーキへの連続的にスムーズに切換を行う運転ハンドルを工夫した．

車体の軽量化は航空機の機体構造を模した張殻構造の採用によるが，これは戦後間もなく研究が進められ，1953（昭和 28）年頃から電車で試作され，1955（昭和 30）年には超軽量客車ナハ 10 が生まれた．これをベースに改良を重ね，1957（昭和 32）年には小田急電鉄に SE（super express）車が生まれ，車体構造の標準となった．

また，汽車会社の高田隆雄は 1954（昭和 29）年に米国のバスの空気ばねを見て，鉄道車両への応用を思いつき，早速，研究をはじめ，1956（昭和 31）年に国鉄の気動車で試験をした．さらに京阪電気鉄道の電車で試験を行い，1957（昭和 32）年には空気ばね台車を実用化して急速に広まり，1958（昭和 33）年の国鉄の特急電車「こだま」などに採用された（**図 6.20**）．現在では通勤電車にも使われているが，欧州では少ない．

6.3　長距離電車の開発

湘南電車で好評であった長距離電車に，新性能電車のシステムをそっくり取り入れ，乗心地の良い空気ばね台車を採用した長距離特急電車 151 系「こだま」（**図 6.21**）が 1958（昭和 33）年に生まれた．東京〜大阪間を 6 時間半で結ぶという画期的な列車であった．主回路電気システムは 101 系と

図 6.21　特急形直流電車 151 系（国鉄資料「100 年の国鉄車両」）

同じであるが，歯車比のみを変えて，高速化を図った．150 kVA の大形電動発電機を両先頭車のボンネット内に搭載し，完全冷暖房を実施した．そのための高い運転台は運転操作性と安全性を高めた．この電車は翌年，高速試験で 163 km/h を記録し，新幹線電車開発の基礎データとなった．

同時に中距離用急行形電車として 153 系が生まれ，東海形と称した．歯車比は 151 系より少し大きくし，空気ばね台車を採用した．

この動きは民鉄にも現れており，例えば，1957（昭和 32）年には小田急電鉄に SE 車が生まれ，1959（昭和 34）年には近畿日本鉄道にダブルデッカーを組み込んだ長距離特急電車が登場している．

151 系電車は高速走行であったために雨水が主電動機に浸入するというトラブルに遭った．さらに上越線など降雪地帯に入るようになると，雪の浸入に悩まされた．東北地区の交直流電車も同様であったため，1967（昭和 42）年頃には主電動機の絶縁に無溶剤エポキシを使うなどによって強化した．その他，ガラスバインドやライザー（整流子と電機子コイルの接続部）の TIG（tungsten inert gas）溶接もこの頃に採用され，直流機ながら頑丈になった．

6.4　経済的通勤電車への転換

高加速度・高減速度の電車により手っ取り早く輸送力が増強できると考えていたのであるが，実際には全電動車編成は電源不足という問題を生み，その上，高加減速度では期待したほどの輸送力増強にならないことが証明

された．そこで付随車を併用して，経済的な輸送力増強に転換した．

　国電のモハ101系をはじめ，民鉄各社も同じで，101系では当初10両のうち2～4両の電動車から主電動機を外して運転したが，主電動機性能など最適設計でなくなるため，発電ブレーキ電圧900Vで，高トルク主電動機MT55形を設計し，6M4T編成（Mは電気車，Tは付随車）の103系が1962（昭和37）年に生まれた．この主電動機は高トルクとするためにD^2L（鉄心直径と鉄心厚さ）を大きく設計する磁気装架の高い機械であり，整流性能の向上に配慮されていた．

7　振子電車の開発

　日本の鉄道施設の路盤は軟弱で大きな軸重に耐え難い．長大編成を牽引する機関車は大きな軸重が必要であるが，高速化とともに軌道破壊を速める．長大編成の電車列車は軸重を大幅に軽減できるので，高速化が可能になる．機関車牽引列車時代の最高速度は95 km/hであったが，電車化されて110 km/hになった．主電動機の台車装架など台車の改良により輪重変動や横圧も軽減され，1968（昭和43）年には120 km/hになったが，それ以上は非常制動距離600 mの限界に達していた．しかし山岳地帯を通過する路線は曲線が多いため最高速度の向上も効果がない．そのために曲線通過速度の向上を図った．振子電車の開発である．

　比較的平野を走る常磐線の例では最高速度で走れる時間は約50 %に達する．しかし，中央東線の例で見ると図6.22のように1割に満たない．曲線制限が約50 %もある．曲線通過速度向上は一般的にはカント（軌道の傾斜）を高くするが，高速化以外の列車には迷惑である．そこで車体を傾けて遠心力を軽減する方法を開発することにした．

　遠心力を検知して車体を強制的に傾斜する方法もあるが，危険でもあるので，日本では遠心力を利用して車体を傾ける自然振子式を採用して，1970（昭和45）年に試験電車を作り電化された国鉄の全路線を走らせた．1972（昭和47）年には非電化区間用に気動車でも試験した．

　1973（昭和48）年には新たに電化した名古屋～長野間で最初に実用化し

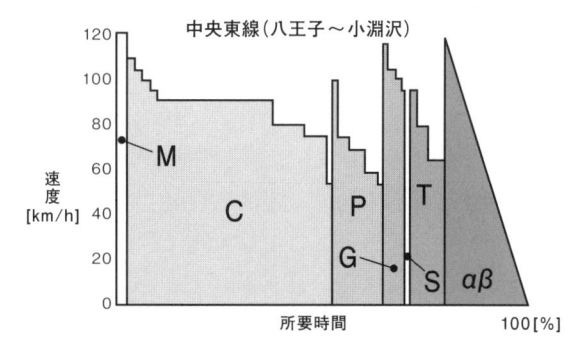

S：速度，M：最高速度，C：曲線制限，P：分岐器制限，G：勾配制限，
S：信号制限，T：トンネル等の制限，αβ：加減速
※この例の路線はATC区間のため信号制限はない

図6.22　速度制限の因子別割合

図6.23　中央西線の381系振子特急

た．その時の車両は381系特急直流電車（**図6.23**）で，曲線通過速度は基準速度 + 15〜20 km/hで，この区間の到達時間は16 %短縮された．これを推進した国鉄 車両局長の石澤應彦(まさひこ)の設計哲学は安全性と信頼性を重視し，快適性は順次改良する方針であった．これにより，欧州よりも遅れて開発をはじめたが，先に快適性にも優れた曲線通過列車が生まれた．

振子式特急電車を投入した当初，それまで特急気動車を運転していた運転士にはパワフルな電車に慣れず，所定速度より速く走ったため，曲線での揺れが激しく，乗客や乗務員に船酔いが生じて，旅客の評判を落とした．その後，適切な速度に下げたが，自然振子式の本質的欠点である振り遅れはなくならず，利用者は増えたが評判は芳しくなかった．

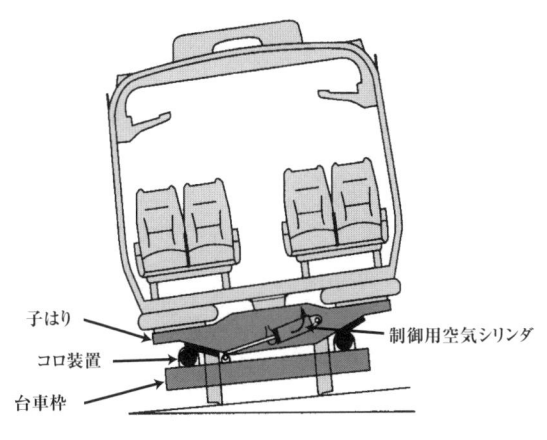

図 6.24 制御付き自然振子の概念

　その後，紀勢本線に投入されたときに，振り遅れをなくすために曲線の手前で予め車体を傾ける方式（**図 6.24**）を開発し，試験し，実用化された．これは当該路線の曲線半径や緩和曲線長やカントの情報を車載のコンピュータに記録しておいて，その曲線区間に近づくと速度に応じて傾斜角とその角速度を計算して，空気シリンダで車体を傾ける方式である．曲線に入ると遠心力による自然振子の力が優勢になるので安全である．

　また，乗心地の改善策として振子中心をできるだけ下げて，客室床面の左右動を少なくする方法として，車体傾斜が採用された．これは自然振子を使わない簡便な方法で，空気ばねの左右の圧力差で車体を傾ける方式である．傾斜角が僅かで済む路線に有効であり，民鉄を含めて広く使われるようになり，一部の新幹線車両にも採用されるに至っている．

8 チョッパ電車の開発

　停止ブレーキに発電ブレーキを使う方法は巧くいったが，回生ブレーキで停止ブレーキをかける試みは試験だけに終わった．電源電圧に影響され，抑速用でも不安定であったので，一定の高い減速度を必要とする停止ブレーキは困難であった．それを複巻電動機でカバーする方式は古くからあった

が，普及しなかった．

8.1　電機子チョッパ

　電力用半導体が生まれると交流車両にいち早く整流器として利用されたが，サイリスタが生まれると早速チョッパ制御に利用され，1965（昭和40）年頃から 400 V/150 A のサイリスタを使って試験が始まった．チョッパ制御は無接点化が主要な目的であったが，電力回生ブレーキが容易に行えることも大きな魅力であった．特に地下鉄の発電ブレーキはトンネル内の温度を高める要因として嫌われていたため，1971（昭和46）年には営団地下鉄（現・東京地下鉄，愛称・東京メトロ）で電機子チョッパを実用化した．主回路電流を半導体チョッパで断続させ，等価的に電圧を制御する方式で電機子チョッパと称した．力行時は**図 6.25** のような回路で，チョッパで電流を断続し，主電動機電流はフライホイールダイオードと平滑リアクトルである程度滑らかにしている．回生時はチョッパとダイオードを入れ替えて，チョッパで短絡電流を流して，リアクトルにエネルギーを蓄積して，チョッパを切って電流を架線側に逆流させる．ダイオードは逆流防止に使う．こうして回生電流を制御する．

　ところが，地下鉄のブレーキ初速度は 70 km/h 程度であり，当時のチョッパ装置の性能に適していたが，国鉄など地上の電車ではブレーキ初速度が 100 km/h 程度と高いため，大容量チョッパの装備とコスト面から実用化に悩んでいた．したがって，電機子チョッパを使う民鉄は営団地下鉄以外には少なく，その場合，空気ブレーキを併用したが，国鉄電車は高速時に抵

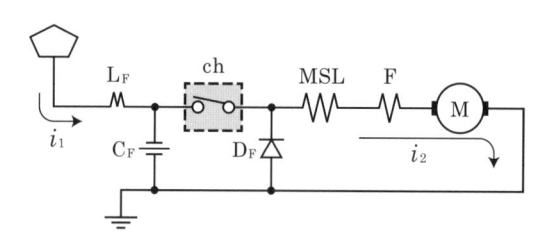

M：主電動機，MSL：平滑リアクトル，F：界磁コイル，ch：チョッパ，
DF：フライホイールダイオード，LF, CF：フィルタ用リアクトルとコンデンサ

図 6.25　電機子チョッパ回路

図 6.26　国鉄のチョッパ制御電車 201 系（著者撮影）

抗を挿入する方式を採用して，中央線に 201 系（**図 6.26**）として 1980（昭和 55）年に実現した．

なお，営団地下鉄では電機子チョッパの最後の採用では分巻電動機に界磁チョッパを併用して，力行，回生，前後進を無接点で行う 4 象限チョッパ方式に移行していた．

8.2　界磁チョッパ

電力料金の高い民鉄では，保守軽減より省エネルギーを重視して複巻電動機を使った界磁チョッパが 1969 年頃から普及した．もともと複巻電動機で回生ブレーキを作動させていたが，界磁チョッパは容量が小さくて済み，比較的容易にしかも経済的に回生ブレーキが使えた．この点では省エネルギーとして効果が大きかったが，本来の抵抗制御と直並列制御のための接点が多数残っている上に，複巻電動機固有の整流に弱い特徴から，保守に手がかかっていた．

8.3　添加励磁

電機子チョッパは界磁チョッパに比べて接触器が少ないので保守も軽減されたが，所要の容量が大きく半導体のコストは量産化されても低下しなかったため，省エネルギーと省力化ではペイしなかった．（実は首都圏の国鉄は自営電力により料金が低く，一方，地下鉄ではしばらく冷房化されなかった）．そこで国鉄が考えたのが，界磁添加励磁制御方式（**図 6.27**）であった．

この方式はすでに電動発電機で実績があり，1985（昭和 60）年に 205 系

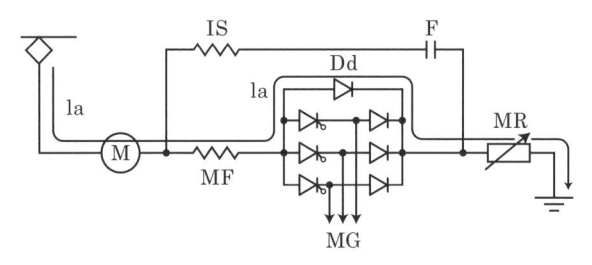

図 6.27　界磁添加励磁制御方式（回生ブレーキ時は F を閉じる）

図 6.28　国鉄の界磁添加励磁制御電車 205 系（著者撮影）

（**図 6.28**）として開発後直ちに実用化してもほとんど問題はなかった．基本的には抵抗・組合せ制御システムであって，制御器は CS57 と称し，無接点化とは逆行するものであったが，電力回生ブレーキは安定して使うことができた．界磁チョッパとは違って直巻のままで界磁電流をサイリスタ位相制御で連続制御した．

❾ インバーター誘導電動機方式の開発

　1880 年代後半になって送電網に三相交流が考案され，1885（明治 18）年に実用的な変圧器が発明された．それによって 1891（明治 24）年に三相交流方式が実用化された．1888（明治 21）年にはテスラに誘導電動機の特許が与えられた．

直流電動機の整流子とブラシの保守に悩まされ，大電力のき電ができない直流電化に不満のあった鉄道は早速，交流電化と誘導主電動機のシステムを構築した．1896（明治29）年にはガンツが三相電気機関車を作り，1897（明治30）年にはスイスのゴルナーグラート山に狭軌鉄道が三相交流で電化された．こうして欧米の各地に誘導主電動機のシステムが作られたが，結局，直流主電動機を交流で使う方式に収束し，登山電車くらいしか残らなかった．誘導主電動機の採用は電気鉄道技術者の夢であった．

1970年代に欧州でサイリスタを使って誘導電動機を主電動機にする試みが始まり，1975（昭和50）年ドイツで直流電車に誘導主電動機を使った．1979（昭和54）年には電気機関車も生まれた．しかし，サイリスタの転流が面倒であり，実用化してもトラブルが絶えなかった．

9.1 誘導電動機駆動

1980（昭和55）年にGTO（gate turn-off）サイリスタが日本で生まれると，可変電圧可変周波数（VVVF：variable voltage variable frequency）インバータ装置（図6.29）の設計が容易になり，誘導主電動機の実用化がはじまった．欧州もそれを利用した．当初，高価で故障も多かったが，界磁チョッパを使っていた民鉄各社では1985（昭和60）年前後からVVVFの採用に踏み切った．しかし，国鉄では1986（昭和61）年に試験的に導入して，様子を見ていた．電機子チョッパを使っていた営団地下鉄も同様であった．

VVVFインバータ制御では，抵抗制御や組合せ制御も弱め界磁制御も不要で，前後進の逆転器も力行ブレーキの転換器がなくてもよく，高速から停止までの電力回生ブレーキが可能である．したがって，無接点化も進んでいる．初期の低周波数の騒音もなくなった．1990年代には普及期に入り，この頃からGTOサイリスタからIGBT（insulated gate bipolar transistor）となり2000（平成12）年以降には安定した．さらに，1990年代後半にはベクトル制御により電動機のトルク制御の応答性が格段に進み，粘着性能もようやく期待通りになった．なお，本来のベクトル制御は電圧と位相の制御で行うが，電車用では電圧制御範囲は狭く，ほとんどの加速域では周波数の制御だけであるので，その領域では位相制御のみとなるが，これらをベクトル制御と称している．

第 6 章　直流電車技術の変遷

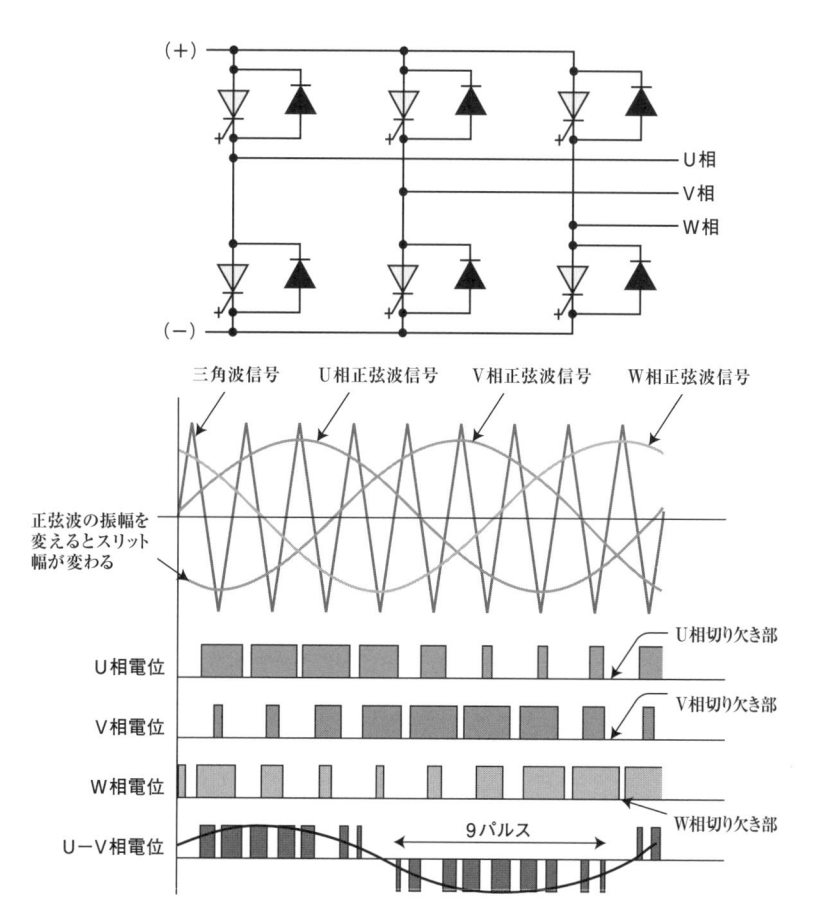

図 6.29　可変電圧可変周波数（VVVF）インバータ装置の概念図．
6 つのチョッパ回路の組合せで電圧と周波数を自由に制御する

図 6.30　JR 東日本 E233 系直流電車（VVVF インバータ制御）（著者撮影）

図 6.30 は 201 系電車の置換え用として 2006（平成 18）年から中央線に投入された E233 系電車である．

VVVF による誘導電動機の原理について簡単に説明する．誘導電動機は電源周波数に対応した同期回転速度より少し遅れて回転する．そのとき，回転トルクが大きくなる．そこで，電気車を駆動するときは，周波数を低くすると低速度で大きなトルクを出す．ただし，周波数を下げると電流が大きくなりすぎるので，電圧を下げておく．速度が増すと周波数と電圧を一定の割合のまま増加して一定のトルクで車両を加速させる．電圧が最大になると，周波数だけ高くして，すべりを変えて，トルクをあまり減らさないようにして速度を高くする．その後は周波数だけ高くする．その時トルクは徐々に低下する．直流電動機の制御と良く似た制御を行っている（図 6.31）．

一般的には 1 台のインバータで 4 台の主電動機を駆動する場合が多く，その場合にはすべりが大きくなるように設計して僅かながらある車輪径の差による回転速度の差を吸収している（図 6.32）．

誘導主電動機は大幅に小形化されたため，狭軌の平行カルダン式でも中空軸は使わなくて済むようになった．また，ベクトル制御で粘着性能が向上し，付随車のブレーキも負担する場合が増えている．

19 世紀末からの夢が 20 世紀末に実現したが，まだ問題が残っている．それは半導体電力変換装置 VVVF の容量とコストである．チョッパの場合と

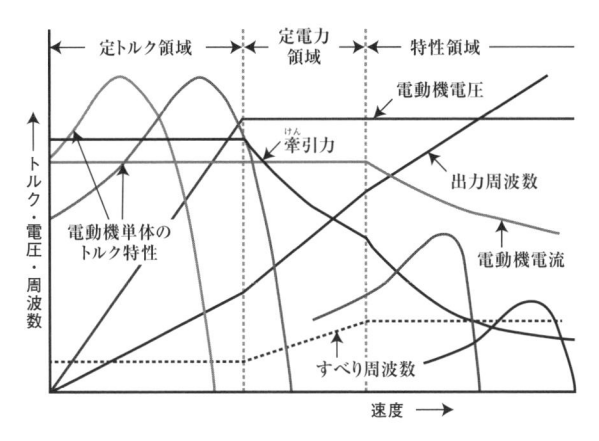

図 6.31　電気車用誘導電動機の速度トルク制御

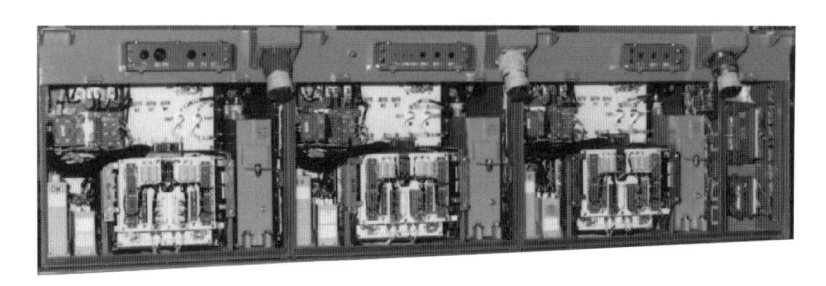

図 6.32　VVVF インバータ装置の例

同様に回生ブレーキの際に電力処理能力が足りないことである．新幹線電車の 300 km/h 程度からのブレーキでは大きな減速度は粘着制限から得られないが，通勤電車クラスでは発電ブレーキについて述べたように 100 km/h 前後から高い減速度でブレーキをかけている．回生ブレーキでは電圧をき電電圧よりあまり高くできないので，電流を大きくすると容量が不足し，それを大きくすると搭載スペースが足りず，コストも高くなる．したがって抵抗器の挿入や空気ブレーキの追加で補っている．

最近になって半導体に SiC（silicon carbide）を用いることで解消できないか，試行試験を行っている．

9.2　同期電動機駆動

サイリスタによる誘導電動機駆動にドイツが苦労している頃に，フランスは高速列車 TGV 南東線車両の直流主電動機の整流などに苦労していたため，交流電動機に変える検討をしていた．そして巻線形同期電動機がサイリスタの転流に有利であることから，1989（平成元）年の TGV 大西洋線車両に同期電動機を採用した．巻線形なので，直流主電動機と同じくブラシを必要としている．その後は TGV も誘導電動機を使っている．

最近になって永久磁石の性能が飛躍的に向上し，1980 年代に Nd-Fe-B（ネオジム－鉄－ホウ素）系の強力な磁石が生まれ，電車への利用が検討され，1993（平成 5）年にゲージ可変試験電車に永久磁石同期電動機（permanent magnet synchronous motor：PMSM）が採用され，1998（平成 10）年からは長期試験を行っている．

一般の電車では 1997（平成 9）年に試験を行い，2009（平成 21）年から東

京地下鉄の丸ノ内線の営業電車に採用され，その後の新製車両に採用されている．東京地下鉄は全閉タイプとして保守量軽減を採用の主目的としている．なお高速列車では効率と軽量化を目的としている．

永久磁石同期電動機の駆動には誘導電動機と同様に VVVF インバータが必要であるが，1 台のインバータに対して 1 台の電動機駆動となることが弱点となっている．

❿ 省エネルギー化

鉄道は他の交通機関に比べて走行に消費するエネルギーは少ないが，新幹線のような高速列車を除く通勤電車などでは加速と減速を頻繁に繰り返すので，省エネルギーために列車の質量を極力軽減してきた．しかし混雑の激しい通勤電車では軽量化も限度があり効果も少ない．ところが減速時の列車の運動エネルギーは莫大であり，それを再利用する考えは古くからあった．

古くは停車駅を高い位置に設定して，位置のエネルギーに置き換える案もあったが，地形の制約を受け実現は困難であった．

直流電動機はもともと発電機であり，ブレーキエネルギーを吸収できるが，速度とブレーキ力の制御が難しく，それらの制御があまり必要としない連続急勾配などで利用された．車載の抵抗器にエネルギーを消費させる発電ブレーキが外来の影響を受けないので使いやすく，電源や他の列車にエネルギーを送る回生ブレーキは難しく，一部の電気機関車に使われただけだった．これは省エネルギーが目的でなく，勾配抑速のための機械ブレーキの能力を補完することが目的だった．

複巻電動機は制御が可能なので，回生ブレーキに一部の電車で使われたが，主電動機の保守に手間がかかりあまり普及しなかった．この回生ブレーキから省エネルギーが目的となった．

半導体が進歩してサイリスタが生まれると直ちにチョッパ制御による回生ブレーキが試みられ成功したが，制御が容易で安定性の高い電機子チョッパはコスト面で難点があり，低速からのブレーキで済む，地下鉄などに普

及したが，100 km/hクラスからの停止ブレーキを使う電車には工夫が必要であった．地下鉄では省エネルギーも目的であるが，トンネル内の温度上昇を抑えることが主な目的だった．

そこで，多くの民鉄に低コストの界磁チョッパが普及した．しかし基本回路は抵抗・組合せ制御であり，主電動機の安定性に難点があった．そのため，GTOサイリスタが生まれると直ぐに誘導電動機のVVVF制御の開発にかかった．これはほぼ完全な回生ブレーキが可能になったが，初期には主にコストに問題があった．したがって国鉄では添加励磁方式を開発して，205系などで活用した．今日，新たに製造される電車はほとんどが誘導電動機のVVVF制御で回生ブレーキ機能をもっている．

ただし，直流き電システムでは回生電力を消費する他列車または逆変換装置あるいは電力貯蔵装置が必要である．この条件が満たされない場合には車両の空気ブレーキなどを利用している．回生フル性能はコスト面でも考慮が必要で，地上設備や列車運行条件を勘案して車両の回生ブレーキ性能を設計している場合が多い．

以上による省エネルギー効果は次の通りである（**表6.5**）．

東京メトロの電機子チョッパの6000系（製造初年1971（昭和46）年）の例では抵抗制御の66％の消費電力であった．国鉄の添加励磁の場合も66％であった（列車質量は約81％）．民鉄の界磁チョッパの例では61％（列車質量は約78％）の報告がある．

VVVFインバータ方式ではJR東日本の209系で抵抗制御の47％（列車質量約66％）で，東京メトロの07系（製造初年1993（平成5）年）では47％であった．

表6.5　直流電車の省エネルギー比較（JR東日本パンフレット）

車両	制御方式	製造初年	編成質量	省エネルギー (%)
103系	直並列・抵抗	1964（昭和39）	363	100
205系（旧・山手）	界磁添加励磁	1985（昭和60）	295	66
209系（京浜東北）	VVVFインバータ（GTOサイリスタ）	1991（平成3）	241	47
E231系（中央・総武線）	VVVインバータ（IGBT）	2000（平成12）	255	47

11 設計・検査・修繕の一体化の成果

　1879（明治12）年にシーメンスが電気車の模型運転をしてから，煙の出ない新鉄道技術として期待されたが，10年近くの間，集電問題で低迷していた．1888（明治21）年にスプレーグがこの問題を解決すると，一気に都市および都市近郊に多数の電気鉄道が生まれた．それから僅か2年後の1890（明治23）年には日本にも走った．

　しかし，2つの大きな問題があった．主電動機は直流機で整流に問題があり，それを見たテスラが誘導電動機を思いついたともいわれるほどであった．もう1つは直流では大電力の供給が困難な点が蒸気機関車を凌駕できなかった．

　したがって，三相交流と誘導電動機が生まれると真っ先に飛びついたのが連続急勾配のある路線で，1897（明治30）年のことであった．整流問題のないことと回生ブレーキが使えるという大きな魅力があった．しかし，集電と速度制御が難しいという欠点は，多くの技術者の挑戦にもかかわらず，解決せず，登山電車に残った程度であった．半導体素子であるサイリスタが生まれると再び誘導電動機の活用が試みられ，GTOサイリスタが生まれてようやく本格的実用化が可能になった．GTOサイリスタ技術は日本が先行し，ここに100年近い電気車の夢が実現した．

　電気車が生まれから第二次世界大戦後までは，日本は欧米に学びながら発展してきたが，1955年頃から日本独自の技術も活用するようになり，新幹線が生まれる頃に欧州の技術レベルに達した．GTOサイリスタの生まれた頃から世界の電気車技術をリードするようになった．

　初期には欧米の技術を尊敬し，真剣に学んだことと，次の時代には日本国有鉄道独自の共同設計という「競争と協調」で日本全体の技術を磨き，さらに設計と検査・修繕が一体となって信頼性を高めたことが，電気車の発展に大きく貢献してきたと筆者は確信している．直流主電動機の故障発生率を国鉄のデータで見ると1960年代から発生率が著しく低いことが判る（**図6.33**）．これが設計と検査・修繕が一体となった成果の一例である．近年，欧州の鉄道用電気機器が日本で受け入れられない理由がここにある．

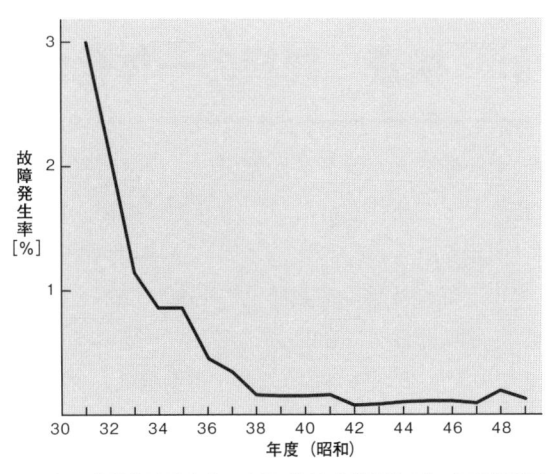

図 6.33　主電動機故障発生率の変遷（保有台数当たり）（国鉄資料より）

参考文献

(1) 「鉄道技術発達史（車両編）」，国鉄技術開発室，1957
(2) 高木誠 著：「わが国水力発電電気鉄道のルーツ」，かもがわ出版，2000
(3) 東京鉄道局電車掛編：「省線電車史綱要」：東京鉄道局，1927
(4) 「大井工場 90 年史」，国鉄大井工場，1963
(5) 沢井実 著：「日本鉄道車輌工業史」，日本経済評論社，1998
(6) 作間芳郎 著：「関西の鉄道史」，成山堂書店，2003
(7) 木本正次 著：「東への鉄路近鉄創世記」，学陽書房，2001
(8) 中村建治 著：「メトロ誕生」，交通新聞社，2007
(9) 「車両の変遷」，RATP（Regie Autonome des Transports Parisiens：パリ運輸公社）資料，1964
(10) 福原俊一 著：「日本の電車物語　旧性能電車編」，JTBパブリッシング，2007
(11) 国鉄車両設計事務所編：「100 年の国鉄車両」，交友社，1974
(12) 福崎・澤野：「電車と電気機関車」，岩波書店，1964
(13) 松田新市 著：「最新主電動機と駆動装置」，電気車研究会，1958
(14) Seymour Kashin and Harre Demoro："An American Original THE PCC CAR", INTERURBAN PRESS, 1986
(15) 日本鉄道車両機械技術協会編：「主回路システム」，鉄道車両機械技術協会，2012
(16) 日本鉄道車両機械技術協会編：「主電動機」，鉄道車両機械技術協会，2013
(17) 電化協会編：「電気鉄道要覧」，鉄道電化協会，1973

第7章

交流電車および交直流電車

　わが国における普通鉄道の交流電化は，1957（昭和32）年に仙山線および北陸本線で，商用周波数の標準電圧 20 kV で行われた．現在，JR では北海道，東日本，西日本，九州の各旅客鉄道と日本貨物鉄道，民鉄では，阿武隈急行，仙台空港線，首都圏都市鉄道（つくばエクスプレス線），さらに整備新幹線建設により並行する JR 在来線が第三セクターとなった路線などがある．本章では，普通鉄道の交流電車および交直流電車の技術変遷について，整流器＋直流電動機駆動からサイリスタ位相制御，さらに PWM コンバータ＋ VVVF インバータ＋誘導電動機駆動へ発展した動力方式を中心に述べる．

1 動力方式の模索[(1)]

　1953（昭和 28）年に日本国有鉄道（以下：国鉄）は交流電化の検討を始め，交流電気機関車の動力方式として水銀整流器式を選択し，1957（昭和 32）年，北陸本線の田村〜敦賀間の交流電化に合わせ同線区に交流電気機関車ED70 形を登場させた．交流電気機関車の開発に続き，交流電車や交直流電車の開発も進められた．**表 7.1** は挑戦した動力方式である．

　水銀整流器式は仙山線で試験を行ったが，水銀整流器の出区準備，温度制御さらに保守に手間がかかった．単相交流整流子電動機式も九州など60 Hz 電化線区での実用化をねらったが，ブラシの保守に手間がかかった．電車は電気機関車と違い，電動機が複数になる場合が多く，両方式とも電車用としての実用化は難しかった．

　より価格の安いシステムを求めて液体変速機式交流電車（**図 7.1**）と電磁遊星歯車式交流電車の試験が行われた．ディーゼル車のエンジンを単相誘

表7.1　電車の各種動力方式の試み

製作年	駆動装置・主電動機	試験車両
1958（昭和 33）年	主変圧器＋水銀整流器＋抵抗制御＋直流電動機	490 系交直流電車（1M1T × 2 編成）
1959（昭和 34）年	主変圧器タップ制御＋単相交流整流子電動機	クモヤ 791 形交流電車（1 両）
	主変圧器＋起動電動機付き単相誘導電動機＋液体変速機	790 形 1 交流電車（1 両）
	主変圧器＋起動電動機付き単相誘導電動機＋流体接手＋電磁遊星歯車	790 形 11 交流電車（1 両）

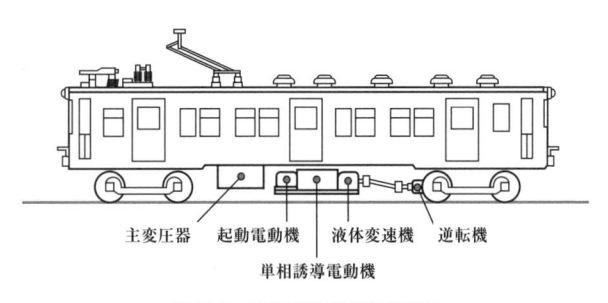

図 7.1　液体変速機式交流電車

導電動機に代えたのが液体変速機式である．運転士が速度操作を行うマスコンには，「切，0，1，2」のノッチ位置があり，0ノッチではコンデンサ起動による起動電動機で単相誘導電動機を回転させ走行準備状態に至る．走行と停止は液体変速機に油を出し入れすることで行う．下り勾配では電力回生による抑速ブレーキができる．電磁遊星歯車式は，液体変速機に代えてトルクの急変を緩和する流体接手と8段変速が可能な電磁遊星歯車装置を用いる方式である．両者とも単相誘導電動機が130 kW程度で出力に課題が残った．

表7.2に制御方式別の主なJR在来線電車の諸元例を示す．サイリスタ純ブリッジ制御以降，回生ブレーキが使用されている．最近の新製される電車はVVVFインバータ制御誘導電動機駆動方式であり，編成質量も軽くなり，省エネルギー化が図られている．

表7.2　JR在来線電車の諸元例

形式	交流専用				交直流	
	717系	721系	783系	883系	485系	E531系
M/T比	2M1T(2M)	2M1T	3M2T	3M4T	8M5T	4M6T
編成質量(自重)(t)	117.6	134.9	180.0	264.3	533.8	347.0
車体	鋼製	ステンレス鋼	ステンレス鋼	ステンレス鋼	鋼製	ステンレス鋼
定格出力(kW)	860	1 200	1 800	2 280		2 240
歯数比	4.21	4.82	3.95	4.83	3.5	6.06
最高速度(km/h)	110	130	130	130	120	130
主電動機形式定格出力(kW)	直流 MT54 120	直流 MT61 150	直流 MT61 150	誘導 MT402K 190	直流 MT54 120	誘導 MT75 140
力行制御方式	シリコン整流器・抵抗制御	混合ブリッジ整流器式	純ブリッジ整流器式	混合ブリッジ+VVVF制御	シリコン整流器・抵抗・直並列制御	PWMコンバータ+VVVF制御
ブレーキ方式	電気ブレーキ 空気ブレーキ	発電ブレーキ 空気ブレーキ	回生ブレーキ 空気ブレーキ	発電ブレーキ 空気ブレーキ	発電ブレーキ 併用電磁直通 空気ブレーキ	回生ブレーキ 空気ブレーキ
台車		ボルスタレス式	ボルスタレス式	ボルスタレス式 制御付振子	インダイレクトマウント式空気ばね	ボルスタレス式
製造初年	1983(昭和58)年	1988(昭和63)年	1987(昭和62)年	1994(平成6)年	1968(昭和43)年	2005(平成17)年
主な線区	東北線・長崎線	千歳線・函館線	長崎線(かもめ)	日豊線(にちりん)	北陸・奥羽(白鳥)	常磐線(フレッシュひたち)

2 シリコン整流器式電車の実用化[(2)]

2.1 近郊形交直流電車の実現

　水銀整流器式など電車の動力方式の試験を行ったが，実用化は難しかった．そのため，同じ時期に開発・試験中のダイオード整流器への期待が高まっていた．国鉄は1958（昭和33）年にセレン整流器とシリコン整流器を2両編成の試験電車に搭載し，仙山線で試験を行った．その結果，定格接合温度が高いなどの理由からシリコンダイオードを選択した．この当時，電力用半導体素子の製作は欧米が先行していたが，国内メーカーも開発に全力を投入した．主変圧器やシリコン整流器の床下ぎ装に見通しが立ち，1960（昭和35）年に常磐線（50 Hz）用401系交直流電車，鹿児島本線（60 Hz）用421系交直流電車が先行製作され，翌年量産車になった．

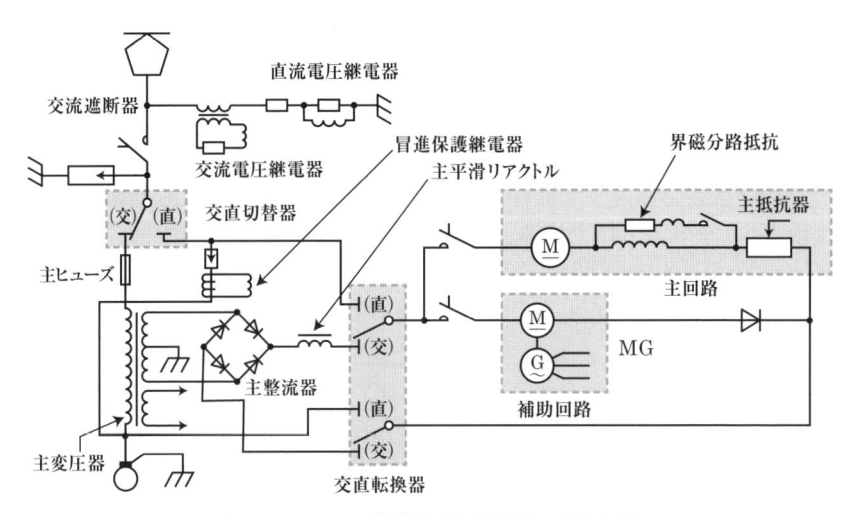

　図7.2はシリコン整流器式交直流電車の基本回路図である．電動車2両で動力システムを構成する2両1ユニット方式で直流1 500V直流区間では，101系直流電車と同じ抵抗制御車となる．20 kV交流区間では交直切換器と交直転換器で主回路を切換え，主変圧器で降圧しシリコン整流器で直

図7.2　シリコン整流器式交直流電車の基本回路

流電車線電圧相当の直流とし上記の抵抗制御の直流主回路に供給する方式である.

401系および421系電車は2M2T（T：制御車）の4両編成を基本とし，最高速度100 km/h，ブレーキ弁ハンドル角度に応じたブレーキ力となる発電ブレーキ併用電磁直通空気ブレーキ方式であった.

401系電車の二次電圧は1 820 Vである．この二次電圧を基に，避雷器で制限された雷サージや遮断器開閉サージに耐える素子直列数にした．また，いったん停止して上り勾配で起動したときでも素子接合温度が許容値を超えない素子並列数とした．シリコンダイオードは401系，421系電車製作時には国産化が始まっていたが，まだ標準化されていなかった．403系，423系電車になって構造や性能が統一された国鉄標準の素子になり，その主整流器はスタッド形1 200 V・280 A素子を用い素子1個直列に余裕をもたせた6S（直列）-3P（並列）-4A（アーム）の素子構成になった．その後，素子の耐圧・容量増の円盤状の平形2 500 V 800 A素子が開発され装置の小型軽量化が進んだ．なお，パンタグラフ点での力率は0.8〜0.9程度である.

主電動機は直流電車の直巻電動機に脈流対策を施したものである．主整流器出力電流は，主平滑リアクトルによって脈流（脈流率）を抑えた．しかし，脈流率が小さいと架線側に発生する高調波電流は大きくなり，脈流率が大きいと主電動機の整流状態が悪化し損失も増える．そのため，脈流率を30 %以下にし，主電動機は直巻界磁巻線に抵抗分路を設け界磁電流中の高調波電流を分流させた．さらに補極鉄心などの積層化を行った.

シリコン整流器式交直流電車は101系電車など新性能直流電車の主回路をベースに，交直流電車の基本となり，多数の形式の電車が製作され

図7.3　403系近郊形交直流電車「整流器＋抵抗制御，常磐線・水戸線」（国鉄資料より）

た．近郊形電車は1965（昭和40）年になって主電動機出力を100 kWから120 kWに上げた423系電車（60 Hz用，鹿児島本線・日豊本線），翌年に403系電車（50 Hz用，常磐線・水戸線，図7.3）が登場した．1971（昭和46）年には交直流電車方式の全国共用化の一環として50/60 Hz両用の415系電車が登場した．近郊形電車の最高速度は100 km/h，乗客用扉数は3で，座席はセミクロスシートである．

2.2　急行形さらに特急形交直流電車へ発展

表7.3に急行形と特急形交直流電車の車両形式と特徴を示す．交直流電車は近郊形から急行形，さらに特急形に発展した．急行形電車は最高速度110 km/h，扉数2，座席はクロスシート，特急形電車は最高速度120 km/h，扉数1，座席は回転クロスシートになった．

高速運転時に等速運転がしやすいように弱め界磁制御段にノッチ戻し機能が付き，481系電車（**図7.4**）からは抑速発電ブレーキの採用など，長距離・高速運転のための技術が盛り込まれた．

その中で，1967（昭和42）年と翌年に夜間は三段式寝台，昼間はボックスシートになる世界で初めての座席・寝台両用電車である581系特急形電車が生まれ，大阪と北九州間を結んで活躍した（寝台特急電車「月光」，**図7.5**）．1968（昭和43）年には同じ座席・寝台両用で50/60 Hz両用の583系特急形電車が製作され，東北本線や山陽・鹿児島本線に投入された．また，1968（昭和43）年以降に製作された485系，583系（特急形），457系

表7.3　シリコン整流器式交直流電車（急行形，特急形）

製作初年		1962	1963	1964～1971
急行形	50 Hz	451系	453系	455系
	60 Hz	471系	473系	475系
	50/60 Hz			457系
特急形	50 Hz			483系
	60 Hz			481系，581系*
	50/60 Hz			485系，583系*，489系
主電動機		100 kW		120 kW
ブレーキ		発電ブレーキ（停止用）		発電ブレーキ（停止・抑速用）

＊581系，583系電車は座席・寝台両用のため，座席はボックスシートである

図7.4　481系特急形交直流電車（整流器＋抵抗制御，鹿児島本線，国鉄資料）

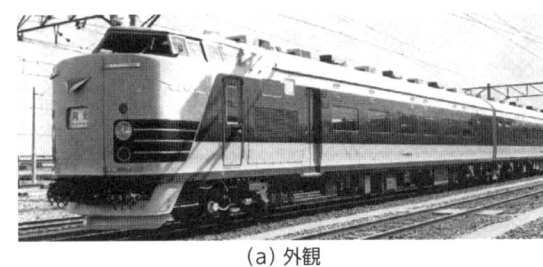

（a）外観　　　　　　　　　　　　　　　（b）車内

図7.5　581系座席・寝台両用電車の車内「整流器＋抵抗制御」（国鉄資料「100年の国鉄車両」より）

図7.6　485系交直流特急形電車と先頭部貫通扉を開いた状態（国鉄資料「100年の国鉄車両」より）

（急行形），415系（近郊形）の各交直流電車は50/60 Hz両用とされ，全国で運転が可能とした．

485系電車の先頭車は当初はボンネット形であったが，分割・併合を考慮して1972（昭和47）年から，前面貫通形となっている（**図7.6**）．

3 交直セクション

　直流区間と交流区間の接続箇所には両区間を電気的に切り離す交直セクションを設ける必要があり，列車の運行に邪魔にならない交直セクションの開発が必要になった．

3.1　交直セクションの開発[2],[6]

(1) 地上切換式交直セクション

　初めは，直流区間は直流電気機関車，交流区間は交流電気機関車で客貨車を牽引する計画であったため，駅構内の交直セクション区間で電気機関車の交換を行えるように線路を配線し，かつ電車線電圧の交直切換設備を設ける地上切換式が考えられた．そのため，国鉄は1957（昭和32）年に仙山線の作並駅構内に地上切換式の設備を設け試験を行った．1959（昭和34）年には東北本線黒磯駅構内に地上切換式交直セクションを設け，直流電気機関車と交流電気機関車の交代を行った．

(2) 車上切換式交直セクション

　茨城県石岡市柿岡に気象庁の地磁気観測所があり，直流遊流の影響を避けるため，常磐線の直流電化は取手までで止まっていた．その後，取手から先を交流電化し交直流電車を運転することになり，仙山線で試験を行った後，1961（昭和36）年に取手〜藤代間に車上切換式交直セクションを設けた．同じ年に鹿児島本線門司駅構内にも設けた．車上切換式は交直セクションを無加圧のデッドセクションとし，惰行しながら交流遮断器を開き車両の回路を切換える方式であり，地上設備は簡単になる．交直流電車の運行とともに東北線黒磯駅構内上下線にも車上切換式交直セクションが追加されている．なお，つくばエクスプレス線も守谷〜みらい平間に車上切換式の交直セクションを設け，東京方は直流1 500 V，それより北側は交流20 kVで電化されている．

(3) 車上切換式交直セクションでの通過方法

　車上切換式の場合，運転士はセクションの数百m手前にある交直切換標識を視認しマスコンハンドルを「切」とし，続いて運転台の交直切換スイッ

図 7.7　交直セクションの一例「羽越本線・村上付近，交流区間⇒直流区間」（著者撮影）

チを切換えて交流遮断器の開放と回路の切換えを行い，交直セクションに進入する．交直セクションから再び加圧区間に進入すると電気車は電圧を検知し車両ユニット毎に自動的に回路を構成する．また，交流区間の変電所前と饋電（以下：き電）区分所前には長さ8mの交-交セクション（異相区分セクション）があり，マスコンをノッチオフして通過する．

図7.7は交流区間から直流区間に変わる車上切換式交直セクション（デッドセクション）の一例である．

（4）冒進保護

誤って電気車が交直切換操作をせずに異き電区間に侵入した場合や異なる回路構成のままでパンタグラフを上げた場合を「冒進」という．

車上切換式の交直セクションは，交流から直流に変わる箇所のデッドセクションが20〜26m程度であり，この場合の冒進保護は電気車の主ヒューズによる．直流から交流に変わる箇所のデッドセクションは45〜65m程度であり，この場合の冒進保護は電気車の直流避雷器の短絡を冒進保護継電器が検知しABB（air blast circuit breaker，空気遮断器）が開く（遮断する）．直流から交流に変わる交直セクションで冒進すると変電所の遮断器が開く（遮断する）事故につながるので，万全を期すため無電圧を検知し交流遮断器を開放する時間を確保できるセクション長としている．

3.2　車上自動切換式交直セクションの実用化

JR東日本は1995（平成7）年，常磐線に投入したE501系交直流電車から，これまでの運転士による手動切換方式を自動切換方式に変更した．このシステムは交直セクションの約700m手前で音声とモニタ装置の表示

で運転士に注意を喚起し,マスコンハンドルをノッチオフし惰行する.約500 m手前に設置した交直セクション用地上子から交直切換地点情報を受けて車両の交流遮断器の開放と回路の自動切換えを行う.

2005（平成17）年に営業を開始した首都圏都市鉄道つくばエクスプレス線も車上自動切換方式を採用している.

4 サイリスタ整流器式交流電車の登場[2],[3],[5]

4.1 最初の国鉄在来線用交流電車711系

1958（昭和33）年にサイリスタが米国のGE（general electric）社によって開発製品化された.国鉄は車両設計事務所 川添雄司技師をリーダーとしてサイリスタ位相制御整流器の導入を進め,1965（昭和40）年にED93形,翌年にED75形501交流電気機関車を製作し各種の試験を行っている.その成果を基に,1967（昭和42）年に北海道地区の電化に合わせ711系交流電車の試作車（1M1T）2編成を製作し,走行試験によって架線側に発生する高調波電流や力率などの測定を含む車両性能や耐寒耐雪性能の確認を行った（**図7.8**）.そして翌年に1次量産車,翌々年に2次量産車と改良を進めた.

車両編成はこれまでの2両1ユニット方式ではなく,電動車1両で動力システムを構成する1M方式とし,1M2Tの3両編成を基本とした.発電ブレーキ用抵抗器をM車に搭載するスペースの余裕がなかったこともあり,

図7.8 711系交流電車（試作車）の試験風景「（サイリスタ混合ブリッジ」（国鉄資料より）

4 サイリスタ整流器式交流電車の登場

表7.4 711系交流電車の主回路などの変化

車両	試作車	1次量産車	2次量産車
主変圧器2次巻線	等2分割 365 V × 2		等4分割 365 V × 4
主整流器 (縦続接続段数)	表7.5 (a) (2段)	表7.5 (b) (2段)	表7.5 (c) (4段)
高調波フィルタ	低次調波用共振分路フィルタ 有		無
主電動機定格	150 kW 500 V/330 A		
主電動機回路	全並列接続 (1S4P*)		直並列接続 (2S2P*)
電動車質量	約50 t	約46 t	約45 t

* S:直列，P:並列

表7.5 711系交流電車の主整流器の変遷

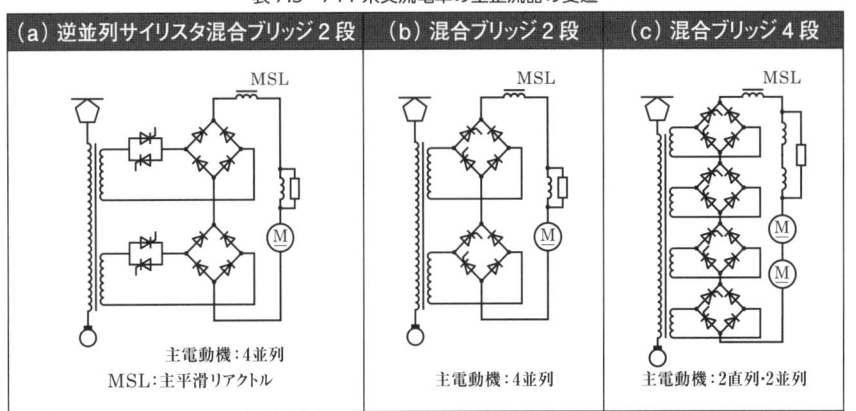

(a) 逆並列サイリスタ混合ブリッジ2段	(b) 混合ブリッジ2段	(c) 混合ブリッジ4段
主電動機:4並列 MSL:主平滑リアクトル	主電動機:4並列	主電動機:2直列・2並列

発電ブレーキは使用せず空気ブレーキのみとした．耐雪対策の1つとして主電動機の強制風冷式を国鉄の電車で初めて採用した．

711系交流電車の主回路と空車質量の変化を**表7.4**に，711系交流電車用主整流器の変遷を**表7.5**に示す．

複数のサイリスタ整流器の直流出力側を直列接続することを縦続接続といい，段数とは直列接続のブリッジ数を意味する．サイリスタ整流器の縦続接続によって，低い出力電圧領域の力率が改善し，基本波に対する高調波成分が低減し，直流電圧の脈動分も減少する．なお，電動車の空車質量は近年30〜42 t程度になっている．

半導体素子の信頼性向上と使用実績により，711系2次量産車のサイリスタ混合ブリッジ整流器の素子構成は，スタッド形1 200 V・250 Aサイリス

タ素子による1S-3P-2A-4U（ユニット）とスタッド形1 200 V・280 Aシリコンダイオード素子による1S-4P-2A-4Uになった．なお，パンタグラフ点での力率は混合ブリッジの位相制御で変化するが0.7～0.9程度である．

711系2次量産車までの経験から交流電車のサイリスタ混合ブリッジ整流器は4段縦続接続とし，低次調波用共振分路フィルタは除く設計がJR初期の新形式交流電車の設計に引き継がれていった．サイリスタ素子もスタッド形素子から円盤状の平形素子へと進化していった．

その後，1970年代から1980年代にかけて国鉄は経営的に苦しい時代を迎え，その影響を受けて新形式交流電車の製作は進まなかった．そのような状況ではあったが，コンピュータを使って，き電系を含む交流電気車の高調波解析を行い，多巻線変圧器である主変圧器やサイリスタ整流器の制御を最適化する設計手法が進んだ．

4.2　最初の回生ブレーキ付交流電車713系

交流回生によるブレーキが奥羽本線福島～米沢間の33 ‰急勾配区間のため必要になり，国鉄車両設計事務所の川添雄司技師をリーダーとして1966（昭和41）年にED94形交流電気機関車を製作し各種試験を行った．その成果は，ED78形およびEF71形交流電気機関車の製作に生かされた．711系交流電車が生まれて15年後，1982（昭和57）年に国鉄は九州（長崎本線）の客車列車置換え用として上記の交流電気機関車での技術を生かし，713系交流電車（1M1T）を2編成製作した（**図7.9**）．停止および下り勾配での抑速のため抵抗器を使う発電ブレーキではなく，**図7.10**に示す他励電動機を用い，回生時にはその界磁巻線の極性を転換し，主平滑リアクトル

図7.9　13系近郊形交流電車「サイリスタ純ブリッジ制御」（鹿児島本線古賀付近，著者撮影）

4 サイリスタ整流器式交流電車の登場

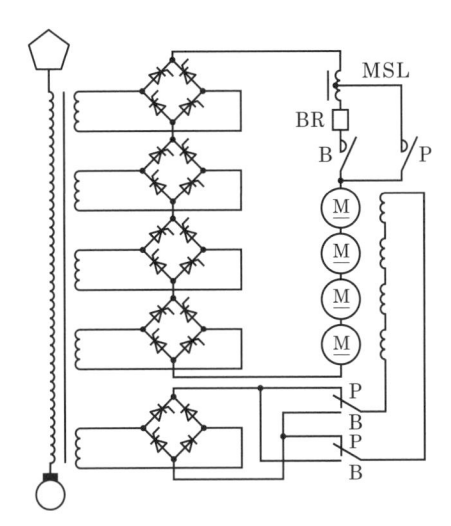

P：力行　　　BR：回生用安定抵抗器
B：ブレーキ　MSL：主平滑リアクトル

図7.10　713系交流電車の主回路

表7.6　サイリスタ純ブリッジ整流器を用いた交流電車と交直流電車

車種	車両形式	最高速度 [km/h]	製造初年	主回路構成 電源側	主回路構成 負荷側	鉄道事業者, 運転線区等
交流電車	713系	100	1983	純ブリッジ 4段	他励電動機 4S1P接続	国鉄 長崎本線
交流電車	783系 (特急形)	130	1987	純ブリッジ 4段	他励電動機 4S1P接続	JR九州 鹿児島本線・長崎本線
交流電車	719系 0番台	110	1989	純ブリッジ 2段	他励電動機 4S1P接続	JR東日本 仙台地区
交流電車	719系 500番台	110	1991	純ブリッジ 2段	他励電動機 4S1P接続	JR東日本 奥羽本線 (標準軌仕様)
交直流電車	651系 (特急形)	130	1988	純ブリッジ 1段	界磁添加励磁制御, 直巻電動機 4S2P接続	JR東日本 常磐線
交直流電車	681系 (特急形)	130 (160)	1992	純ブリッジ 2段	VVVFインバータ, 誘導電動機, 1C1M	JR西日本 北陸本線 (　)：ほくほく線

と安定抵抗器を挟んで主電動機発電電圧と純ブリッジ整流器出力電圧との差電圧によって架線側に回生電流を流す回生ブレーキ（停止・抑速用）を採用した．交流主回路は主変圧器二次巻線を4等分割し，主整流器はサイリスタ純ブリッジの4段縦続接続とした（**図7.10**，**表7.6**）．

その後，国鉄分割民営化があり，新形式車両への交流回生の採否はJRで検討されることになった．

5 サイリスタ整流器式交流電車の発展 (2)〜(5)

1987（昭和62）年に国鉄の分割民営化によって発足したJR各社は，それぞれの地域に密着した経営を進めることになった．高速道路網は全国的に行き渡りつつあり，JR各社は老朽化した車両を保守しつつ新たな電車を投入して競争に打ち勝つ必要があった．

5.1　サイリスタ純ブリッジによる電力回生

国鉄の分割民営化が行われた翌1988（昭和63）年，JR九州は最高速度130 km/hの783系特急形交流電車を登場させた（**図7.11**）．

JRグループで初めての新形式電車で，回生ブレーキが可能な713系交流電車の主回路を踏襲した．それ以降，**表7.6**に示すように，勾配があり抑

図7.11　783系特急形交流電車「サイリスタ純ブリッジ整流器，鹿児島本線・長崎本線」（著者撮影）

(a) 力行時　　　　　(b) 回生時

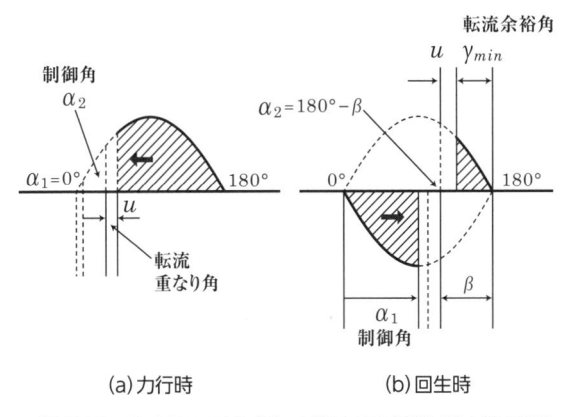

図7.12　サイリスタ純ブリッジ出力電圧波形（非対称制御）

速ブレーキが必要な場合や省エネルギーを目指す交流電車，および直流区間の回生機能を交流区間でも利用し省エネルギーを狙う交直流電車には停止および抑速用にサイリスタ純ブリッジ整流器を用いた回生ブレーキを採用した．**表7.6**の負荷側主回路構成で，Sは直列，Pは並列，Cはコンバータ（インバータ），Mはモータを意味する．

図7.12はサイリスタ純ブリッジ1段分の出力電圧波形（斜線部）で，ブリッジの制御は非対称制御（対角のアームの制御角をずらす制御）である．力行時は制御角 α_2 を制御する（**図7.12**(a)）．回生時は制御角 α_1 を制御し，さらに，純ブリッジの通流アーム切換え（転流）のため，制御進み角 β をとる（**図7.12**(b)）．転流重なり角 u の大きさが制御進み角 β を超えると転流失敗になる．そのため過電流になると高速度遮断器（high speed circuit breaker：HB）が動作し運転の妨げとなる．しかし，回生時の制御進み角 β を最小化したい．

そのため，713系交流電車は回生ブレーキ時にサイリスタ純ブリッジの制御進み角 β 一定制御（約53°）を行った．651系交直流電車では，転流余裕角 γ_{min} （$=\beta-u$）一定制御（約30°）を導入した．

一方，直流区間で電力回生が可能な交直流電車は，その電力回生機能を活かし純ブリッジ整流器と組み合わせて交流回生を行っている．651系交直流電車（**図7.13**）は界磁添加励磁制御回路（国鉄205系通勤形直流電車で採用した主回路で，電動発電機MGの三相交流電源を用いて直巻電動機界磁巻線の添加励磁制御を行う方式）を採用した．さらに681系交直流電

図7.13　651系特急形交直流電車「サイリスタ純ブリッジ＋界磁添加励磁制御，常磐線」
（著者撮影）

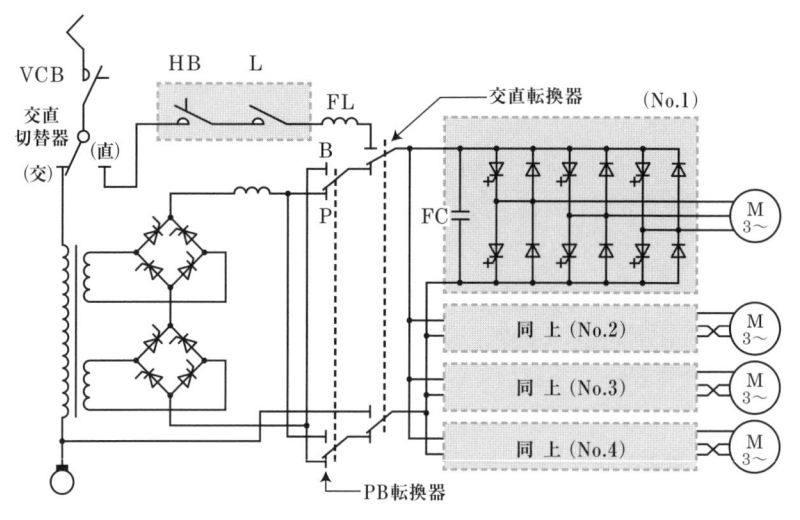

図7.14　681系交直流電車の主回路（サイリスタ純ブリッジ＋VVVFインバータ，北陸本線）

車ではVVVF（variable voltage variable frequency）インバータ回路を採用した（**図7.14**）．交流区間において，力行時はサイリスタ純ブリッジ整流器で直流電車線電圧に相当する全電圧を出力し，回生ブレーキ時は純ブリッジ出力電圧を一定とし，直流主回路側（負荷側）で電圧制御を行う．この主整流器の制御によって主変圧器二次巻線を2分割や非分割としても架線側高調波の抑制や力率の維持が可能になった．

ただし，これらの交直流電車は，**図7.14**に示すPB転換器（P：力行，B：ブレーキ）を主整流器と直流主回路（**図7.14**の場合はVVVFインバータ）

の間におき，力行とブレーキで直流主回路側の極性転換を行う必要がある．

サイリスタ純ブリッジ整流器による交流回生は，制御進み角 β が必要なため，制御角 α_1 の制御範囲が狭められ，結果として力率の最大値が抑えられる．パンタグラフ点での回生時力率は $-0.4 \sim -0.6$ 程度である．回生時の力率が低いため，設計にあたっては，最大回生ブレーキ力と主変圧器など交流側機器の質量などの最適化を図らねばならない．さらに，デッドセクションに進入するときはいったん回生ブレーキを中断させる必要があり，運転士はブレーキ時の状況に注意が必要であった．そのため，他励式コンバータによる交流回生の普及には限界があり，急勾配区間がない線区で運転される交流電車は発電ブレーキを採用した．

5.2 サイリスタ混合ブリッジを用いた交流電車

表7.7 に JR 移行後に新製されたサイリスタ混合ブリッジ整流器式交流電車を示す．

JR 北海道は札幌圏の輸送力強化のため，まず，721 系交流電車を製作した．サイリスタ混合ブリッジを採用，ブレーキは発電ブレーキ併用電気指令式空気ブレーキとし，架線側に影響されず安定したブレーキ性能を発揮できるようにした．

また，JR 東日本は秋田地区の客車列車の置換え用として，701 系交流電車を投入した．2 両（1M1T）および 3 両編成（1M2T）とし，パワートラン

表7.7 サイリスタ混合ブリッジ整流器を用いた交流電車（JR 発足以降）

車種	車両形式	最高速度 [km/h]	製造初年	主回路構成			ブレーキ	鉄道事業者
				電源側	負荷側			
交流電車	721 系（1 次車～5 次車）	130	1988	混合ブリッジ	直巻電動機	4S2P 接続 4段	発電・空気	JR 北海道
	811 系	120	1989			4S2P 4段		JR 九州
	8100 系	95				4S1P 3段	空気	阿武隈急行
	785 系（特急形）	130	1990		誘導電動機 VVVFインバータ	1C4M 2段	発電・空気	JR 北海道
	721 系 1000 番台	130	1993					
	813 系	120				1C1M		JR 九州
	701 系	110				1C2M		JR 東日本

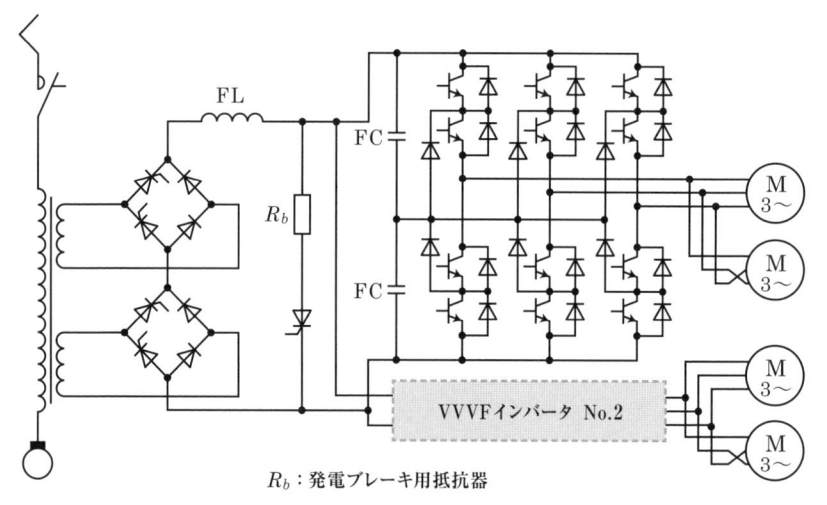

図 7.15 701 系交流電車の主回路 (混合ブリッジ + VVVF インバータ，奥羽・羽越本線)

ジスタを用いた 3 レベル (3 ステップ) 形 VVVF インバータで誘導電動機を制御した．発電ブレーキを採用し，抵抗器は屋根上に搭載した (**図 7.15**)．その後，701 系電車はより省エネルギーを求めてパルス幅変調 (pulse width modulation：PWM) コンバータによる回生ブレーキ付き車両も製作された．

表 7.7 が示すように，負荷側主回路が VVVF インバータ回路の場合，主整流器出力電圧は直流電車線電圧相当でよいため，主整流器は 4 段からよりシンプルな 2 段縦続接続へ進んだ．

JR 発足以降に新製された電車のブレーキ方式は，電磁直通空気ブレーキから運転士が扱うブレーキ弁への空気配管が不要な電気指令式空気ブレーキになった．

6 PWMコンバータ式交流・交直流電車の登場[4]~[6]

サイリスタ純ブリッジ整流器 (転流に電源電圧を用いるので他励コンバータと称する) を用いた交流回生は変電所から遠くなるにつれ転流失敗を起こす転流限界に近づく．そのため必要なブレーキ力の確保や力率の向上に限界があり，適用する自由度も今一つであった．一方，直流電車は VVVF イ

ンバータ制御車によって電力回生が進み，交流区間で電力回生が可能な新たな自励式コンバータ（自己転流なので電源に左右されない）が求められていた．そのようなとき，国鉄時代からの開発を経て，1990（平成2）年にJR東海はGTOサイリスタを用いたPWMコンバータ方式による300系新幹線電車を登場させた．その影響はJR在来線の交流電車や交直流電車に及ぶようになって行く．

図7.16はPWMコンバータ式交直流電車の主回路例であり，IGBTを用いた3レベル形PWMコンバータと2レベル形VVVFインバータを組合せ，1台のインバータで2個の誘導電動機を駆動する1C2M回路（台車単位制御）の例である．

図7.17でPWMコンバータ出力側の直流電圧をE_d，コンバータ入力端子電圧をe_Cとすると，2レベル（2ステップ）形は**図7.17**のe_Cのように正の半波で0，E_dの2つの電圧値をとるものをいい，3レベル（3ステップ）形PWMコンバータはe_Cが正の半波で0，$E_d/2$，E_dと3つの電圧値をとるものをいう．なお，同図でe_Sは主変圧器2次電圧，e_{C1}はe_Cの基本波である．

図7.18はPWMコンバータの制御を基本波ベクトル図で示す．E_Lは主変圧器漏れインダクタンスLに加わる電圧である．

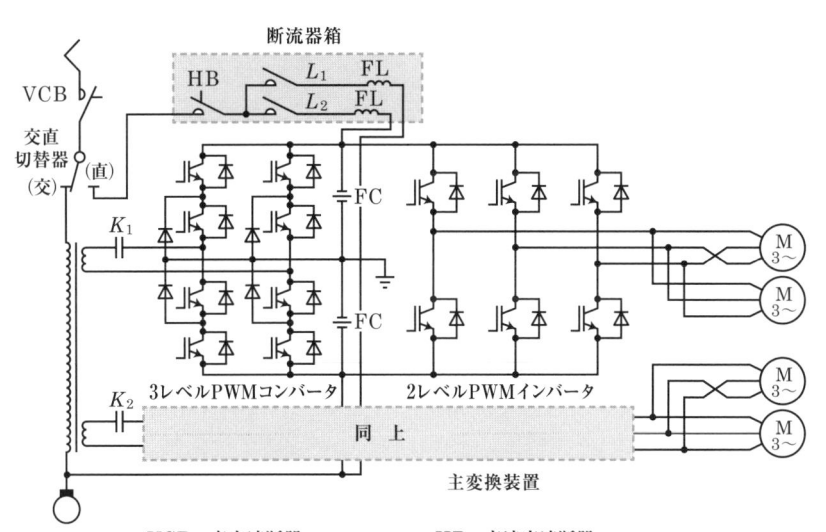

図7.16　PWMコンバータ式交直流電車の主回路例

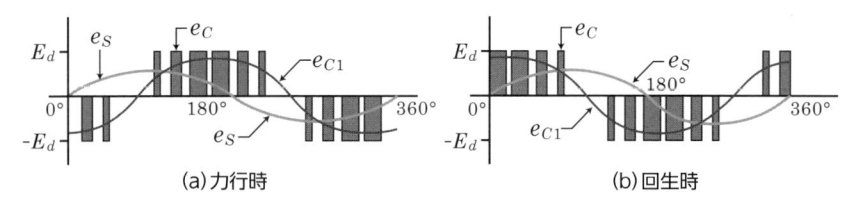

図 7.17　2 レベル形 PWM コンバータの入力端子電圧と主変圧器 2 次電圧

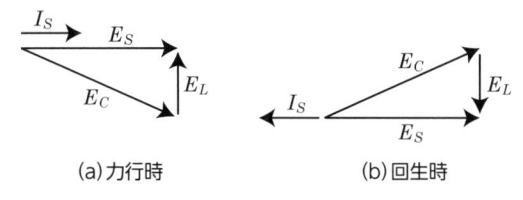

図 7.18　PWM コンバータの制御

力行時は主変圧器 2 次電圧 E_S に対してコンバータ入力端子電圧 E_C を遅れ位相に制御し, E_S と E_L を直交させると, 交流電流 I_S が E_S と同位相になり力率は 1 になる. また, 回生時は E_S に対し E_C を進み位相に制御し, E_S と E_L を直交させると, 交流電流 I_S と E_S の位相差は 180° になり力率は − 1 になる. この特長を生かし, かつ JR 在来線のき電, 信号, 通信などの地上設備への影響の有無を調査しつつ開発・実用化が進められた.

1993（平成 5）年から JR 北海道は交流回生ブレーキが可能な IGBT を用いた 3 レベル形 PWM コンバータの開発に入り, 1994（平成 6）年製作の 721 系交流電車に PWM コンバータ + VVVF インバータシステムを採用し翌年に各種の試験をした後, 実用化の目途を得て 731 系交流電車に採用した.

一方, 常磐線は取手以北からも含めて輸送需要が増え, JR 東日本はその対策が必要となった. そのため, 1995（平成 7）年に新たに E501 系交直流電車を製作するに当たり PWM コンバータ + VVVF インバータ方式を採用することとし, 主回路機器にドイツのジーメンス製を採用した. 主変換装置は新幹線電車で使われていた GTO サイリスタによる 2 レベル形 PWM コンバータと 2 レベル形 VVVF インバータでブロワーによる強制風冷式であった.

PWMコンバータを用いた交流電車と交直流電車は以後急速に普及した.その理由は,

① 力行時,高力率制御によって電車線電流を低減できること
② 交流回生が可能で,必要なブレーキ力を確保できること
③ 力行時および回生時とも,架線停電があっても転流失敗を起こさず,素早い停電検知によって自動的にコンバータをオフにでき,デッドセクションや離線などへの対応がし易いこと
④ PWMに起因して発生する架線側高調波成分を低く抑制できること

などがある.

主変換装置を構成する電力用半導体素子はスイッチング周波数が500 Hz以下のGTOサイリスタから,転流のためのスナバ回路が簡素でスイッチング周波数も1～1.5 kHzにできるモジュール構造のIGBTに移行して行った.また,IGBTの耐圧が十分でなかった初期に3レベル形VVVFインバータが開発されたが,高調波成分が少ない電圧波形となるため,高調波電流や主電動機の振動・騒音の抑制に効果的であることが分かった.そのため,PWMコンバータも同じ観点から,1.7 kVまたは2 kVのIGBTを用いた3レベル形が多く,VVVFインバータは3.3 kVなどIGBTの高耐圧化に伴い2レベル形と3レベル形が狙いに応じて使われている.

図7.19はPWMコンバータ式TX-2000系交直流電車である.

現在は,SiC(炭化ケイ素)パワーモジュールを用いて,さらなる自励式コンバータの小型軽量化や大出力化の追求が続いている.

図7.19 TX-2000系交直流電車「PWMコンバータ+VVVFインバータ,つくばエクスプレス線」(著者撮影)

7 主変圧器の変遷

　主変圧器は車体下に取付けるため，小形軽量で振動・衝撃に強く，電車線電圧も変動し，励磁突流や偏磁を抑制しなければならないなど厳しい要求条件があり，車両用電気機器の中で最も重い．そのため，主変圧器質量はシリコン整流器式およびサイリスタ整流器式になる度に 3 kg/kVA 台から 2 kg/kVA 台に軽減する努力が続き，PWMコンバータ式では 2.3～1.7 kg/kVA 程度になった．したがって，例えばPWMコンバータ式交流電車の主変圧器定格容量が 1 280 kVA であれば，単位 kVA 当たりの質量を 2 kg とすると 2 560 kg になる．

　主変圧器の構造には内鉄形と外鉄形があり，日立製作所・東芝が内鉄形，三菱電機が外鉄形で作っていた．国鉄はこの 3 社と共同設計を行い，漏れリアクタンス設計の自由度，使用中の構造的ゆるみの少なさ，小形化，多巻線変圧器に有利などの特長を考慮し 1960 年代半ばから外鉄形を標準とするようになり，共同設計によって形状寸法・質量・電気特性・機能性能などが全く同じ主変圧器が製作されるようになった．後に富士電機も加わった．主電動機などはボルト 1 本に至るまで構造が同一であるが，主変圧器は保守する鉄道工場で分解検査までは行わないので，内部の詳細な構造は製造会社に任されている．主変圧器は二次巻線（主回路用），三次巻線（補助回路用），四次巻線（界磁用）と多巻線変圧器になるが，サイリスタ位相制御車になって一次巻線と二次巻線は 2 分割または 4 分割され，一次巻線と二次巻線との電磁結合は密に，二次巻線間の電磁結合は滑らかな転流となるように最適化された．さらに，PWMコンバータ車の主変圧器では二次巻線間の電磁結合を疎とするためセパレート鉄心を用い，力率制御が可能なように二次巻線のリアクタンスも大きくとっている．

　冷却は電動送風機を用いた送油風冷式であったが，最近では騒音対策のため，IGBT3 レベル形 PWMコンバータを用いるなど主変圧器の損失低減を行い走行風利用の送油自冷式も採用されるようになった．電車用主変圧器の絶縁油は不燃性のポリ塩化ビフェニール（PCB）が用いられていた．1960 年代後半にカネミ油症事件が起こりその毒性が問題となった．そのた

め，シリコーン油が開発され使用されている．

8 補助電源装置の進化

　401系電車からスタートした交直流電車は，小容量の電動発電機（motor-generator：MG）と主変圧器三次巻線の交流電源を用いる方式であった．MGのM側は直流電動機，G側は交流発電機（二相3線式，20 kVA，100 V）である．その後，485系特急形交直流電車は3相440 Vで150 kVAと70 kVAのMGと容量増になった．

　補助電源装置は入力電圧の変動幅と出力側の負荷変動が大きく（主変圧器の三次巻線を電源とするので，二次主回路の負荷の急激な変動の影響を受けて，定格電圧1 500 Vに対して最高200 V近くまで変動する），そのような条件の下でMGの出力電圧と周波数を一定に維持しなければならず，またM側のフラッシュオーバなど保守面で苦労が絶えなかった．そのため，JRになってからは新形式の電車に静止形補助電源装置（static inverter：SIV）が採用されるようになり，出力は三相交流440 V・60 Hzが多く採用されている．それと共に蓄電池と直流電源用蛍光灯によってデッドセクションでも室内灯が消えないようになった．

　MGやSIVが複数台ある車両編成の場合には1台のMGが故障しても隣のMGから延長給電し負荷を半減して運転された．近年，大都市圏の通勤電車や特急電車は複数台のSIV出力（三相交流）の同期運転やVVVFインバータのSIV用CVCF（constant voltage constant frequency）インバータへの切替え方式を採用し，1台のSIVが故障しても空調など乗客サービスを低下させないようになった．そのため，交流電車は補助回路用小容量MGがSIVとなった程度であるが，交直流電車（大都市圏の6～10両編成）のSIVは200～250 kVA前後となった．

参考文献

(1) 寺戸浩二：電気車の科学，簡易式交流電車，通巻137, 6-14
(2) 川添雄司：交流電気車両要論，電気車研究会，1971

（3）電気学会 電気鉄道における教育調査専門委員会：「最新 電気鉄道工学（改訂版）」，コロナ社，2012
（4）レールアンドテック出版編集部：「鉄道車両と技術 VVVFインバータ装置諸元表」，No.107-117
（5）日本鉄道車両機械技術協会編：「主回路電力変換装置－インバータ・コンバータ－」，2011
（6）新井静男：「JR東日本E501系交直流電車の主回路システム」，R&m，日本鉄道車両機械技術協会，1996

第8章

新幹線電車

1964（昭和39）年10月に東海道新幹線が開業してから，本書発行の2014年で50周年を迎えた．
東海道本線の輸送力増強のため広軌（標準軌）・別線として計画されたものであり，当時の十河総裁と島技師長により進められた．新幹線実現の基礎技術として，長距離高速電車151系での動力分散と軽軸重による高速電車列車，商用周波交流電化の実現などがあげられる．実際に計画が始まると高速時の走行安定性や高速集電など未解決の課題も数多く発生したが，それらを克服して，整流器方式直流電動機駆動・全電動機編成の0系電車で，世界最初の最高速度210 km/h運転を実現した．その後，新幹線電車はサイリスタ位相制御，PWMコンバータ＋VVVFインバータ制御誘導電動機駆動・回生ブレーキ付になり，台車の改良や車体の軽量化などとあわせて，現在では最高速度300 km/hクラスの運転が実現している．

1 東海道新幹線の建設

　1955（昭和30）年5月に日本国有鉄道（以下：国鉄）総裁になった十河信二（1884 – 1981）は，諸問題のうちの1つ「東海道本線の輸送力対策」に取り組んだ[1]．そして，在来鉄道からの「しがらみ」のない新システムの高速鉄道の建設を目指したが，国鉄内部に反対が多かった．そこで政治家を説得し，国鉄内の若手技術者たちに1955（昭和30）年秋頃から高速鉄道の検討をさせた．一方，1955（昭和30）年12月に技術のリーダーに島秀雄（1901 – 1998）を招聘し技師長にした．島秀雄は蒸気機関車の設計者であったが，戦前のいわゆる「弾丸列車」計画の車両担当であり，その父・島安次郎（1870 – 1946）がその計画のリーダーであった．島安次郎は1903（明治36）年のドイツの高速試験電車の210 km/h試験に立ち会っていて，当時から高速列車に自信を持っていたという（御孫様の島隆氏の談話）．

　ちなみに上記の「弾丸列車」計画はのちの新幹線と技術的に縁が深いので，簡単に紹介する．

　1942（昭和17）年の東京～下関間新幹線建設基準の主要要目は，軌間1 435 mm，車両限界高さ4 800 mm，幅3 400 mm，最急勾配10 ‰，最小曲線半径2 500 m，軌道設計荷重：軸重28 t（速度150 km/h），蒸気および電気機関車牽引，客車長さ25 m，最高速度150 km/h（将来は200 km/h），電気方式直流3 000 Vであり，旅客用のC形蒸気機関車の場合の軸重28 t，D形で26 t，F形電気機関車の場合の軸重24 tで計画されていた．

　この当時から新幹線と呼ばれていて，東海道新幹線に踏襲されたのは軌間1 435 mm，最急勾配10 ‰（のちに貨物用は電車列車と考えて15 ‰とした），曲線半径2 500 m，車両限界の幅3 400 mm，客車長さ25 mであるが，基本的考え方は踏襲され，交流電化，電車列車システムの新技術を活用して，軸重を大幅に軽減し，最高速度を向上している．当時の車両限界は「鮮満」と同じと記してあり，現在の韓国や中国と同じである．

　十河総裁は新幹線について弾丸列車のような構想であったらしいが，島技師長は次項で述べるように交流電車列車の構想を持っていた．そして2人は着々と準備を進めた．

十河総裁による政治家の説得は徐々に浸透し，一方で総裁は技術の役割を十分に認識し，1956（昭和31）年には国立に大規模な鉄道技術研究所を整備する投資を決め，研究者を鼓舞した．その影響の1つが有楽町のヤマハホールで行われた「超特急列車 東京〜大阪間3時間への可能性」と題した1957（昭和32）年の鉄道技術研究所創立50周年記念講演会[4]で，世論を盛り上げ，十河総裁を支援することになった．この講演会の内容は電車列車を基本としている．問題の大電力集電については講演されていないが，信号・保安の講演では交流電化を考えている．もう1つの難題の蛇行動（ハンチング）対策については楽観している訳ではなかった．

こうした背景から1957（昭和32）年8月に運輸省に国鉄幹線調査会が設置され，1958（昭和33）年7月まで審議を重ね，新幹線の形態がほぼ決まった．1959（昭和34）年3月に国鉄は東海道線増設工事として申請し，同年4月認可され，同月に着工した．国鉄はこの幹線調査会に並行して細部の計画を進めるため，1958（昭和33）年4月から島技師長を委員長とする新幹線建設基準調査委員会を設け，1961（昭和36）年8月まで審議し，その結果1962（昭和37）年4月に認可された．こうして1964（昭和39）年10月に東海道新幹線は完成した．

2 東海道新幹線電車の基本方針：島秀雄の信念

東海道新幹線を開発する技術リーダーであった島秀雄は第二次世界大戦後すぐに電車列車を長距離高速列車に使うことを考えて，1946（昭和21）年末から高速台車の研究会を進めた．そして1950（昭和25）年には東京〜沼津間に長距離電車「湘南電車」を走らせた．

ほぼ同じ頃に鉄道技術研究所を中心に車体の軽量化が研究され，1955（昭和30）年には客車でナハ10形として実用化され，1957（昭和32）年には小田急電鉄の特急電車SE（Super Express）車で実用化された．

湘南電車は主電動機を釣掛式とした旧形電車ベースであったが，1952（昭和27）年頃から主電動機を台車装架とした高性能電車が民鉄で次々と生まれ，国鉄は1957（昭和32）年に高性能通勤電車を作り，それをベースに

1958（昭和33）年には長距離高速電車151系を東京〜大阪間に走らせた．これにより軽軸重による高速化を実現した．また1956（昭和31）年から開発していた空気ばねを採用して乗心地を著しく改善した．

この間に1948（昭和23）年には1936（昭和11）年製のモハ52形電車で最高速度119 km/hを記録し，1957（昭和32）年には小田急電鉄のSE車を使い東海道本線で145 km/hを記録した．そして1959（昭和34）年には151系電車で最高速度163 km/hを記録し，さらに1960（昭和35）年には高速試験車で175 km/h（狭軌世界最高）を記録した．これらは高速時の走行安定性の確保のための試験であった．

一方，1953（昭和28）年に国鉄は交流電化の検討を始め，交流き電による電気機関車や電車の開発を行い，1957（昭和32）年には電気機関車を，1960（昭和35）年には交直流電車を実用化した．

島技師長はこうした戦後の技術の急速な進歩を踏まえて，新幹線は軽軸重の電車列車を交流電源で走らせることに決めた．この2つは高速化のベースとなる技術で，地盤の弱い国土の高速用軌道も高速大電力集電も技術的に容易になると考えた．したがって東海道新幹線開発の各種検討においてこの交流電車列車構想については決定済みとして全く議論されなかった．さらに島技師長は，この交流電車列車は回生ブレーキを持つ全電動車編成として，安定したブレーキと徹底した軽量化すなわち軸重軽減と保守軽減を図るよう車両設計陣に要請していた．

③ 高速列車の技術の壁：基礎技術開発テーマ

欧州では最高速度160 km/hは日常的速度であったが，200 km/h以上の高速化については慎重であった．1903年にドイツの試験電車で210 km/hを記録しているが，その達成までには技術的な壁を乗り越える苦心があった．さらに1955年にフランスで高速試験を行って記録的な速度331 km/hを実現したが，走行安定性や集電性能に限界が現れ，それを超えるには困難な技術革新が必要と感じられたと推測される．

また，当時は航空機と高速道路の発展が顕著で，鉄道の時代は終わった

と見る社会的風潮があったために，鉄道技術の改革への意欲が薄かった．

そうした社会的背景を背負って東海道新幹線の建設が始まったが，200 km/h 以上の速度で日常的に安定して運転する技術は世界中どこにもなかった．フランスの高速試験の結果で，公開されなかった軌道と集電の重大な問題をうすうす知っていた日本の鉄道技術者たちは開発の困難さを覚悟して，未知の高速運転の実現に向けて果敢に取り組んだ．それらのうち車両に関わる主な課題について研究・開発から車両設計までの道程を以下に述べる．

3.1 動力と軸重に関する課題

高速運転の基本的課題は動力源の確保と牽引力の伝達である．速度が高くなると約2乗に比例して走行抵抗が増加するので，必要な動力は著しく大きくなる．その動力から生まれる牽引力を伝える動輪とレール間の粘着も問題となる．従来の機関車牽引方式では機関車の軸重を重くしなければならない．高速で大きな軸重に耐える軌道を作ることは莫大な建設費を要する．東海道線新幹線のような地盤の弱い区間では至難のことである．弾丸列車の機関車方式の最大軸重は 28 t であったが，電車列車のため 16 t で実現できた．

巨大な動力を列車が得るための解決策は交流電化の技術であり，丁度，1950 年代後半に日本が自前で獲得したばかりであった．列車への供給電力は高電圧き電により列車が集電する電流を大幅に少なくできる．

重い軸重の解決策は動力を分散する電車化で，軽い軸重でも牽引力の問題を解決でき，この頃（1950 年代末）に生まれた電力用半導体の急速な発展で交流電車列車が実現可能となっていた．

以上の2つの重大な課題の解決には，良い時宜を得て幸運であったといえる．しかし，以下に述べる高速時の走行安定性や高速集電など未解決の課題も沢山あった．

3.2 高速走行安定性の確保

1903 年のドイツの試験電車の 210 km/h の実現には苦心があったと述べたが，それは走行安定性の確保であり，軌道の整備と台車の大改造が行わ

第8章 新幹線電車

図8.1 各要素を変更できる試験台車

れている．おそらく蛇行動が発生したと思われ，それを克服したのである．また，1955年のフランスの高速試験でも蛇行動が発生し，試験車が通過したあとの軌道は著しく変形していた．

以上の欧州の経験をふまえ，新幹線車両においても営業速度域では絶対に蛇行動を起こさない技術を確立しなければならないと考えた．この課題は新幹線技術の中で最重要課題であった．

鉄道車両では蛇行動の発生はその構造上，宿命であるが，発生する速度域を営業最高速度より高くすることで避けることが可能である．しかし，当時わかっていた方法では高速車両の設計上実用的ではなかった（鉄道車両の輪軸は左右一体で，曲線のために踏面に勾配があるので，直線では蛇行する）．

台車蛇行動の課題は先に述べた高速台車振動研究会の主要なテーマで，すでに研究が進められていた．その理論的解析や実験は海軍の研究所から鉄道技術研究所に移った航空機の研究者松平精（1910 – 2000）等が中心になって行われた[7]．その成果をベースに車両設計陣が設計製造した台車（図8.1）を使って新設した車両試験台で試験を繰り返し，最適設計条件を得た．そして試作台車を新幹線の試験線で確認し，修正して完成させた．

試作台車の形式と軸箱支持方式は，日本車両のSIG式[*1]，汽車会社の重ねばね式，近畿車両のシュリーレン式，住友金属のミンデン式およびIS式[*2]，川崎重工業の可撓軸ばり式，日立製作所のリンク式であった．このうちIS式は国鉄車両設計事務所の石沢應彦技師発明の独自の方式で，松平の理論の応用に最も適した方式であって，製作も保守も容易と考えられ，最終的

[*1] スイスの車両メーカー：Schweizerische Industrie Gesellschaft
[*2] Iは石澤のI，Sは澤のSあるいは，島のSといわれている．

に量産車用に選定された．

新幹線開業後の最高速度210 km/h運転で蛇行動は全く生じなかった．ただし，車輪の形状が摩耗により変形すると蛇行動の兆候が現れるため，走り装置の保守が注意深く完全に行われた．

この保守作業はかなり頻繁で煩雑であったことと，将来の速度向上のために蛇行動の研究はさらに続けられた．

3.3 高速列車の走行抵抗

列車の基本性能を決めるにあたり，列車抵抗は基本条件である．列車抵抗には走行抵抗，勾配抵抗，曲線抵抗，加速抵抗など含まれている．列車抵抗のうち基本になるのは，直線かつ平坦の線路で生じる走行抵抗である．走行抵抗は機械抵抗と空気抵抗から構成されるので，速度の影響を最も受ける．特に空気抵抗は速度のほぼ2乗に比例するので，高速時の走行抵抗の値は列車の性能計算に極めて重要である．しかし，200 km/hを超える速度域での走行抵抗は当時未知であった．未知のままでは列車の性能設計ができないので，できるだけ真実に近い推定が必要であった．1958（昭和33）年の新幹線電車設計研究会では，鉄道技術研究所の電車模型による走行抵抗実験，国鉄車両設計事務所の澤野周一（1918 - 2012）の調査によるフランス国鉄の電気機関車列車（客車3両）の331 km/hの高速試験，小田急電鉄のSE車の試験結果等を参考にすることにした．

模型実験では定性的な傾向は把握できたが，定量的な数値が得られないため，ある程度の想定により仮の値を決めた．また，1952（昭和27）～1956（昭和31）年にかけての湘南電車での走行試験結果から誘導した値も用いた．こうして主電動機の容量を決めて，試験車を製造した．そして試験線で試験した結果は幸運にも想定式と実測式がかなり近い状態であった．その仮の値はトンネル外で速度200 km/hのとき約10 kg/t（列車の質量当たり）であった．

列車が完成するとしばしば走行抵抗を調査してトンネル内も含め走行抵抗式の精度を高くしていった．

3.4 高速車両の粘着係数

粘着は車輪とレールの間の力の伝達のために互いに噛み合う性質である．噛み合う程度は押しつける力すなわち車輪にかかる荷重に対する係数として粘着係数と称している．歯車同士なら100％であるが，機関車などでは普通30％程度で，機関車の牽引力にとって重要な要素である．

新幹線電車は全電動車編成で計画しており，加速度・減速度ともに低く設定していたので，基本的には粘着性能については問題とならないと考えていた．しかし，高速からのブレーキ時の粘着係数についてはATC（Automatic Train Control）システムの諸条件の設定において列車の減速度とATCセクション長を定める基礎となるが，未知であり，心配な面があった．つまり高速時の粘着係数を幾らに設定したらよいのか確かな情報はほとんどなかった．鉄道技術研究所の海外の情報調査では160 km/h程度までしか判らず，200 km/h以上の領域においては2～3件の推測例しかなかった．

そこで，鉄道技術研究所は粘着試験機を作って実験を始めた．1960（昭和35）年には本格的な模型試験機を作った．ただし，レールも回転体であった．この試験機で得られる実験値は，一般的に現車と比較して高い粘着値が得られるので，実験値をそのまま車両の設計や列車運転の計画値として使用するわけにいかないと研究者は考えた．したがって，新幹線試作車両の粘着計画値としては，在来の実験式や経験値などを考慮して湿潤条件値を乾燥条件値の1/2として，粘着係数 $\mu = 13.6/(v + 85)$ と定めた（vは列車速度）．

図8.2は新幹線の粘着係数の計画式と湿潤状態での実測値である．

この粘着計画式をベースにATCシステムを構築した．しかし，万一滑走した場合，運転保安装置としては致命的であるので，列車の全車軸に滑走検知装置を設けることにした．1962（昭和37）年の試験線における試作車での試験中には予想に反してしばしば滑走が生じた．量産車では滑走防止装置が改善され，車輪踏面清掃装置も各車輪に付けられた（第6章6節6.1 **図6.15**の左右の車輪についたブレーキシューのような小片）．

それでも新幹線開業当初はレールの表面に錆が残っており，滑走が頻発した．しかし，滑走防止の各種対策により滑走がほとんどなくなるまで数

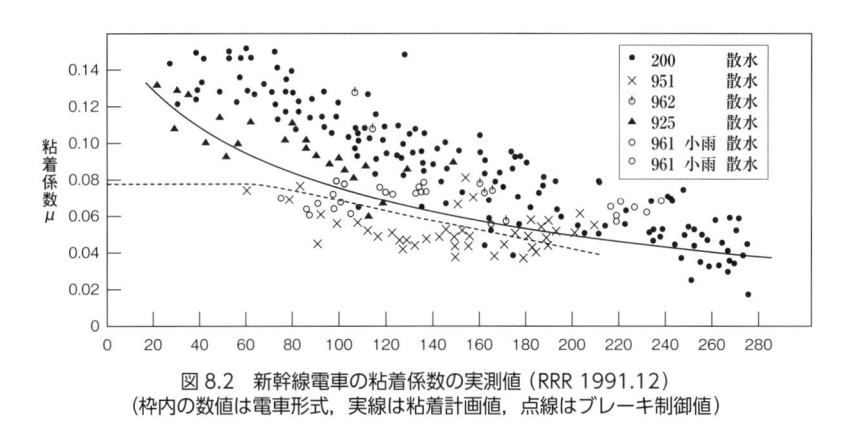

図 8.2 新幹線電車の粘着係数の実測値（RRR 1991.12）
（枠内の数値は電車形式，実線は粘着計画値，点線はブレーキ制御値）

年を要した．約10年後にはほぼ発生しなくなった．

新幹線の開業当初の滑走の状況は予想外であったため，次世代の車両の開発にあたり，積極的に粘着の研究が行われた．その最も大きな成果は車輪とレールの表面粗さと粘着係数との関係をある程度定量化したことであった．また長大編成列車の車輪の位置ごとの湿潤状態を把握したことであった．これらの成果は1980年代後半から活かされた．

3.5 大電力供給

長大編成の高速列車を走らせるためには大容量の動力源が必要である．動力源として交流高電圧を用いると決めたことは，列車への動力の供給問題を容易に解決した．これには先に述べたように交流電化技術を獲得した時期であったことが幸いした．

き電電圧は当時の世界標準の 25 kV とした．弾丸列車計画の時代は直流 3 kV であったが，長大編成の高速列車の所要電力では電流が巨大になり集電が困難になるばかりでなく，電圧の低下も大きく，変電所の配置密度が高くなる．イタリアでは直流 3 kV で高速運転していたが，その後，交流化しており，ロシアでもかつては直流 3 kV で高速運転していたが，本格的高速線は交流電化に変えた．

東海道新幹線の電源は沿線の電力会社から得るが，東京から約 180 km は 50 Hz 電源で，その西方約 370 km は 60 Hz である．そこで，車両を 50 Hz と 60 Hz の両用にするか，50 Hz 地域の電源を 60 Hz に変換するか検討し

た．当時の技術では両用は車両の質量および価格を増すことになるので，将来の列車増備を考慮して，全線を 60 Hz に統一することにした．そのために東京側の沿線に周波数変換装置を設けた．

現在では 50 Hz と 60 Hz の両用の車両が設計・製造され，北陸新幹線に使われている．

3.6 高速集電システム

高電圧のき電のおかげで列車の集電する電流は少なくて済むようになった．それでも 1 列車で最大 1 000 A に達する．

1955（昭和 30）年のフランスの電気機関車による高速試験の映像（インターネットに公開されている）を見ると，架線とパンタグラフの間に大きなアークが発生している．高速集電が難しい技術であることを示していた．もちろん当時の日本には 200 km/h クラスの集電を安定して行える技術はなかった．しかもフランスの高速試験では機関車に客車 3 両なのでパンタグラフは 1 台であったが，動力分散の新幹線電車においては 1 台では済まない．多数のパンタグラフでは相互に電車線振動が影響し合うので一層難しくなる．

高速域で安定した集電を得るための基本条件は，波動伝播速度が列車速度より高い架線とすることと，パンタグラフの押上方向のばね定数がなるべく均等な架線とすることである．

しかし，200 km/h 程度までの中高速域を考えていた 1960 年頃の理論によれば，無離線速度は，パンタグラフの視点から，トロリ線を弦楽器の弦と見立てた上下動の振動理論から求めていた．またトロリ線をばねが垂直に連続して並んでいると見立てて，パンタグラフによる押し上がり特性から求めて計算されていた．その結果から無離線速度を高めるには，

① パンタグラフの質量を小さくする．特に集電舟の質量を小さくする
② トロリ線の張力を高くし，細くする
③ 架線のばね定数の不等率を小さくする，つまり，ばね定数を一定にする

この考え方は 1980 年代のはじめまで重視されてきた．波動伝播速度については，当時の速度では問題にならないと考えていた．

高速集電システムを開発するために，1955（昭和 30）年から鉄道技術研

究所で本格的に研究が始まった．当初は在来線の 95 km/h から 120 km/h 運転を目的として，東海道本線で試験を行ったが，1957（昭和 32）年末からは新幹線の 200 km/h から 250 km/h という当時としては超高速集電の研究が始まった．

まずパンタグラフの質量を小さくするために，電車線高さを一定にして，パンタグラフの上下動を小さくした．したがって小形になり質量が小さくなった．特に集電舟の質量を小さくするために，電動車 2 両にパンタグラフ 1 台として集電電流を少なくした．16 両編成では 8 台の多数になった．

次に電車線のばね定数を一定にすることは，電車線が電柱で支持されているために，事実上不可能である．しかし，極力一定にするために東北本線や東海道本線で，変 Y コンパウンド架線，連続網目架線，合成コンパウンド架線などを比較検討した．しかし，前 2 方式は構造が複雑で保守が困難なため，合成コンパウンド架線が選ばれた．この方式はトロリ線をダンパを介して吊っているので，パンタグラフによる電車線振動を吸収できるために，新幹線電車の多数パンタグラフシステムに適していた．鉄道技術研究所の考案によるシステムであった（第 5 章 4 節 4.1 **図 5.14** 参照）．

パンタグラフの設計では軽量化のための小型化は架線高さを一定にすることで解決した（**図 8.3**）．しかし，走行風によるパンタグラフの揚力の調整に苦心した．パンタグラフにあたる走行風は強く，特に集電舟には上下に不規則に揚力が働き，トロリ線との接触力を乱す．そこで様々な形状の集電舟で風洞実験を行い，若干のプラス揚力が安定して得られるような断面形状を選んだ．その後も，パンタグラフの新設計には常に風洞実験を行って揚力を確認している．

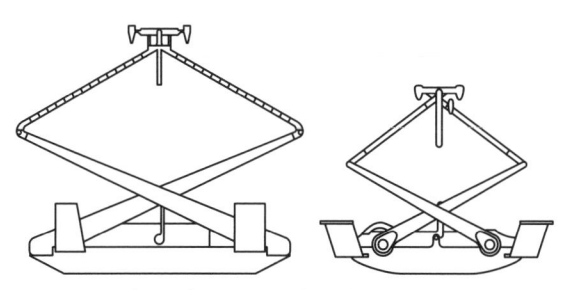

図 8.3 パンタグラフの比較（左：在来線，右：新幹線）

3.7 列車駆動システム

　高電圧の交流を受電して主電動機を回転させる駆動システムは，島技師長の考えで，動力分散の電車システムとした．このシステムは先に述べたように軽軸重とすることと粘着の課題を軽減するためであったが，高速からのブレーキに電気ブレーキを使って，安定したブレーキ力を得ることとブレーキ装置の保守を軽減するためでもあった．その上，島技師長は電力回生ブレーキを望んでいた．しかし当時，こうした考え方で設計された高速電車列車は世界的に見ても例がなかった．欧州の高速列車は 160 km/h クラスであるが，ほとんどが機関車牽引列車であった．事実，新幹線が開業すると欧州で高速列車が 200 km/h クラスで走るようになったが，欧州大陸の強固な地盤であっても，軌道の劣化を早めて，軽軸重の必要性を痛感させている．

　当時，交流電気車の駆動システムには，交流整流子電動機を使う直接式（主に 16.2/3 Hz のような低周波数）と，整流器を搭載して直流電動機を駆動する間接式があったが，商用周波数の交流電化では後者が有利であった．しかし，電車の床下に当時の水銀整流器を搭載することは困難であった．

　そこで，商用周波数の交流整流子電動機で電力回生ブレーキ付きシステムの開発に挑戦したが，極めて困難であった．回生時の整流子のアークは激しく実用的でなかった．国鉄の設計者と電機メーカーの設計者が苦渋しているとき，電力用半導体のシリコンダイオードが生まれた．当時は多数の素子を直列と並列に組み合わせる必要があったが，電車の床下搭載が可能であり，1960（昭和 35）年には在来線の交直流電車で実用化された．新幹線電車も早速，半導体整流装置を搭載し，直流主電動機を駆動するシス

図 8.4　試験線で試作車両「A 編成」（写真提供：交通新聞サービス）

テムとした．生まれたばかりの電力用半導体を大量に安定して供給できるようになったのは，日本の電機メーカー各社の開発努力によるところが大きい．このシステムは極めて安定していて，その後，20年以上使われた．

3.8　車内の気圧変動

　新幹線の試験線で試作車両（**図 8.4**）の速度向上試験が進むと，車内に気圧変動が生じる現象が起きた．列車が高速でトンネルに入ると，トンネル内の気圧が著しく変動し（0〜200 mmAq），列車内の気圧を変動させ，乗車している人の耳に違和感が生じた．いわゆる「耳つん」である．従来も単線トンネルで経験していたことだったが，複線トンネルで起きるとは想像していなかった．

　この耳つんは健康な人では，高速エレベータや航空機と同じで大した問題にならないが，耳に病気などがあると痛みを感じる．そこで車体を気密にすることにした．しかし，車体構造は複雑で，設計上，製造技術上，根本的な変更が必要で，また外気圧の変動に耐える車体強度も必要であった．しかも，開業までの期間は少なかった．

　まず，初期の量産車は客室を中心に気密にすると同時に車内の換気を確保するため，トンネルの位置を検知して換気口を閉じることにした．しかし，客室を中心の気密であったため，扉の開閉不具合や便所・ビュッフェなど水などを扱う箇所で逆流が生じるという困った問題が残された．これらの解決には大変苦心した．

　結局，列車全体を気密にした．乗降ドアは空気圧で押しつけた．車両と車両の間の連結部も気密の幌を開発した．洗面所，ビュッフェなどの排水は，常時，高さ 300 mm 以上の水を貯めた U 字管を持つ水封装置を通すことにして，車体内外の通気を遮断した．また，車体が劣化すると気密が漏れるので，気密の程度をチェックし一定のレベルを維持するように基準（400 mmAq から 100 mmAq までの圧力降下時間 40 秒以上）を設け，保守工場での定期検査で測定することにした．

❹ 東海道新幹線電車の概要

　上記の数々の未知の課題をある程度解決し，試作した電車による試験を経て，量産車が設計され製造されたが，1次車，2次車を経て3次車から量産車の設計が確立した．これを0系新幹線電車と称している（**図8.5**）．

　電気方式は単相交流 25 kV・60 Hz，軌間は 1 435 mm，車両寸法は長さ（連結面間）25 000 mm，高さ 3 975 mm，最大幅 3 380 mm，床面高さ 1 300 mm で，1両の質量は空車で約 56 t である．積車で軸重 16 t 以下を想定していた．

4.1 車両性能

　車両編成は全電動車編成で，軸重を小さくし，その軸重のすべてを加速，減速に使っている．2両1ユニット方式で，電気装置としては2両のうち1両はパンタグラフ，遮断器，変圧器，シリコン整流器等を積み，他の1両に制御装置その他を積載した．

　連続定格出力は2両で 1 480 kW，最高運転速度は 210 km/h，連続定格速度は 167 km/h とかなり高く，加速度は 1.0 km/h/s とかなり緩やかで，平坦線均衡速度は 235 km/h であった．

　常用ブレーキは発電ブレーキで，その速度範囲は 210〜50 km/h までであるが，粘着係数に対応して 160 km/h，110 km/h，70 km/h でブレーキ力を切り替え，それぞれ 1.5，1.9，2.4，2.6 km/h/s の減速度が得られるようブレーキ力制御が行われた．低速域と非常ブレーキは機械ブレーキ（ディスクブレーキ）であった．

図 8.5　東海道新幹線の営業開始時の0系12両編成（国鉄資料「100年の国鉄車両」より）

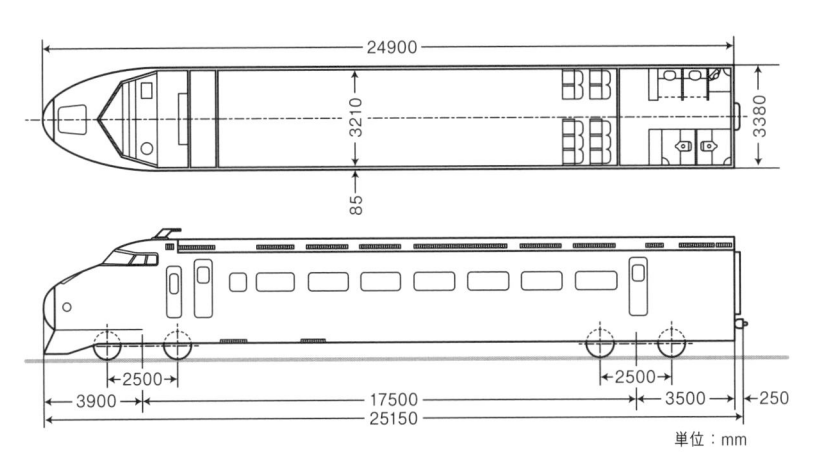

図 8.6　新幹線用制御電動車

4.2　車体と諸設備

　車体幅は**図 8.6**に示すように 5 人掛けができるよう 3 380 mm と広いが，天井高さは質量，走行抵抗を減らすため 2 200 mm であった．車体強度は車端部で 100 t の静的水平負荷に耐える．構体は張殻構造で軽量形鋼が用いられ，構体質量は約 9 t であった．室内にはヒートポンプ式の空気調和装置が天井に取り付けられ，冷暖房を行う．客室側窓は 5 mm の空気層を挟んだ 6 mm の熱線吸収ガラスと 6 mm の強化ガラスの構成（量産の最初で記号：HS6A5TS6[*3]）の 2 座席分の大形の固定式である．先頭車両は走行抵抗を減らし操縦性をよくするため流線形とし，運転台は高い位置に置かれている．便所・洗面所は 2 両 1 ユニットの中央に集中して設けられ，汚物は床下タンクに貯蔵する構造であった．

　腰掛けは普通車では横 3 + 2 座席で，シートピッチは 940 mm，背ずりは転換式，1 両で 75〜100 座席であった．グリーン車では 2 + 2 座席で，シートピッチは 1 160 mm のリクライニング式で，1 両で 64〜68 座席であった．

4.3　台車

　台車の設計は特に蛇行動防止に重点がおかれた．その構造は台車枠上にのった枕ばりの上に空気ばねがある．枕ばりと台車枠の間は全側受支持で，

[*3]　本章 5 節 5.1 の表 8.1 にあるが，S は現在はなく，P に相当すると考えられる．

図 8.7　新幹線電車の IS 式台車

心皿は引張力のみを伝える簡単な構造である（**図 8.7**）．まず台車蛇行動の対策として，

① 軸箱支持装置としては軸箱の前後と台車枠を板ばねと特殊なゴム継手で結び，前後，左右に適当な弾性を持たせ，しかも摩耗部分をなくした
② 全側受支持として台車の回転運動を適切に抑制した
③ 車輪踏面勾配を 1/40（在来線では 1/20），フランジ傾角 70 度，レールとのすきまは左右合計 8 mm（在来の狭軌では 13 mm）とした

軸受はスラスト荷重を玉軸受で受ける円筒ころ軸受で，回転速度が高いので油潤滑とした．車軸は鉄道技術研究所の中村宏が開発した高周波焼入を行い，車軸の表面に圧縮残留応力を持たせ，傷が入りにくくした．これは日本独自の車軸強度増加策である．車輪は直径 910 mm で両面にブレーキ用ディスクが取り付けられている．駆動方式は WN（Westinghouse Nuttal）継手を用いた平行カルダン式を採用した．基礎ブレーキ装置は油圧によるディスクブレーキ方式である．

4.4　パンタグラフ

電車線高さは 5 m ± 0.1 m の範囲にされたので，パンタグラフは小形軽量化された．しかし，高速時には集電舟や枠組の形状によって風圧による

図 8.8　パンタグラフ（PS200A 形）

大きな押上力や押下力が現われる．設計としては静止押上力約 5 kg に対して風速 70 m/s で 2〜3 kg の浮力が追加されるような構造になるよう風洞試験で選定した．作動機構としては圧縮空気供給不能の時の離線を恐れてばね上昇式を採用した（**図 8.8**）．

4.5　電気回路と電気機器

　主回路は 2 両 1 ユニットで 8 個の電動機が 4 個直列，2 並列回路を構成し，組合制御も弱め界磁も行わない．力行制御は変圧器二次側タップを切り替えて行い，ステップ数は全界磁 25 段である．変圧器二次側電圧はシリコン整流器のブリッジ結線を通して電動機に供給される（**図 8.9**）．

　変圧器の二次巻線は電圧が低いので巻数が少なく，多数のタップを出すことは構造上不可能である．したがって高圧タップ式が初期の交流車両に採用されたが，絶縁上の問題が生じ，低圧タップの採用となった．しかし，タップが少ないとタップ間電圧が高くなり電圧の変化が著しくなる．そこで二次巻線を巻数が等しい 2 つの巻線に分け，一方のみにタップを設け，和差動になるように接触器を切り替えるとタップ数の 2 倍のノッチが得られるように工夫した．ノッチ進めは限流継電器によっている．電動機回路の遮断方式は減流遮断である．

　発電ブレーキが常用ブレーキで，4 個の電動機が別々に回路を構成する．抵抗値の切り替えで速度に対するブレーキ力を制御する．

　主電動機は 185 kW，自己通風形で脈流率 50 % として設計され，磁気枠

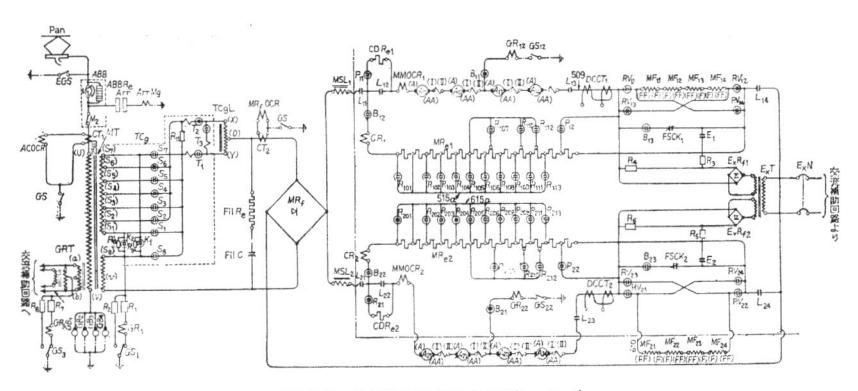

図 8.9　0 系量産車の主回路つなぎ

第8章 新幹線電車

図 8.10 MT200 形主電動機の概要

表 8.1 主電動機諸元（0 系用）

形式	MT200
主極数	4
絶縁種別	F 種
連続定格	185 kW
電圧	415 V
電流	490 A
回転数	2 200 rpm
効率	90.1 %以上
試験回転数	3 820 rpm
質量	876 kg

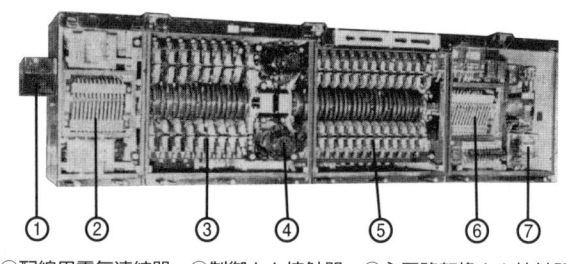

①配線用電気連結器　②制御カム接触器　③主回路転換カム接触器
④操作電動機　⑤抵抗カム接触器　⑥制御カム接触器　⑦継電器

図 8.11　新幹線旅客電車用主制御器

の一部に成層鉄心を用いている（**図 8.10**，**表 8.1**）．

制御機器は，タップ切替装置と抵抗制御装置で従来のカム軸制御器と基本的に大差なく，信頼性と保守性の良いものを選んだ（**図 8.11**）．

空気遮断器は，床下に設置したため避雷器と共に高圧機器箱に収納した．

補助電源は，主変圧器三次電源の単相のほかに，20 kVA 電動発電機による 100 V・60 Hz を設けている．補助電源の主要な負荷は空気調和装置で，その圧縮機は単相駆動である．

5 営業開始後の諸問題とその解決策

5.1 雪中運転の障害:雪の付着と窓ガラス

　新幹線開業後の最初の冬(1965(昭和40)年1月6日の大雪では大きな輸送障害となった)から降雪時に関ヶ原付近を通過するとき車体下部に雪が付着し,その雪塊が落下してバラストを巻き上げ,床下機器や車体の窓ガラスに傷を付けるなど,様々な問題を生んだ.例えば特高圧機器箱への侵入は各所で停電をもたらし,翌年までに完全気密化した.また主電動機への浸水もあった.

　在来線でも上越線や東北本線を走る列車には同じような問題が生じたが,新幹線開業前後以降のことであり,新幹線電車の高速度の違いは大きかった.

　東海道新幹線の関ヶ原付近で降雪時には雪面への散水が行われることになったが,決定的効果はなく,走行速度を下げ,名古屋駅で床下に付着した雪を掻き落とす作業が行われ,大幅な遅れを招いた.

　東海道新幹線列車の降雪時の遅れ障害は,開業前には予測できなかった現象であり,開業以来20年以上にわたり抜本的対策がなく常態化していた.しかし,東北・上越新幹線ではこの経験が活かされ,雪による障害は皆無である.1986(昭和61)年に投入したモデルチェンジ車100系(**図8.12**)では床下機器の寸法を統一して,機器と機器の間をカバーで塞ぎ,平滑化してボディマウント方式と同じ効果を発揮させた.

　窓ガラスの破損は開業の翌年から毎年約200枚から多い年で500枚以上あり,冬に多かった.破損による乗客への影響(外が見えなくなる)をなくす対策は1973(昭和48)年に外側を生ガラスにする合わせガラスと強化ガ

図8.12　100系電車「混合ブリッジ制御・4段縦属接続」(国鉄パンフレットより)

表 8.2　複層組合せガラスの記号

記号	名称	
P*	Polish Plate glass	フロートみがき板ガラス
H	Heat absorbing	熱線吸収
T	Temper	強化加工
L	Laminate	合わせ加工
A	Air	乾燥気体層

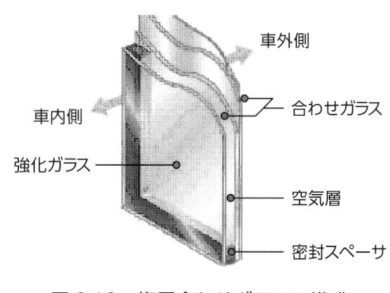

図 8.13　複層合わせガラスの構成　　*現在 S はなく，P に相当すると想定される

ラスにすることで解決した（**図 8.13**）．生 3 mm 合わせ熱線吸収 5 mm 空気 5 mm 強化 5 mm（記号：LP3HP5A5TP5）とした（この記号は客室で見ることができる．**表 8.2** は記号の説明である）．

5.2　車軸と軸受

走行安全性にとって車軸と軸受は最重要部品なので，開業当初，定期検査以外に精密検査を行っていた．1965（昭和 40）年頃に数本の車軸に微細な傷を発見したので，全般検査では車輪を車軸から抜いて磁気探傷も行うようになった．1966（昭和 41）年運行中に異常振動を感じ，駅で検査の結果，折損を発見した．微細傷の発生も予想外であったので，金属材料の権威者による委員会を設けて，原因を調べたところ，加工方法に問題があり，改善された．その後も加工方法や形状などについて，常に検査結果を監視し改善が図られている．

軸受も同様に 1966（昭和 41）年頃から検査により予想外に速く傷が発見され，同委員会で調査したところ，これもメーカー差があり，素材の作り方の違いが明らかになったことから，以後，真空溶解材を使うように定めた．

その後，今日まで新幹線電車の車軸と軸受における事故は 1 件も発生していない．

5.3　パンタグラフ

新幹線の集電システムは合成コンパウンド方式と多数パンタグラフで設計された．開業後，高性能であったが，列車本数が急増すると，細いトロ

リ線の摩耗が速まり、また合成要素のダンパが劣化し、架線切断事故が多発した。この対策として集電理論とは相容れないが、パンタグラフの構造材の強度を増し、1970（昭和45）年頃から架線のダンパをやめ、トロリ線を太くした（ヘビーコンパウンド架線）．これにより、架線切断事故は激減した．しかし、小さな離線が常時生じ、そのためにアークが連続して発生した．交流であるためにこれらの離線は列車の走行には影響しないが、沿線騒音の原因の1つになった．

6 新幹線速度向上とその背景

6.1 速度向上試験車と全国新幹線網の試作車

1964（昭和39）年、新幹線を開業した年に、最初目指した最高速度を250 km/hにする目標をたてて、次世代の新幹線車両の開発にかかった．その結果1969（昭和44）年に2両編成の951形試験電車（**図8.14**）を作った．

最高速度250 km/hのため、出力を30%大きくし、高速からのブレーキ力確保のためにうず電流ブレーキを設けた．そのため車両質量が大きくなるので、車体をアルミニウム合金製として、軸重制限を確保した．高速時の粘着性能確保のために力行はサイリスタ位相制御による連続制御を、制動時はチョッパ制御による連続制御を採用した．また雪対策として床下機器をボディマウント式とした．

1969（昭和44）年から走行試験を行い、1972（昭和47）年2月には山陽新幹線で286 km/hを記録した．この走行試験の中で静止輪重の4倍程度の

図8.14 951形試験電車－4分割混合ブリッジ制御（著者撮影）

図 8.15　951 形試験電車－5 分割混合ブリッジ制御（著者撮影）

著大輪重が発生した．主原因は渦電流レールブレーキによりばね下質量が大きくなったことと，列車の急増でレール溶接継目の摩耗が速く進行してレール面の段差が大きくなったためであった．最初の新幹線 0 系電車の静止輪重は最大 8 t で，営業開始時の走行中の最大輪重は 11.7 t であったので，驚異的な値であり，ばね下質量の削減が速度向上の条件となった．

ばね下質量 1 輪あたり 1 ton が目標となり，中空カルダンたわみ板継手式台車（1.053 ton）で試験した結果，著大輪重は小さくなり，その発生頻度は大幅に減少した．しかし，0 系電車のばね下質量は 1 輪あたり 1.27 ton あって，山陽新幹線の速度向上は見送られた．

全国新幹線網のための試作電車 961 形（**図 8.15**）が 1973（昭和 48）年に作られた．この試作電車は全国新幹線網のため長い勾配区間があるのでパワーアップし，電源周波数も 50 Hz と 60 Hz の地区があるので両周波数対応とし，寒冷地も走るので，耐寒耐雪構造とし，周波数両用のため補助電源も電動発電機によっていた．ばね下質量軽減のために中空カルダン式台車（各輪のばね下質量 1.142 ton と 1.078 ton）を採用した．

しかし，当時起こった環境問題と「オイルショック」のエネルギー問題から速度向上は社会的に不要と考えられ，速度向上試験は困難になった．また，台車構造が複雑なことは保守面から嫌われた．1974（昭和 49）年に山陽新幹線で速度 200 km/h までの試験を行っただけであった．

表 8.3 に 951 形速度向上試験電車と全国新幹線網のための 961 形試作電車の主要諸元を示す．

表 8.3　951 形速度向上試験電車と全国新幹線網のための 961 形試作電車の主要諸元

項目	951 形試験電車	961 形試作電車
電気方式	単相 AC25 kV，60 Hz	単相 AC25 kV，50/60 Hz
構成	2 両：全電動車（2M）	6 両：全電動車（6M）
列車質量（t）	自重 61〜62.5 / 2 両編成	自重 46〜63 / 6 両編成
ATC 最高速度（km/h）	250	260 以上
力行制御方式	サイリスタ位相制御	サイリスタ位相制御
ブレーキ制御方式	発電チョッパ制御	発電チョッパ制御
パンタグラフ	菱形下枠交叉	菱形・ばね支持すり板等
主変圧器	2 410 kVA	3 300 kVA
主整流器	2 200 kW　4 分割混合	2 400 kW　5 分割混合
主電動機	250 kW，650 V，F 種絶縁	275 kW，700 V，F 種絶縁
車体	アルミニウム合金製	アルミニウム合金製，
	床下機器ボディマウント	床下機器ボディマウント
車体寸法（m）	長 25，幅 3.38，高 3.975	長 25，幅 3.38，高 3.975
台車	軸箱はり式支持，空気ばね	IS 式支持，中空駆動軸
軸距・車輪径	2 500 mm・1 000 mm	2 500 mm・1 000 mm
動力伝達方式	WN 平行カルダン 1 段減速	WN 平行カルダン 1 段減速
基礎ブレーキ	油圧式ディスクブレーキ	油圧式ディスクブレーキ
	うず電流レールブレーキ	
補助電源	主変圧器三次巻線単相	集中電動発電機方式三相 440 V
空調	単相，集中床下ヒートポンプ	三相，集中冷房と電熱暖房

6.2　新幹線電車の速度向上

　新幹線の高速化は環境問題の解決が条件となり，新幹線技術者は沿線環境問題の解決に注力していた．その一環として，環境対策試験として 961 形が再登場し，1979（昭和 54）年に最高速度 319 km/h を記録した．こうした環境改善諸試験を経て，東北新幹線は環境基準をクリアして 1982（昭和 57）年に 200 系電車で（**図 8.16**）210 km/h で営業運転を開始した．

　しかし，高速化技術の開発は社会的環境から推進力が弱かった．そうした状況の中，1981（昭和 56）年にフランスで高速列車 TGV（Train á Grande Vitesse）が新幹線より高速の 260 km/h で開業した．これは日本の社会にインパクトを与え，新幹線の高速化を推進する大きな力となった．騒音問題の解決と高速化技術の開発が積極的に推進されるようになって，1985（昭和 60）年には，東北・上越新幹線は最高速度 240 km/h となった．

図 8.16　200 系電車－不等 6 分割混合ブリッジ制御（著者撮影）

図 8.17　300 系電車－PWM + VVVF 制御・GTO サイリスタ（久保 敏氏撮影）

　同じ施策の一部施行で，東海道新幹線でも 1986（昭和 61）年から速度向上が行われ，最高速度 220 km/h となり，東京～大阪間が 3 時間を切った．東京～博多間も 6 時間を切った．

　1987（昭和 62）年に JR になると速度向上の試験が一層熱心となり，各種試験車も作られ，騒音対策の研究成果も上がり，1991（平成 3）年には最高速度 270 km/h で環境基準をクリアした．1992（平成 4）年には東海道・山陽新幹線で 300 系電車（のぞみ）で（**図 8.17**），270 km/h 運転が開始された．1996（平成 8）年には JR 西日本の 500 系（**図 8.18**）が 320 km/h まで環境基準をクリアし，1997（平成 9）年から山陽新幹線で最高速度 300 km/h 運転を開始した．

　こうして最高速度 320 km/h 運転が 2013（平成 25）年 3 月から E5 系電車（**図 8.19**）で東北新幹線で実施された．ここまで来るためには技術的に解決すべき課題が多数あった．その経過を以下に紹介したい．

図 8.18　500 系電車－ PWM ＋ VVVF 制御・GTO サイリスタ（久保 敏氏撮影）

図 8.19　E5 系電車－ PWM ＋ VVVF 制御・IGBT（久保 敏氏撮影）

7 速度向上に関する技術的課題と解決策

7.1　沿線環境問題：主として騒音問題と対策

　新幹線の列車本数が急増した（**表 8.4**）ために沿線都市部の騒音の被害が大きくなった．そのため 1975（昭和 50）年に環境庁が基準を定めた．基準を満たすために速度低下の要求もあったが，少なくとも速度向上はできなかった．まず，基準の 1 つである 75 dB 以下を満たすために騒音を遮蔽する施策を実行すると同時に，騒音源を特定して騒音を減らす技術の研究開発に注力した．

　騒音源は主に転動音，集電音，空力音の 3 つに特定でき，まず，最も卓

第8章 新幹線電車

表 8.4 東海道・山陽新幹線の輸送の変遷

年度	旅客数[百万人]	列車本数	車両数
1964（昭和 39）*	11.0	60	360
1965（昭和 40）	31.0	110	480
1966（昭和 41）	43.8	121	600
1967（昭和 42）	55.2	138	684
1968（昭和 43）	65.9	170	792
1969（昭和 44）	71.6	200	1 044
1970（昭和 45）	84.6	213	1 140
1971（昭和 46）	85.4	219	1 164
1972（昭和 47）	109.9	231	1 344
1973（昭和 48）	128.1	235	1 692
1974（昭和 49）	133.2	258	2 128
1975（昭和 50）	157.2	258	2 224
1976（昭和 51）	143.5	275	2 336
1977（昭和 52）	126.8	275	2 336
1978（昭和 53）	123.7	275	2 336
1979（昭和 54）	123.8	275	2 336
1980（昭和 55）	125.6	255	2 336
1981（昭和 56）	125.6	255	2 240
1982（昭和 57）	124.8	255	2 240
1983（昭和 58）	127.6	255	2 240
1984（昭和 59）	128.4	265	2 188

＊1964（昭和 39）年度は 10 月開業で半年分，1972（昭和 47）年　岡山開業，
　1975（昭和 50）年　博多開業

越している転動音から対策が採られた．転動音は主に車輪とレールの表面の凹凸が原因で，車輪踏面の傷は滑走によるフラットが早くから解消されつつあったが，レール頭頂面は研削による平滑化が実施され効果を上げた．

次に集電音は集電時の離線によるアーク音，パンタグラフの空力音，スリ板の摺動音があるが，まずアーク音が卓越していた．その主な原因はトロリ線の波状摩耗であった．その波状摩耗の解消は原因が把握できなかったので，1984（昭和 59）年頃にアーク音を遮蔽するパンタグラフカバーを設けた（**図 8.20**）．

同時に，集電電流の断続を抑制するためにパンタグラフ間を高圧引き通し線で接続し，それによってパンタグラフ数の削減も図った（第 5 章 4.2 節

図 8.20　初期のパンタグラフカバー（著者撮影）
100 系：騒音遮蔽の側面だけでなく，前後の面が
パンタグラフに当たる風速を下げて空力音を下げた

図 5.16 参照）．これは AT き電方式で可能で，東海道新幹線の BT き電では集電電流制限によりできなかった．パンタグラフカバーは図のような形状にしたため，パンタグラフの空力音も大幅に抑制した．こうして 1985（昭和 60）年に東北新幹線は基準をクリアして 240 km/h 運転を開始した．パンタグラフ半減の結果，波状摩耗の原因が把握でき，1990（平成 2）年頃にはアーク音は解消できた．

　パンタグラフ半減の施策の付帯効果を簡単に紹介すると，パンタグラフ数の削減などで集電電流が増加したため，すり板の摩耗が激しく，その幅を広げた結果，波状摩耗が解消した．この現象を分析し，その結果を東海道・山陽新幹線まで広げて実施した．また，高圧引き通しは，離線による電流の断続を別のパンタグラフが受け持つ考え方で，インピーダンスの心配もあったが，予想以上にアークが減少した．

　東海道新幹線の地盤振動を抑制するために軸重を軽減する試験の結果，軸重 10 t レベルへの車両の軽量化とばね下質量の 30 % の削減を図り，上記騒音対策による騒音 75 dB 未満の達成と合わせて 300 系電車で最高速度 270 km/h 運転を実現した．

　この頃の音源別寄与率と速度依存性を表したグラフを**図 8.21** に示す．このグラフに示すように，集電音が低下すると次に車体空力音（パンタグラフの空力音を含む）が卓越してきた．車体空力音については，それまでも様々な工夫をして試験をしてきたが，ほかの騒音にマスキングされて効果を現さなかった．1990（平成 2）年頃から車体の表面を平滑化し，車体断面の高

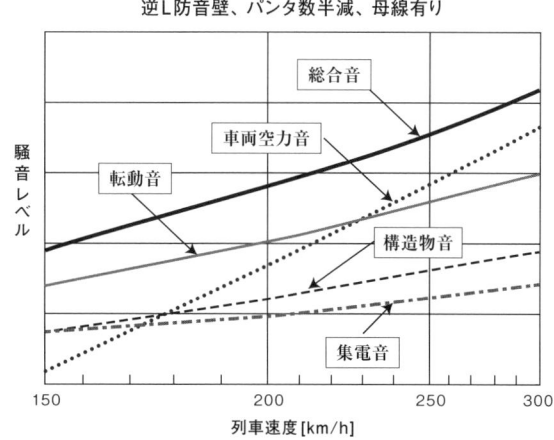

図 8.21 音源別寄与率と速度依存性（270 km/h　5 dB 未満達成時）

さを低くすることで効果が現れた．パンタグラフも構造を簡素化して空力音を抑制した．さらに車体の床下の平滑化も効果を上げて，1996（平成 8）年の 500 系電車では 320 km/h まで 75 dB 未満を達成し，1997（平成 9）年には 300 km/h の営業運転を開始した．

一方，270 km/h クラス以上の騒音研究に使える風洞では暗騒音が 75 dB を遙かに超えていたため，1996（平成 8）年に鉄道総合技術研究所（以下：鉄道総研）は米原に大型低騒音風洞を建設した．最大風速 400 km/h で，暗騒音は風速 300 km/h で 75 dB（A）である．これは空力音対策の研究に大きく寄与した．

以上のほかにトンネル通過時の微気圧波の発生がある．この対策にはトンネルの入口に緩衝工を設け，その上車両の先頭部の形状に工夫をして変わった姿を見せている．

7.2　ばね下質量：著大輪重対策

最初の新幹線 0 系電車の静止輪重は最大 8 t であったが，営業開始時の走行中の最大輪重は 11.7 t であった．1969（昭和 44）年の 951 形試験車は 250 km/h 以上の速度向上を狙い，ブレーキに渦電流レールブレーキを装備した．走行試験を行うと静止輪重の 4 倍程度の著大輪重が発生した．主原因は，ばね下質量を大きくしている渦電流レールブレーキであるとされたが，

列車の急増でレールの溶接継目の摩耗が早く進行していたためでもあった．
　このために，ばね下質量を削減することが速度向上の条件とされた．1973（昭和48）年に中空軸式の駆動方式の961形試作電車を作ったが，構造が複雑であり，折からの速度向上不要論から速度向上試験はほとんど行われなかった．
　1980（昭和55）年代に至り，既述のように速度向上指向が再開すると，環境問題のほかに，このばね下質量問題の解決に迫られた．961形のような複雑な構造は保守に嫌われたので，車輪，軸箱，歯車箱の小形化やアルミニウム合金化による軽量化を行い，さらに中空車軸を採用して目標のばね下質量を達成した．1990（平成2）年の300系電車から実施した．300系では軸重およびばね下質量ともに約30％削減した．こうして270 km/h運転が実現した．
　最近では，レール溶接技術の向上とレール頭頂面の定期的研削により凹凸が大幅に減少しているので，輪重変動も少なくなっている．

7.3　軽量化：運動エネルギーの抑制

　東海道新幹線の0系電車は軸重16 t以下であったが，東北新幹線の200系電車では車体をアルミニウム合金製としたにも関わらず，雪対策のために軸重は17 tとなった．既述のように，270 km/hクラスの速度向上のためには軽量化が必須であった．東海道新幹線では地盤の振動対策であるが，300系では車体のアルミニウム合金化を始め，駆動システムを回生ブレーキ付きの交流主電動機化で電気機器の大幅な軽量化が実現して，軸重が10 t程度にすることができた．
　実は，この軽軸重は機械ブレーキが吸収すべきエネルギーを抑制することになった．新幹線電車のブレーキの設計思想は電気ブレーキを常用するが，最高速度から機械ブレーキがバックアップできることになっている．したがって，速度向上には軽量化が必須なのである．東海道以外の地盤の強固な路線でも速度向上のために軸重を10 tレベルにしている．
　軽量化施策の主体は軽合金車体と回生ブレーキであるが，主電動機が交流誘導電動機になり小形になったため台車も小形になり，軽量化された．また，車内の腰掛は数が多く，軽量化の効果が高いので，航空機の腰掛の

7.4 高速時の走行抵抗の抑制

　高速列車の走行抵抗は空気抵抗が主体となり，速度と共に急速に増加する．したがって，速度向上には重要な要素である．しかし，どのような設計にすれば抑制できるか未知であった．

　1981（昭和56）年に東北新幹線用に作った200系電車は，ボディマウント構造の車体で走行抵抗を0系と比較して分析したところ，空気抵抗の要素は列車断面積，列車の圧力抵抗係数，列車長，列車側面の摩擦係数で，それらの寄与率がある程度分かった．

　1985（昭和60）年の100系電車で，床下機器への雪の付着をなくすために，床下装備の機器類を一定の高さと幅に統一し，それらの間を板でふさぎ，床下を平滑化した（**図8.22**）．それはボディマウントと同じ効果を狙ったのである．車体断面も列車長も0系と同じであったが，二階建車を含んでいても走行抵抗を測ると0系より大幅に（20％程度）低くなっていた．

　その後，車体高さを下げて車体断面積を小さくし，床下の平滑化を台車部分まで広げると，さらに走行抵抗は小さくなり，0系に対してほぼ半減した．その様子をグラフにすると**図8.23**の通りで，列車長はいずれも約400 mである．この走行抵抗の低減は，走行エネルギーの大きな節減になっている．ただし，ブレーキ時にはブレーキ距離を延ばす方向に働き，500系の試運転で設計者は驚いたという．

　なお，200系から主電動機の冷却には外部に送風機を設けたので，効率が

図8.22　床下機器寸法の統一（著者撮影）

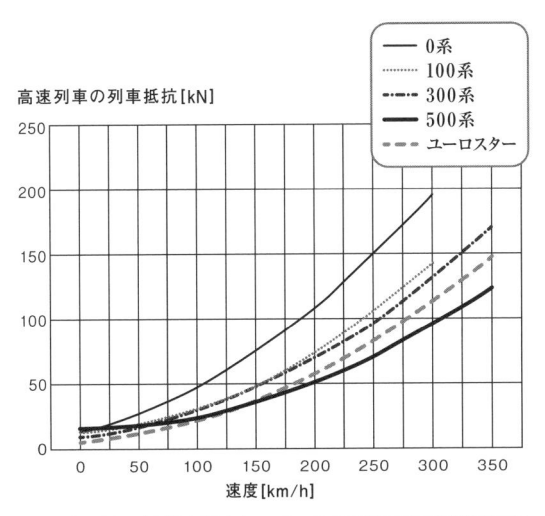

図 8.23 新幹線電車とフランスの高速列車の走行抵抗
(フランスの高速列車の車体幅は1座席分狭い)

よくなり，しかも走行抵抗を減らしている．

7.5 高速走行安定性と曲線通過性能との両立

　最初の新幹線車両0系の蛇行動は営業最高速度以上の速度まで完全に抑止されたが，急曲線におけるレールと車輪の摩耗が早く，頻繁な踏面形状の研削修正が必要であった．これは急曲線での横圧が高いためだったので，まず踏面形状を円錐から円弧に変更し，1981 (昭和 56) 年頃から新しい台車の開発を始めた．主な変更は，摩擦形側受け方式から空気ばね横剛性とヨーダンパ抵抗方式に変えたボルスタレス台車で，1984 (昭和 59) 年には東北新幹線で走行試験を行った．1986 (昭和 61) 年には，これにばね下質量軽減策を加え，さらに1988 (昭和 63) 年頃からは軸箱支持の前後剛性および左右剛性の最適値を求める研究と試験を行った．

　鉄道総研に，1987 (昭和 62) 年に最高速度 500 km/h まで走行でき，蛇行動の発生速度を知ることができる新しい高速車両試験装置を設置し，様々な条件で試験台走行をした結果を踏まえて，営業線で試験走行するという段階を踏んで，その成果を実用化したのが 1990 (平成 2) 年の 300 系であった．その後，鉄道総研の試験装置だけでは間に合わなくなり，JR 東海は高速車両試験装置を設置して 2008 (平成 20) 年から試験を開始し，JR 東日本

でも高速台車試験装置を設置して，走行安定性の向上に取り組んだ．

以上の研究は，直線走行安定性と曲線通過性能の両立を求める難しい技術であったが，徐々に成果を上げ，300 km/h 以上の高速域まで蛇行動が発生しないようになったばかりでなく，車輪の研削回帰は著しく延伸した．ただし，踏面形状や各部のばね常数，隙間などの管理を怠ると蛇行動は発生しやすくなっている．

軌道管理においても，列車の速度向上に併せて，1990（平成 2）年頃から軌道変位による車両振動抑制のため，長波長軌道管理（40 m 弦正矢）を行うようになっている．

7.6 高速集電：離線対策と低騒音パンタグラフ

新幹線開業時に最適であった合成コンパウンドカテナリは，列車の急増とともに頑丈なヘビーコンパウンドカテナリに変更された．しかし，トロリ線に波状摩耗が生じて電力集電には支障なかったが，離線によるアークによって集電騒音の原因となった．

東北・上越新幹線の速度向上のためハンガ間隔を縮めてパンタグラフの振動追従特性と合わせ，またパンタグラフも集電舟とスリ板の間にばねを入れたが，大きな改善とはならなかった．この時，パンタグラフカバーとパンタグラフ数の削減と高圧引き通しを実施して効果があり，速度向上を行った．

その結果，スリ板の摩耗が激しくなったので，応急処置としてスリ板の幅を広くした．すると波状摩耗が消えた．鉄道総研が理論解析をして波状摩耗の原因が把握でき，解決されることになった．

1980（昭和 55）年代に鉄道技術研究所の真鍋克士は次の高速化の架線構造を研究しており，波動伝播速度による高速集電理論を構築した．列車の最高速度が波動伝播速度の 70 % 以下であれば，ほとんど離線しないということで，波動伝播速度を高くする必要があった．それは簡単に記すとトロリ線の張力を上げ，質量を小さくすることであった．これは従来の銅合金ワイヤでは対応しきれないため，新しいトロリ線が 1986（昭和 61）年に開発された．それはスチールの芯線にアルミニウムで覆った材料で，1991（平成 3）年には交換しやすいように周囲は銅合金の鋼心入りトロリ線になっ

図 8.24　九州新幹線車両のパンタグラフ（著者撮影）

た．（第 5 章 4 節 4.3（1）**図 5.18** 参照）

　2000（平成 12）年代に入って実用化された新設の架線では，鋼心入りトロリ線の断面積は 110 mm^2，張力は 19.6 kN で，波動伝播速度は従来の 355 km/h から 519 km/h に大幅に上昇している．この架線構造により，360 km/h まで安定した集電が保証された．しかもカテナリの構造はシンプルカテナリで済み，架線構造物の大きなコストダウンとなった．

　一方，パンタグラフも空力音削減のため，構造を簡素化して各社が作っている．JR 東日本で 2002（平成 14）年に開発したパンタグラフは最も簡素化しており，パンタグラフカバーも不要となっている．**図 8.24** は，それを 2004（平成 16）年に採用した九州新幹線車両 800 系の例である．

　現在ではほとんどの列車がパンタグラフ 2 台で，それらを高電圧ケーブルで接続している．

7.7　駆動システムの変革：回生ブレーキの実現

　当初の新幹線電車の電源は，単相交流 25 kV 60 Hz を受電して変圧器で降圧し，シリコンダイオードブリッジで整流して直流電動機を駆動し，抵抗器でブレーキエネルギーを処理する発電ブレーキのシステムを採ってきた．

　951 形試験車（1969（昭和 44）年）でブレーキにチョッパ制御を採用し，961 形試作車（1973（昭和 48）年）ではサイリスタブリッジによる位相制御を採用した．しかし，当初の 0 系電車の動力システムは安定しており安価だったので，変更することはなかった．東北・上越新幹線の 200 系電車

（1980（昭和55）年）では，雪中走行での粘着性能を向上させるため951形と961形の駆動技術を採用し，加速にはサイリスタ位相制御，ブレーキにはチョッパ制御付き抵抗制御方式とした．1985（昭和60）年の100系電車も力行はサイリスタによる位相制御を採用し，付随車を導入したので，電気ブレーキとして渦電流ディスクブレーキを開発した．付随車の導入は車両のコスト低減だけでなく軽量化にも貢献し，鋼製車体のままで軸重は15 tとなった．

長い急勾配のある北陸新幹線用として1985（昭和60）年頃から開発していたPWM（pulse width modulation）コンバータとVVVF（variable voltage variable frequency）インバータおよび交流誘導電動機システムは国鉄時代末にほぼ完成していたが，北陸新幹線の工事が遅れていたので，その技術を最初に実用化したのはJR東海の300系電車（1990（平成2）年）であった．その後，すべての新幹線の新形式にこの方式が採用されている．これは回生ブレーキ付きで電気機器が小型軽量化され，車両の大幅な軽量化を実現し，速度向上に主となって貢献した．また，力率も自由に制御できるので，集電電力の有効利用率も高く，高速化に伴う集電電流の増加を抑制している（図 **8.25**）．

PWMコンバータとVVVFインバータに使う半導体は当初GTO（gate turn-off）サイリスタであったが，最近はIGBT（insulated gate bipolar transistor）でスイッチング周波数を高くし，誘導障害などを大幅に抑制している．また，いわゆるベクトル制御を採用して高粘着性能を発揮し，速度向上に伴うブレーキ距離の延伸を抑制している．これには粘着係数を増すことができるセラミックス散布も寄与している．

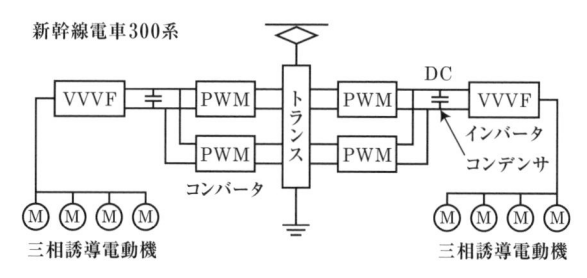

図 8.25　新幹線車両 300 系電車の駆動システム

7.8　ブレーキシステム：高速からのブレーキエネルギー処理

　高速からのブレーキエネルギーは大きく，機械ブレーキで常時処理するのは保守上困難なため，0系電車以来，全軸に電動機を取り付けて，電気抵抗ブレーキにより熱エネルギーとして処理し，電気ブレーキがフェイルしたら機械ブレーキがバックアップすることを原則としてきた．

　そのため，機械ブレーキは車輪ディスクブレーキとして，最高速度から最大減速度に耐える熱容量を持たせるためにニッケルクロムモリブデン低合金鋳鉄ディスクと焼結合金ライニングを用いた．その制御は電磁直通空気ブレーキで，基礎ブレーキは油圧制御として，小形軽量化と高い応答性を得てきた．

　ブレーキ力は非粘着を避け，粘着力のみによったが，滑走が予想以上に多発した．念のため付けた滑走検知再粘着システムも不十分であった．そこで次世代車両の951形試験車に非粘着の渦電流レールブレーキを装備して試験したが，レールに対する影響が好ましくなく失敗した．ブレーキ力の速度特性を粘着係数の速度特性に合わせるためのチョッパ制御は成功した．

　当初，車輪踏面を清掃する研磨子で増粘着を図って使用したが，1990（平成2）年代からはセラミックスを散布する方式も追加した．また，1995（平成7）年頃から進行方向前位の車両の常用ブレーキ力を低減したり，なくしたりして滑走をなくし，列車全体でブレーキ距離を短くした．

　1990（平成2）年代の終わり頃から誘導電動機のベクトル制御も加わり，粘着利用技術の進歩により，300 km/hクラスの高速化に合わせた減速度の向上が可能になった．

　付随車導入時はその条件に電気ブレーキが必要で，渦電流ディスクブレーキを開発した（**図8.26**）．その後，電気ブレーキは発電ブレーキから回生ブレーキになり，交流誘導電動機の再粘着性能が向上（ベクトル制御の採用など）すると，付随車に電気ブレーキを装備せず，付随車のブレーキを電動車が負担するようになった．

　ブレーキ指令は電磁直通空気ブレーキ方式で始まり，1981（昭和56）年の200系電車以降に電気指令となった．

　当初のブレーキディスクは最高速度210 km/hでも負担に十分耐えるとはいえず，寿命が短かったので，鋳鋼と鋳鉄を貼り合わせたクラッド形を

図 8.26 渦電流ディスクブレーキ (著者撮影)

一時使った．しかし，速度向上に対応するために鍛鋼ディスクに代わった．鍛鋼ディスクは熱による変形があり，対策に苦心した．既述のように，車両の大幅な軽量化がブレーキエネルギー処理量を抑制したので助かっている．

ATC は速度段方式で始まったが，そのセクション毎にムダがあり，速度向上に対応するため 2002（平成 14）年頃から新 ATC として 1 段減速方式に変わった．

7.9　曲線での速度向上

東海道新幹線は最小曲線半径 2 500 m が基準であるが，最高速度 270 km/h 化に際しては，最大カントを従来の 180 mm から基準最大の 200 mm とし，さらに左右定常加速度を 0.09 g（g：重力の加速度）と，多少大きな加速度を許容して最大カント不足量を 90 mm から 110 mm とした．それによって 300 系電車の曲線通過速度を曲線半径 2 500 m 以上で 255 km/h，3 000 m 以上で 270 km/h とした．

しかし，270 km/h 以下の速度制限を受ける区間延長はまだ多く，曲線半径 2 500 m を 270 km/h にする残された方法は車体傾斜の導入であった．

JR 東海は，自社の研究施設に車両運動総合シミュレータを 2003（平成 15）年に設置して新幹線車両への車体傾斜の導入の研究と試験を行い，N700 系電車に車体傾斜システムを装備した．それによって，曲線半径 2500 m で約 1° の傾斜を空気ばねの空気圧制御によって生じさせ，乗客の感じる超過遠心力を抑制して半径 2 500 m の曲線を 255 km/h から 270 km/h に向上して

運転している．

　車両運動総合シミュレータは，いわゆる乗心地試験装置に遠心力を感じる機能を付加したもので，乗心地試験台を移動させて遠心力を起こすために，巨大な装置になっている．

8　車両技術の変遷

　本章の6〜7節で速度向上に必要な技術開発の経過を述べたが，同時に発展してきた車両技術の要点についても以下に説明する．

8.1　車体の軽量化

　0系の車体は鋼製構体であったが，951形試験電車はアルミニウム合金製とし1969（昭和44）年に生まれた．構体質量は0系の最大10.5 tに対して8.5 tとなったが，車両質量は0系の57 tに対して61 tとなった．高速化のため各機器が大きくなったためであった．全国新幹線網のための試作電車961形の車体もアルミニウム合金製で1973（昭和48）年に生まれた．構体はさらに1 t減らし，7.5 tでできた．

　1982（昭和57）年開業の東北新幹線の電車の車体は，961形などをベースに機器の質量増に対応してアルミニウム合金製車体とした．床下機器を車体内に収納するボディマウント方式として，構体質量は7.5 tであった．

　1985（昭和60）年に生まれた東海道新幹線用の100系は，軸重を0系より1 t軽くしながらコスト低減のために車体は鋼製にした．構体質量は約9.5 tであった．付随車を初めて導入したので，高い車両限界を利用してダブルデッカも作った（図8.27）．これはのちに東北・上越新幹線E4系やフランスにも普及した．

　JRになって大幅な高速化を狙い，車体の軽量化が必須であったので，再びアルミニウム合金製となった．1990（平成2）年に生まれたJR東海の300系はさらに車体高さを400 mm低く設計した．アルミニウム合金の車体を経済的に作るために1980（昭和55）年代末からダブルスキンの押出型材を試作していたが，薄く作る技術が間に合わず，シングルスキン構体と

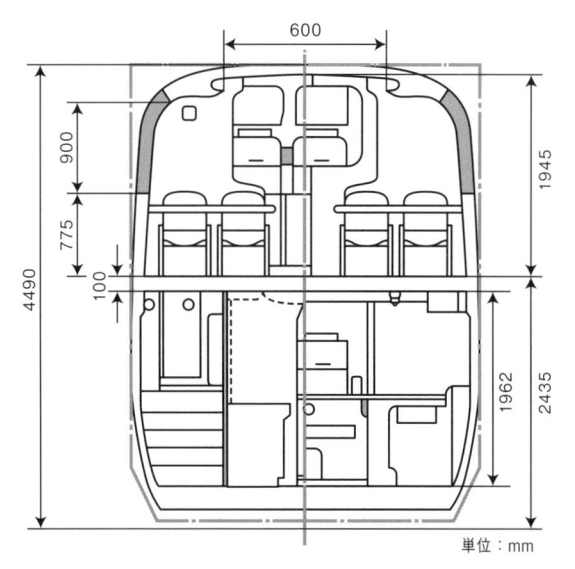

図 8.27　新幹線電車のダブルデッカ（食堂車の例）

なった．構体質量は 6.2 t であった．

1996（平成 8）年に生まれた JR 西日本の 500 系はアルミハニカムを構体に使って，さらに断面を絞って設計し，構体質量は 5.6 t になった．

1997（平成 9）年に完成した 700 系からアルミニウム合金のダブルスキン構体である．溶接量が少なくなるためコストダウンになった．以後この構体が標準となっている．

8.2　車体と車内設備：車体気密問題の展開，窓ガラス，空調，腰掛

列車がトンネルを通過する際に列車の周囲の気圧が著しく変動するので，車体を気密構造にした．換気は切替弁方式であったが，山陽新幹線では東海道新幹線より長いトンネルがあるので，換気方式をトンネル通過中の気圧変動を吸収する送風機を設けて，連続的に換気できるようにした．

速度向上のために車両の軽量化策としてアルミニウム合金製車体にすると，気密が完璧になり（つまり鋼製車体では少し隙間があった），走行中に車内の気圧が徐々に上昇する現象が生じた．これは様々な不都合が生じたので，駅停車時に上昇圧を開放する弁を設けた．

また，速度向上するとトンネル通過時の気圧変動がさらに大きくなるた

めに，2座席分の大型窓は乗客にとって望ましいが，車体の強度に関わるので，1座席分の小型窓にした．窓ガラスは強化安全ガラスであるが，割れないポリカーボネイトを使う車両も出現している．

空調は単相電源駆動のユニット式であったが，200系から集中式になり，その後，変わっていない．き電線のセクションで停電になるので，再起動に問題があった．瞬時停電からの空調の再起動時に圧縮機の高低圧差を緩和するために，瞬時にもかかわらず再起動を1分間ないし2分間遅らせていたので客室温度が一時的に上昇していた．しかし，圧縮機にバイパス弁を設けることにより，25秒とすることで，克服された．

普通車の腰掛は横5人掛け，グリーン車は横4人掛けで，0系電車では普通車は転換式で進行方向に腰掛けることができたが，リクライニングやテーブルなどの設備はほとんどなかった．200系が生まれた時，固定式でリクライニング付きにしたので，その後の0系でも固定式にしたら極めて評判が悪かった．そこで，100系では3人掛け腰掛を回転式にして，リクライニングやテーブルを付けたらすこぶる評判が良く，その後，すべてこの方式となった．3人掛けの質量は1人分で28.8 kgから24.5 kgに軽量化した．その後さらに軽量化が進み，300系では12 kgになった．

8.3　主回路システムの変遷

本章7節7.7で概略説明した主回路システムについて，具体的な説明をする．

0系（1964（昭和39）年）の1500 kWの整流装置は280 A，1 200 Vのダイオード素子を10S-4P-4A（S，P，Aは直列，並列，アーム数である）で構成していた．

1980（昭和55）年の200系電車の主回路方式は，ダイオードとサイリスタの分割形混合ブリッジであった．6分割のカスケード接続で2，2，2，2，1，1の不等6分割とした．倍電圧（518 V）のブリッジはオン・オフのみの制御で，1電圧（259 V）のブリッジで連続位相制御を行った．素子構成は1S-1P-4A-6Uで，サイリスタは1 000 A，2 500 V，ダイオードは1 600 A，2 500 Vの素子を使った．冷却は961形で開発したフロン沸騰冷却方式であった．

1983(昭和58)年には新しい主回路システムとして新幹線の当初から念願であった回生ブレーキ付き交流電動機方式の開発を始めていたが,1985(昭和60)年に必要な100系に実用化するのは時間的に間に合わないので,200系の主回路方式を踏襲した.しかし,ブリッジの分割数をコストダウンのために4分割に減らした.そのため高調波誘導障害のJpが200系より増加したが,東海道・山陽新幹線の許容値である0系と同じ値に収めることができた(**図8.28**).

100系に設けた付随車の渦電流ディスクブレーキ(Eddy Current disc Brake:ECB)の電源は,電動車の発電ブレーキ回路から供給し,コイルの巻数,コイルとディスクのギャップなど適切な値を選定して付随車用に制御器を設ける必要をなくした(**図8.29**).ただし,フルパワーは最高速度か

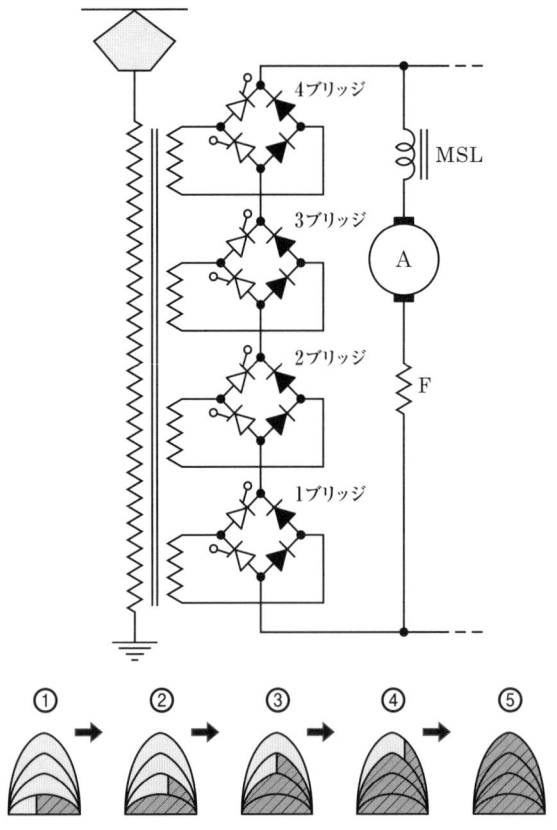

図8.28 ダイオード・サイリスタ混合ブリッジのカスケード接続の例

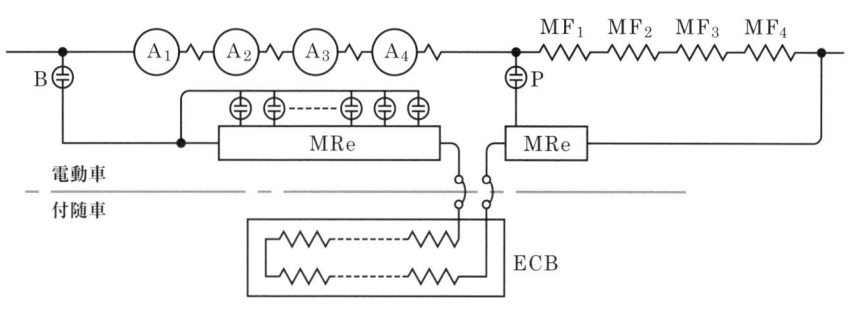

図 8.29　渦電流ディスクブレーキ回路

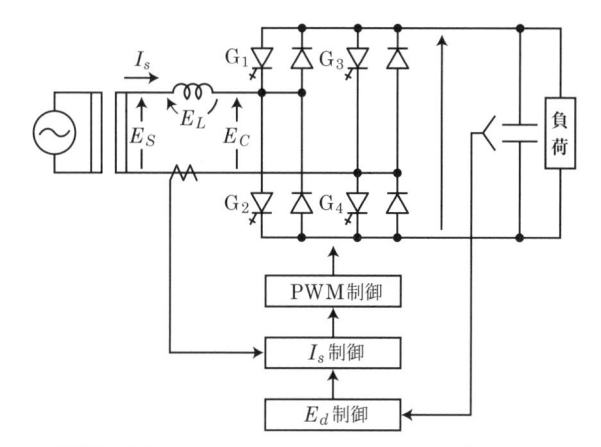

E_s：変圧器二次電圧, E_L：リアクトル電圧, E_c：コンバータ入力電圧, E_d：直流出力電圧, I_s：コンバータ入力電流, G_1〜G_4：GTOサイリスタ

図 8.30　PWM コンバータの基本的概念：ただし $E_s < E_d$

ら約 70 km/h までであった．

　300系で実用化したPWMコンバータの概念（**図 8.30**）を説明すると，ブリッジの各アームはGTOサイリスタとダイオードが並列に並んでいる．そのうち，1つのアームのGTOサイリスタ，例えばG_2を導通にすると隣のアームのダイオードD_4を介して変圧器電流I_sは短絡され急増する．この回路の途中にリアクトルがあるので，短絡電流によりエネルギーが蓄積される．先のGTOサイリスタのG_2を遮断すると，そのエネルギーは二次電圧に追加され，D_1を介して二次電圧より電圧が高い直流側のコンデンサに充

電される．同時に対向するアームのG_3でも同じことを行うと，コンデンサからも短絡電流がリアクトルに追加され，蓄積エネルギーは一層増加する．

電源電圧が反転した時は，先のアームの隣のアームのG_4で同じことを行えば，同様に直流側のコンデンサに充電される．これらは昇圧チョッパの作用であり，負荷側の直流電圧は電源電圧より高く充電される．

回生ブレーキ時には，直流側電圧は電源側電圧より高いので，4つのGTOサイリスタを適宜オン・オフさせて，電源の周波数や位相に合わせて自由に送り込むことができる．すなわち，電力回生の動作を考えてみると，DCリンク・コンデンサE_dから電力を電源E_Sに回生するためには，直流電圧E_dが電源電圧E_Sの瞬時最大値$2E_S$より高くなければならない．これにはモータ側インバータの出力電圧を高くすれば良い．そうすれば，直流電圧E_dからはダイオードを通して電流は流れないが，GTOサイリスタのオンの場合だけ電源側に流れ回生ができる．この説明図で示したリアクトルは変圧器の巻線がその役割を果たすので，特にリアクトル装置を設ける必要はない．

1990（平成 2）年に生まれた 300 系では PWM に VVVF と誘導電動機をセットにした主回路システムが実用化された（**図 8.25**）．この変換装置に使った半導体素子は GTO サイリスタが 4 500 V，2 500 A，ダイオードは 4 500 V，800 A であった．実用化の前に 120 Hz のビート現象対策と停電検知対策が課題であったが，以下のようにしてクリアできた．

ビート現象は交流 60 Hz を整流した 120 Hz の脈動成分と VVVF インバータの可変周波数 120 Hz 付近での相互干渉で，主電動機電流が激しく脈動する現象である．車両が受電する 60 Hz の電源を整流して直流にしているが，それには 120 Hz の脈流が重畳している．その直流を可変周波数の交流に変換して 3 相誘導電動機を駆動するが，電動機の回転速度を制御するために，0～200 Hz に変化させる．120 Hz 付近になると正の半波と負の半波の不均衡が発生し，主電動機電流が大きく脈動する．それはトルク振動になり，車内振動や騒音にまで至った．対策はインバータ出力の正負の電圧・時間積を均衡させることで，多パルス領域では電圧制御を行い，1 パルス領域ではインバータ周波数を正負で変化させて解決した．これをビートレス制御と称している．

新幹線では地震があって，列車を停車させる必要がある場合，列車への

き電を止め(停電)て列車に緊急ブレーキをかけて停止させるシステムをとっている．しかし回生ブレーキ中には停電があっても検知できない．また変電所や電車線のトラブルで停電があっても車両から送電し続けることは好ましくない．そこで採用した停電検知法は，回生ブレーキ時には60 Hzの周波数から1サイクルごとに0.08 Hz減算した周波数で回生動作する方法とした．電源が生きているときは，サイクル毎に60 Hzに修正されるが，停電時は減算が重なって行き，約200 msで59 Hzになった事を検知して，回生ブレーキを停止させることにした．旧型車が回生電力を吸収していると，この方式は効果が出ないが，電圧が上昇するので，電圧検知も併用している．

1997（平成9）年の東海道・山陽新幹線の700系は回生ブレーキ付きPWMコンバータ＋VVVFインバータ＋誘導電動機システムで変更ないが，コンバータ・インバータにIGBT素子を採用した．変調周波数が300系の420 Hzから1 500 Hzに向上し，3レベル制御で高調波が著しく抑制された．さらにN700系は14M2TだがT車に渦電流ディスクブレーキを付けず，ブレーキエネルギーはM車で負担するようになった．

この主回路システムの基本は国鉄時代の開発であり，JR各社とも同じシステムを利用している．

8.4　主電動機

新幹線電車の主電動機は当初から現在まで台車装架式で，動力伝達方式はWN式可撓歯車継手であるが，最近ではTD（twin disc）式継手も使われている．

0系から100系までは直流直巻電動機であるが，300系以降は三相かご形誘導電動機である．表に示すように，交流電動機から大幅に小形軽量化された．

直流電動機は当初から脈流対策が施され，1966（昭和41）年から電機子コイルの絶縁を無溶剤エポキシ樹脂含浸とし，1968（昭和43）年からライザー部をTIG（tungsten inert gas）溶接としてハンダを完全になくした．

100系ではハンダのなくなった長所を活かしてH種絶縁とし，12M4Tとしながら加速度と最高速度を高くした（**表8.5**）．

表 8.5 主な主電動機の主要諸元

	0系	200系	100系	300系	500系	E2系
形式	MT200	MT201	MT202	TMT1	WMT204	
方式	脈流直巻	脈流直巻	脈流直巻	三相かご形	三相かご形	三相かご形
主極数	4	4	4	4	4	
通式	自己通風式	他力通風式	強制通風	強制通風		
絶縁種別	F種	F種	H種	H種		H種
連続定格	185 kW	230 kW	230 kW	300 kW	285 kW	300 kW
電圧	415 V	475 V	625 V	1 430 V		2 000 V
電流	490 A	530 A	405 A	155 A		
回転数	2 200 rpm	2 200 rpm	2 900 rpm	3 825 rpm		6 120 rpm
効率	90.1 %以上	89.4 %以上		92.0 %		94 %
脈流率力率	50 %	60 %		85.0 %		
周波数	60 × 2 Hz	50 × 2 Hz	60 × 2 Hz	130 Hz		140 Hz
試験回転数	3 820 rpm	3 650 rpm				
質量	876 kg	920 kg	825 kg	460 kg	375 kg	450 kg
製造初年	1964（昭和39）年	1980（昭和55）年	1985（昭和60）年	1990（平成2）年	1995（平成7）年	1995（平成7）年

1990（平成 2）年に製造された東海道新幹線用 300 系の主電動機は，一般の車両用誘導電動機に比べてフレームなど各部を徹底して軽量化し，容量 300 kW で質量 460 kg に抑制した．寸法も小形化したために台車が大幅に小形となり，台車の質量も 30 ％も軽量化された．

その後の新幹線の主電動機は基本的には同じ方式を採っているが，細部にわたり改良が進められ，例えば，2007（平成 19）年の N700 系の主電動機では，ロータバーに低抵抗の銅クロム合金を採用して損失低減を図り，また，冷却構造を改良して温度上昇を抑制することによって軽量化を図り，700 系主電動機と同一質量で 10 ％の出力向上を実現している．

最近の 2012（平成 24）年には新しい交流電動機として，永久磁石式同期電動機も試験車で試験されている．

8.5 主な新幹線電車と諸元

表 8.6 に制御方式別の主な新幹線電車の諸元例を示す．

表 8.6 主要新幹線電車諸元表

鉄道会社 JR	国鉄	国鉄	国鉄	東海	東日本	東日本	東日本	東日本	西日本	東日本	東海・西日本	東日本	九州	東海・西日本	東日本
系式	0	200	100	300	400	E1	E2	E3	500	E4	700	E2-1000	800	N700	E5
製造初年	1964	1980-82	1986	1992	1990	1994	1995	1995	1997	1997	1999	2001	2003	2005	2009
営業速度 (km/h)	220	240-275	220	270	240	240	275	275	300	240	285	275	285	300	320
編成 M＋T	16M	12M	12M+4T	10M+6T	6M	6M+6T	6M+2T	4M+1T	16M	4M+4T	12M+4T	6M2T	6M	14M+2T	8M+2T
車体構造材	鋼	軽合金	鋼	軽合金	鋼	鋼	軽合金	軽合金	軽合金	軽合金	軽合金	軽合金	軽合金	軽合金	軽合金
座席数（人）	1340	885	1321	1323	399	1235	630	270	1324	817	1323	629	392	1323	731
グリーン席（人）	132	52	168	200	20	102	51	23	200	54	200	51	0	200	55.18（グランクラス）
普通席（人）	1208	833	1153	1123	379	1133	579	247	1124	763	1123	578	392	1123	658
列車長 (m)	393	400	395	400	126	302	200	100	404	201	405	201.4	154.7	405	253
列車質量 (t)	970	697	922	632	318	693	366	220	688	428	708	349.6	253	700	455
最大軸重 (t)	16	17	15	10.1	13	17	13	12	10.8	16	10	11.5	11.4	10	11.7
定格出力 (kW)	11840	11040	11040	12000	5040	9840	7200	4800	17600	6720	13200	7200	6600	17080	9600
出力／質量 (kW/t)	12.21	15.84	11.97	17	15.85	14.21	19.67	21.82	25.58	15.7	18.64	20.7	26.01	24.4	21.1
質量／座席 (t/席)	0.72	0.79	0.7	0.54	0.8	0.56	0.58	0.81	0.52	0.52	0.53	0.56	0.64	0.53	0.62
出力／座席 (kW/席)	8.84	12.47	8.36	9.07	12.63	7.97	11.43	17.78	13.29	8.23	9.98	11.4	16.8	12.91	13.13
電源 25 kV	60 Hz	50 Hz	60 Hz	60 Hz	50 Hz	50 Hz	50/60 Hz	50 Hz	60 Hz	50 Hz	60 Hz	50 Hz	60 Hz	60 Hz	50 Hz
主電動機	脈流直巻	脈流直巻	脈流直巻	三相誘導	脈流直巻	三相誘導	三相誘導	三相誘導	三相誘導	三相誘導	三相誘導	三相誘導	三相誘導	三相誘導	三相誘導
主電動機の制御	低圧タップ	サイリスタ位相	サイリスタ位相	PWM＋VVVF	サイリスタ位相	PWM＋VVVF	PWM＋VVVF	PWM＋VVVF	PWM＋VVVF	PWM＋VVVF	PWM＋VVVF	PWM＋VVVF	PWM＋VVVF	PWM＋VVVF	PWM＋VVVF
ブレーキ	発電空気	発電空気	発電空気	回生空気	発電空気	回生空気	回生空気	回生空気	回生空気	回生空気	回生空気	回生空気	回生空気	回生空気	回生空気
記事	東海山陽	東北上越	東海山陽	東海山陽	新在山形	全二階	北陸	新在秋田	東海山陽	全二階			九州	車体傾斜	車体傾斜

※軽合金はアルミニウム合金の略、PWM＋VVVFはPWMコンバータ＋VVVFインバータの略、発電空気は発電ブレーキ付空気ブレーキ、回生空気は回生ブレーキ付空気ブレーキの略、新在は新幹線と在来線直通の略

8.6　新幹線電車の省エネルギー

新幹線は高速列車で，停車駅は多くなっても平均駅間距離 30 km 以上あるので，停止ブレーキに回生ブレーキを使っても，通勤電車ほど省エネルギーにはならない．車両の軽量化についてもさほど影響はない．JR 東海が公表したデータは次の通りである．

- 0 系（列車質量 895 t）を 100 % として最高速度 220 km/h
- 100 系は 79 %（列車質量 848 t）
- 300 系は 73 %（列車質量 642 t）（最高速度 270 km/h では 91 %）
- 700 系は 66 %（列車質量 634 t）（最高速度 270 km/h では 84 %）
- N700 系は 51 %（列車質量 700 t 程度（定員））（最高速度 270 km/h では 68 %）

省エネルギーの最大の要因は走行抵抗の減少である．**図 8.23** を見て比較して欲しい．100 系は電気ブレーキに回生をしていないし，質量減も少ないが，消費電力は 20 % も少ない．300 系は回生ブレーキを使っているが，100 系に比べて車体断面が小さくなった程度である．回生ブレーキを使っている 700 系は**図 8.23** の 500 系並みの走行抵抗であるので，消費電力は少なくなっている．さらに N700 系（列車質量 626 t）では，最高速度 270 km/h では 77 % に減少している．これは先頭形状の最適化，床下および全周ホロを含む車体の徹底した平滑化，曲線部での加減速頻度の減少，電動車の増加による回生ブレーキの有効活用などの効果である．

9　新在直通新幹線電車

新幹線を建設するには輸送量が足りない地域の新幹線の要望に応えるために新幹線在来線直通運転が国鉄末期に検討された．最初は山形県の要請で，福島〜山形間に直通新幹線電車を走らせるには，軌間をどうするかなどの検討が行われた．その結果，軌間は 1 435 mm の標準軌に改めるが，車両限界と電源は在来線のままとし，保安装置や制動性能は両者を兼ねることにして，1990（平成 2）年に 400 系が生まれ，1992（平成 4）年から営業に供された．

基本条件は新幹線での高速走行と福島～米沢間の急勾配（最大38‰）急曲線を走行できること，東北新幹線電車200系と分割併合ができ，乗降が安全に可能なことであった．

　したがって，新幹線での最高速度は240 km/h，在来線では130 km/hとしている．200系との協調運転のため併結運転では性能を合わせながら，在来線では大きな加速度・引張力を得られるように歯車比を大きく2.7としている．主回路はサイリスタ位相制御の210 kW直流電動機駆動で全電動車6両編成ある．電気ブレーキは発電ブレーキで停止および抑速に使っている．在来線では速度は低いので，25 kVと20 kV電源電圧に対して主回路の切換は行っていない．車体寸法は在来線と同じで基本長さは20 m，車体幅は2 947.2 mmである．床面高さは新幹線と同じにしているが，ホームとの隙間があるので収納式ステップを設けている．

　1995（平成7）年には盛岡から秋田までの新在直通のためのE3系新幹線電車が作られた．基本的な考え方は400系と同じであるが，新幹線での高速化が図られ，設計最高速度は315 km/hで，車体はアルミニウム合金製で，回生ブレーキ付誘導電動機方式でIGBTを使ったコンバータ・インバータを備えている．4M1Tの5両編成である．

10 むすび：速度向上の変遷

　日本の高速鉄道「新幹線」のルーツはかなり古く，1941（昭和16）年に着工したいわゆる弾丸列車計画にさかのぼる．1958（昭和33）年に現在の方式で設計が具体的に始まってからでも半世紀になる．当時200 km/h以上で営業する鉄道は前例がなく，技術的に未知の世界であった．しかし，先輩技術者たちは果敢に取り組み，成功した．1941（昭和16）年当時は，電車の技術も交流電化の技術も未熟で半導体もコンピュータもなかったので，1960（昭和35）年代になってからの取り組みは技術面でタイミングが良かった．

　今から過去を見ると諸先輩に失礼だが，幸運もあって巧くいった．しかしながら，開業すると困難な課題が次々と発生し，一時は社会的風潮も

あって速度向上の技術開発の推進力が落ちたこともあった．しかし，地道な研究を重ねて解決してきた．そのことにより当初理想と考えていたが，できなかったことがほとんど実現した．まことに素晴らしい経過である（**表 8.7**）．

現在，最高速度 320 km/h までは環境基準を満たして実現している．さらに，360 km/h 以上の速度向上をめざしているが，日本の環境基準を満たすことはかなり困難である．一方で，磁気浮上式高速鉄道に委ねることになろう．すでに磁気浮上式高速鉄道は具体的計画段階にあり，最高速度 500 km/h クラスの実現性は高い．

表 8.7　新幹線の速度向上の変遷と関連事項

年月日	新幹線または車両	最高速度
1964（昭和 39）年 10 月 1 日	東海道新幹線開業	210 km/h
1965（昭和 40）年 11 月	東京〜大阪　3 時間 10 分運転	
1972（昭和 47）年 2 月 24 日	新幹線 951 形試験車	286 km/h
1972（昭和 47）年 3 月 15 日	山陽新幹線岡山開業	210 km/h
1975（昭和 50）年 3 月 10 日	山陽新幹線博多開業	210 km/h
1979（昭和 54）年 12 月 7 日	新幹線 961 形試作車	319 km/h
1981 年 9 月 27 日	フランス TGV －南東線開業	260 km/h
1982（昭和 57）年 6 月 23 日	東北新幹線大宮開業	210 km/h
1985（昭和 60）年 3 月 14 日	東北新幹線上野開業	240 km/h
1985（昭和 60）年 9 月	100 系試験	260 km/h
1986（昭和 61）年 11 月 1 日	100 系東海道山陽新幹線営業	220 km/h
1989（平成元）年 3 月	100N 系山陽新幹線	230 km/h
1990（平成 2）年 3 月	上越新幹線営業（トンネル内）	275 km/h
1991（平成 3）年 2 月 28 日	300 系試験	325.7 km/h
1992（平成 4）年 3 月 14 日	300 系東海道山陽新幹線営業	270 km/h
1992（平成 4）年 8 月 8 日	JR 西日本 WIN350 試験車	350.4 km/h
1993（平成 5）年 12 月 20 日	JR 東日本 STAR21 －試験車	425 km/h
1996（平成 8）年 7 月 21 日	JR 東海 300X －試験車	443 km/h
1997（平成 9）年 3 月 22 日	500 系山陽新幹線営業	300 km/h
2011（平成 23）年 3 月 5 日	E5 系東北新幹線営業	300 km/h
2013（平成 25）年 3 月 16 日	E5 系東北新幹線速度向上	320 km/h

参考文献

(1) 有賀宗吉:「十河信二」, 十河信二伝刊行会, 1988
(2) 原田勝正:「日本鉄道史－技術と人間」, 刀水書房, 2001
(3) マレー・ヒューズ (菅建彦訳):「レール 300 世界の高速列車大競争」, 山海堂, 1991
(4) ヤマハホール講演会資料, 1957
(5) 国鉄車両設計事務所監修:「東海道新幹線電車技術発達史」, 東海道新幹線電車製作連合体, 1967
(6) 鉄道技術研究所監修:「高速鉄道の研究」, 研友社, 1967
(7) 松平精:「東海道新幹線に関する研究開発の回顧」, 機械学会誌, 1972
(8) 望月旭:「新幹線電車の技術経緯－ばね下質量」, R&m, 2006
(9) 望月旭:「新幹線電車の技術経緯－走行抵抗」, R&m, 2006
(10) 小林一夫:「新幹線電車の技術経緯－車体の気密」, R&m, 2006
(11) 望月旭:「新幹線電車の技術経緯－パンタグラフ」, R&m, 2007
(12) 松田和夫, 池田憲一郎:「新幹線電車の技術経緯－車体」, R&m, 2009, 2010, 2011
(13) 望月旭:「新幹線電車の技術経緯－主電動機」, R&m, 2009
(14) 望月旭:「新幹線電車の技術経緯－粘着」, R&m, 2010
(15) 望月旭:「新幹線電車の技術経緯－主電動機」, R&m, 2009
(16) 望月旭:「新幹線電車の技術経緯－蛇行動防止」, R&m, 2010
(17) 望月旭:「新幹線電車の技術経緯－主回路システム」, R&m, 2011, 2012

第9章 電気機関車

日本の鉄道における電気機関車の技術の変遷については，1912（明治45）年に碓氷峠の電気機関車で始まる直流電気機関車のJNR（国鉄）時代と，1955（昭和30）年頃に始まる交流電気機関車のJNR（国鉄）時代，そしてJRになってからの主にJR貨物会社の電気機関車（VVVFインバータ＋交流電動機駆動）の時代の3つに分けて述べる．なお，民鉄でも輸入時代から貨物用に電気機関車が使用されているが，ここでは述べない．

第9章 電気機関車

1 直流電気機関車：国鉄時代

1.1 電気機関車の導入の頃

　ヴェルナー・フォン・ジーメンスが1879年に見せた最初の電気車は電気機関車の形をとっているが，模型であった．実用された最初の電気機関車は，1890年のロンドンのいわゆるチューブ「シティ・アンド・サウスロンドン鉄道」の客車牽引用で，450 Vの第3軌条集電で37.3 kWの主電動機2台で駆動した．その頃，電車はスプレーグシステムにより著しく発展していたが，鉄道本線の長距離用の大出力電気機関車は電源が直流のため，経済的に不利で蒸気機関車に対抗できなかった．僅かに比較的短距離用として英米で直流電気機関車が使われていただけである．それらの最初は，1895年に作られたボルティモア・アンド・オハイオ鉄道のボルティモア市内のトンネル区間専用の電気機関車で，600 V架空線集電，270 kW主電動機4台の重さ85.5 tのジェネラルエレクトリック（GE）社製であった．以上の2つの電気機関車の主電動機はギヤレス駆動であった．電車はスプレーグの釣掛式が定着していたが，大出力の主電動機では釣掛式は難しいケースが多く，ギヤレス方式や車体搭載による連結棒方式が多かった．

　三相交流電力システムが生まれ，三相電動機も生まれると，早速，蒸気機関車に不利な長大トンネルのある急勾配路線用に大出力電気機関車を作ることになった．1896年にガンツ社が三相交流電気機関車を作った．1899年にはスイスの45 kmの25 ‰区間が750 V，40 Hzの三相交流で電化され，電気機関車は112 kWのモータ2台，重さ30 tで，速度制御は起動時には二次巻線に抵抗が挿入され，極数の変更および接続替えの「カスケード接続」によった．さらに1902年には3 400 Vの15 Hzの三相システムをイタリアとスイスで試験し，1910年にイタリア国鉄の34 ‰の勾配と6本のトンネルのある区間で使われた．

　1906年にはスイスのシンプロントンネルが開通し，三相交流3 000 V，16 Hzで電気機関車を極数変更で試験し，1908（明治41）年に運行を始めた．

　1909年に米国のグレートノーザン鉄道は4.2 kmのカスケードトンネル

に，三相 6 600 V，25 Hz のシステムで 2 本のトロリ線を備え（レールを帰線とする），GE 社の電気機関車を使用した．1 時間定格 1 120 kW 重さ 104.5 t の軸配置 B-B 形（B は 2 動軸台車）で，22 ‰の勾配を 2 500 t 牽引した．

欧米の電気機関車が上記のような状況にあるとき，碓氷峠は 1909（明治 42）年に電化を計画し，1911（明治 44）年にドイツのアルゲマイネ社（AEG）からアプト式直流電気機関車 EC40 形を 12 両輸入し，1912（明治 45）年に電化開業した（**図 9.1**，**図 9.2**）[1]．

直流 600 V 第 3 軌条集電（構内は架線からポール集電のちにパンタグラフ）で，1 時間定格 420 kW，質量 46 t の C 形（3 動軸台車）で，ラック用と粘着用の主電動機 210 kW を別々に搭載し，構内では粘着用主電動機 1 台で運転していた．そして抵抗式電気ブレーキを備えていた．発注に際して

図 9.1　碓氷峠用 輸入電気機関車（EC40 形）（交通博物館）

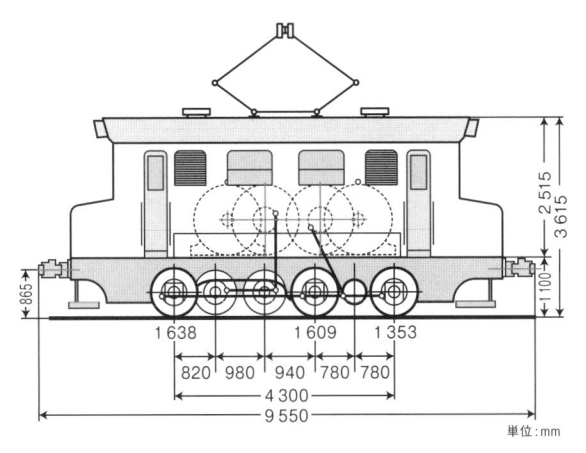

図 9.2　碓氷峠用 輸入電気機関車形式図

第9章 電気機関車

　欧米から見積もりをとったが，日本の技術も未熟で，十分な判断ができず，軽量で安いAEGを選んだ．AEG社は1883年創業の総合電機メーカーで，1909年当時，電気機関車を生産し，2 000 kWクラスの単相交流電気機関車も作っていたので信用したのだろう．しかし，その見積もりのときの軸配置は2動軸であったが，設計段階で3動軸に変更され，それでも完成したEC40形は各部の設計が拙く非常に故障が多かった．歯車が欠けたり抵抗器が焼けたりした．つまり欧米の電気機関車メーカーもあれこれと迷っている状態で，確立された技術は十分でなく，いずれも未熟であったと推測される．各メーカーの持っている標準形は比較的安定していたが，注文形はその都度設計するので巧くいかないことが多く，まして狭軌用の経験は少なかった，と朝倉希一（1883 - 1978）は述べている[3]．

　1919（大正8）年に国鉄電化調査委員会が発足し，まず経験を得るために山手貨物線の電化が計画され，電気機関車が輸入されたが，東京〜国府津間の電化に変更され，さらに各種の電気機関車が輸入された．

　山手貨物線用の輸入のために朝倉は米国で調査し，各種駆動方式の中から釣掛式を選んで，4社に2両ずつ発注した．それらは1922（大正11）年からウェスティングハウス（WH）社のED10形，GE社からED11形，ブラウンボベリ（BB）社からED12形，イングリッシュエレクトリック（EE）社からED13形であった．これら輸入電気機関車の信頼性には大きな差があり，最も使用成績の良かったのはGE製で，次がWH製であった．EE社製は特に悪かった[1]．

　ところが，東海道本線用としてはEE社からED17形26両，EF50形を8両輸入し，1925（大正14）年12月に横須賀線とあわせ営業運転を開始した．しかし，EE社の電気機関車は故障が多く，翌年の5月まで蒸気機関車と重連運転をした．このような事態は，その後の本線電化の推進気運を損なったといわれている．EE社から輸入した理由は，価格の安さと外交上の関係といわれている．ED形でEE社の11.7万円に対してGE社製は20.8万円だったそうである[6]．東海道本線の電化開業時の電気機関車関係者の苦心談は電化30周年の際の座談会で語られているが，トラブル続きのお陰で，改良に次ぐ改良を行い，大いに技術力を身につけたという[2]．また，この時期に日立製作所が独自に作った電気機関車を東海道本線に使ったところ，成績が良かったのでED15形として1926（大正15）年に購入し

た．日立製作所は電車の経験で作ったといわれているが，輸入機関車の改良による技術力と国産機関車の技術力で国鉄独自の電気機関車設計の自信を得た．

その後，昭和3（1928）年には熱海まで電化されたため，電気機関車の増備が必要になり，WH社からED19形4両EF51形2両，GE社からED14形4両，英国ビッカース社からED23形1両，ジーメンス社からED24形2両を輸入した．また，同じ頃にスイスのブラウンボベリ社から碓氷峠用ED41形2両と東海道本線の高速用にED54形2両をサンプル輸入した．ED54形の主電動機は車体装荷でブフリ式動力伝達装置を持っていたが，日本には馴染まなかった．

1.2 電気機関車の国産化

碓氷峠用のAEG社のEC40形は当初2動軸のEB形であったが，製造中に3動軸のEC形に変更されたほど問題が多く，運行後もトラブル続きで，改良を重ねた．しかしながら，結局，1919（大正8）年からED40形を14両作って徐々に置き換えた．このED40形は国鉄（当時の鉄道院）で朝倉らが設計し，国鉄の大宮工場で製造した．最初の国産電気機関車であったが，主電動機を含めすべてEC40形を真似て4動軸として作った．その結果は，使用成績が良く，改良の目的は達成できた．

このEC40形機関車の製造にあたっては国鉄から佐野清風が監督員としてドイツに派遣されており，設計変更や製造中の問題に立ち会っていた．また，1910（明治43）年には朝倉も調査補助員として各メーカーを視察し，この電気機関車の製造にも立ち会って欧州の車両技術のレベルを見ていたので，新たに輸入せずに自前で作ることにしたと推測される．後に大量に輸入した電気機関車の状態を見ても正しい判断であったが，前項で述べたように白紙から設計できる技術力は持っていなかった．

東海道本線の電化開業時の輸入電気機関車のトラブル続発の頃，1924（大正13）年に日立製作所が独自に製造した電気機関車を1926（大正15）年に国鉄が購入して代替として使用した3両のED15形の方が，少なくともEE製より信頼性が高かった（**図9.3**）．

これを機に日本の各メーカーが独自に設計を始めた．そこで，構造の異な

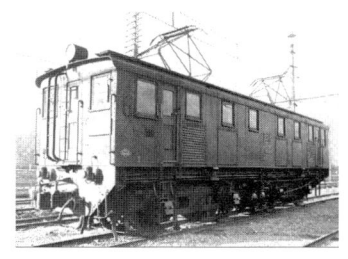

図 9.3　国産初の本格的電気機関車 ED15 形（国鉄資料より）
日立製作所が 1924（大正 13）年に完成させ，1926（大正 15）年国鉄に納入して運転を開始した

図 9.4　国産共同設計の初の先台車付き EF52 形電気機関車　1928（昭和 3）年（国鉄資料より）

る電気機関車の種類が増えるのを心配した国鉄が中心になって，日本のメーカー日立製作所，GE と技術提携している芝浦製作所（現・東芝）や，WH と技術提携している三菱電機と車両メーカーなどの各社による共同設計で標準形電気機関車の国産化を推進し，1928（昭和 3）年に初めて EF52 形が完成した（**図 9.4**）．この機関車の共同設計は，国鉄の朝倉車両課長がリーダーになって進めた．彼は日本独自の蒸気機関車の設計者として有名であるが，欧米でもまだ技術が確立していない電気機関車について，約 2 年間，欧米を見学・視察し，輸入電気機関車の製作監督も務め，様々な方式の中から釣掛式や先台車が優れていると見て，共同設計でも選択している．

　共同設計にあたっては，当初，各社が設計図の提出を拒むというような問題が多くあったが，すでに電車用主電動機で共同設計（1924（大正 13）年）の実績で成果もあり，設計会議を重ねるに従って各社の優れた設計案をとり入れ，最高の設計が可能になった．この設計方式は国鉄独自の方式で今日まで継承され，他国に例を見ない．**表 9.1** は国産化後の直流電気機関車の主要諸元である．

表 9.1　国産化後の直流電気機関車の主要諸元

形式	軸配置	質量[t]	出力[kW]	製造初年	記事
EF52	2C+C2	108	1 350	1928（昭和 3）年	初国産標準
EF15	1C+C1	99.8	1 600	1947（昭和 22）年	
EF58	2C+C2	115	1 900	1951（昭和 26）年	SG 付き
EH10	(B-B) - (B-B)	116	2 530	1955（昭和 30）年	
ED60	B-B	56	1 560	1958（昭和 33）年	
ED61	B-B	60	1 560	1958（昭和 33）年	回生ブレーキ付き
EF60	B-B-B	96	2 340	1960（昭和 35）年	
EF61	B-B-B	96	2 340	1961（昭和 36）年	SG 付き
EF62	C-C	96	2 550	1962（昭和 37）年	信越本線用発電ブレーキ
EF63	B-B-B	108	2 550	1962（昭和 37）年	横川～軽井沢間用 発電ブレーキ
EF64	B-B-B	96	2 550	1964（昭和 39）年	発電ブレーキ
EF65	B-B-B	96	2 550	1964（昭和 39）年	最高速度 110 km/h
EF66	B-B-B	100.8	3 900	1968（昭和 43）年	中空軸式

軸配置のBは2動軸台車，Cは3動軸台車，1と2は先輪・従輪の数

　この頃，1928（昭和 3）年から先に述べたように欧米各社から輸入した電気機関車とともに，このEF52形は東海道本線電化の進展に投入されたが，輸入車に比べて非常に成績が良く，価格も3割も低かったので，共同設計が定着した．

　1931（昭和 6）年には，中央本線と上越線の長大トンネルと連続急勾配のある区間が電化された．1933（昭和 8）年には，中央本線で電力回生ブレーキの試験が行われた．結果は良好で，新設計のEF11形に採用し（図 9.5），中央本線で使われた．この技術は1930（昭和 5）年に阪和線と高野線の電気機関車で東洋電機と芝浦製作所（現・東芝）により実用化された技術を改良したと思われる．

　1934（昭和 9）年に丹那トンネルが完成して，沼津まで電化され新設計のEF10形が投入された．1942（昭和 17）年には下関～門司間の海底トンネル（関門トンネル）が完成し，電化された．

　1931（昭和 6）年に部分電化していた上越線は，1947（昭和 22）年に高崎から長岡まで電化が延伸され，EF13形とEF15形が投入された．1949（昭和 24）年には東海道本線沼津～浜松間が電化され，EF15形とEF58形が投

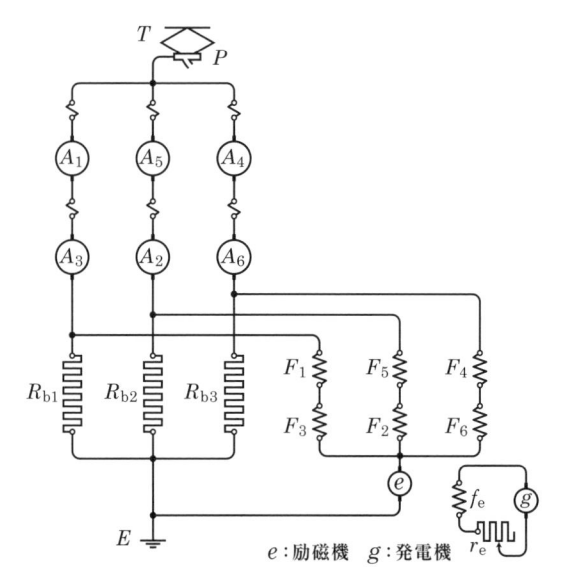

図 9.5　EF11 形の回生ブレーキ回路の概念図

入された．また，奥羽本線福島〜米沢間が電化され，EF15 形が投入されたが，1951（昭和 26）年には回生ブレーキ付きの EF16 形に改造された．

これらの電気機関車は直流 1 500 V で，軸配置 B-B の D 形で 4 台，または 2C+C2（2 従軸台車 + 3 動軸台車）の F 形（6 動軸）で 6 台の 750 V 主電動機を搭載し，抵抗制御と組合せ制御および弱め界磁制御を行っていた．電力回生ブレーキのときは，主電動機の直巻界磁を分巻界磁につなぎ替えて励磁機で制御し，電機子回路には釣合（安定）抵抗を直列に挿入していた．

また，電気機関車が旅客車を牽引する場合の暖房は，当初，蒸気発生用ボイラを搭載した暖房車を連結していたが，1937（昭和 12）年の EF56 形から旅客列車用電気機関車に暖房用蒸気発生装置を搭載するようになった．

なお，1935（昭和 10）年に作った EF55 形は世間の好みにより流線形としたが，取扱いが不便で 3 両にとどまった．EF58 形は車体長さが 19 m あるため，両端を若干切り詰めて流線形に近い形となっている．

1.3　高性能直流電気機関車の発展

1954（昭和 29）年には東海道本線関ヶ原を 1 200 t 牽引するため，2 530 kW の（B-B）-（B-B）の EH10 形が作られた．車体を 2 分割し，連結器を車体

に付けた．揺れ枕式2軸ボギー台車を初めて使って走行性を高め，レールへの横圧を減らした．

従来の国産標準形直流電気機関車のひとつであるEF58形の軸配置は2C＋C2で，2軸先台車が付いた3動輪台枠台車2台が中間連結されて1両を構成して，その前後に連結器が設けられている．この方式は最初の国産標準形EF52形直流電気機関車以来踏襲されてきた．牽引力は台車から台車に伝わり，その台車枠から直接連結器を介して列車を牽引する．各台車から牽引力を車体に伝えて，車体に連結器を設けると，車体に牽引力が伝わり，車体強度を増す必要がある．また軸重移動も大きくなる．

これに対して電車と同じような揺枕式の2軸ボギー台車のEH10形は台車が大幅に軽量化され，その横圧が少なく，振動も少なく，走行安定性が良好であった．また先台車がなく，粘着重量を有効に使えた．

ただし，従来のEF58形などの中間連結器付主台枠方式は，車体の強度負担が少ないだけでなく，軸重移動も少ない．ちなみに，従来型のEF15形（1C＋C1）と新性能形のEF62形（B－B－B）の軸重移動を比較すると，EF15形の最大値は11.2％であるが，EF62形のそれは12.55％である．

1958（昭和33）年には交流電気機関車の技術を反映した1 560 kWのED60形とED61形を作った．主電動機は，中空軸のクイル（quill）式を採用した台車装架で大幅に小形軽量化されている．後者は，電力回生ブレーキ付きで中央本線の25 ‰を重連で800 t牽引した．また，揺れ枕式2軸ボギー台車であるが，軸重移動を少なくするため，引張力の作用点をレール面上334 mmに下げた．そのため揺れ枕の位置で車体を支える構造とした．さらに，主電動機の弱め界磁で軸重移動に合わせた引張力を出すようにした．また，抵抗制御にはバーニア制御を採用してノッチ刻みを細かくした．

山陽本線の電化に合わせて，1960（昭和35）年に開発した軸配置B-B-Bで2 340 kWのEF60形はED60形の最新技術をとり入れ，6軸にもかかわらず8軸のEH10形に匹敵する性能を持った．大きな弱め界磁で関ヶ原の勾配でもEH10形以上の速度が出すことができた．駆動装置はクイル式であったが，途中から交流電気機関車に合わせて釣掛式に変更された．

1963（昭和38）年には碓氷峠のアプト式を粘着式に変えることになり，2 550 kWのEF62形とEF63形がその前年に作られた．EF63形は碓氷峠専用の補機であった．共に発電ブレーキなど急勾配対策を装備している．

特に EF63 形は，電磁吸着レールブレーキなど特殊装備をしている．

この技術の一部は 35〜25 ‰の急勾配線区用電気機関車に活用され，1964（昭和 39）年に抑速発電ブレーキ付きの EF64 形が作られた．奥羽本線福島〜米沢間に運転され，その後，中央東線にも投入された．福島〜米沢間は EF16 形による回生ブレーキが使われていたが，輸送力増に対応するための変電所の強化は，その後の交流電化を考慮すると不利なので，発電ブレーキとした．

東海道・山陽本線の輸送力増強のため高速性能を高めた電気機関車が必要となり，EF60 形以降の技術を活かして，標準形として 2 550 kW の EF65 形を 1964（昭和 39）年に作った．制御は電動カム軸式バーニア抵抗制御，直並列組み合わせ制御，界磁制御の自動ノッチ進めである．旅客 600 t 牽引の平坦線で EF60 形の 99 km/h の均衡速度に対して 112 km/h を出すことができた．

1966（昭和 41）年には東海道本線の高速重量貨物列車の単機高速運転のため，3 900 kW の EF66 形の試作機 EF90 形が作られた（**図 9.6**，**図 9.7**）．1 200 t の高速貨物列車を 10 ‰で 80 km/h，平坦で 120 km/h 運転するためであった．大出力 650 kW 主電動機とするために中空軸可撓駆動で台車装架とし，関連機器も大出力用に新設計された．この電気機関車の誕生で EF65 形重連運転が避けられ，変電所負荷電流のピーク値が抑制された．

1981（昭和 56）年に EF60 形は，山陽本線の急勾配区間の重連補機を単機で推進するために電機子チョッパ制御の EF67 形に改造された[4]．

図 9.6　EF66 形直流電気機関車（国鉄資料より）

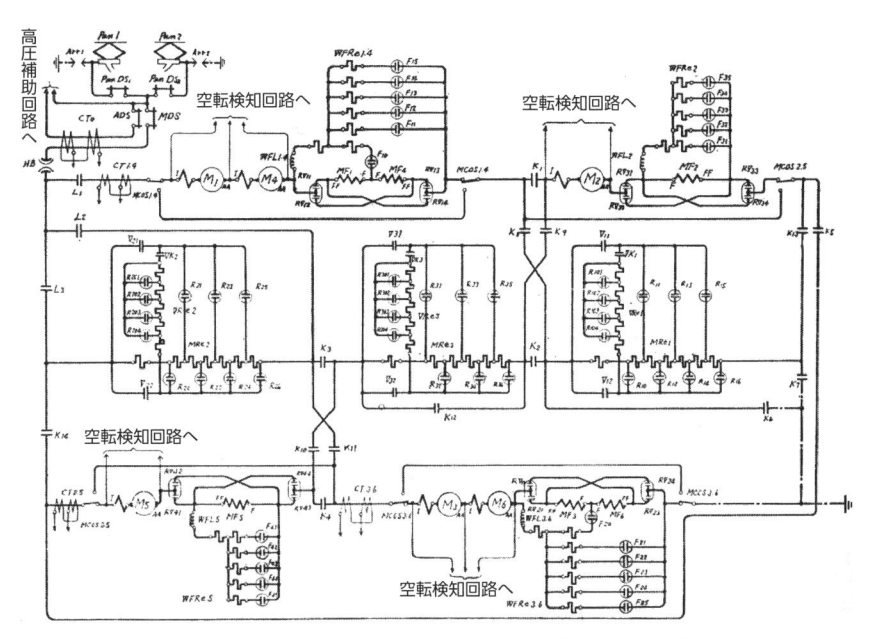

図 9.7　EF66 形直流電気機関車の主回路図（国鉄資料より）

② 交流電気機関車：海外での開発から国鉄時代まで

2.1　交流車両の開発

　世界的に見ると，交流き電による電気車両の運転の歴史は古く，本章1.1項に記載されているように，三相交流システムにより，ドイツで1898年に，またスイスで1899年，北イタリアで1902年に開業している．これらはいずれも山岳地帯の特殊な線区で，架線も2本のトロリ線が必要で（レールを帰線とする）速度制御の点でも不利で，広く普及するには難点があり，ごく一部の線区に限られていた．

　その後，単相交流（1本のトロリ線）の開発が行われ，直流電動機を使用した変換機式，三相交流電動機を使用した相変換機式などが開発されたが，構造が複雑で質量が大きく実用的には課題が多かった．また，交流整流子電動機方式については，商用周波数のものは整流の問題があり，低周波

（25 Hz，あるいは 16.2/3 Hz）とすることにより課題を克服し，戦前の欧米での主要な電気方式として確立した．しかし，商用周波による単相交流への期待からその後も開発が続けられたが，広く実用域までは至らなかった．

第二次世界大戦後，フランスは，戦前からドイツが進めていた 20 kV，50 Hz 商用周波方式を継承する形で商用周波単相交流システムの開発を積極的に進め，その成果として，今後の主要幹線の電化方式に 25 kV，50 Hz を採用することを 1952（昭和 27）年，世に発表した．

当時，日本は石炭節約などのため電化を積極的に進めていたときで，フランスでの商用周波での交流電化の開発成果に刺激され，1953（昭和 28）年，商用周波の単相交流システムの開発を本格的に進めることが決定された．試験線区として仙山線の北仙台〜作並間が選ばれ，当初，車両としては，フランスからサンプル的に最小限の両数を輸入して開発を図ろうとしたが，フランス側との条件が折り合わず，日本で独自に開発することとなった．

1955（昭和 30）年，直接式（交流整流子電動機式・日立製作所製）と水銀整流器式（直流電動機式・三菱電機製）の 2 種類の機関車が試作され，直接式が $ED44_1$（後に ED90 と改称），整流器式が $ED45_1$（後に ED91 に改称）と称し，それらは仙山線での試験に供された．

$ED44_1$ は，主電動機の整流に課題があり，3 種類の電動機を交互に搭載し比較し，性能的にはそれなりの成果があったが，ブラシの数が多く，また低電圧で大電流のタップ切換器の保守などの問題があった．$ED45_1$ はイグナイトロン整流器を使用した低圧タップ制御方式で，勾配起動試験で，25 ‰ で 600 t の貨物列車を起動し，直流機の 6 動軸（F 形）と同等の性能を発揮した．

図 9.8 $ED451_1$ 形（整流器式）交流電気機関車（国鉄資料より）

その結果，整流器式交流電気機関車の優位性が立証され，整流器式を本命として開発することとし（**図9.8**），さらなる改良を行うため，1956（昭和31）年度にED45$_{11}$（ED91$_{11}$）とED45$_{21}$（ED91$_{21}$）が製作された．ED45$_{11}$は，水銀整流器の格子制御による無電弧タップ切換え方式と乾式の主変圧器などの特徴があり，ED45$_{21}$は，高圧タップ切換器とエキサイトロン整流器を使用するなどの特徴を有している．

2.2　初期の量産形交流機関車

仙山線での試験結果から，整流器式のED45が高成績を発揮した経緯を踏まえ，北陸本線田村～敦賀間の交流電化用に初の量産形交流電気機関車ED70が1957（昭和32）年に登場した．

ED70は，試作ED45$_1$の方式を採用し，出力を約50％アップして1 500 kWとしたもので，量産車ではあるが，試作車の延長的なもので，故障も多く，粘着性能も十分ではなかった．そのため，北陸本線の交流電化の延伸に対し，初期の19両の後の増備はなく，別形式によって増備された．

1959（昭和34）年，東北本線黒磯～白河間の交流電化開業に先立って，ED71を3両（1〜3号）先行試作した（**図9.9**）．この機関車はD形単機で10 ‰，重連で25 ‰の勾配を最大1 200 t牽引目標に，1時間定格出力2 040 kWで，3両いずれも仙山線でのED45$_{21}$をベースとした高圧タップ切換え方式で，クイル駆動装置や主電動機などは共通であるが，主変圧器，タップ切換器，主整流器は，3両それぞれが試作要素を持って異なった設計になっている．3号機以降の量産車（4〜44号）は，1号機をベースに送油

図9.9　ED71形（1号機）交流電気機関車（国鉄資料より）

風冷式の主変圧器,油浸式高圧タップ切換器,風冷式エキサイトロン水銀整流器を採用し,粘着性能向上のため格子制御による連続制御を併用できるようにした(**図9.10**,**図9.11**)．しかし，実際の使用結果は，高圧タップ切換器の絶縁破壊や，クイル駆動特有の回転力を伝達する経路に比較的

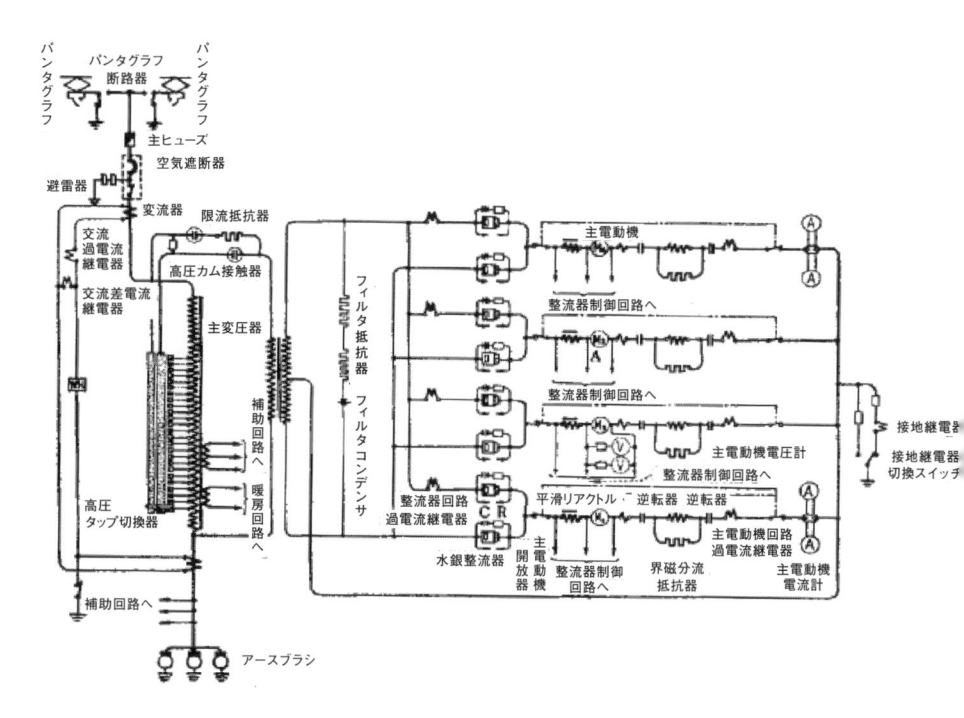

図 9.10　ED71形交流電気機関車(高圧タップ制御)主回路(国鉄資料より)

図 9.11　ED71用主変圧器とタップ切換器(左)およびエキサイトロン整流器(右)

低いバネ定数が入るため,交流機の高い再粘着特性を得る際に激しい共振振動が発生し,各部に亀裂などの損傷を与え,期待したほどの高い粘着性能は得られなかった.その後の量産車(45号以降)には,タップ切換器の絶縁性能の向上と駆動装置を半釣掛方式(車軸に取付けたコロ軸受にゴムを介して主電動機を装架する方式)とした.1965(昭和40)年代になって,水銀整流器のシリコン整流器への置換えやクイル駆動式のリンク駆動式への改造が行われた.

1961(昭和36)年には鹿児島本線の門司港〜久留米間が交流電化され,そのためにED72,ED73が登場した.これらはED45$_{11}$を原型として,定格出力1 900 kW,乾式の主変圧器と乾式の高圧タップ切換器,風冷式イグナイトロン整流器を使用した.ED72の1,2号機はクイル式駆動装置を採用したが,3号機以降とED73は,直流機などと同様の共通の主電動機を使用した釣掛式とした.台車の牽引装置に特殊な(逆ハ)リンク機構を使用,台車内の軸重移動のない構造とし,高い粘着性能を発揮した.ED72は冬季の旅客車暖房用の蒸気発生装置を搭載,車体も長く質量も増え,軸配置をB-2-Bとした.1965(昭和40)年代にはシリコン整流器に改造工事が施された(軸配置のB-2-Bの2は2従軸台車).

2.3 シリコン整流器時代

1961(昭和36)年に北陸本線の敦賀〜福井間の電化用(敦賀〜今庄間の北陸トンネルは1962(昭和37)年開業)として新形式のEF70が誕生した.EF70は,北陸トンネルでの12 ‰勾配と最大1 200 t牽引を考慮して粘着性能に余裕を持たせ,6動軸の交流機とした.シリコン整流器を使用,高圧タップ切換制御で,直流機と共通の釣掛式主電動機を採用した.その後,北陸本線の福井〜金沢間電化では勾配が10 ‰以下のため,F形(6動軸)の機関車の必要性はないので,D形(4動軸)のED74を新規に投入した.ED74の主回路方式は,EF70を元にD形(4動軸)にしたもので,粘着性能を向上するため,タップ制御に減流リアクトルを使用し,タップ間のノッチを使用できるようにし,ノッチ進段の電流ピークを抑えている.また,台車は台車内の軸重移動がないジャックマン式の引張棒を使用した牽引方式である.しかしながら,北陸本線は,貨物の牽引トン数も1 200 tとなり,運用の便を考

え，EF70での通し運転が得策であるとのことから，ED74は6両限りで，その後の（金沢～糸魚川への電化延伸用）増備はEF70が製作された．

東北本線，常磐線や九州（鹿児島本線）での交流電化の延伸が計画されている中で，それに対応した性能向上を目指した交流電気機関車として，1963（昭和38）年にED75の2両が先行試作された（**図9.12**）．このED75は10‰区間（25‰区間では重連）での1 200 t牽引を目指し，台車は，ED74で実績のあるジャックマン方式とし，主回路は起動時の主電動機に印加する電圧変動率を極力小さくするため，低圧タップ切換え方式とし，磁気増幅器による無電流タップ切換えとタップ間の連続制御を採用し，電流のノッチピークをなくしている（**図9.13**）．先行試作車2両の使用結果は良好で，また，補助機器の一部変更のみで50/60 Hz共通が可能で，その結果，昭和39年度以降，東北本線，常磐線，九州の各地区の電化延伸用や増備用に投入された．

九州では，冬季，客車列車は蒸気暖房（北陸，東北地区は，電気暖房）が必要で，ED75に蒸気暖房装置を設け車体も長く質量増に対応し，軸配置をB-2-BとしたED76が（ED75と共に）1965（昭和40）年から投入された．

一方，亜幹線用の交流電化用に，軽量化と保守の省力化などを目的に，さらには将来を見据え，タップ切換器なしで，全電圧をサイリスタにより連続制御する方式のED93が1965（昭和40）年度に試作された．ED93は，ED75と同じ性能で，軸配置をB-2-Bとし，中間台車の空気バネの圧力を変え軸重軽減が可能である．その量産車としてED77が，昭和42（1967）年に磐越西線用として登場した．

1966（昭和41）年には，$ED75_{501}$が北海道の電化対応用の先行車として登場した．$ED75_{501}$はED77の主回路と同じサイリスタ位相制御（**図9.14**）で，屋根上の特高圧電気機器を車内に配置し耐寒耐雪を強化している．その後，北海道用の量産車は，$ED75_{501}$の位相制御方式では，電車線電流の高調波含有率が多くなるため，（従来のED75と同様）タップ切換器を使用し，タップ間サイリスタ制御の$ED76_{501～}$とした．$ED76_{501}$は，北海道寒冷地用の容量の大きな暖房用蒸気発生装置（水，燃料の積載量も多く）を搭載し，それだけ車体が長くなっている．

ED75は，タップ切換器はあるものの，無電流でのタップ切換え方式で，制御回路も無接点化を多用しているため，保守上の問題点も少なく，地上

図 9.12　ED75 形交流電気機関車（国鉄資料より）

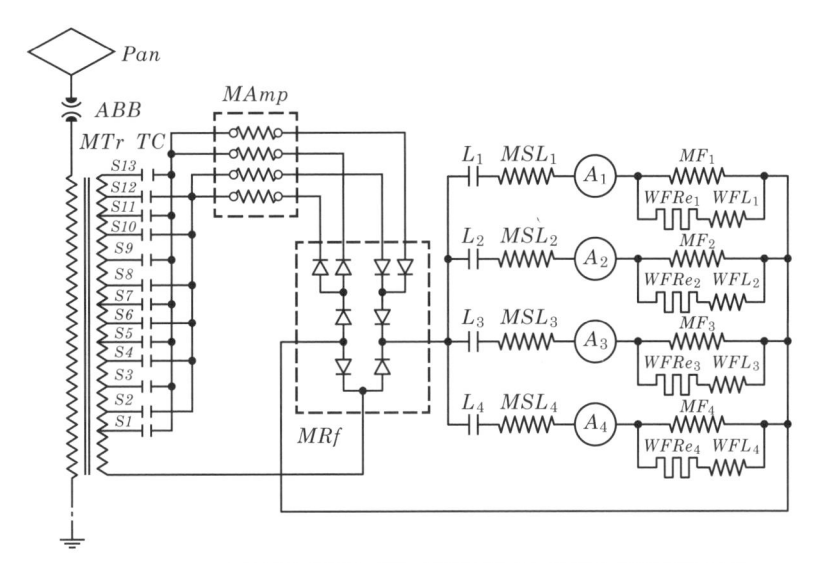

図 9.13　ED75 形交流電気機関車（磁気増幅器式）主回路略図（国鉄資料より）

設備面からの（高調波低減の）要求もあり，全電圧をサイリスタ制御する方式は，$ED75_{501}$ の 1 両にとどまった．

1971（昭和 46）年には，奥羽本線の青森〜秋田間の電化用として，耐寒耐雪さらに羽越本線などの塩害を考慮した $ED75_{701〜}$ が登場した．主回路は，当初のものとほぼ同じであるが，主変圧器と低圧タップ切換器などを変更し，特高圧電気機器を室内にした．

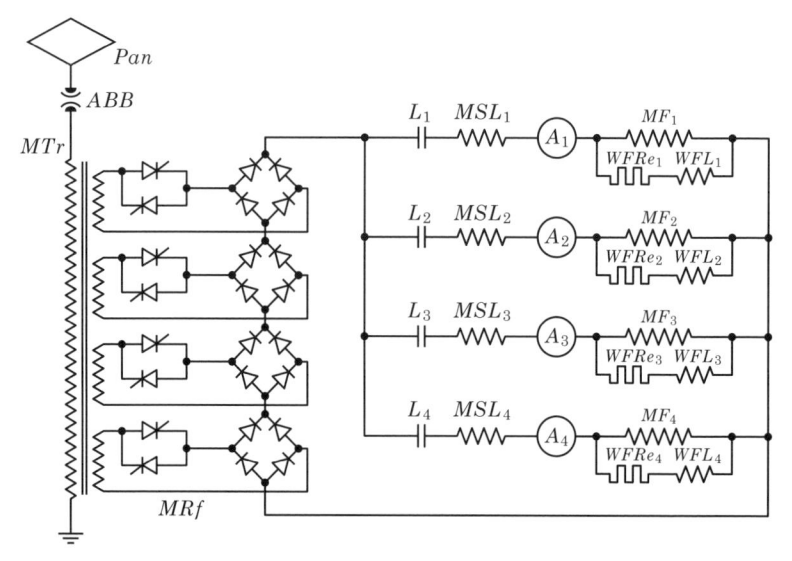

図 9.14　ED75$_{501}$，ED77形交流電気機関車（サイリスタ位相制御）主回路略図（国鉄資料より）

2.4　交流回生ブレーキ付き機関車

　奥羽本線の福島～米沢間の直流から交流への切換えと山形までの交流電化，仙山線の作並～山形間の交流切換えが計画された．その線区には，33.3 ‰の連続勾配区間があり，交流回生ブレーキ付きの機関車の先行試作車としてED94が1967（昭和42）年3月に製作された．力行性能はED75，ED77と同じで，軽軸重化が可能なよう軸配置はED77と同様B-2-Bである．主整流器は全サイリスタブリッジとして，他励インバータ制御による回生ブレーキ付きで連続下り急勾配に対応している．急勾配対策としてブレーキロック装置などの安全対策を強化してある．

　1968（昭和43）年に，上記区間の地上設備の電気方式の切換えおよび電化開業に合わせて，ED94の量産車であるED78（**図 9.15**）と奥羽本線の急勾配での運用を考慮，6動軸のEF71が登場した（**図 9.16**）．33 ‰の連続する区間を650 tの貨物列車を牽引するためには，ED78重連ではパワー不足となるため，ED78 + EF71の重連とすることでF形の機関車が登場した．

　1986（昭和61）年，青函トンネルの開業を控え，長大トンネル連続長距離の下り勾配区間での運転扱いの便を考慮して，電気ブレーキ付きの機関車が望まれ，回生ブレーキ付きのED79が登場した．ED79は，余剰となっ

た $ED75_{701\sim}$ の改造車で，タップ切換器を使用し，整流器を全サイリスタとした他励インバータによる回生ブレーキ付きで，青函トンネルの ATC 区間に対応した ATC を取付けるなどの特徴がある．なお，ED79 は，一部の補機用に回生ブレーキを持たないもの（101 号以降）がある．

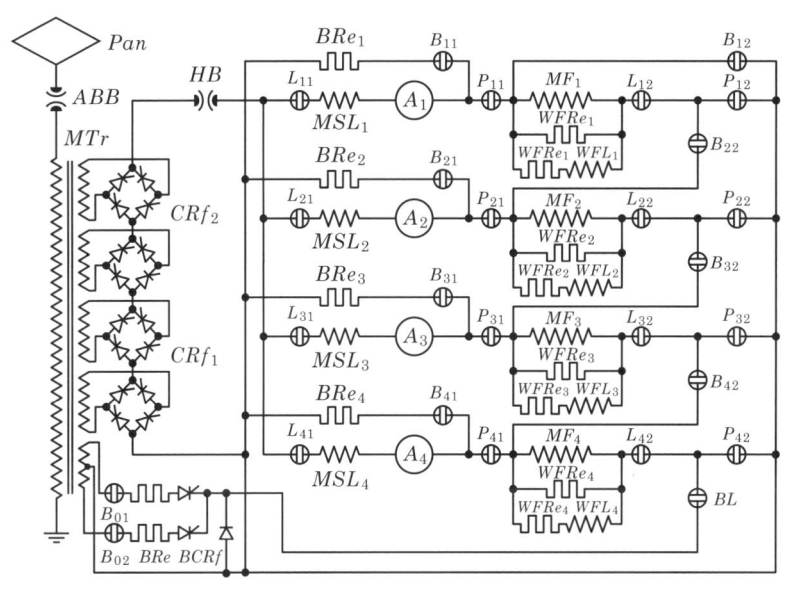

図 9.15　ED78 形交流電気機関車（回生ブレーキ付き）主回路略図（国鉄資料より）

図 9.16　特急列車を牽引する EF71 形交流電気機関車（国鉄資料より）

2.5 交直流機関車

　常磐線の取手以北の交流電化の長距離客車列車に備えて，1959（昭和34）年に試作車ED46（後のED92）が製作された．ED46は，直流区間では抵抗制御方式，交流区間では主変圧器で降圧し，エキサイトロン整流器で直流に変換し，直流区間と同じく抵抗制御方式である．軽量化と粘着性能向上などを狙って1台車1電動機方式で，定格電圧1 500 V，770 kWの大出力の電動機を使用している．常磐線は，その後，貨物列車も交直流電気機関車で通し運転することとなり，ED46を6動軸とし，整流器をシリコン整流器とした本格的な交直流電気機関車を目指したEF80が昭和37（1962）年に誕生した．

　関門トンネルは，開通時はすべて直流電化であったが，九州地区（鹿児島本線）が交流電化され，門司駅が交流化されることとなり，交直流電気機関車EF30が昭和35（1960）年に先行1両が登場した．EF30は，1台車1電動機方式で，交流区間の運用は関門トンネルを出た門司駅の構内運転のみで，短く平坦区間で交流運転での出力は小さくて良いので，主変圧器，主整流器の出力は346 kW（10分定格）とし，当時，発達途上のシリコン整流器が採用できた．

　北陸本線の米原〜田村間の交直流接続用に，昭和37（1962）年に，直流のEF55形機関車の部品を使用し，電車用の主変圧器を使用したシリコン整流器式のED30を改造で製作したが，入換用のディーゼル機関車を使うことで試作的な1両にとどまった．

　本格的な交直流電気機関車である常磐線用EF80は，列車暖房用の大型の電動発電機があるなど質量寸法面で厳しく，各所に軽量化の施策が行われたこともあり，電気機器や1台車1電動機での空転時にピッチングによる振動などによる不具合など当初はトラブルも多かった．

　北陸本線の電化延伸，羽越本線の電化と日本海縦貫線全線の電化開業に備え，この区間は，直流区間をはさんで，60 Hzと50 Hz交流区間となり，そのための機関車としてEF81が1969（昭和44）年3月に先行試作車として登場した（**図9.17**）．EF81は，当時直流電気機関車の主力であるEF65の直流主回路に，交流区間用の交流機器を設けたタイプで，直流1 500 V，交流20 kV，50/60 Hzの3電源を通し運転可能としている（**図9.18**）．

図 9.17 EF81 形交直流電気機関車（国鉄資料より）

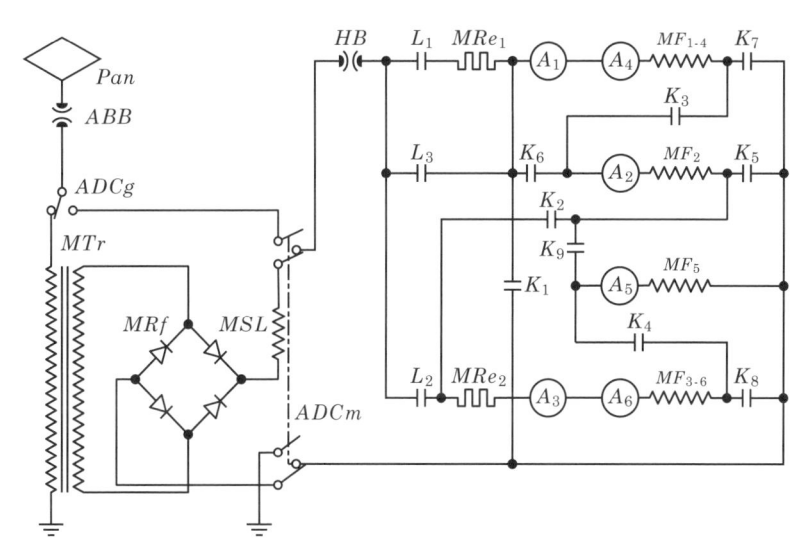

図 9.18 EF81 形交流電気機関車主回路略図

直流区間での客車暖房用のインバータ装置を持っており，その後，量産され，日本海縦貫線用に投入された．さらに，関門トンネル用にも投入され，以降，安定した実績や運用の便もあり，東北本線や常磐線などの地区へと運用範囲を拡大した．**表 9.2** に，国鉄時代の交流・交直流機関車の主要諸元を示す．

表 9.2　交流・交直流機関車の主要諸元

形式	電気方式	軸配置	質量 [t]	出力 [kW]	製造初年 [年度]	記事
ED44	AC20 kV, 50 Hz	B-B	60	1 200	1955(昭和30)年	試作車 ED90 に改, 低圧タップ, 直接式
ED451	AC20 kV, 50 Hz	B-B	59.9	1 080	1955(昭和30)年	試作車 ED91 に改, 低圧タップ, 整流器式
ED46	DC1 500 V, AC20 kV, 50 Hz	B-B	64	1 510	1959(昭和34)年	試作車 ED92 に改, エキサイトロン式
ED30	DC1 500 V, AC20 kV, 60 Hz	B-B	64	920	1962(昭和37)年	交直流, 改造車
ED70	AC20 kV, 60 Hz	B-B	64	1 600	1957(昭和32)年	低圧タップ制御
ED71	AC20 kV, 50 Hz	B-B	67.2	2 040	1959(昭和34)年	高圧タップ制御
ED72	AC20 kV, 60 Hz	B-2-B	87	1 900	1961(昭和36)年	高圧タップ制御, 乾式変圧器, SG 付き
ED73	AC20 kV, 60 Hz	B-B	67.2	1 900	1962(昭和37)年	高圧タップ制御, 乾式変圧器
ED74	AC20 kV, 60 Hz	B-B	67.2	1 900	1962(昭和37)年	高圧タップ制御, シリコン整流器
ED75	AC20 kV, 50/60 Hz[*1]	B-B	67.2	1 900	1963(昭和38)年	低圧タップ磁気増幅器制御
ED75$_{501}$	AC20 kV, 50/60 Hz[*1]	B-B	67.2	1 900	1966(昭和41)年	サイリスタ位相制御
ED75$_{701\sim}$	AC20 kV, 50/60 Hz[*1]	B-B	67.2	1 900	1971(昭和46)年	低圧タップ磁気増幅器制御
ED76	AC20 kV, 50/60 Hz[*1]	B-2-B	87	1 900	1965(昭和40)年	低圧タップ磁気増幅器制御
ED76$_{501\sim}$	AC20 kV, 50/60 Hz[*1]	B-2-B	90.5	1 900	1968(昭和43)年	低圧タップ, タップ間サイリスタ制御, SG 付き
ED77	AC20 kV, 50/60 Hz[*1]	B-2-B	75	1 900	1967(昭和42)年[*2]	サイリスタ位相制御
ED78	AC20 kV, 50/60 Hz[*1]	B-2-B	81.5	1 900	1968(昭和43)年[*2]	サイリスタ他励インバータ回生付き
ED79$_{1\sim}$	AC20 kV, 50 Hz	B-B	67.2	1 900	1986(昭和61)年	低圧タップ, 他励インバータ回生付き
EF30	DC1 500 V, AC20 kV, 60 Hz	B+B+B	96	1800/346[*3]	1960(昭和35)年	*346 kW は交流区間 (10 分定格)
EF70	AC20 kV, 60 Hz	B-B-B	96	2 370	1961(昭和36)年	高圧タップ制御
EF71	AC20 kV, 50/60 Hz[*1]	B-B-B	96	2 700	1968(昭和43)年	サイリスタ他励インバータ回生付き
EF80	DC1 500 V, AC20 kV, 50 Hz	B-B-B	96	1 950	1962(昭和37)年	抵抗制御, 交直流機
EF81	DC1 500 V, AC20 kV 50/60 Hz	B-B-B	100.8	2 550 / 2 370[*3]	1968(昭和43)年	抵抗制御, 交直流機 *2 370 kW は交流区間

*1 旧国鉄の ED75 以降の交流機関車は，50/60 Hz のどちらの周波数にも対応できるよう設計されている．ただし，周波数に応じて補機などの若干の変更が必要で，そのままの形で両周波数の区間を運用することはできない．
*2 ED77, ED78 の製造初年は，量産車の製造年
*3 出力は 1 時間定格出力

3 JR移行後の電気機関車

3.1　JR移行後の電気機関車の開発

　1987（昭和62）年の国鉄の分割民営化で，国鉄の電気機関車（974両）はJR各社に承継された．しかし，国鉄時代に新製が抑制されていたため，その多くは車齢が高く，後継機の開発が課題とされた．特に，全体の約55%を承継したJR貨物は，操車場（ヤード）で方面別に貨車を入換えながら輸送するヤード中継方式からコンテナによる拠点間直行輸送方式を主流とする中，その後の貨物列車の高速化，重牽引化を目指すには次世代の新形機関車の開発が急務との判断に立ち，早くからその仕様の検討を開始した．そのころ，技術面では大容量のGTOサイリスタが開発され，牽引性能の向上と，あわせて無接点・無摺動部化による保守軽減を目指したVVVFインバータ制御による誘導電動機駆動システムの機関車への応用が検討されるようになっていた[7]．そこで国内初のインバータ制御機関車開発の機運が高まり，1990（平成2）年に，PWM方式電圧形インバータ装置で三相かご形誘導電動機を駆動する直流電気機関車EF200形（**図9.19**）と交直流電気機関車EF500形が，JR貨物と国内メーカーとの共同で開発された．

　これ以降，JR貨物は，主要幹線用のインバータ制御方式の電気機関車を順次開発し，国鉄から承継した電気機関車との置換えを進めてきた．JR移行後に開発されたインバータ制御機関車の一覧を**表9.3**に示す．2013（平

図9.19　EF200形直流電気機関車（著者撮影）

表9.3 JR移行後に開発されたインバータ制御機関車(JR貨物)

機関車形式	試作車完成年	車種	軸配置(動軸数)	質量[t]	出力[kW]	主な使用線区	主な置換え対象
EF200	1990(平成2)年	直流電気機関車	B-B-B(6)	100.8	6 000	東海道, 山陽	−
EF500	1990(平成2)年	交直流電気機関車	B-B-B(6)	100.8	6 000	(試作のみ)	−
DF200	1992(平成4)年	電気式ディーゼル機関車	B-B-B(6)	96.0	1 900	函館, 室蘭, 石勝	DD51(北海道)
EF210	1996(平成8)年	直流電気機関車	B-B-B(6)	100.8	3 390	東海道, 山陽, 東北	EF65
EH500	1997(平成9)年	交直流電気機関車	(B-B)-(B-B)(8)	134.4	4 000	東北, 津軽海峡, 関門	ED75, EF65, EF81(関門)
EH200	2001(平成13)年	直流電気機関車	(B-B)-(B-B)(8)	134.4	4 520	中央, 篠ノ井, 高崎	EF64
EF510	2002(平成14)年	交直流電気機関車	B-B-B(6)	100.8	3 390	日本海縦貫	EF81
HD300	2010(平成22)年	ハイブリッド機関車	B-B(4)	60.0	500	貨物駅構内入換	DE10
EH800	2013(平成25)年	交流電気機関車	(B-B)-(B-B)(8)	134.4	4 000	津軽海峡	ED79, EH500

※試作車の完成年順に掲載した
※各形式の最高運転速度はHD300形を除き110 km/h, HD300形は45 km/h

成25)年現在までに7形式(ディーゼル機関車を含めると9形式)を開発し,4形式(同6形式)の量産を継続している.これらの中には,パワーエレクトロニクス技術の進展に合わせて,量産途中から仕様を変更(例えばインバータ装置の半導体素子をGTOサイリスタからIGBTに変更)している形式もある.

3.2 インバータ制御方式の導入

インバータ制御方式の電気機関車の先駆けとして開発されたEF200形とEF500形は,EF200形が主に東海道・山陽本線,EF500形が主に東北本線への導入を目的としていた.ともに,貨物列車1 600 t牽引で120 km/h運転の力行性能を持ち,1時間定格出力は国内最大となる6 000 kW(1軸当たり1 000 kW)である.この出力は,直流電動機駆動最大のEF66形3 900 kWの約1.5倍となる.インバータ装置1台で主電動機1台を駆動する,制御性で有利な各軸個別駆動方式を採用するとともに,高速演算装置を使用した制御応答性の高い空転再粘着制御を導入し,牽引力の向上を

図 9.20　インバータ装置（EF200 形・1 000 kW）　図 9.21　EF200 形の駆動装置（クイル式）

図っている（**図 9.20**）．主電動機は小型・軽量化を図り，EF66 形の主電動機（650 kW）と比較して約 20 ％の軽量化を達成している．動力伝達方式は，EF200 形は台車枠に装架した主電動機で大歯車を支持し，大歯車と車輪の間をリンク式の可撓継手で結合したクイル式（**図 9.21**），EF500 形は車軸側の支え軸受にコロ軸受を使用した釣掛式を採用している．

　この両形式の開発でインバータ制御方式の導入による電気機関車の高出力化が達成されたが，一方で，直流き電区間では，所要電流が大きいため電圧降下の問題が生じた．1990（平成 2）年から，JR 貨物は，主要幹線である東海道本線のコンテナ輸送力を増強するため，1 300 t 列車（コンテナ貨車 26 両による現行最長の貨物列車）の運行を開始した．その後も，コンテナ列車の 1 300 t 化の拡大が計画されたが，貨物列車の所要電流が増加することによる架線電圧降下が問題となり，中間駅における貨物列車用の待避線の整備なども必要になった．このため 1993（平成 5）～1997（平成 9）年度にかけて，モーダルシフトの促進を目的とする国の支援を受けて，変電所設備の新設・増強や待避線の整備をはじめとする東海道本線のインフラ整備が行われた．これにより，1 300 t 列車は導入時点の 5 本から 1998（平成 10）年のダイヤ改正時点で 31 本に増強されたが，一方で，架線電圧降下を抑制するため，EF200 形はパンタ点入力電流を制限（出力で約 3 400 kW に制限）して使用することになった．この電流制限は，勾配区間を除き，以降に開発されたインバータ制御方式の電気機関車にも直流電化区間を走行する際に適用されている．インフラ整備については，その後，山陽本線，鹿児島本線で段階的に進められ，2013（平成 25）年現在は，東京貨物ターミナル～福岡貨物ターミナル間の 1 300 t 列車の直通運転が実現している．

EF200形は試作車と合せて2013（平成25）年現在20両が運用されている．EF500形は試作車のみの製作となったが，その成果は以降の機関車開発に活かされている．

この両形式を含め，JR貨物で開発された新形電気機関車は電気指令式空気ブレーキシステムを標準装備しており，直流および交直流電気機関車については発電ブレーキ併用としている．従来から勾配線用の電気機関車には下り勾配での抑速運転用の発電ブレーキを装備してきたが，新形電気機関車では搭載装置の小型・軽量化を図り，平坦線用にも発電ブレーキを搭載している．発電ブレーキは抑速運転と常用ブレーキの双方に対応している．貨物列車は夜間走行が中心となるため，回生ブレーキでは失効する可能性が高く，確実なブレーキ力を得るために発電ブレーキとしている．

3.3　直流電気機関車

1996（平成8）年，JR貨物の承継電気機関車の3割以上を占めていたEF65形の後継機とすることと，東海道・山陽本線の1 300 t列車の牽引を目的にEF210形が製作された（図9.22，図9.23）．EF65形に代わる今後の標準形の位置付けとするため，前述の電流制限も考慮して1時間定格出力を3 390 kWとしている．製作コストの低減を図るため，機関車では初めて1インバータ＋2主電動機制御を採用している．その後，機関車でも応用可能な大容量のIGBTの普及を受けて，2000（平成12）年以降の製作車は，IGBTインバータによる各軸個別駆動方式に変更している（100番代）．IGBTインバータは，素子冷却装置をはじめGTOインバータと比較して構造の簡素化が図られており，制御性で有利な各軸個別駆動方式に変更することが可能となった（図9.24）．演算装置の高速化（32 bit化）とあわせて

図9.22　EF210形直流電気機関車（著者撮影）　　図9.23　EF210形の運転台（著者撮影）

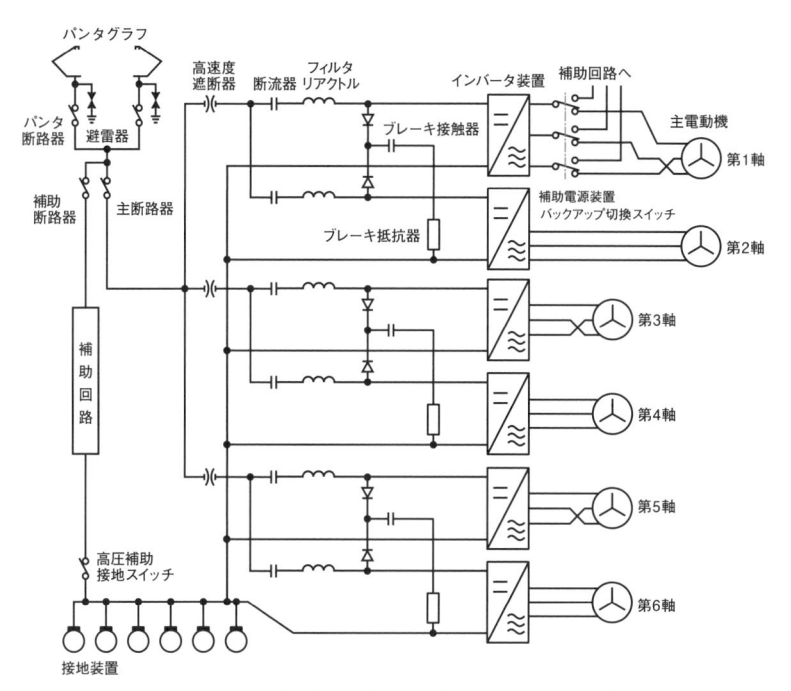

図9.24 EF210形直流電気機関車の主回路略図－100番代以降

インバータの制御にベクトル制御を導入し，空転再粘着制御の応答性を高めている．2012（平成24）年からは，山陽本線（上り線）瀬野～八本松間の急勾配区間の後押補機としても使用できるように，100番代の連結器部に衝撃吸収能力の高いシリコン緩衝器（従来の緩衝器で使用している積層ゴムに，シリコンゴムを充填したシリンダを組合せた構造の緩衝器）を装備した300番代の導入を開始している．2013（平成25）年現在，GTOサイリスタによる初期形19両，100番代73両，300番代3両，合計95両が運用されている．なお，EF210形以降に開発された電気機関車は，1時間定格出力565 kWの主電動機を標準使用しており，動力伝達方式には保守の簡素化を図るためEF500形と同様の釣掛式を採用している（**図9.25**，**図9.26**）．1軸当たりのばね下質量は，主電動機の小型・軽量化などから，EF66形の約70 %，EF65形の約80 %に低減されている．EF200形で採用したクイル式は，ばね下質量の低減，主電動機に対する走行振動の影響緩和の面で有利であったが，構造が複雑な分，保守面では釣掛式よりも不利であり，最

図 9.25　EF210 形の駆動装置（釣掛式）

図 9.26　標準形主電動機（565 kW）

高速度 110 km/h までの運用範囲においては釣掛式でも性能面で問題がなかったことから，JR 貨物の新形電気機関車では釣掛式が標準となった．

一方，中央本線（最大勾配 25 ‰）をはじめとする直流勾配線区では，貨物列車の牽引に EF64 形が重連運用されてきたが，製作コストと保有両数の低減を目的に，インバータ制御方式の 8 軸駆動の直流電気機関車 1 両に置換えることになり，2001（平成 13）年に EH200 形が製作された（**図 9.27**）．軸配置（B-B）-（B-B）（B は 2 動軸台車）の 2 車体構成で運転整備質量は 134.4 t，1 時間定格出力は 4 520 kW である．

EF64 形などの抵抗・組合せ制御方式の電気機関車は，組合せ制御で直列接続のときに空転が発散傾向になるため，低速の粘着係数を空転が発生しにくい設定（0.20～0.22）にして使用している．一方，ED75 形など主変圧器と平滑リアクトルを持ち，主電動機が全並列接続の交流電気機関車では，各主電動機にそれぞれ直列接続した平滑リアクトルによる空転時の主電動

図 9.27　EH200 形直流電気機関車（著者撮影）

機電流の変動抑制を利用して再粘着性能の向上が図られており，低速の粘着係数の設定を 0.28〜0.30 にして使用できる．このため，国鉄時代の直流および交直流電気機関車の 6 軸駆動は，交流電気機関車の 4 軸駆動にほぼ相当してきたが，インバータ制御方式の電気機関車では，従来の交流電気機関車並みの粘着係数が期待できるようになった[8]．

EH200 形では，急勾配区間での牽引性能の確保と空転再粘着性能の向上を図るため，各軸個別駆動方式を採用するとともに，3 レベル IGBT インバータによる主電動機のトルクリプルの低減ならびにベクトル制御による空転再粘着制御の高応答化を図っている．2013（平成 25）年現在，中央本線，上越線，高崎線を中心に 25 両が運用されている．

電気機関車は，牽引力確保のため，走行する線区の許容軸重まで動軸の軸重を確保する必要がある．このため，従来からデッドウェイトを搭載して質量配分を調整してきた．インバータ制御方式の電気機関車では，搭載する電気機器の軽量化が進んでおり，特に交流機器を搭載しない直流電気機関車で搭載機器の質量の減少が大きくなっている．JR 貨物では，この搭載機器の質量の減少分を主に車体構造の強化で補うことにし，不足する分についてはデッドウェイトで調整することにしている．例えば，車体構造の強化については，車体外板を従来の 2.3 mm 厚の冷間圧延鋼板から 3.2 mm 厚の耐候性鋼板に変更して耐久性を高めている．また，直流電気機関車では，車両重心高さの低減などに配慮し，従来の車体構造と比較して車体台枠の中はりの構造を強化している．

3.4 交直流電気機関車

1997（平成9）年，本州〜北海道（五稜郭）間の東北本線経由の貨物列車を，機関車交換することなく1両で牽引することを目的に，EH500形が製作された（**図9.28**）．1時間定格出力4 000 kWの8軸駆動のインバータ制御機関車で，黒磯〜青森間のED75形重連および青函トンネルのED79形重連相当の性能を確保するとともに，万一装置故障が発生した場合においても青函トンネルを自力で脱出できるように極力配慮した構成としている．1インバータ＋2主電動機制御を採用し，主回路は，1コンバータ＋1インバータ＋2主電動機を駆動単位とする4群で構成している（**図9.29**）．

1994（平成6）年に当時の資源エネルギー庁から高調波抑制対策ガイドライン，翌年にその民間運用指針である高調波抑制対策技術指針[9]が示され，これ以降に新製される鉄道車両（主に，交流から直流への電力変換を車両内で行う交流電化区間用の電気車）は電力変換時に生じる高調波の含有率を定められた上限値以下に抑制することになった．このため，EH500形において機関車では初めてPWMコンバータ（IGBT使用・3レベル）が導入され

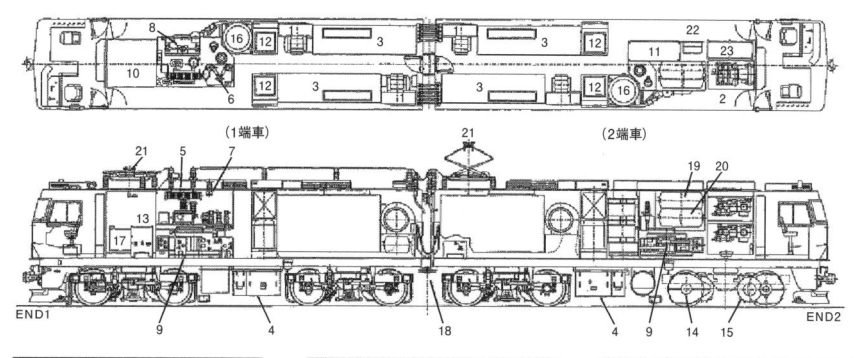

番号	名称	番号	名称	番号	名称
1	主送風機	9	主変圧器	17	蓄電池箱
2	空気圧縮機	10	高圧機器装置1	18	中間引張装置
3	主変換装置	11	高圧機器装置2	19	元空気ダメ
4	補助電源装置	12	ブレーキ抵抗器	20	供給空気ダメ
5	真空遮断器	13	ブレーキ制御装置	21	パンタグラフ
6	交直切換器	14	駆動装置	22	ATS－PF装置
7	主ヒューズ	15	主電動機	23	ATC－L装置
8	パンタ断路器	16	フィルタリアクトル		

図9.28　EH500形交直流電気機関車−機器配置図

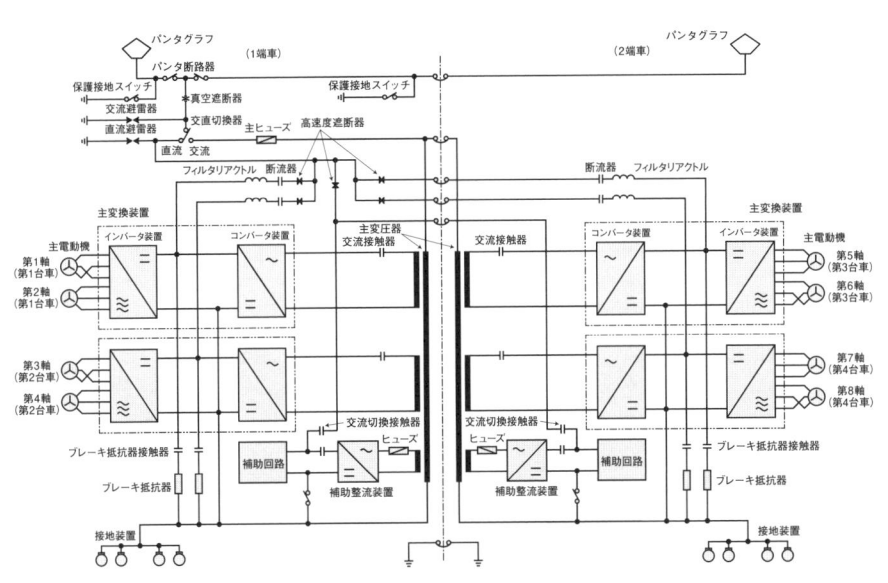

図 9.29　EH500 形交直流電気機関車主回路略図

図 9.30　EF510 形交直流電気機関車（著者撮影）

た．また，IGBT インバータも初めて導入され，その再粘着制御にはベクトル制御が採用された．2008（平成 20）年からは関門トンネル用の EF81 形重連の置換えとしても導入を開始し，2011（平成 23）年からは幡生〜福岡貨物ターミナル間で，主に 1 300 t 列車の牽引に使用されている．2013（平成 25）年現在，東北本線用 70 両，九州用 12 両，合計 82 両が運用されている．

EH500 形は，同じ台車内の主電動機 2 台をインバータ装置 1 台で制御する方式とし，軸重移動補償制御も台車単位で行っているが，投入している線区において粘着力の確保や，電気機器の温度上昇面に関する問題は生じ

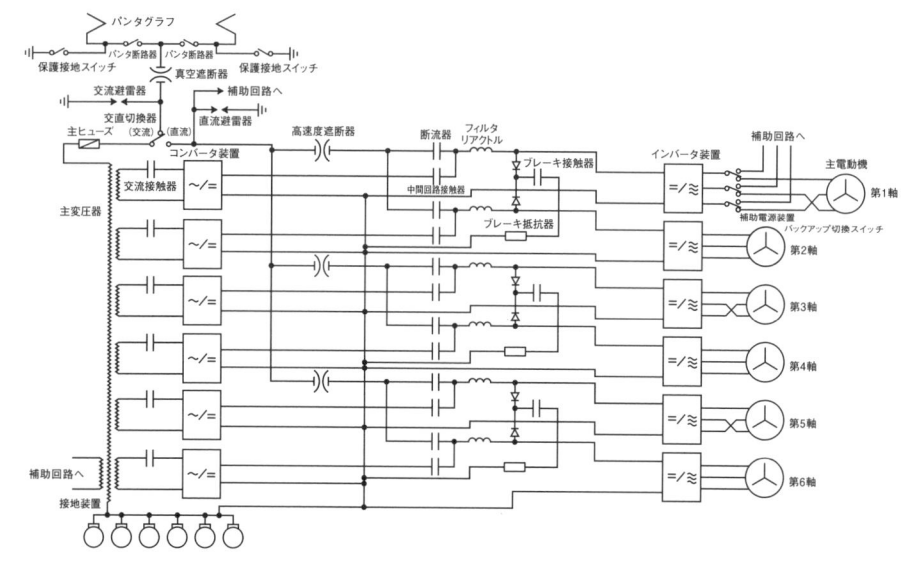

図 9.31　EF510形交直流電気機関車主回路略図（国鉄資料より）

図 9.32　EF510形主変換装置
1 台に 1 コンバータ＋1 インバータのセットが 2 群収納されている

ていない．

　一方，主に関西圏と東北・北海道方面を結ぶ，いわゆる日本海縦貫線は，直流区間と交流区間が混在するため EF81 形が使用されてきたが，その老朽化から後継機として 2002（平成 14）年に EF510 形が製作された（**図 9.30**）．EF510 形は，EF210 形 100 番代をベースにしており，主回路は，1 コンバータ＋1 インバータ＋1 主電動機を駆動単位とする 6 群で構成している（**図 9.31**，**図 9.32**）．PWM コンバータ 6 群による位相差運転など高調波の

低減に極力配慮している．2013（平成25）年現在，22両が運用されている．2009（平成21）年には，上野～札幌間を結ぶ寝台特急列車用として，一部装備の追加・変更を実施したEF510形500番代がJR東日本で製作されている．

この両形式の電気ブレーキには発電ブレーキを採用しており，直流，交流50 Hzおよび交流60 Hzの各き電区間において同一の性能で発電ブレーキを使用するようにしている．

3.5　交流電気機関車

2015（平成27）年度末の北海道新幹線（新青森～新函館（仮称）間）の開業に対応するため，2013（平成25）年にEH800形が製作された（**図9.33**）．青函トンネルを含む海峡線の新中小国～木古内間は，3線軌条化されたうえで新幹線との共用走行区間になり，架線電圧（標準電圧）が20 kVから25 kVに昇圧されるほか運転保安設備も新幹線規格に変更される．このため，2013（平成25）年現在，ED79形とEH500形でカバーしている青森～五稜郭間の貨物輸送をEH800形で新たにカバーすることになった．EH800形は，EH500形をベースに，主回路を交流専用にするとともに20 kVと25 kVの双方に対応する複電圧方式としている．また，新形機関車では初めて回生ブレーキを採用している．2013（平成25）年現在，試作車で性能確認走行試験を実施している．

図9.33　EH800形交流電気機関車（著者撮影）

4 ディーゼル機関車

4.1 電気式ディーゼル機関車

電気機関車ではないが，ディーゼルエンジンと発電機を搭載し，自車で発電した電力で主電動機を駆動する電気式ディーゼル機関車があり，液体式ディーゼル機関車 DD51 形（動輪周出力 1 200 kW）の置換え用として，1992（平成 4）年にインバータ制御方式を導入した DF200 形が製作された（図 9.34）．ディーゼルエンジンに直結した同期発電機で三相交流電力を発電し，三相全波整流器で直流に変換，PWM 方式電圧形インバータで三相かご形誘導電動機を駆動する．開発当初のシステムは，1 700 PS のディーゼルエンジンを 2 台搭載した GTO インバータによる各軸個別駆動方式（動輪周出力 800 kW）であったが，1999（平成 11）年に 1 800 PS のエンジン 2 台に換装し，出力の向上を図った（動輪周出力 1 900 kW：50 番代）．さらに，2005（平成 17）年の製作車から IGBT インバータに変更し，ベクトル制御を導入している（100 番代）．2013（平成 25）年現在，初期形 13 両，50 番代 12 両，100 番代 23 両，合計 48 両が北海道内で運用されている．

4.2 ハイブリッド機関車

2010（平成 22）年，ディーゼル機関車の環境負荷軽減を目指して，最新のパワーエレクトロニクス技術と蓄電池技術を応用したハイブリッド機

図 9.34　DF200 形電気式ディーゼル機関車（著者撮影）

図 9.35　HD300 形ハイブリッド機関車（著者撮影）

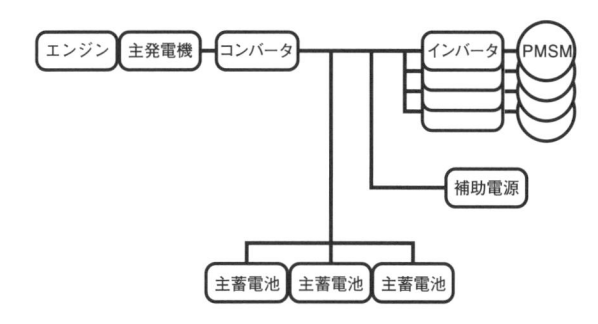

PMSM：永久磁石同期電動機

図 9.36　HD300 形の駆動システム

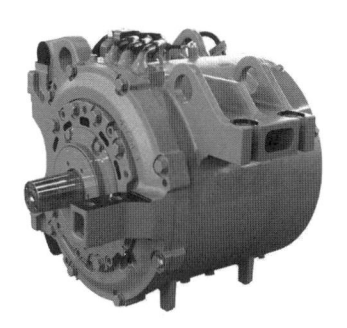

図 9.37　HD300 形の主電動機（永久磁石同期電動機）

関車 HD300 形が製作された（**図 9.35**）．HD300 形は，液体式ディーゼル機関車 DE10 形（動輪周出力 660 kW）に代わって貨物駅構内の入換を行

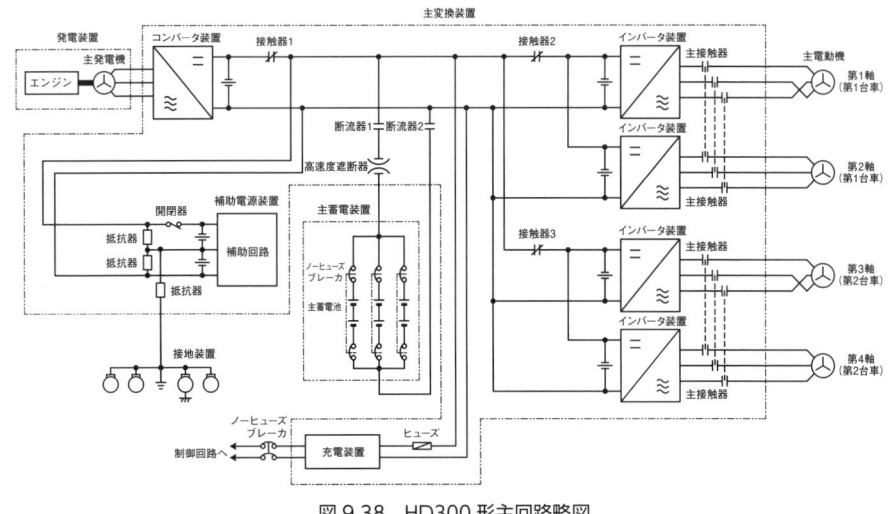

図 9.38　HD300 形主回路略図

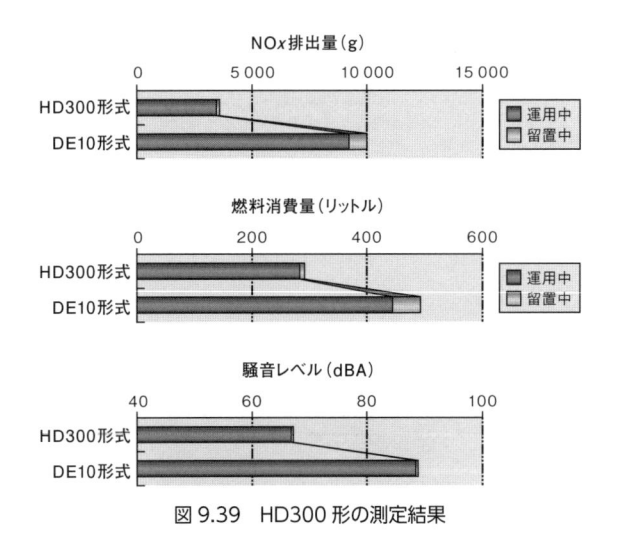

図 9.39　HD300 形の測定結果

う入換専用機である．動輪周出力 500 kW の性能を有し，DE10 形に比べて約 1/4 の 270 PS のエンジン発電機による電力と約 70 kWh の大容量リチウムイオン蓄電池の電力を協調使用して，高効率の永久磁石同期電動機（permanent magnet synchronous motor：PMSM）で車両を駆動するシリーズハイブリッド方式の駆動システムを採用している（**図 9.35〜図 9.38**）．

エンジンは常に効率のよい最適回転数の一定出力で発電機を駆動し，高負荷の力行時には発電した電力と蓄電池に蓄積した電力を同時にモータ駆動に充当し，低負荷の力行時では蓄電池の電力のみでモータを駆動する．また，低負荷時や惰行時は余剰発電量で充電し，さらにブレーキ時にはブレーキエネルギーを回生して充電も行う．エンジンの小型化と運転の仕方の最適化により，DE10形と比較して，窒素酸化物 NO_x（光化学スモッグの原因物質）の排出量を約 61 %低減（700 t 牽引時）し，車外騒音レベルについても停車中のエンジン出力最大運転時の測定結果は 67 dB（A）（レール中心から 7.5 m 離れ）で約 22 dB（A）の低減効果を得ている．また，燃料消費量については，東京貨物ターミナル駅における運転時（700 t 牽引）の比較で約 36 %，エンジンのアイドル時間も含めた 1 日当たりの実運用では，約 41 %の燃費低減効果が確認されている（**図 9.39**）．2013（平成 25）年度末時点で 16 両が JR 貨物の貨物駅構内で運用されている．

参考文献

（1）日本国有鉄道：「鉄道技術発達史」，車両編　電気機関車，1958 年
（2）座談会「あれから 30 年　東海道線電化当初を偲ぶ」，電気車の科学，1955 年
（3）朝倉希一：「技術生活五十年」，日刊工業新聞社，1958 年
（4）日本国有鉄道：「電気機関車説明書：EH10，ED60，EF60，EF62，EF63，EF64，EF65，EF66 形」ほか
（5）日本国有鉄道：「100 年の国鉄車両」，交友社，1974 年
（6）沢井実：「日本鉄道車両工業史」，1925 年頃の電気機関車価格，p.166，日本経済評論社，1998 年
（7）「大出力電気車用インバータ駆動方式の開発報告書」，日本鉄道技術協会，1987 年
（8）持永芳文，曽根悟，望月旭（監修）：「電気鉄道ハンドブック」，9 章　電気機関車，コロナ社，2007 年
（9）電気技術基準調査委員会編：「高調波抑制対策技術指針」，日本電気協会，1995 年

第10章

信号システム

　信号システムは鉄道発明の当初から存在した．列車は固定されたレールの上でしか走行できないからである．当初は何らかの合図を地上から機関士に送ることから始まった．多くの事故を教訓に改良が重ねられ，システムから人間を排除しつつ，同時に運行の高効率と高信頼性を目指してきた．故障しても列車を安全に導くことを基本原理とし，技術的には，機械，電気，電子そしてコンピュータ利用へと発展し，近年では無線の利用も行われている．高い安全性や高密度運転を達成し，今後は保全性や経済性の追求に焦点が移ると思われる．

第10章 信号システム

1 信号システムの発展

　信号システムは列車の安全を目的とする．地上車上の情報伝達（信号装置）のほか，列車同士が衝突しないように（閉そく装置），次いで脱線しないように（連動装置）というような積み重ねを通じて発達してきた．人間による運転操作を補助する段階から，多くの事故を教訓に人間の役割を狭めながら安全を向上してきている．さらに安全に付随した運転効率，運用効率，利便性，経済性を順次加味している．用いる手段も機械，電気，電子，マイクロコンピュータ，そして情報通信システムと，世の中の技術の進展とともに変化し，個別の装置の集合体からコストと機能，さらに改修，増設を考慮したモジュール化，ソフト化，システム化へと進歩する途上にある．今後は，省エネルギーや省力化，保全性，発展性も考慮して，ICT（information and communication technology）により再構築する段階に来ている．特に列車と地上のコミュニケーションを密にして，その制御主体を車上装置に移行しつつあることが特筆される．

　表10.1は，信号システムの導入から今日に至る発達を示したものであり，これらの変遷について述べることとする．

2 初期の信号システム [1], [2]

　初期の鉄道は英国を初めとしてもっぱら外国の考え方を移入した．運転に伴う保安の考え方やそのための機器はもとより，それらの教育，指導まで外国人の下で行われていた．その後，路線の拡大や民営鉄道の参入に伴い，北海道の米国式や九州のドイツ式，また官営でも東西で方式に違いが見られるなど，列車運転の考え方や信号機の表示の方法などに折衷式ならではの多少の混乱がもたらされながら拡大していった．

表10.1 信号システム発達年表

年	導入技術	導入箇所
1872 (明治5)	機械式信号機	新橋〜横浜駅間 16 基
1887 (明治20)	第二種機械式連動装置	品川駅
1896 (明治29)	双信閉そく器	上野〜大宮駅間
1901 (明治34)	信号機表示方式を統一	国内全線
1902 (明治35)	通票閉そく装置	横須賀線
1905 (明治38)	直流軌道回路	飯田町〜新宿駅間
1913 (大正2)	交流軌道回路	有楽町〜田町駅間
1915 (大正4)	多灯式色灯信号機	京阪電鉄
1927 (昭和2)	打子式ATS (米国製)	上野〜浅草駅間
1929 (昭和4)	継電連動装置	渋谷駅ほか3駅
1955 (昭和30)	83.3 Hz 軌道回路	仙山線
1960 (昭和35)	A形車内警報装置	東京〜姫路駅間
1961 (昭和36)	車内信号式ATC	日比谷線
	赤外線式踏切障害物検知装置	京浜急行
1963 (昭和38)	分周軌道回路	常磐線
1964 (昭和39)	電源同期式ATC	東海道新幹線
1966 (昭和41)	国鉄のATS整備が完成	国鉄全線 21 870 km
1969 (昭和44)	大手民鉄のATS整備が完成	16社
1971 (昭和46)	地下鉄のトータルシステム	札幌地下鉄南北線
1981 (昭和56)	無人ATO新交通システム	神戸新交通, ポートアイランド
	通勤線ATC	山手, 京浜東北, 根岸線
1982 (昭和57)	2周波組合せ式ATC	東北上越新幹線
1985 (昭和60)	トランスポンダ式ATS導入開始	西明石駅ほか3駅
	電子連動装置	東神奈川
1986 (昭和61)	電子閉そく装置	国鉄地方線 1 800 km
	電子踏切制御装置	天王寺長居踏切ほか
1989 (平成元)	電子端末装置	常磐線勝田駅ほか
1991 (平成3)	一段ブレーキATC	東急田園都市線
1999 (平成11)	集中連動装置	井原線
2003 (平成15)	ディジタルATC	京浜東北線
2007 (平成19)	ネットワーク信号装置	武蔵野線市川大野駅
2011 (平成23)	無線式列車制ATACS	仙石線

2.1 信号装置

列車の安全を確保するには，人間の注意力や簡単な合図器に頼る方法から，①必要な箇所に信号機を立てる常置信号機の設置，②その信号を遠くから確認できる遠方信号機による中継，③列車の安全な間隔を確保するのに時刻表で行う時間間隔法の採用，④ダイヤが乱れたときでも安全になる空間間隔法の採用の順序で進化してきた．当初はランプだけの合図や，ボール信号機と称する白や黒で覆った籠を高く掲げ，係員が望遠鏡で確認して列車を走らせたとされる．

日本では，英国の指導を受け，1872（明治5）年の鉄道開業当初から，①，②の駅入り口の信号機（場内信号機）や遠方信号機の建植から始まった．進行，注意，停止は，それぞれ無難，注意，危害と称されていた．しかし，これは手旗の代用の位置付けで，腕木が下がっているか（無難）上がっているか（危害）が遠くから見えるようにした，セマフォア（semaphore：ある符号を表示するところの物体）相図柱と呼ばれるものである．セマフォア相図柱は，その後，腕木末端が魚尾形（主信号機）やV字形（従属信号機）の腕木式信号機に改良された（**図10.1**）[4]．腕木の角度や表示の色などは，1901（明治34）年の鉄道信号規程により，官民ともすべて統一された．駅出口の出発信号機がすべての駅に設けられるようになるのは，大正時代に

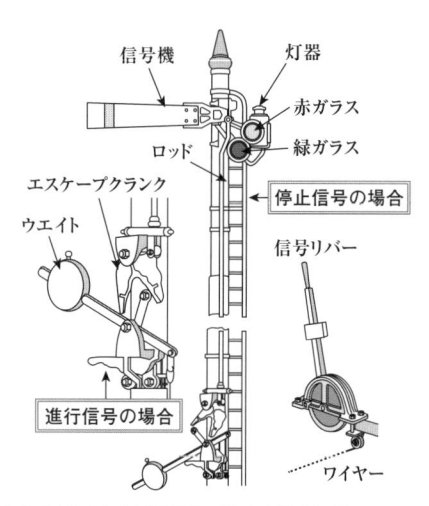

図10.1 腕木式信号機（奥村幾正，佐々木敏明：「フェイルセーフ考」，OHM, Vol.100, No.9, オーム社, 2013年）[4]

なってからである．

　夜間の信号は油灯の色ガラスで表示した．腕木を電気モータで操作する電気式信号機も用いられるようになった．また，1904（明治37）年に甲武鉄道がわが国初の直流軌道回路による自動閉そく式を採用した際，これと組合せて，米国式の円板式信号機を使用している．現在のような多灯式色灯信号機が用いられるようになったのは，京阪電気鉄道が1915（大正4）年に米国から輸入して京阪本線に用いたのが最初である．

　当初は，進行を指示する信号は白色だった．それは遠くから見やすいためだったが，電灯が増えて紛らわしくなり，1900（明治33）年に緑色に変更された．それまで緑色は注意信号だったのである．

2.2　閉そく装置

　決められた区間に1列車しか入れないことにより安全を保つのが閉そく方式で，空間間隔法を具体化したものである．開業時は各駅に設けられた電信機による連絡で，駅間に1列車だけを発車させるものだった．

　連絡によるミスを防ぐために隣接駅間の意志を明確に示すものとして，隣接駅までの必要事項を書いた票券（紙）を運転士に渡す票券式と称する閉そく装置が導入された．鉄道開業から5年後である．その後，鍵を用いないと取り出せないようにして駅間に1個だけの金属票券を機関士に渡すトレンスタフが1884（明治17）年に導入された．当初は駅間1閉そくであったが，列車密度の増加に伴い駅間をいくつかに区切る方式が現れた．トレンスタフ式の後，1896（明治29）年に英国のサイクス式連動閉そく器を利用した．また，1899（明治32）年には国産の双信閉そく器が導入されている．これは，次に述べる通票閉そく器の簡易版のようなもので，駅長が扱う閉そく器には模擬の小形信号機があり，その表示を見ながら隣接駅と連絡してスイッチ類を取り扱う．ただし，表示と実際の信号機との間に直接の関連がないのが欠点である．

　いずれの閉そく装置も，駅間の電線の削減方法，表示をどうするか，取扱法に問題がないかなどの試行錯誤の中で導入されている．

　赤い箱でおなじみの通票閉そく装置（**図 10.2**[4]）が導入されたのは，1902（明治35）年である．これは一種の機械電気式シーケンサである．隣

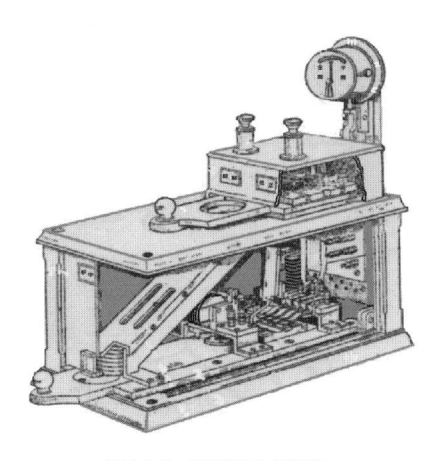

図 10.2 通票閉そく装置
(奥村幾正，佐々木敏明：「フェイルセーフ考」，OHM, Vol.100, No.9, オーム社，2013 年)[4]

接駅間で電話とベルを合図に，シーケンスを踏んでの操作と，操作に基づく電流方向の切替えを順次行う．シーケンスの最後に出発許可証であるタブレット（通票）を列車出発側の駅で取り出せる．それを機関士経由で次の駅の通票閉そく器に再収用しない限りは，二つ目のタブレットをどちらの駅でも取り出せない．したがってタブレットを持つ列車（機関士）だけが排他的に運転できることになる．現在でも一部の地方鉄道で使われている．

係員を現場に張り付け時刻表どおりに運転させる時間間隔法（ディスパッチング）は米国から移入され，北海道開拓使所管の鉄道で用いられた[3]．設備の必要がない方式であるが，まもなく鉄道信号規定により空間間隔法に統一された．

2.3 連動装置

列車が増えて行き違いなど複雑な運行が求められるようになると，複数の信号機や転てつ器の間に競合が起こる．そこに矛盾ができれば脱線や衝突につながるので，相互の連鎖関係を間違いなく司るのが連動装置である．連動装置の誕生は 19 世紀半ばであるが，わが国では 1887（明治 20）年に東海道本線品川駅に設けられたのが最初である．複数のロッド間に鎖錠かん（棹）を渡し，鎖錠かんの位置により一部のロッドの動きを抑える．輸入品が主だったが，国産は 1902（明治 35）年の常磐線我孫子駅まで下る．

図 10.3　据置き型リレー(日本鉄道電気技術協会編：「鉄道信号の技術はこうして生まれた」，日本鉄道電気技術協会，2009 年)[5]

　大駅構内ともなると信号機や転てつ器が信号扱い所からかなり離れ，人力での転換は容易でない．そこで電気式との併用，さらには電気だけによる方式へと移行するのは必然である．電気式は 1907(明治 40)年頃から広がっていったが，1933(昭和 8)年になり，継電連動装置が帝都電鉄(現・京王電鉄)渋谷，永福町，井の頭公園の 3 駅に導入された．1929 年に米国で導入されてから 4 年後のことである．これはリレーによる論理回路で連動作用を構成するもので，ガラス製で内部が見える大型のリレー(**図 10.3**[5])を使用したものであった．

2.4　列車検知

　当初の閉そく装置や信号装置は，駅長が目視などで列車を確認して取り扱うもので，勘違いなどによる事故が避けられない．何らかの方法で列車を検知し，その情報をもとに取り扱う必要に迫られた．列車の位置検知にレールを利用する軌道回路が米国で発明されたのは約 140 年前であるが，日本で最初に用いられたのは 1904(明治 37)年の甲武鉄道飯田町～新宿駅間における直流軌道回路である．レール間ならびに次の区間との間を絶縁して閉回路を作り，車輪がレール間を短絡することで軌道リレーの励磁を断ち，列車ありとするものである(**図 10.4**)．

　電化が始まると直流軌道回路が使えず，商用周波軌道回路が 1913(大正 2)年から用いられ始めた．電気車電流と信号電流を区分けするインピーダ

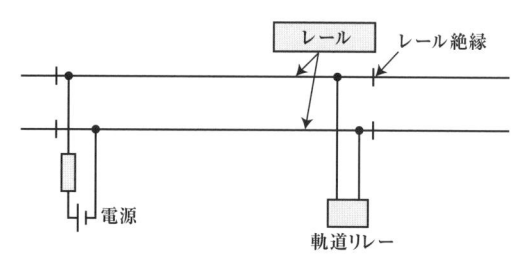

図 10.4 軌道回路の原理

ンスボンドは，当初二次側（信号側）巻線がなく，信号回路を直接レールに接続したので，信号電流に対するインピーダンスは高かった（10 Ω）．米国の模造品ながら早くも大正初期より国産化が進められた．軌道リレーの国産化は大正末期になってからである．

2.5 踏切警報装置

踏切も当初は線路側を常時閉め，列車が来るときだけ開く方式だったが，1890 年ごろからは道路側を常時遮断するようになった．列車接近の連絡を受け手動で操作する，現在の方式が確定したのは 1924（大正 13）年，また踏切警手を廃止する自動化は昭和になってからである．ランプで列車接近を知らせる閃光式踏切警報機の設置基準は 1932（昭和 7）年に制定され，列車による警報時間の差は 60 秒未満と定められた．

3 戦前の信号装置（輸入から国産技術の開発へ）

信号機が赤のときに列車の進入を阻止する自動列車停止装置（Automatic Train Stop system：ATS）は，早くも 1920（大正 9）年に米国からの売込み製品の試験が行われ，1927（昭和 2）年に東京地下鉄道の浅草〜上野駅間の営業開始と同時に設置された．打子式といい，赤信号のときはレール近傍に金具（トリップアーム）を立て，これで車両のコックを打つことで空気を抜いてブレーキをかける（**図 10.5**）．打子式 ATS は，踏切など支障物のない地下鉄で可能な方式であり，5 年後には国産化され，昭和 30 年代までメインの保安装置として用いられていた．

図 10.5　打子式 ATS（著者撮影）

　主要線区においても事故のたびに ATS の必要性が議論され，電磁誘導式や連続コード式（軌道回路式）などが試作・試験され，特に 1943（昭和 18）年には東海道本線，山陽本線，鹿児島本線や東京，大阪など大都市への採用が緊急通達されたが，実施は一部にとどまった．

　そのほか，自動閉そく装置や連動装置の拡大などが行われたものの，技術的に特筆すべきものはなかった．

4　戦後における電気信号の展開（機械から電気へ）

　第二次世界大戦後の復興は，機械信号に置き換わる電気信号の増設と輸送力の向上であった．安全面では軌道回路を用いた自動閉そく装置（列車により自動的に閉そくの占有・解除が行われる）が，それまでの通票閉そく装置に置き換わって展開された．また，安全とともに能率が重視され，継電連動装置がそれまでの機械連動機や電気機連動機に代わって各所に設置された．

　特筆すべきは，列車衝突の防止のための車内警報装置（**図 10.6**）の導入である．赤信号のときに警報を発し，乗務員に注意を促す仕組みである．なかでも真空管を用いた可聴周波数による車上への情報伝送方式（A 形車内警報装置）は，1960（昭和 35）年に東京〜姫路駅間において使用開始となった．後の新幹線の ATC（自動列車制御装置）につながるものである．A 形

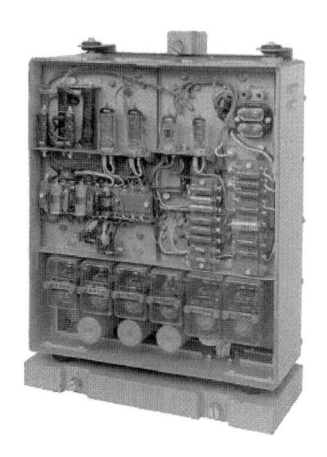

図 10.6　真空管式車内警報受信機（日本鉄道電気技術協会編：「鉄道信号の技術はこうして生まれた」，日本鉄道電気技術協会，2009 年）[5]

　車内警報装置の軌道回路はキロサイクル軌道回路とも称し，レールに 1 kHz 前後の信号電流を流すもので，周波数が高いことからこれを車上で誘導受信することが可能となる．したがって地上信号と列車とを乗務員を介さずに直接接続することができ，非常時のブレーキ操作を自動的に行うことに発展可能となる．また変調周波数を変えれば，地上の複数の条件を伝達できる．

　それに先駆けて電車専用区間での自動警報方式として，まず考えられたのが B 形車内警報装置である．赤信号に接近した列車に対し，軌道回路電流を切ることにより警報を与えるわが国独自の技術で，1954（昭和 29）年に山手線と京浜東北線に設置された．また，一般線区用として点制御地上子を用いた C 形の開発が始まった．C 形ではトランジスタが使用された．

　リレーは輸入品をベースとした大型の据置き式だったが，1955（昭和 30）年にようやく世界最小型となる差込み式軌道リレーが，京三製作所の樋口佐兵衛社長らにより開発された．

5 新幹線のエポックと電子化の進展

5.1 新幹線の電源同期式 ATC

1964（昭和 39）年，それまでの列車速度を 2 倍に向上する新幹線の実現に非常に重要な役割を果たしたのが自動列車制御装置（Automatic Train Control system：ATC）である．

この装置は，レールに 1 kHz 前後の速度信号を流し，これを列車が受信することで車内信号の役割を果たす．速度信号が減速側に変われば自動的にブレーキが加わり，指示速度以下に速度が下がればブレーキは緩む（**図 10.7**）．

この装置の前身は，前述の東海道本線で用いられていた真空管による A 形車内警報装置で，鉄道技術研究所信号研究室河辺一室長らによる．

前方の信号機情報を乗務員に知らせるだけで，ブレーキとの連鎖はなかっ

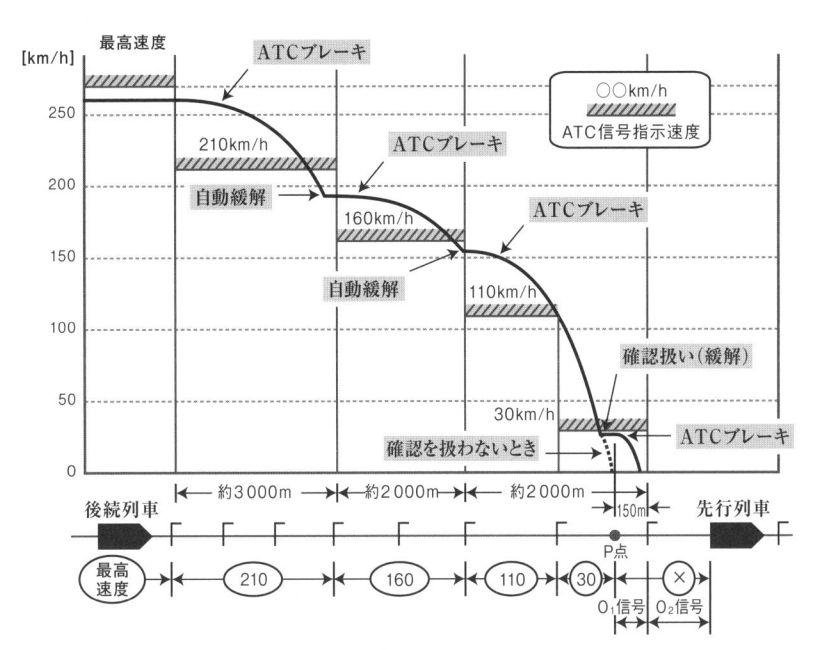

図 10.7　多段ブレーキ制御 ATC の動作

第10章　信号システム

たが，これをトランジスタに変更し信頼度を上げれば，高速化にも十分対応できると考えられた．この方式は1938（昭和13）年の弾丸列車構想時からあったとされるが，電子技術の発達により，一躍脚光を浴びることとなった．河辺室長は未知だったkHz領域における軌道回路の伝送理論の確立にも大きな功績を残した．しかし東京～姫路間では直流電化だったため，1954（昭和29）年から始まった仙山線での試験結果では，交流電化による新幹線のノイズに打ち勝つことが難しく，鉄道技術研究所遊佐滉による電源同期式ATCが開発されたことで，かろうじて1964（昭和39）年の東海道新幹線開業に間に合ったといういきさつがある．

電源同期式ATCは，電源高調波を搬送波とする単側帯波振幅変調方式である．電源同期SSB（single side band modulation）方式（**図10.8**）なので必要帯域が狭くて済むうえ，電車の動力用電源から得られる高調波を搬送波に用いるので，電源の周波数が変動しても，それに従って変調された信号波も同じだけシフトし，常に一定幅だけ高調波ノイズからの周波数離隔が確保できる．これにより想定を大きく超えた高調波ノイズに打ち勝つSNを確保することができたのである[5]．

自動的にブレーキをかけるシステムは，完全自動運転システム以外は世界に類を見ない．海外では乗務員の注意力が散漫になることを防ぐため，あるいは緊急時に乗務員がいち早く対応できるよう，乗務員の信号確認とハンドル操作によりブレーキをかけるのが一般的である．その後，実現した海外の高速鉄道もすべてそうである．操作が遅れたときだけ非常ブレーキがかかる．マニュアル優先か機械優先かの論争は今日まで続いているが，新幹線において運転ミスによる事故がまったくなかったことで，少なくと

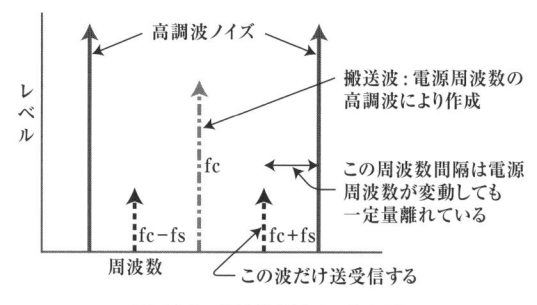

図10.8　電源同期SSB式ATC

もわが国の方式に問題があるとはいえない．世界初の高速運転ということで，少しでも乗務員の負担を軽減し，何か起これば直ちにブレーキをかけることを最優先に考え出された知恵である．自動運転も検討されたが，できるだけシンプルにして確実な開業を目指す島秀雄技師長の裁断で，具体的設計からは外されている．

トランジスタなど電子回路の全面的な導入は，ゲルマニウムトランジスタの時代で信頼性工学が黎明期のなか，かなり思い切った決断である．そのため 3 重系を基本とし，経済化のため一部を 2 重系にする 2.5 重系なるシステムまで導入された．電源ノイズに対する貴重な経験とともに，その後，在来線のシステムに対して貴重な指針を示すこととなった．開業 1 年半での故障は列車集中制御装置（Centralized Traffic Control system：CTC）を含めて 500 件に達したが，列車への大きな影響はなかったのである．

電源同期という画期的な ATC は，1974（昭和 49）年に相次いで発生した予想もしなかった電源非同期のノイズによって危機にさらされる．一つは品川車両基地での他電源からの誘導ノイズ，もう一つは新大阪駅信号機器室内の自動電圧調整器のハンティングによる擬似信号である．そのため，さらに情報の信頼性を高めることが必要となり，1982（昭和 57）年の東北・上越新幹線開業では，信号情報一つに対し二つの周波数を割り当てる 2 周波組合せ ATC に改良された．

5.2　在来線の ATC と時隔短縮

交通営団（現・東京地下鉄）の ATC は地上信号機式であるが，新幹線に先立つこと 3 年半，1961（昭和 36）年に日比谷線の南千住〜仲御徒町駅間で使用開始となった．真空管での試作を経て，トランジスタ式での実用化であった．当初は乗務員のバックアップ装置であったが，その後，車内信号方式の ATC となり，保安システムとして地下鉄にはなくてはならない存在となった（**図 10.9**[5]）．

地下鉄あるいは新幹線における ATC の列車安全に対する効果は，高密度の在来線に波及した．山手線ほか 3 線区に導入されたのが 1981（昭和 56）年である．

ATC は安全性が向上する反面，速度段階ごとのブレーキ制御なので時

図 10.9　わが国で初めての日比谷線 ATC（日本鉄道電気技術協会編：「鉄道信号の技術はこうして生まれた」，日本鉄道電気技術協会，2009 年）[5]

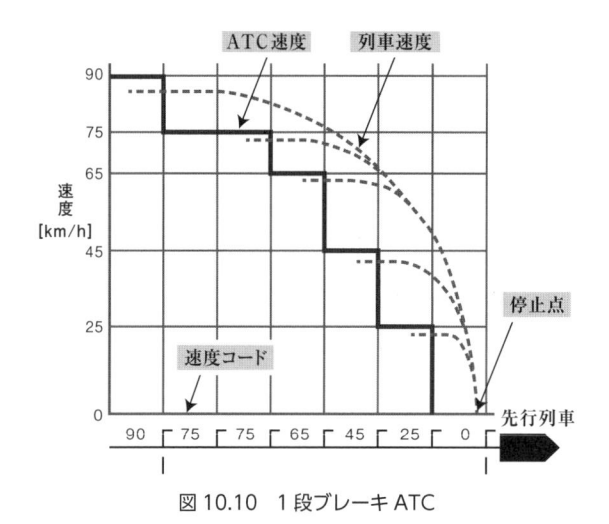

図 10.10　1 段ブレーキ ATC

隔が延びる傾向がある．停止すべき最終地点さえ守られれば安全は保たれることから，階段状の速度制御に代わる 1 段ブレーキ制御（**図 10.10**）が，1991（平成 3）年に東京急行電鉄田園都市線で実用化された．これは軌道回路による地上からの制御だった[5]．

　2003（平成 15 年）になり，どれだけ先で止まればよいかを指示し，あとは車上が適切なブレーキタイミングを計算する車上主体形 ATC が京浜東北線に導入された．ディジタル符号伝送で距離を指示するものであり，ディジタル ATC とも呼ばれている．いずれも 10 秒程度の時隔短縮を実現した．1 段ブレーキ制御方式は，保安制御を速度制御から距離制御へ転換したもの

である．速度段がないため乗心地もスムーズになり，その後新幹線にも適用されている．

自動運転の先駆けとなった1981（昭和56）年の神戸，大阪における新交通システムのATCは，ループコイルの区間ごとに速度信号を与えるもので，基本的には階段制御式のATCである．

5.3 ATSの整備

車内警報装置は安全性向上に一定の効果は発揮したが，ブレーキとの結び付きがない．運転士が警報を無視してしまうと何のアクションも与えられない．そこでコストがかかるATCによらず，しかも多種類の列車の安全を高める方式として，ATSの必要性が高まった．

国鉄では，1962（昭和37）年の常磐線三河島駅における列車多重衝突事故を契機にATSの全線整備を開始，昭和41年に全線の設置が完成した．1956（昭和31）年ごろからの各種方式の技術開発を基に，先に述べたA形，B形を除く区間は，変周式によるS形とした．この際に国鉄は，自動列車停止装置の呼称を正式にATSとしたのである．

ATS-S形は，車上に設けられた発信器の周波数が，地上に設けられた地上子の共振回路により変わることを利用して，赤信号であることを列車に伝えるものである．地上子のあるところでだけ情報が伝達されるので，点制御方式と呼ばれる．ただし，あらゆる列車種別に対し一様なシステムにせざるを得なかったため，仮に低速で走行していて信号機から遠方であっても警報を発し，必ず運転士に赤信号の確認とブレーキ操作を要求するという欠点があった．

国鉄での実績を受けて運輸省は，1967（昭和42）年に主要民鉄16社に対して通達によりATSの設置を促している．民鉄では点制御ではない軌道回路による連続制御を基本に，大都市線区に1969（昭和44）年度末までに整備された．民鉄のATSの特徴は速度照査機能，すなわちチェックされるべき速度以下であればブレーキ操作を必要としない方式で，ペナルティが必要なときだけブレーキが加わる．

ATSの早急な整備は鉄道の安全性にきわめて大きな役割を果たし，わが国の鉄道が外国より安全であるといわれる論拠となった．ただし，国鉄

のATSは前述の問題点を含んでいたため速度照査機能への要求が高まり，1985（昭和60）年になりATS-P（速度照査付ATS）の導入が始まった．これはトランスポンダを利用し，地上より信号機までの距離情報をも送るもので，その情報を基に車上で危険性を判断するので，必要なときにしか警報やブレーキ指令は発さない．点制御の欠点は地上子（トランスポンダ）を1信号機に複数個配置することで補うものである．

ATSは地上信号機の見落としに対応したものであるが，曲線や分岐器などの速度制限にも工夫次第で対応できる．従来から一部で利用されていたが，2005（平成17）年の福知山線脱線事故（速度制限無視）を契機に，主要線区主要箇所への速度制限機能の付加が義務付けられた．

5.4 軌道回路

電化が進展して列車負荷が増大し，負荷電流の大電流化や高調波による誘導障害で，軌道回路も直流あるいは商用周波数のままでは使用できなくなってきた．

交流電化に対応する軌道回路として，高調波から十分分離可能なMG（motor generator）による83.3 Hz軌道回路（仙山線，1955（昭和30））年，商用周波数の半分の周波数を用いる分周軌道回路（常磐線，1963（昭和38）年），そして周波数を高い方に移行したAF（audio frequency）軌道回路（東北本線，1959（昭和34）年）などが開発された．前2者は，従来の商用軌道回路の軌道リレーをそのまま用いることができる．

さらに車上に電力用半導体が導入されると，サイリスタチョッパ車などのノイズが懸念されたが，綿密な調査や対策の結果，大きな問題とはならなかった．近年は，国際標準で電気車によるノイズの測定方法などが規定されている．

5.5 踏切の安全

経済の発展に伴う自動車の発達は踏切事故の増加をもたらした．踏切数は最も多い1961（昭和36）年で約7万箇所，踏切事故は5 500件を超えていた．相前後して法令の強化とともに，踏切道の廃止，警報機や遮断機の設置と制御の自動化が急速に進んだ．遮断中の踏切でトリコになった自動

車を検出する踏切障害物検知装置は，1961（昭和36）年に赤外線検知式が京浜急行で初めて実用化され，レーザ式，ループコイル式，ミリ波レーダ式などが順次開発されて普及した．制御装置の電子化は1986（昭和61）年に実現，故障検知装置が内蔵された．それらの結果，2012（平成24）年の踏切数は3万4千箇所に，踏切事故も年間350件まで減った．最近ではプライベートクラウドによる監視カメラの設置も行われている．

6 マイクロエレクトロニクスの利用

東海道新幹線の電子化が成功するとまもなく，集積回路，そしてマイクロプロセッサが市中に現れた．電子化段階では各素子の故障に際して本章の8節で述べるフェイルセーフになるような設計が行われたが，多数の素子の集合体ではそうした解析は困難で，故障時の機器の振る舞いが不明になる．これではせっかくの小型化，低廉化のメリットが信号システムに生かせない．そこで新たな工夫が凝らされることとなる．

6.1 電子連動装置[5]

コンピュータによる信号システムは，小型化と高機能化の可能性を求めて研究が行われて来たが，故障時の安全性に難があった．当初はフェイルセーフな素子でのコンピュータ化も試みられたが，1985（昭和60）年に鉄道技術研究所奥村幾正らにより解決の目途がついて実用化した．汎用ICによるコンピュータで，3重系同期運転をミクロに行う方式である．当初は大駅以外ではコストパフォーマンスが得られなかったが，汎用コンピュータによる構成などで次第に中小駅にも普及が進んだ．2010年時点ではおよそ1 800駅に導入されている．

6.2 電子閉そく装置[5]

電子閉そく装置はマイコンの応用製品で，地方の単線線区が適用対象である．鉄道技術研究所大野陽治らはそれまで連動，閉そく，CTCとバラバラにできていた装置を統合し，地上と車上との情報のやり取りで安全を確

図 10.11　電子閉そく車上装置－運転士左前方（日本鉄道電気技術協会編：「鉄道信号の技術はこうして生まれた」，日本鉄道電気技術協会，2009 年）[5]

保する低廉なシステムを開発した（**図 10.11**）．

　電子閉そくのキーポイントは，列車の到着を複雑な軌道回路論理（特殊自動閉そく）の代わりに，列車番号を車上から駅装置に無線で送る点にある．これにより前駅を出発した特定の列車が確実に到着したことを検知する．経済性が評価され，国鉄末期に約 1 800 km の線区に一度に投入，機械信号の電気信号化と駅の無人化を達成した．

　点呼時に携帯形の列車番号送信機が乗務員に渡され，これを運転台に据付ける．始発駅を出発するときに押しボタンを押すと無線で駅の機器室に番号が伝わり，その番号をキーとして次駅との間の閉塞が確保される．次駅への到着時に無線機からその番号が自動送信され，それにより確かに先刻出発した列車が到着したことで，閉そくを解除（これまで走行していた駅間に列車がいなくなりフリーになること）する．

6.3　電子端末

　電子連動装置は，最終出力部分はリレーに依存していた．しかし，トータルな電子化が望まれるようになり，1989（平成元）年に電子化制御が実用化した．サイリスタの出力電流を監視し，異常と分かれば遮断する回路を設けている．もちろん電子連動と合体して設置したものである．

　さらに，これらの端末を現場機器に分散配置し，連動装置とは光ケーブルで結ぶネットワーク信号装置が 2007（平成 19）年に武蔵野線市川大野駅

7 無線式信号システム

　無線を用いた列車制御システムは，地上装置が簡略化され，信頼性や保守性が向上するところに魅力がある．無線制御の安全性が不安視されていたが，海外が先行した．

　欧州共通のシステム ETCS（European Train Control System）は，その目的を Interoperability（国境をまたぐ自由な列車の運行）として共同開発されたもので，バラバラな信号方式の統一に主眼がある．3段階での発展を目指しているが，最終段階である完全な無線方式にはまだ届かず，列車への保安指令に無線を用いる段階にとどまっている．

　一方，CBTC（Communication Based Train Control）は米国の IEEE（米国電気電子学会）が中心でまとめたシステムで，多くは地下鉄など都市内鉄道を対象とし，すでに 100 以上のシステムが稼動している．列車制御に ETCS との大きな違いはないが，運行管理，自動運転，連動装置などすべての信号システムを統合した概念になっている[8]．また，米国運輸省が主導して推進している PTC（positive train control）は，貨物を中心とした主要幹線の保安度向上を狙ったものである．2015 年末までに指定する線区に導入される予定で，GPS（global positioning system）を用いたものが多い．

　このような情勢のなか，JR 東日本では ATACS なるシステムを 2011 年に仙石線に設置した．日本で初めての無線による列車制御システムで，鉄道総合技術研究所長谷川豊らにより開発されていた CARAT を引き継いだものである．

　ATACS（Advanced Train Administration and Communications System）は ETCS と類似のシステムである（**図 10.12**）．車上装置が自らの列車位置を検出（車輪の回転数と地上子による補正とによる）して，これを地上の拠点装置に送信する．拠点装置は，域内各列車の位置情報から当該列車がどこまで進んでもよいかを示す進行限界情報を列車に送り返す．車上装置はそれを基に，どの地点ではどのくらいの速度でなら走ってもよいという距

間隔制御（ATACS式）

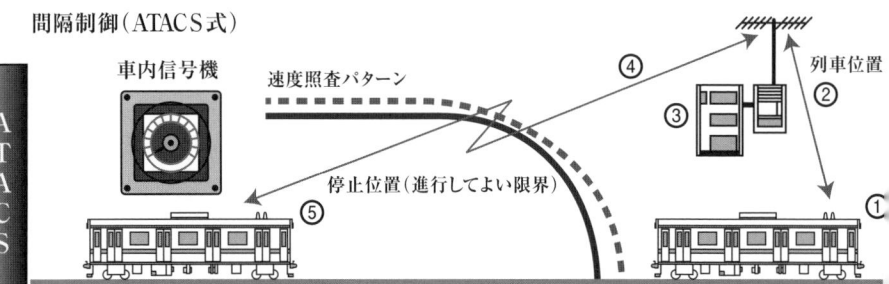

■ 列車間隔に応じて速度照査パターン速度を低下または列車を停止
① 先行列車　② 列車位置伝送　③ 拠点制御装置　④ 停止限界送信　⑤ 後続列車

図 10.12　ATACS の構成と機能（JR 東日本プレスリリース：無線による列車制御システム ATACS の使用開始について，2011 年 6 月 30 日）[6]

離速度パターン情報を作成，そのパターン内での走行を運転士に指示する．万一速度がパターンを超えるなら非常ブレーキがかかる．各列車と拠点装置との通信は約 1 秒ごとに繰り返され，通信不通が一定時間続けばブレーキがかかる．これにより信頼度の向上，省エネ，列車密度の増加などが図れるとしている．車上で受信した情報は地上に送り返されるので，地上と車上の閉ループが常に保たれる．これは安全上画期的な列車制御技術である．複線区間ながら単線 2 本として列車を走行させる機能も備えており，わが国としては本格使用されなかった湖西線を除き，初めてのものである．また，踏切装置の制御もシステムに組入れられる予定で，この点では世界に先駆けている．軌道回路がなくなるのでレール破断検知ができなくなるが，別途新たな方式を考えるとしている．

ATACS に先駆け，東北新幹線では異常時の逆線運転を可能とする，LCX 無線による運転システムを設置している．これは 1 区間 1 列車だけの運転で，通常用いられることはないが，特記しておきたい．

さらに JR 東日本は，常磐緩行線に CBTC を導入することを発表，しかも海外のメーカーにも応札を呼びかけ，2014（平成 26）年 1 月に Thalys 社を選定したことを明らかにした．

その一方で，より簡易化した無線利用の閉そくシステムが地方交通線を対象に研究されており，実用化も近いと思われる．GPS での信号制御はまだないが，運転士を支援して速度超過やオーバーランを音声などで警告す

る補助システムは，近畿日本鉄道が 2008（平成 20）年に採用している．

8 安全性に関して

　鉄道信号の安全はフェイルセーフ原理により設計されてきた．故障すれば必ず赤信号になる仕組みである．当初はワイヤの切断や部品の摩耗など，機械的な損傷をもっぱら対象として技術が発展したと考えられる．その後，電気部品が導入され，電流が絶たれた場合に重力により確実に接点が開放される重力落下形リレーや，回線の切断や短絡を電気的に検知する技術などがその中心技術となった．その萌芽は，米国の軌道回路の発明に見られるが，フェイルセーフの言葉の起源は米国の軍事用語と考えられている．日本では，1952（昭和 27）年に国鉄の鈴木嶺夫が早稲田大学の講義で使うまで公には使われなかった[4]．

　しかしながらトランジスタが発明され，次いで集積回路，マイクロコンピュータなど電子装置の発達は，安全性に対しても「素子の故障モード」によらずに安全性を担保する必要性を突きつけることとなる．

　1985（昭和 60）年に実用化された電子連動装置はその先駆けである．3 重系コンピュータをバスラインで同期を取りながらの多数決処理をその基本とするほか，多数決回路自体をフェイルセーフになるよう構成したものである（**図 10.13**）．これにより，コンピュータでも安全を必要とする分野に活用できる手段が開かれた．マイコンの利用は引き続き電子閉そく装置，ATC 装置，踏切制御装置などに展開していった．

　無線システムもまた妨害などの問題で導入が遅れていたが，電子閉そく装置において列車の識別番号を列車から駅装置に送ることで部分的な導入がなされ，ATACS においてついに主役となった．汎用通信技術による誤り検出符号，タイムスタンプ，フィードバックループによる伝送チェック，高頻度の繰り返し送受信などにより，保安システムへの導入見通しを得たものである．

　さらにコンピュータ化に際しては，ソフトウェアのバグも解決しなければならなかった問題である．モジュール化や割込み信号の使用禁止，ウォッ

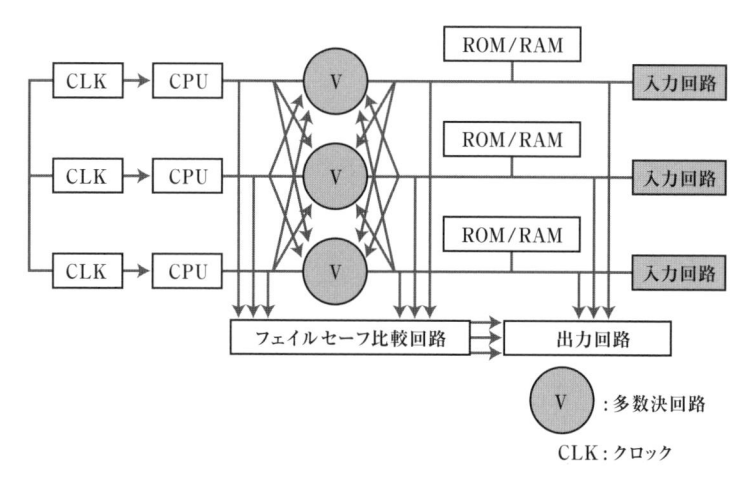

図 10.13　電子連動装置の制御部構成例（中村英夫：「列車制御」，工業調査会，2010 年）[7]

チドグタイマ，メモリやインターフェースの健全性チェックなどによりコンピュータの異常をいち早く検出して停止させるほか，事前の入念な検査でバグをなくすことを基本とした．一方で，バグを数学的論理で排除するフォーマルメソッドのようなソフトウェアの利用や，その前段となる図形などによる論理の明確化にも取り組まれつつあるのが現状である．

❾ 今後の展開

　無線の安全性が十分認識されデータが積み重なれば，多くの線区に導入が進むものと思われる．CBTC は地下鉄や新交通システムへの適用が海外では大半であるが，常磐緩行線への適用が成功すればそのメリットが認識されよう．すなわちトータルシステムとしての列車制御である．

　これまでの信号システムは，列車の保安制御，駅の連動制御，列車群の管理，踏切制御や自動運転など，それぞれ個別の技術として鉄道線区に適用されてきた．札幌地下鉄南北線が 1971（昭和 46）年，札幌冬期オリンピックに合せてゴムタイヤ第三軌条式の鉄道として開業した際には，ATC，CTC はもちろん，自動出改札や車庫内への自動回送運転など，コンピュータを大幅に取り入れてトータルシステムと称した．また，神戸，大阪の新交通

システムもそうである．しかし，個別のシステムを一度にまとめたというイメージはぬぐえない．

それに対しCBTCは，トップダウン的な文字どおりのトータルシステムであり，個別適用に伴う無駄を排し，徹底して経済性と機能性を追及するものである．しかも無線によるフィードバックにより信号指令が確実に列車に伝達できていることを常時確認するので安全性がさらに高まる．地上装置が少なくなることは，工事ならびに保全にとって大きなメリットとなろう．RAMS (Reliability, Availability, Maintainability and Safety) という安全性と信頼性や保守性などとの協調が国際標準となる時代に，ふさわしいシステムである．

一方，安全性とともにセキュリティが重要視されてきている．踏切やホーム，沿線での侵入や災害監視機能がこれからはさらに重要になる．

保守作業の能率化とあいまってこれらが統合され，細密でリアルタイムな列車位置検知をベースに，地上と車上が一体となったシステム化の完成が，これからの鉄道信号の目指す方向と考えられる．

参考文献

（1） 信号保安協会編：「鉄道信号発達史」，信号保安協会，1980年
（2） 吉村寛，吉越三郎：「信号」（改訂版），交友社，1961年
（3） 高橋豊次郎：鉄道信号法，鉄道講習会，1913年
（4） 奥村幾正，佐々木敏明：「フェイルセーフ考」，OHM, Vol.100, No.9, オーム社，2013年
（5） 日本鉄道電気技術協会編：「鉄道信号の技術はこうして生まれた」，日本鉄道電気技術協会，2009年
（6） JR東日本プレスリリース：無線による列車制御システムATACSの使用開始について，2011年6月30日
（7） 中村英夫：「列車制御」，工業調査会，2010年
（8） IEEE Standard for Communications-based Train Control (CBTC) Performance and Functional Requirements, IEEE Std1474, 2004

第11章

運行管理

　運行管理とは，多数の列車を効率よく運転させ，利用者の便益に最大限応えることを目的とするシステムである．当初は駅長がその主要な役割を担っていたが，伝送技術の発達とともに，中央からの遠隔制御により列車群としての挙動の最適化を目指すように変化，発展してきた．特にコンピュータの導入は，その判断と判断結果の速やかな伝達，旅客案内の面で，画期的な役割を果たした．しかしダイヤ乱れに対する利用者の要望は年々高まり，列車ダイヤの改良とともに，鉄道事業者の一層の努力が望まれている．

1 運行管理と情報通信技術

1.1 運行管理の目的と技法

　運行管理は列車群全体を監視・管理し，総合的な調整を行うシステムである．需要に見合った適切なダイヤがあり，ダイヤが乱れた場合の列車出発の抑止，順序変更，運休などの処置（運転整理）が続く．これらは関係する列車や駅だけでなく，乗務員区や保守区など関係機関への的確かつ迅速な情報連絡を必要とする．また，ダイヤの乱れ状況の把握は列車位置の検知に基づくので，鉄道通信や信号システムの発達と密接な関係を持ちつつ発展した．大量の情報処理にコンピュータが導入され，乗務員や車両の最適な運用，列車や旅客への伝達も含む総合的なシステムへと発展したのが今日の姿である（**表 11.1**）．

表 11.1　運行管理の技術年表

年	導入技術	導入箇所
1951（昭和 26 年）	タイムコード式遠隔制御装置	東海道本線五条川信号場
1954（昭和 29 年）	ポーラーコード式 CTC 装置	京浜急行久里浜線
1956（昭和 31 年）	模写電信装置	東海道本線新鶴見駅
1958（昭和 33 年）	国鉄初の CTC 装置	伊東線
1964（昭和 39 年）	トランジスタ式 CTC	東海道新幹線
1966（昭和 41 年）	さん孔式プログラム制御	京浜急行浦賀駅
1967（昭和 42 年）	ハイブリッド IC による CTC	土讃線
1969（昭和 44 年）	CTC に自動進路設定付加	高山線
	ワイヤードロジックによる TTC	阪急宝塚線
	MOS-IC による CTC	水戸線
1971（昭和 46 年）	地下鉄のコンピュータ式運行管理	大阪市交通局堺筋線
	多車種のコンピュータ式運行管理	阪神電鉄
1972（昭和 47 年）	新幹線 COMTRAC	東京～岡山間
1995（平成 7 年）	COSMOS	JR 東日本新幹線
1996（平成 8 年）	ATOS	JR 東日本東京圏
2004（平成 16 年）	GPS による列車追跡	JR 貨物

1.2 鉄道通信の幕開け

　鉄道開業時はすべて単線だったので，隣接駅同士の連絡ができなければ運転が不可能である．したがって電信による連絡は当初から付随していた．また，安全のための初歩的な閉そく装置も電話連絡を取りながら行っていた．さらに，文字や図などを送ることができる模写電信装置（ファクシミリ），ついで列車乗務員とのやり取りによってダイヤを調整する移動体通信というように，運行管理には常に鉄道独自の通信網が付属していた．鉄道通信が独自の発展をしていたことで，信号システムあるいはコンピュータとの融合が進み，運行管理の展開に役立ったと考えられる．

2 CTC（列車情報の収集と信号機制御）[1]

2.1　CTCの生い立ち

　列車位置情報の収集は，軌道回路などにより列車の位置が把握できるようになってからである．それまでは目視によるほかなかった．集めた結果で信号機などを直接制御できれば，駅の運転要員が不要となる利点が生まれる．したがって情報の収集と制御は早くから一体のものとして考えられていた．そのための伝送制御装置が列車集中制御装置（Centralized Traffic Control：CTC）であるが，わが国での導入は信号保安装置より80年も後になっている．

　米国においては，広い国土の開発に際し，鉄道の普及をできるだけ経済的に進める必要性に迫られた．そこで「信号」方式として時間間隔で列車を運転する方法が普及した．数十マイルごとに係員（ディスパッチャ）を配置し，列車の出発時刻の調整により，列車の衝突を防いだのである[2]．この係員の代わりに遠隔伝送装置で列車に信号を与えるようにしたのがCTCで，米国のCTCは安全を司る装置として発達し，日本を含む各国の遠隔監視制御装置の流れとは生い立ちを異にしている．

2.2 RC装置

わが国で鉄道導入当初は，無人駅にするニーズは少なかった．大駅の運行管理の一環として，隣接する小駅や客扱いをしない信号扱い所などの監視制御を行うRC（remote control）が最初に導入された．符号伝送以前の実線で直接制御する方式であり，1928（昭和3）年に東海道本線大津～山科間の排水設備工事のため，ずい道に設けられた分岐器と信号機の制御が最初とされる．リレー論理回路による符号伝送遠隔制御装置が用いられたのは遙かに遅く，1951（昭和26）年（五条川信号所）でのことである．

2.3 CTCの導入

CTCは1954（昭和29）年，京浜急行電鉄久里浜線に導入されたのが最初である．米国からの輸入品を改良して作られた．線区のいずれかの駅もしくは業務上の拠点に指令所を設け，そこから全線の信号機やポイントを制御する．電源の＋と－を切り替えていくことにより符号を表現するポーラーコード式で，時分割符号をリレーにより作り出す方式であった．

民鉄においては，駅の運転要員が不要になる経済効果に注目して，同年，名古屋鉄道の小牧線に導入されたほか，1945（昭和20）年までに南海電鉄，京成電鉄，東武鉄道などの線区に相次いで導入されている．

国鉄では1958（昭和33）年の伊東線が最初で，しかも東南アジア首脳視察団を迎えるに当たり，国産技術の披露を目的に急遽導入したものにとどまった．

伝送方式はタイムコード式，サーキットコード式，新サーキットコード式などが考案されたが，いずれも基礎帯域伝送で高速度符号伝送には遠かった．

新幹線もその導入までには紆余曲折があった．世界的に見ても500 kmもの長大区間にCTCを設置した例はない．また，複線なので電話などでの連絡で十分ではないかという意見も多かった．そもそも高速符号伝送できるシステムがなかったのである．

鉄道技術研究所・保原光雄らによる搬送回線を利用したトランジスタによる符号伝送の見通しが得られ，1964（昭和39）年10月の東海道新幹線開業にやっと間に合ったのである（**図11.1**）．情報の伝送速度は1 kbps，論

図 11.1　東海道新幹線に設置された CTC 架

理部を 3 重系,送受信部を 2 重系の電子式システムとして導入された.開業 1 年間の信頼度実績は,システム故障 0.7 件 / 月,部品故障 3.2 個 / 月で,いずれも予測値の 1/15 程度だったという.

　CTC の意義は,それまで指令と駅,あるいは駅間での連絡で列車の運行管理がなされていたものが,運転指令と乗務員とによる運転方式に代わったことで,駅はもっぱら営業に専念することとなった.列車運転方式の革命であり,同時に線区全体を常に集中して管理する近代鉄道のあり方を明確に示したものでもあった.

　新幹線の成功は国鉄在来線にも波及した.国鉄が赤字に転落し要員の削減が急がれたため,1967(昭和 42)年に土讃線に導入された.駅での入換作業など新幹線のような単純な輸送形態ではない苦労もあったが,一部を三重系から二重系に落とすなど低コスト化も行い,1969(昭和 44)年以降は MOS-IC を利用した CTC が各地に普及した.CTC 装置自体のコンピュータ化は,1982(昭和 57)年の東北新幹線以降である.

　国鉄では各駅を直列につないで,制御所からの信号を順次符号中継していく,制御所 1,被制御所 N の 1 : N 伝送方式であるが,民鉄では制御所と各駅をそれぞれ 1 : 1 で接続する方式が主流である.ただし通信技術の発達につれ,こうした鉄道独自の方式は汎用通信技術に代わられつつある.

3 ダイヤ記録とダイヤ作成

3.1 ダイヤ記録

　時間を横軸，距離を縦軸にして各列車の運行予定を示す時刻表の表現手法は，鉄道開業の初期に英国人技師 W.F.ページによりもたらされたが，容易には教えてもらえなかったとされる[16]．列車密度の増加に従い時間単位は細かくなって，現在では1分単位のところもあるが，基本は変わらない．

　運転指令は印刷されたダイヤに実際の運行結果を記入して，計画とどれだけの乖離があるかによりその変更を行う．列車密度が高く混乱が大きければ，その作業もまた大変なものになる．CTC以前は駅からの電話連絡によったが，CTC導入後は表示盤の動きを監視して書き込むことになり，当然，その自動化が課題となる．

　当初開発されたのはペン書き方式だが，インクの詰まりや交換など保守に手間がかかった．次に開発されたのが導電破壊式記録紙によるものである．ダイヤを印刷した半透明メタライズペーパーの裏面に金属薄膜を蒸着，記録針を押し当てて電流を流すことにより，その点の金属膜が破壊されて透明化することにより記録されるものである[2]．記録紙は高価であるが，インクやリボンを用いなくてよい．入力は軌道回路情報で，中央から50波の信号（約0.4～9 kHz）を時分割で現場装置に送る．現場装置は50種類のフィルタで，特定の軌道回路に対応した信号波をリレー接点によりパスしたりパスしなかったりする．これを再度中央で受信して列車情報とするものである．

　しかし，この方法では記録結果が市松模様状で見にくく，また列車番号の記録ができないことから，汎用技術の進展に伴い市販のXYプロッタによる方式，さらには汎用プリンタによる方式へと変わっていった．

3.2 ダイヤ作成

　ダイヤを作成するには，①需要の適切な把握，②事業者としての施策，③設備の状況，④車両計画，⑤乗務員計画等を適切に組合せなければなら

ない[3], [4]．それにはスジ屋と称する専門家が必要だった．

　1973（昭和48）年10月のダイヤ改正には，列車ダイヤ自動作成装置が全国主要幹線のダイヤ作成に用いられた．当時は，コンピュータの容量や処理速度などの問題があり，十分な性能のものとはいえなかった[5]．その後，グラフィックディスプレイによるマンマシンシステムが登場した．1981（昭和56）年になり，国鉄本社の端末と鉄道技術研究所に設置された大型コンピュータによるダイヤ作成システム（DIAPS）に発展した[6]．作成されたダイヤを基に，乗務員の運用表，列車への車両の割り当て表などを自動的に作成するシステムは，さらに先の話となり，現在でも完全自動化までは難しいようである．

4 列車番号表示装置[1]

4.1 列車番号の検知

　列車番号は，列車のIDとして運転取扱いに欠かせないものである．列車番号によりその列車の速度，出発時刻，停車駅などが一義的に判別できる．

　列車番号の自動取得には列車自身から番号を発信する方法と，指令所などでプリセットしたものを軌道回路情報によりシフトしつつ表示する方法がある．前者は確実性が高いがコストがかかるうえ，乗務員によるプリセットが必要である．後者は安価であるが，ダイヤ変更などに際して設定の変更が必要となり，また軌道回路情報による論理回路でシフトするため誤動作の懸念がある．

　車上有電源方式は，東海道新幹線の開業（1964（昭和39）年）とともに実用化された．周波数分割多重方式により伝送し，これを地上のループコイルで受信するものである．一方，無電源方式は小形軽量なので可搬形にできる．一例として，1966（昭和41）年に帝都高速度交通営団（現・東京地下鉄）日比谷線で実用化した方式について述べる[7]．この方式は図11.2に示すようなレスポンスブロック（セラミック共振素子）を搭載し，地上の要所に設置したインタロゲータから10波の90 kHz台の波を送出する．レ

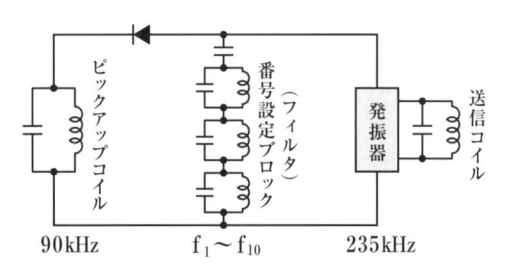

図 11.2 車上レスポンスブロックの構成

スポンスブロックは 10 波のうちの 3 波に同調するようセットされており，その 3 波を地上で検出するから $_{10}C_3 = 120$ 種類の列車番号が判別できる．1969（昭和 44）年に同東西線に導入されたのは，地上から掃引波を放射し，車上のレスポンスブロックにより変調された番号波を受信する方式である．

新幹線でも山陽新幹線の岡山開業に伴い，レスポンスブロック方式が 1972（昭和 47）年に実用化された．

車上に列車番号を持たせる方式は列車追跡の確実性は高いが，乗務員が設定する必要があり，ぎ装などの費用もかかる．コンピュータシステムの発展で列車追跡の信頼性が向上したこともあり，現在では指令所でロータリスイッチもしくはキーボードにより設定した列車番号を，軌道回路情報でシフト，表示する方式が広く用いられるようになっている．

4.2 列車番号の収集・表示：TID

列車密度が高い大都市の複線区間などでは，進路制御の前に列車の運行状況だけでも知りたいという要望があった．そこで生まれたのが TID（train identification display）である．このほかにも 1971（昭和 46）年に現発（発車時刻）通知装置として，CTC 制御範囲外の隣接駅に指令所から列車番号を送る装置，また 1976（昭和 51）年には国鉄鉄道管理局境界での列車情報の伝送や，それを主要駅にフィードバックする装置などが開発された．

5 進路自動設定[(1)]

運行管理の前段として，ダイヤ乱れのない定常状態での決まりきった進路設定作業の自動化が考え出された．ついで列車種別による自動設定，もう少し込み入ったダイヤでの自動設定，ダイヤが乱れたときの進路設定と，その範囲が拡大されていった．

5.1 進路設定作業の自動化

(1) 自動連動
列車間隔を詰めるため，駅において2本のホームを交互に使用するような場合には，簡単なリレー回路で自動進路設定が可能である．1932（昭和7）年に早くも京阪電鉄嵐山駅で実用化された．

(2) 手動蓄積
数本分の列車進路をあらかじめセットして，その記憶を基に自動的に進路設定できるのが手動蓄積である．1951（昭和26）年に京阪電鉄中書島駅で実用化した．その後，列車種別や運行パターンの形で記憶させる方式が，阪神電鉄尼崎センタープール駅や京浜急行電鉄鮫州駅等で実用化している．

(3) 列車選別
列車搭載の種別信号によって進路を，例えば本線と待避線に振り分ける方式がある．地上の装置だけでは途中駅で順序が変わった場合に対応できなくなるからである．1958（昭和33）年に国鉄中央本線飯田町〜淺川（現・高尾）において貨物列車と電車とを選別したものが最初とされるが，これはブレーキ距離の異なる列車に対する信号現示の制御のためで，運行管理が目的ではなかった．

運行を管理する目的で最初に用いられたのは東海道新幹線で，後述するCOMTRACが導入される前の進路制御に用いられ，待避駅でのひかりとこだまの振分けに利用された．

(4) 進路蓄積
定型的あるいは数進路だけの自動化では，ダイヤが乱れた場合に多くの駅での長時間にわたる進路設定変更が余儀なくされる．そこで大容量の進

路蓄積装置が考え出された．これには CTC が故障したときに駅で蓄積どおりに制御する方式と，指令所に付加する装置とがあり，前者は富山地方電鉄（1966（昭和 41 年））などで，後者は越後電鉄（1954（昭和 29 年））などで実用化した．

(5) プログラム方式 (PRC)

ダイヤのすべてを記憶して自動制御するのが次の段階である．CTC によって得られる列車情報を基に，列車固有の進路を時刻監視の下で自動的に制御する PRC (programmed route control) である．記憶に基づく単純な進路制御では，ダイヤの乱れ時には大幅変更を余儀なくされる．そこで定常業務は機械にやらせ，人間は運転整理業務に専念させるというのである．京浜急行電鉄浦賀駅では駅単独のさん孔紙テープ式のプログラム式運行装置が 1966（昭和 41）年に，また国鉄高山線では磁気テープ式進路制御装置が 1970（昭和 45）年に設置された．しかし，ダイヤ乱れ時の変更が容易でなく，どうすればマンマシンが適切にできるかが課題であった．独自の押しボタンなどに工夫が凝らされたのである．

1969（昭和 44）年に阪急電鉄宝塚線に導入された TTC (total traffic control) は，まだワイヤードロジックによる方式ではあるが，ダイヤ変更を容易にした先駆けである．TTC では一定時間異常の遅れの警報機能や運行記録のプリント機能などが実現しており，次に述べる本格的運行管理システムの幕開けとも称してよいだろう．

6 運行管理システム [1], [3], [10]

TTC においては，コンピュータの信頼性と経済性にまだ不安があったためのシステム選択だった．コンピュータの普及により柔軟かつ簡単にダイヤが調整できる可能性が生まれ，TTC と前後してコンピュータによる各種運行管理システムが誕生した．しかし，その多くは COMTRAC が研究開発の先べんをつけたものである．

6.1 COMTRAC

　COMTRAC（COMputer aided TRAffic Control system：コムトラック）と称されるシステムは，座席予約とともに国鉄が最初に取組んだ大規模なコンピュータシステムである．その端緒は鉄道技術研究所・穂坂衛が鉄道におけるコンピュータの利用を提言した 1953（昭和 28）年にさかのぼるとされる．日本発のリレー式コンピュータが実現したのが 1955（昭和 30）年，パラメトロン計算機が開発されたのが 1957（昭和 32）年であるから，相当早い着想であった．

　構想を推進するようになったのは，1961（昭和 36）年に鉄道技術研究所・山本一郎らによる CTC のコンピュータ制御（PRC）の研究着手からである．当初は横浜線などを対象に検討されていたが，1964（昭和 39）年から新幹線に的を絞った．TTC のような固定プログラムの PRC ではこなせない線区にこそ，コンピュータのニーズのあることが分かったからである．CTC の電子化と整合性のよいコンピュータコントロール，そして列車の自動運転への展望があったのである．このときの実験システムは，1962（昭和 37）年に市販されたトランジスタ式コンピュータであった．当時海外では，地下鉄を主体に類似システムが実用化しつつあったが，大規模線区の事例はなかった．

　1967（昭和 42）年に COMTRAC 作業チームが発足した．基本機能としては異常時の予測ダイヤ作成，予測ダイヤに基づく進路制御，そして予測ダイヤの現場機関への伝達であった．作業に踏切ったのはマンマシンインターフェイスとして，ペン入力のグラフィックディスプレイが登場したからである（**図 11.3**）．押しボタンや数字入力でのダイヤ変更は到底困難とみなされたからである．

　COMTRAC の第 1 期工事として 1972（昭和 47）年 3 月に岡山開業に合せ，東海道・山陽新幹線で使用開始された．進路制御系に限定されてのスタートであった．グラフィックディスプレイによる広域の運転整理（シミュレーションによる予測ダイヤの作成）は 6 箇月遅れの使用開始であったが，実時間との結びつきもないため，限られた機能以外はほとんど使用されなかったという．3 時間先までの予測に 20 分以上かかるのではそれも当然で，その程度のコンピュータ能力でのスタートだった（**図 11.4**）．リアルタイム

図 11.3　ペン入力による CRT（写真提供：鉄道総合技術研究所）

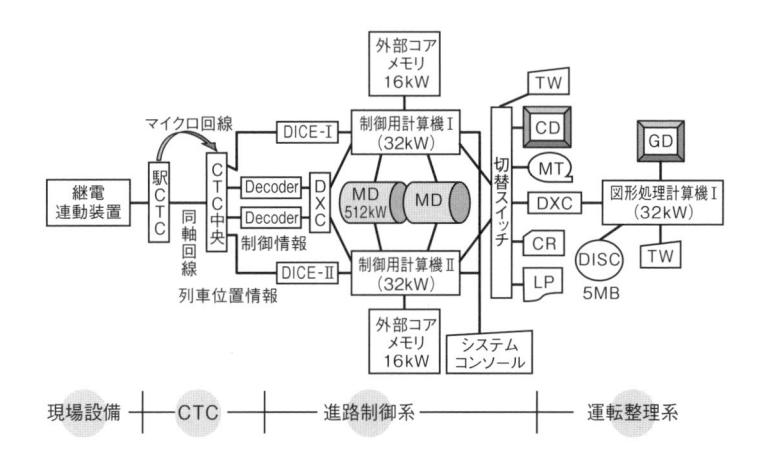

CD：キャラクタディスプレイ　TW：タイプライタ　MT：磁気テープ
DXC：データ交換機　CR：カードリーダ　LP：ラインプリンタ
Decoder：復号機　DISC：磁気ディスク　GD：グラフィックディスプレイ
DICE：ディジタル入力装置　MD：磁気ディスク

図 11.4　COMTRAC の最初のシステム構成

での運転整理や情報伝達系は，次の第 2 期に先送りされた．

　進路制御系は 2 台の計算機，運転整理系は 1 台の計算機であったが，メモリも 32 kW（1 W = 32 bit）しかなく，磁気ドラム以外に外部にコアメモリを増設しての構成であった．

　第 2 期システムは，1975（昭和 50）年の山陽新幹線博多開業に合せたものである．運転整理機能のほか，情報伝達機能やダイヤ管理機能をも充実させた．それに伴ってコンピュータ能力を大幅にアップさせた．また，東

北・上越新幹線の開業（1982（昭和57）年）による第3期，東海道・山陽新幹線の取替え（1985（昭和60）年）に伴う第4期と機能を向上させ，国鉄の分割民営化に伴う次の段階（本章7.3参照）へと発展していったのである．

6.2　そのほかの運行管理システム

COMTRAC開発の動きと前後して，民鉄ではさらに徹底した合理化を進めるべく，運行管理システムが各事業者で導入された．TTCのほか，PTC（programmed traffic control：阪神），ITC（integrated traffic control by computer：都営地下鉄）などと呼び名はそれぞれであるが，ダイヤ乱れ時も含めて線区全体を管理するところに特徴があり，コンピュータの利用が急速に広まった．ダイヤ記録などの後方業務にプリンタが導入されたが，CRTはまだコストが高いうえ，画面の設計が容易でなく扱いも難しかったため，専用表示制御盤を用いざるを得なかった．

（1）大阪市交通局堺筋線：1971（昭和46）年

地下鉄として初めてのコンピュータによる運行管理システムである．進路制御は端末駅だけであるので，自動遅延回復，行先案内制御，泊車管理などを一重系で行っているところに特色がある．

（2）阪神電鉄：1971（昭和46）年[10]

多車種の高密度通勤線区でコンピュータが用いられた第1号である（図11.5）．単純作業から指令員を解放し，本来の運転整理業務に専念させるのが目的だった．自動判断をコンピュータから提案させ，それを承認す

図11.5　阪神電鉄PTCの指令室（日本鉄道電気技術協会編：「鉄道信号の技術はこうして生まれた」P98，日本鉄道電気技術協会，2009年）

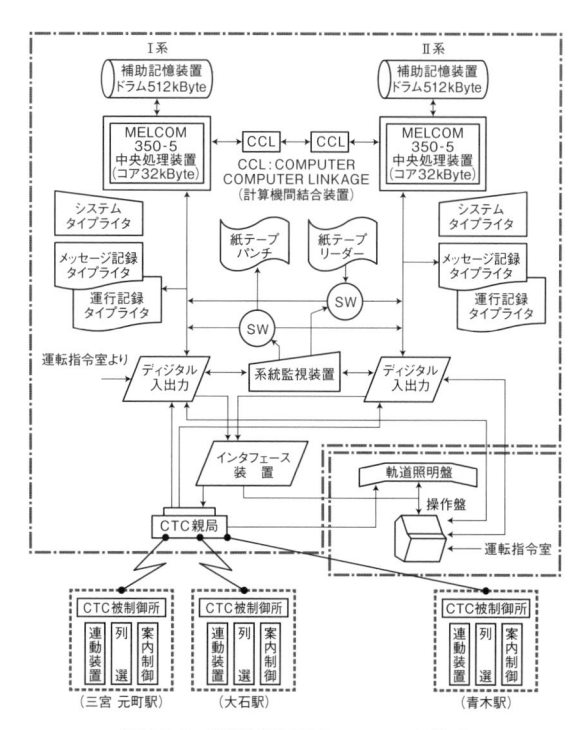

図 11.6　阪神電鉄 PTC のシステム構成

ることでダイヤが変更できるよう，マンマシン（表示制御盤）の設計に腐心したという．**図 11.6** で分かるように COMTRAC と大差ない計算機規模である．阪神電鉄用が大き過ぎたわけではなく，当時のコンピュータとしてはこの容量が最大規模だったということである．

（3）札幌市交通局のトータルシステム：1971（昭和 46）年

札幌市交通局（札幌地下鉄）のトータルシステムは，後述する総合運行管理システムの幕開けとして画期的なものであった．線区形態やダイヤは単純であったが，運行管理システムのみならず，電力管理，自動出改札，車両自動試験，売上げデータなどの後方管理システムまで計算機群で統合し，しかも自動運転を実現したものだった．札幌オリンピックに合せて 1971（昭和 46）年 12 月に使用開始した（**図 11.7**）．

（4）西日本鉄道大牟田線：1974（昭和 49）年

阪神電鉄と類似のシステムであるが，路線長が約 2 倍もあり単線，複線が混在するなど複雑である．ワイヤードロジックの論理をソフトウェアに

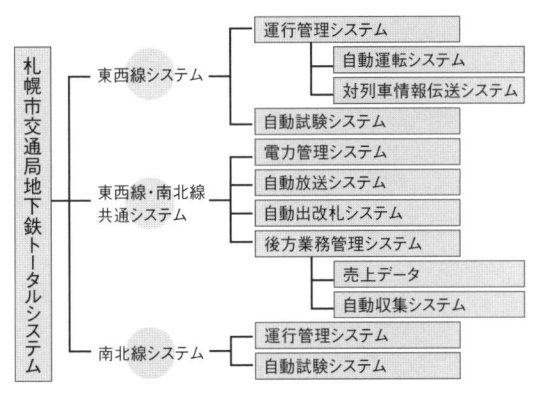

図 11.7　札幌地下鉄のトータルシステム

置換えることでプログラム制作を容易にし，また周辺システムをできるだけ簡素化することによりシステム規模を抑えた．そのため計算機規模は阪神電鉄よりも小さくなっている．

(5) 国鉄武蔵野線：1976（昭和51）年

貨物と通勤電車が混合運転される線区で，貨物が多いためダイヤの乱れに強いシステムが目標であった．武蔵野線は他線区からのバイパス線の役目があり，したがって列車番号の設定は現地で列車が進入する際，カードで入力して指令所へ送信する方式とした．列車のダイヤや順序をできるだけ記憶しておかないようにしたのも本方式の特徴である．

6.3　運行管理の実際[1],[4]

ここで運行管理の中心である運転整理について述べる．

運転整理には地下鉄のような追越や通過がない線区と，行き違いや待避・通過のある線区とに大別できる．前者では，①特定あるいは全体列車の遅れ時間を少なくする，②ダイヤからの偏差をできるだけ少なくする，③列車の間隔を均一にするなどの機能が考えられ，初期遅延時間，線区の特徴，信号装置で決まる最小間隔，時間帯などによって，判断を変えたり，複合化して旅客の便益を損なわないようにする．また後者においては，それらに加えて列車ごとの優先順位や列車速度を考えての戦略となる．

ダイヤの乱れ方によっては列車の打切りや増発を考えなければならないが，これらまで自動的に行うのは困難で，システムからの提案を基に指令

員が判断を下すことになる．

列車には運転士や車掌が乗務しており，駅には旅客を案内する駅員や案内掲示板がある．また，隣接する線区や接続輸送機関がある．したがって，これらと無関係にアルゴリズムを決めて実行することはできない．乗務員には勤務時間の枠があり，車両にも次の列車への運用や検査計画との兼ね合いがある．駅においては待避線の有無やホーム長の違いがある．コンピュータや通信手段の性能向上に合わせて，これらの周辺システムとどこまで整合できるかで発展進化してきたのが，運行管理システムといえる．

近年，特に目立つのが人身事故による大幅なダイヤ乱れである．その処理は，消防や警察の作業との兼ね合いで運転再開時間が左右される．そのため各事業者ではこれまでの経験を蓄積して，状況により運転再開時間を予測する戦略を立てている．降雨，強風などの場合も同様で，マンマシンシステムを駆使して大幅なダイヤ変更を実行しなければならない．また，大都市圏では大幅な遅延や列車の打切りでホームに旅客があふれる危険性がある．こうした実情も考えながらの運転整理となる．

7 総合運行管理システム

7.1 オペラン[9]

1969（昭和44）年頃から国鉄で研究開発が進められたのがオペラン（Operation Planning & Execution system for Railway Unified Network：OPERUN）である．基本ダイヤ計画から指令システム，伝達システム，さらには構内作業や基地作業をも含む総合列車運転管理システムであり，コムトラックはオペランを新幹線に展開する先兵との位置付けといわれた．コンピュータの性能や価格が構想に追い付けず，1975（昭和50）年に断念，国鉄の分割民営化（1987（昭和62）年）までお預けになる（**図11.8**）．

7 総合運行管理システム

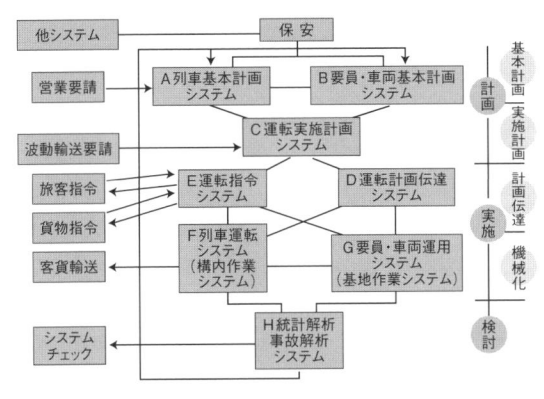

図11.8 OPERANの構想

図11.9 COSMOSの指令センター(日本鉄道電気技術協会:「信号システムの進歩と発展」，日本鉄道電気技術協会，2009年 裏表紙 JR新幹線④)

7.2 COSMOS [14], [15]

　JR東日本では山形，秋田，長野新幹線の開業に伴い，それまでのCOMTRACでは陳腐化が激しく，新しいニーズに応えられなくなり，コスモス(COmputerized Safety Maintenance and Operation systems of Shinkansen：COSMOS)を1995(平成7)年に使用開始した．

　COSMOSは新幹線の業務のすべてを対象とし，輸送計画，運行管理，構内作業管理など8つのサブシステムから成っている．中央総合指令所(**図11.9**)からは駅，乗務員区所，車両基地，保守区所に至るまで，すべてをLANでつなぐ構成である．また，分散配置を基本とし，サブシステムのトラブルを全体システムに及ぼさないようにしている．

　目的のうち運行管理に密接な項目を挙げると，①駅における運転取扱い

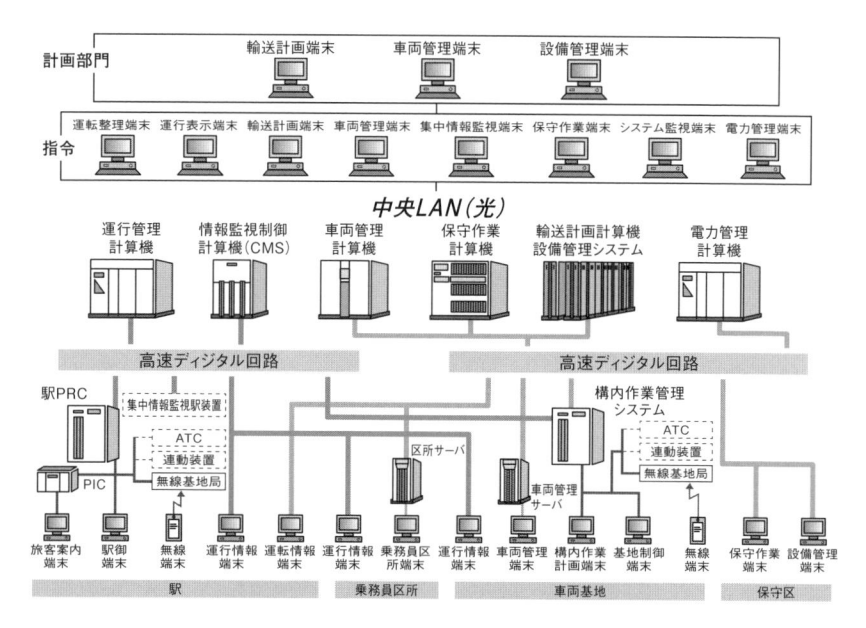

図 11.10　COSMOS のシステム構成図

業務を完全に廃止，②運転や保守にかかわる達示（現場への情報伝達）の手作業廃止，③車両基地における進路制御の自動化，④指令業務の機能性向上などである．

　運行管理も各駅に制御機能を分散して，それぞれを自律的に動作させるようにしている．したがって，進路を指令所から制御するわけではなく，ダイヤ変更の情報を駅の制御装置が受けて，駅の記憶ダイヤを変更することにより駅装置がポイント等を制御するので，CTC という概念はなくなった（**図 11.10**）．

　中央の運行管理システムは輸送管理システムから 22 時に翌々日のダイヤを受信し，各駅の翌々日ダイヤを作成する．大型表示盤や専用押しボタン端末をなくし，CRT 画面上のダイヤの「スジ」を直接操作することで，操作と表示が一体化され，スムーズな運転整理が可能となっている．

　運転整理はダイヤと実績情報から各駅の着発予想時刻を算出，必要により警報出力を行うとともに，運転整理モニターに実行ダイヤ，予想ダイヤ，整理ダイヤなどを表示して，指令員の判断を容易にし，必要な変更を行う．

　駅運行管理システムは指令所から実行ダイヤを受信して，このダイヤで

図11.11　最近のCOMTRAC指令センター(日本鉄道電気技術協会：「信号システムの進歩と発展」,日本鉄道電気技術協会,2009年　裏表紙 JR新幹線⑦)

担当範囲における列車の追跡を行い,進路制御と旅客案内制御装置への情報出力を行う.

各システムは機能に応じて二重化され,万一のトラブル発生に備えて中央からリモートでデータの収集やプログラムの入換えを可能にして,現地を介さずに保守できるようになっている.

7.3　COMTRAC[15]

国鉄の分割民営化以後も東京以西の新幹線はCOMTRACの名前で展開を続けている.1987(昭和62)年の新駅(5駅)開業でのPh5,1992(平成4)年ののぞみ増発によるPh6,1999(平成11)年に処理能力の向上と老朽化対策,第二総合指令所(大阪)増設としてのPh7,さらに品川駅開業でPh8と進化している.この間,軌道回路単位で走行速度を予想して列車を追跡し,ダイヤを予測する軌道回路単位予想方式や,データの安全上それまで困難であった臨時速度制限の指令所からの設定機能,さらには車両運用や乗務員運用の支援業務の拡張などを導入してきている.

第二総合指令所は,東京の指令所が地震災害等による機能喪失に備えたもので,第一総合指令所(**図11.11**)とほぼ同等の機能を持たせた予備系である.

7.4　自律分散システム ATOS[10]～[12],[15]

自律分散システムを大規模に鉄道に応用したのが,JR東日本のATOS(Autonomous decentralized Transport Operation control System)(**図11.12**)である.

自律分散は,日立製作所システム開発研究所・森欣司が提案した高信頼

図 11.12　ATOS の指令センター（日本鉄道電気技術協会：「信号システムの進歩と発展」，日本鉄道電気技術協会，2009 年　裏表紙 JR 在来線①）

性制御システムである．中央集中制御システムに相対するコンセプトで，システムを分散させたうえで一部の故障を通信機能によりカバーし合い，分散システムが機能を落とすことなく自律的に作動できるシステム構成である．自律分散は COSMOS でも採用されている．

指令所の列車ダイヤにより現場の信号機や転てつ器を制御することに変わりはないが，各駅に 4 日分のダイヤを記憶させておき，指令所からの指令が届かなくても，各駅で自律的にそれらの制御を行える．1996（平成 8）年に中央線において初めて導入され，その後，首都圏の通勤線区に順次拡大している．

このシステムの特徴として，駅装置が進路制御や旅客案内制御を行うため，指令所が完成しなくとも必要駅から順次使用開始可能な点が挙げられる．また，駅装置が連動装置と一体で構成されており，保守作業の状況を作業員が直接入力することで，現場の安全と運行制御への反映がスムーズに行うことができる．さらに，入換作業を伴うような大駅も含めて，完全自動化を実現した．

7.5　GPS による列車追跡[13]

総合運行管理システムとは趣を異にするが，JR 貨物のコンテナの管理システムを追加しておきたい．このシステムは機関車に GPS（global positioning system）受信機を搭載し，列車の位置を追跡するものである．JR 貨物は各 JR 会社の線路を借りて輸送を行う．したがって列車位置情報を独自に取得することができず，また旅客列車の運行にダイヤが大きく制約される．そうしたことから独自に列車を追跡し，到着時刻の予測など荷

図 11.13　東京地下鉄の総合指令所（日本鉄道電気技術協会：「信号システムの進歩と発展」，日本鉄道電気技術協会，2009 年　裏表紙 公民鉄運行管理⑤）

主の要望に応えようとしたものである．列車の追跡機能として GPS を利用したのはわが国では初めての試みである．

7.6　そのほかのシステム

現在 CTC の設置は，全線区の 70 %弱，地方線区でも 60 %強に達し，その大部分が運行管理システムを有している．中小民鉄においても運行管理システムはさまざまな形で使用されている．事務室の一角にあるパソコンが指令所というようなものもある．また，表示盤も専用のものが用いられる一方で，大型の汎用ディスプレイも登場している（**図 11.13**）．

8　今後の展開

現行の最も進んだ運行管理システムは，ほぼ究極の姿に近づいており，わが国が最も優れた技術水準にあることは間違いない．後はダイヤ乱れの回復時期（事故の復旧時期）をできるだけ正確に予測して旅客便益を高めることである[4]．また，他線区や他交通機関との連携を深めることもある．ただし，都市鉄道に焦点を当てれば，次のような展開もあり得る．

CBTC（Communication Based Train Control）というシステムが世界規模で拡大している．このシステムは無線制御を導入し，保安システム，自動運転システムそして運行管理システムを最適な形で結合・提供することを目的としている．列車の位置は数メートルの精度で検知でき，高密度運転

が可能である．JR 東日本も 2020（平成 32）年までに常磐緩行線で実用化する計画である．

　自動運転による高密度線区では乗務員の制約がないため，運行管理の自由度が増し，思い切ったアルゴリズムが可能となる．また，省エネルギーについては，これまで運行管理が積極的に介入してこなかったが，快適性などとともに力を入れて取組まれることとなろう．惰行運転を上手に利用して列車群のパフォーマンスを高める運行手法で，変電所との連携による省エネルギーもありうる．ヘッドが極端に短くなれば，ダイヤという考え方も変わる可能性がある．時刻による制御ではなく，90 秒間隔，100 秒間隔というように，時間帯や旅客の流動状況に応じて自由に需要をさばく運行方法が考えられよう．

　運行管理先進国としての技術が，ICT（information and communication technology）の発展に伴い CBTC の時代に一層の発展を見せることを期待したい．

参考文献

(1) 信号保安協会編：「鉄道信号発達史」，信号保安協会，1980 年
(2) 夜久忠雄ほか：「列車ダイヤ記録装置」，第 3 回鉄道におけるサイバネティクス利用シンポジウム論文集，日本サイバネティクス協議会，p.115, 1966 年
(3) 列車ダイヤ研究会：「列車ダイヤと運行管理」，成山堂書店，2008 年
(4) 電気学会・鉄道における運行計画・運行管理業務高度化に関する調査専門委員会編：「鉄道ダイヤ回復の技術」，オーム社，2010 年
(5) 今城勝ほか：「列車ダイヤ自動作成装置によるダイヤ作成作業」，第 10 回鉄道におけるサイバネティクス利用シンポジウム論文集，日本サイバネティクス協議会，p.178, 1973 年
(6) 大川水澄：「列車ダイヤ作成システム（DIAPS）の変遷」，p.44, RRR，鉄道総合技術研究所，2010 年
(7) 州崎虎夫ほか：「列車位置，列車番号表示装置について」，第 2 回鉄道におけるサイバネティクス利用シンポジウム論文集，日本サイバネティクス協議会，p.343, 1965 年
(8) 高橋豊次郎：「鉄道信号法」，p.134，鉄道講習会，1913 年
(9) 秋田雄志，長谷川豊：「コムトラックはこうして生まれた」，日本鉄道電気技術協会，2011 年

（10）日本鉄道電気技術協会：「鉄道信号の技術はこうして生まれた」，日本鉄道電気技術協会，2009 年
（11）北原文夫，解良和郎：「広域分散型運行管理システム」，計測と制御，Vol.32，No.7，p.590，計測制御学会，1993 年
（12）北原文夫：「ATOS」，鉄道と電気技術，Vol.7，No.9，p.39，日本鉄道電気技術協会，1996 年
（13）瀬山正：「JR 貨物の IT-FRENS & TRACE システムについて」，JREA，Vol.46，No.8，p.39，日本鉄道技術協会，2003 年
（14）東日本旅客鉄道（株）：COSMOS，2002 年
（15）日本鉄道電気技術協会：「信号システムの進歩と発展」，日本鉄道電気技術協会，2009 年
（16）阪田貞之：「列車ダイヤの話」，中公新書，50，中央公論社，1964（昭和 39）年 5 月

第12章

都市鉄道
（路面電車・地下鉄）

日本の都市鉄道は1882（明治15）年の東京馬車鉄道の開業，および軽便鉄道から発展してきたといえる．路面電車は1895（明治28）年の京都電気鉄道に始まり，都市圏に普及・発展してきた．しかし，モータリゼーションにより，道路上に敷設される路面電車は，1960（昭和35）年頃をピークに減少の一途を辿り，代わりに地下鉄が発展してきた．日本で最初の地下鉄は，1927（昭和2）年に開通した東京地下鉄道で，その後全国の主要都市で開業し，着実に輸送量を伸ばしている．一方，路面電車は，高加減速性能を実現し，バリアフリーと低床を図ったLRV車両が開発され，街づくりと一体化したLRTとしての発展が期待されている．

1 馬車鉄道

　1872（明治5）年に，新橋～横浜間に初めての鉄道が開通した．この蒸気運転の鉄道は，やがて新橋～神戸間の東海道線（1889（明治22）年全通）など，都市間を結ぶ幹線鉄道として発展していく．一方，都市内の交通機関としては，明治維新以来，馬車・人力車が登場していたが，都市への人口集中が進むにつれ，これらは都市内の交通機関としての機能を十分に果たすことができなくなり，東京では1882（明治15）年，新橋～日本橋間に初めての東京馬車鉄道が開業した．馬車鉄道は馬二頭で定員24～27人・頻繁運行，これに対し乗合馬車は馬一頭で定員8～10人・1日数回運行[1]であり，乗合馬車に比べて馬車鉄道の輸送力ははるかに優れていた．また，未舗装の道路は，凹凸による振動もさることながら，特に雨の日などはぬかるみが深く，馬車では走行抵抗が大きくなり，走りにくくなることが容易に想像できる．これなら道路に軌条を敷き，馬でその上を走らせた方がよいということになろう．

　馬車鉄道は一般に道路上に敷設され，建設費も蒸気鉄道のそれと比べて少ないため，資本蓄積の乏しい地域会社においても比較的容易に建設することができた．その分布は1888（明治21）～1900（明治33）年代を通じて増加を続け，明治末期に最大となった．しかし，馬車鉄道は馬匹の飼育，管理のための経費が高価につき，一部の地方を除いて普及せず，1900（明治33）年代以降その合理化のために新しい動力（電気，内燃動力など）を摸索するようになる．

　鉄道の法制面では，1887（明治20）年制定の私設鉄道条例により，例えば，左右レールの軌間は官設鉄道と同じ1067 mmと規定された．次いで，1900（明治33）年に鉄道営業法，私設鉄道法が公布され，官設・私設を含めて，営業上の共通の基準を定めるとともに，建設・施設・車両・運転の基準を省令によって定めることが明文化された．これらの規格化によって，官設・私設両鉄道における列車の相互直通が容易になった．一方，道路上に敷設される馬車鉄道は，1890（明治23）年制定の軌道条例によって監督され，道路行政の一環として，内務大臣の特許を受けて建設された．その後，

表 12.1　路面電車（軌道）に発展した主な馬車鉄道

開業時の名称	開業年	開業区間	距離[km]	軌間[km]	電化年	軌間変更[mm]	電化時の名称	現在
東京馬車鉄道	1882（明治15）	東京市内	2.5	1 372	1903（明治36）	−	東京電車鉄道	1972（昭和47）年廃止
小田原馬車鉄道	1888（明治21）	国府津〜箱根湯本	12.9	1 372	1900（明治33）	1 435	小田原電気鉄道	箱根登山鉄道
秋田馬車鉄道	1889（明治22）	新大工町〜土崎	5.1 △	1 391	1922（大正11）	1 067	秋田電気軌道	1966（昭和41）年廃止
亀函馬車鉄道	1897（明治30）	函館区内	15.2 △	1 372	1913（大正2）	−	函館水電	函館市交通局
岡崎馬車鉄道	1898（明治31）	岡崎停車場〜明大寺	3.3	762	1912（大正元）	1 067	岡崎電気軌道	1962（昭和37）年廃止
金石馬車鉄道	1898（明治31）	長田町〜金石	4.9	762	1914（大正3）	1 067	金石電気鉄道	1971（昭和46）年廃止
大阪馬車鉄道	1900（明治33）	天王寺南詰〜〈上住吉〉	3.7	1 067	1910（明治43）	1 435	南海鉄道	阪堺電気軌道
秋葉馬車鉄道	1902（明治35）	袋井駅〜森町	12.1	762	1926（大正15）	1 067	静岡電気鉄道	1962（昭和37）年廃止
小倉軌道	1906（明治39）	香春口〜城野	2.5	914	1920（大正9）	1 067	小倉電気軌道	1980（昭和55）年廃止
札幌石材馬車鉄道	1909（明治42）	札幌区内	10.9 △	762	1918（大正7）	1 067	札幌電気軌道	札幌市交通局

〈　〉は地名，△は推定（1950年代までに廃止された軌道は除く）

馬匹に加えて，人力，電気，蒸気，内燃などの動力が軌道条例で適用された．1907（明治40）年度末には，馬車鉄道37社，人車鉄道11社の営業が行われていた[2]．軌道条例は1908（明治41）年には逓信省と内務省の共同管轄となり，その後，1921（大正10）年制定の「軌道法」に引き継がれた．文献**(3)**をもとに，後に路面電車へと発展した馬車鉄道路線を**表12.1**にまとめた．**図12.1**に馬車鉄道の例を示す．

図 12.1　亀函馬車鉄道（小野寺一郎：「函館案内」，工業館，1902年）[4]

2 馬車鉄道から路面電車へ

　1890（明治23）年に東京の上野公園で開かれた第3回内国勧業博覧会の際，東京電燈の藤岡市助博士は，会場内に設けられた軌間1 372 mm，延長約400 mの路線に，米国のブリル社から輸入した直流500 Vの電車を走らせ一般に公開するとともに乗客を運んだ[5]．小田原馬車鉄道から，この視察・調査のために職員を派遣したとの記述も見られる[6]．この博覧会を契機に，電車に対する関心が高まり，電車による営業を企画する動きが強まった．

　そして，1895（明治28）年に京都電気鉄道が，下京区東洞院通りの塩小路踏切～伏見町字油掛間6.6 kmに，わが国初の電気鉄道として営業を開始した．電力供給は，琵琶湖疎水によって得られる水力を利用した，わが国初の水力発電所からによるもので，直流500 Vの架空単線式が採用された．

　次いで，1898（明治31）年に名古屋電気鉄道（現・名古屋市交通局）が名古屋駅前～県庁前間2.6 kmの電車（直流550 V）による営業運転を開始した．次いで，1899（明治32）年に大師電気鉄道（現・京浜急行電鉄）が六郷橋～大師間2 kmを直流550 Vで開業している．その後，欧米で600 Vが用いられるようになり，輸入機械の関係で，直流600 Vの電圧が一般に用いられるようになった．

　1900（明治33）年には小田原電気鉄道（小田原馬車鉄道を改称）が国府津～湯本間の電車運転を開始した．これは，既存の馬車鉄道を電化したもので，4番目の電車運転であるとともに，日本最初の鉄道電化といえる．

　さらに，東京馬車鉄道は東京電車鉄道と改称し，1903（明治36）年に品川～新橋間5.5 kmの電車運転を開始した．はじめのうちは馬車と電車が併用された．同年と翌年には，東京市街鉄道および東京電気鉄道が相次いで開業し，東京市内の電車網の骨格ができあがった．いずれも軌間は馬車鉄道と同じ1 372 mmである．この3社は合併して，東京鉄道，東京市電気局を経て，現在の東京都交通局に至る．馬車鉄道のいくつかは標準軌などに改軌されており，現在では都営荒川線，東急世田谷線，京王電鉄京王線，都営地下鉄新宿線および函館市営路面電車の軌間が東京馬車鉄道と同じ1 372 mmである．

また，大阪では，市営（日本初の公営）により，当初から電車運転で1903（明治36）年に九条花園橋〜築港埠頭間の営業を開始した．翌1904（明治37）年には横浜電気鉄道（現・横浜市交通局）が開業している．

上記の各都市で開業した路面電車は，軌道条例に基づく軌道の扱いを受けるものばかりであった．蒸気運転で私設鉄道法の適用を受け，新宿〜立川間を1889（明治22）年に開業した甲武鉄道は，1904（明治37）年8月に直流600Vで飯田町〜中野間10.9kmの電車運転を開始し，同年12月に御茶ノ水まで電化したが，1906（明治39）年に鉄道国有法によって買収されたので，この年が国鉄における電車運転の最初となった．このように，電車の運転は，幹線の蒸気運転を置換えるよりも先に，都市内の路面電車として発達したことがわかる．

電車線路は，当初は京都電気鉄道のようにレールを帰線とする架空単線式で建設されていたが，電食や誘導障害の発生により1899（明治32）年から，トロリ線を2本張りトロリポールを2本用い，帰電流をレールに流さない架空複線式が用いられた．しかしながら，コストが高く，電車運転と保守の面でもデメリットが多いため，その後，逓信省の研究により，1911（明治44）年の電気事業法施行に伴う電気工事規程で，バラストとまくらぎを用いた専用軌道については帰線にレールを用いることが緩和された．一方，路面電車については，1945（昭和20）年頃まで，架空複線式が続いた．

③ 路面電車の発展・衰退と地下鉄の勃興

3.1 路面電車の推移

日本の都市交通は，馬車鉄道，軽便鉄道から発展してきたといえるが，電気鉄道としては，路面電車から発展してきた．

日本の路面電車は1895（明治28）年の京都電気鉄道に始まり，100年以上の歴史を有している．日本における路面電車事業者数と路線長は，1932（昭和7）年にピークに達し，全長1 479 kmで，事業者数は82にも

第12章 都市鉄道（路面電車・地下鉄）

及んでいた．また輸送量は，1941（昭和16）年に年間約27億人であった．現在は，19事業者で路線長は250 km程度であり，年間の輸送量は1.5億人程度である[7]．**図12.2**に路面電車の事業者数と路線長の推移を示すが，1930（昭和30）年代をピークに，ともに減少の一途をたどっていることが確認される．

こうした流れは，一般的にはモータリゼーションの進展により道路上に軌道が敷設される路面電車が自動車に駆逐されていくということで説明されている．実際に，鉄輪・鉄レールで走行する路面電車は，加速度，減速度が大きく取れず，また，併用軌道上では最高速度40 km/hでしか走行できないのに対して，自動車は，高加減速，高速（制限速度内で）で走行可能であるため，路面電車がスムーズな走行を阻害する交通機関として位置づけられ，淘汰されていったのは事実である．しかし同時に，都市交通としては路面電車の縮小を補う機関として地下鉄が発展してきた．

図12.3に，日本における路面電車と地下鉄の輸送量の比較を示すが，路面電車は，戦後の1961（昭和36）年に一旦輸送量の再ピークを迎えるが，その後減少しているのに対して，地下鉄は，路面電車の輸送量の減少を補って余りある輸送量の拡大を示している．日本の高度経済成長には，交通システムでは自動車交通の発展が大きく寄与したのは間違いないが，都市交

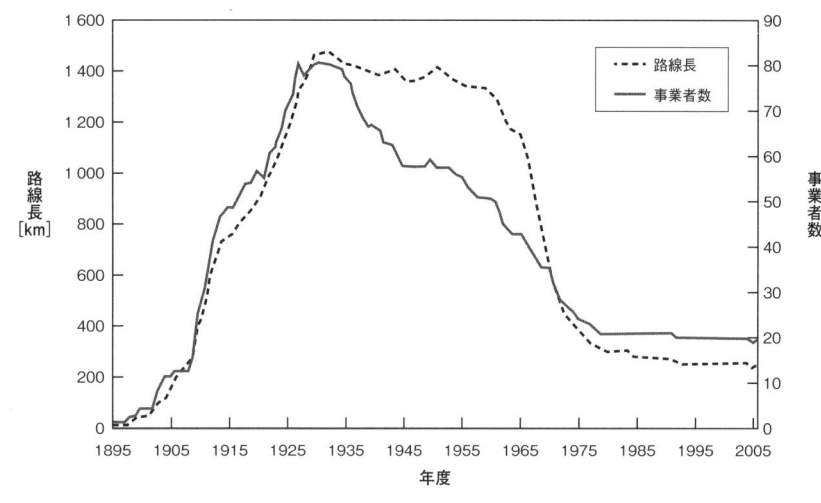

図12.2　日本における路面電車の輸送量と路線長の推移

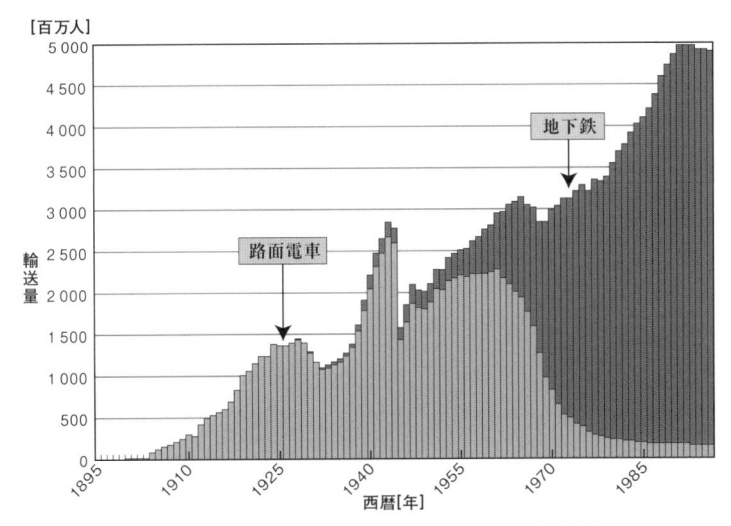

図 12.3　日本における地下鉄と路面電車の輸送量比較

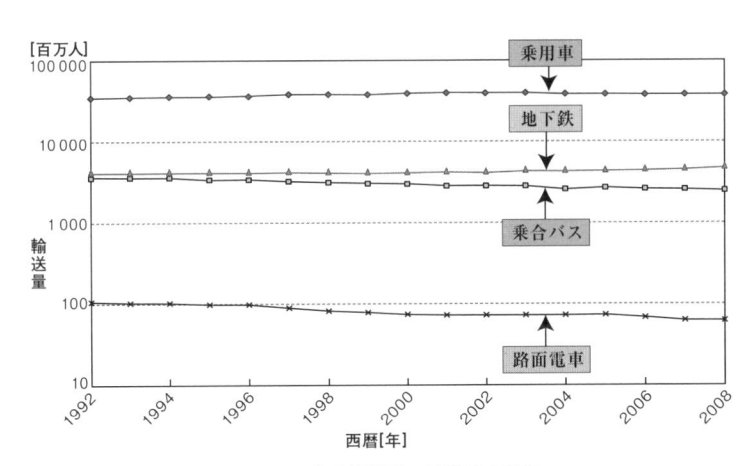

図 12.4　各交通機関の輸送量の推移

通も，地下鉄を中心として着実に発展していったことがわかる．

図 12.4 に乗用車，乗合バスと地下鉄，路面電車の輸送量の推移を示す．これらを同列に論じるため輸送量を対数表示としているが，乗合バス，路面電車とも輸送量の漸減が続く中で，乗用車も 2002（平成 14）年以降は漸減傾向を示しており，都市交通である地下鉄のみが，まだ漸増傾向を示し

ている（2008（平成20）年段階）．

したがって，都市交通としての路面電車は衰退傾向にあるものの，その補完交通であった地下鉄は，自動車の輸送量が漸減傾向に至ったいまでも，輸送量が漸増している傾向にあるといえる．これは，自動車社会となった現在でも，大都市を中心に都市交通の需要は根強いものがあることを示していると思われる．

3.2 地下鉄の発展

世界最古の地下鉄は，1863年に開通したロンドン地下鉄とされており，郊外の既設蒸気鉄道が都市内に乗り入れたMetropolitan線の一部である．当初は蒸気機関車が客車を牽引（けんいん）していたが，1905年に直流第三軌条方式で電化されている．1890年に開業した地下鉄道は，軌間中央式の直流500 V第三軌条で，電気機関車牽引であり，現在のロンドン地下鉄Northern線の一部になっている．ロンドンではチューブ形トンネルの電食防止を理由に第四軌条を敷設しており，軌間中央が第三軌条で正，側方が負であった．

わが国最初の地下鉄は，1927（昭和2）年に，東京地下鉄道が東京の浅草〜上野間で開業し，1934（昭和9）年に新橋まで延伸した．東京地下鉄道の創業者は，早川徳次（のりつぐ）（1881 − 1942年）で，「地下鉄の父」といわれる．**図12.5**は当時の地下鉄電車の車体である．直流600 Vの上面接触式第三軌条が用いられている．

一方，大阪では，1933（昭和8）年に大阪市地下鉄梅田〜心斎橋間が，直流750 Vの上面接触式第三軌条で開業している．

(a) 正面　　　　　　　(b) 側面

図12.5　日本最初の地下鉄（東京地下鉄道・浅草〜上野間），1000系電車（地下鉄博物館）

さらに，東京高速鉄道が渋谷〜新橋間を1939（昭和14）年に開業したが，1941（昭和16）年に公共企業体としての帝都高速度交通営団（交通営団）が設立され，両社線を吸収した．

1960（昭和35）年に東京都交通局も路面電車の廃止を考慮して，都営地下鉄として参入することになった．

交通営団では，当初は直流600 V第三軌条が用いられたが，その後，1961（昭和36）年に部分開業した日比谷線で直流1 500 V剛体電車線が用いられるなど，日比谷線以後の路線では郊外鉄道との乗り入れが行われている．一方，電車の速度制御は，従来は抵抗制御方式のままであったが，地下鉄では特にトンネル内の温度上昇を抑制する必要があり，交通営団は，1971（昭和46）年に世界初の回生ブレーキ付き（全界磁式）電機子チョッパ制御車である6000系電車（**図12.6**）を製作し，さらに，自動可変界磁制御の導入により回生領域を拡大した7000系電車を投入し，1984（昭和59）年には4象限チョッパ制御の01系電車を銀座線に投入している．交通営団は2004（平成16）年に，国と東京都を株主とする東京地下鉄株式会社（愛称・東京メトロ）になっている．

一方，1982（昭和57）年に熊本市電で逆導通サイリスタによるインバータ制御車が登場したが，大阪市交通局では，直流750 V地下鉄電車の小形化のため，1979（昭和54）年にメーカーとGTOインバータ制御車の共同開発を進め，1984（昭和59）年に20系電車として登場した．**表12.2**に，現在の主な地下鉄会社別（高速鉄道の地下区間などは除外）の開業年と営業キロ数などを示す．

図12.6　東京地下鉄6000系電車−電機子チョッパ（著者撮影）

表12.2　日本の主な地下鉄一覧

(2011年3月現在)

事業者名	開業年*	営業キロ [km]	電気方式および集電方式	備考
東京地下鉄（株）	1927（昭和2）	195.1	直流600 V 第三軌条／直流1 500 V 架空線	
大阪市交通局	1933（昭和8）	129.9	直流750 V 第三軌条／直流1 500 V 架空線	
名古屋市交通局	1957（昭和32）	93.3	直流600 V 第三軌条／直流1 500 V 架空線	
東京都交通局	1960（昭和35）	109.0	直流1 500 V 架空線	
札幌市交通局	1971（昭和46）	48.0	直流750 V 第三軌条／直流1 500 V 架空線	ゴムタイヤ式
横浜市交通局	1972（昭和47）	53.4	直流750 V 第三軌条／直流1 500 V 架空線	
神戸市交通局	1977（昭和52）	30.6	直流1 500 V 架空線	
京都市交通局	1981（昭和56）	31.2	直流1 500 V 架空線	
福岡市交通局	1981（昭和56）	29.8	直流1 500 V 架空線	
仙台市交通局	1987（昭和62）	14.8	直流1 500 V 架空線	
埼玉高速鉄道（株）	2001（平成13）	14.6	直流1 500 V 架空線	

*現存する区間の最初の開業年（現在の事業者と名称が異なる場合がある）

4 路面電車からLRTへ

4.1 駆動方式の発展

　路面電車の衰退の主要な原因は，自動車交通との共存ができなかったためで，その原因の一つに，路面電車が自動車並みの高加減速，高速化を実現できなかったことがある．路面電車は直流600 Vによるき電が中心であり，直接制御を用いた直流直巻モータによる駆動が長い間行われてきたため（**図12.7**〜**図12.9**），ほかの電気鉄道のように，チョッパ制御による高性能な制御がなされなかったことも自動車の性能に勝てなかった一因である．しかし，現在の日本の電気鉄道車両の主流であるVVVFインバータ制御車両が初めて導入されたのは，1982（昭和57）年の熊本市交通局の8200形車両（**図12.10**）である．この車両は，1台車につき120 kWの主

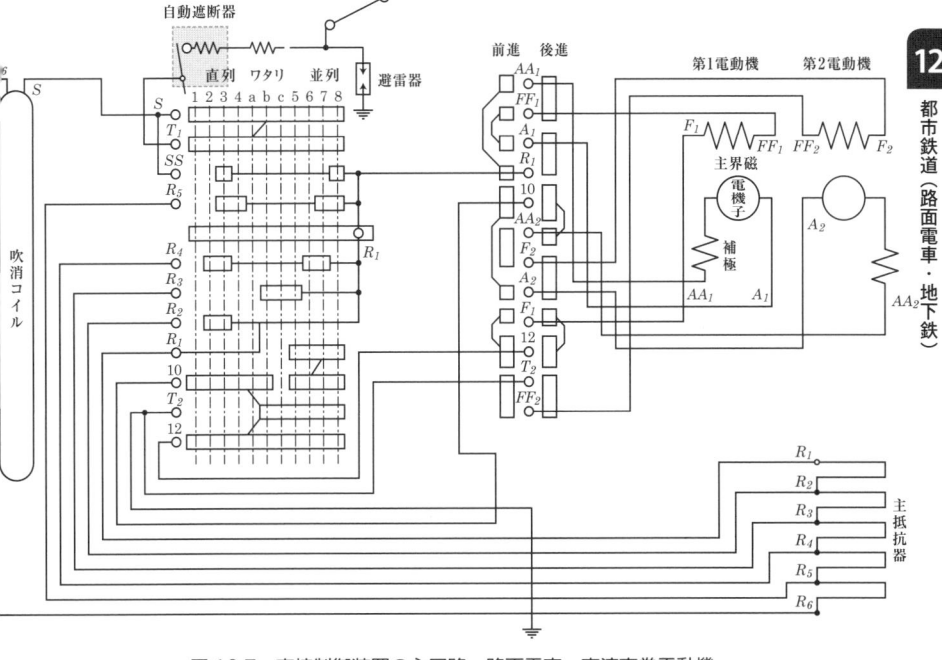

図 12.7　直接制御装置の主回路－路面電車・直流直巻電動機
（電気鉄道ハンドブック編集委員会：「電気鉄道ハンドブック」，コロナ社，2007年）[8]

図 12.8　直接制御装置－ハンドル
（電気鉄道ハンドブック編集委員会：
「電気鉄道ハンドブック」，コロナ社，2007年）[8]

図 12.9　直接制御方式路面電車
－西日本鉄道北九州線 600 形（著者撮影）

電動機（誘導電動機）1個をサイリスタのインバータで制御するもので，インバータと誘導電動機は三菱電機が担当している．当時，VVVF（variable voltage variable frequency）インバータの実用化には，サイリスタの素子耐

図 12.10　日本初の VVVF インバータ制御電車－熊本市交通局 8200 形（著者撮影）

圧の問題や VVVF インバータ制御によるノイズと信号の EMC の課題があり，直流 600 V で耐圧の問題がクリアでき，軌道回路を有しない軌道であったため，日本初の VVVF インバータ制御車が路面電車で実用化されたことは大きな意味がある．しかし，路面電車の車両は使用年数が長いものが多く，高性能を実現できる VVVF インバータ制御車でも，その能力をフルに発揮する環境にはなく，自動車交通に追いやられる傾向を覆すには至らなかった．

　一方で，路面電車事業者も，最先端技術を路面電車に適用するために，1978（昭和 53）年に，運輸省（当時）を中心に「軽快電車開発委員会」を組織して，チョッパ制御により高加減速を実現し，回生ブレーキを使用する最新形車両を 1980（昭和 55）年に広島電鉄 3500 形として実用化した．

　一方，ヨーロッパでは，1970 年代までは日本と同様に，自動車交通を阻害するとして，路面電車が英国，フランスを中心として廃止が相次いでいたが，1980 年頃より，フランスを中心として，LRT（light rail transit）の動きが広まってきた．LRT とは，街の中心市街地を再活性化するために，路面電車を中心とした街づくりのことを指す．そこで使用される路面電車は LRV（light rail vehicle）と呼び，先進的なデザインだけでなく，100 % 低床を図り，利用者に優しく，高性能を実現して，自動車に負けない速度，加減速度を実現できる車両のことである．また，LRT は街づくりと一体化しているため，市内の中心部は，自動車の乗り入れを制限して，人と路面電車のみの空間（トランジットモール）を実現させ，郊外の路面電車の駅には，パークアンドライド用の駐車場を設け，自動車利用の人は，ここから路面電車で中心部に向かうという街の構成としたのが大きな特徴である．また，

路面電車は，基本的にはすべて優先信号により，道路信号を待つことなく走行できることになり，表定速度も大きくなった．これにより，フランスを中心に，LRTがヨーロッパ中に広まっており，自動車社会の中心である米国でも，この動きを採用しようという都市も出つつある．

4.2　バリアフリー・低床への取組み

日本では，まずは路面電車の高性能化から始まった．

1997（平成9）年に熊本市交通局が，日本で初めて100％低床式車両9700形を導入した．これが日本初のLRVといってもよいと思われるが，この車両は，ドイツのアドトランツ（現・ボンバルディア）の車両を基に，日本の新潟鐵工（現・新潟トランシス）が車体製造，ぎ装を行ったものであった．この車両は，そのデザインの先進性とも相まって，熊本市交通局の路面電車の活性化に繋がったが，街づくりとはあまりリンクされず，車両の更新という意味合いが強かった．この車両の特徴は，ヨーロッパの先進的なデザインを取り入れただけではなく，台車構造を工夫して100％低床を図った点にある．この低床化への工夫は，車軸とモータを車輪間からなくすことにより実現された．その実現方法には，さまざまなものがあり，さまざまなタイプのLRVがヨーロッパで生産され，実用化された．主な方式としては，

① モータを車体に装荷し，駆動軸を介して左右輪を結合する方式（現在は，ボンバルディア社の車両）

熊本市の車両はこれを踏襲している（**図 12.11**）．

② モータと車輪と一体化して車輪の外側に装荷する方式（アルストム社のシタディスなど）

③ モータを台車枠に装荷して独立に回転させる方式（ジーメンス社のコンビーノなど）

日本では，広島電鉄のグリーンムーバーが採用している（**図 12.12**）．

その後，日本の路面電車車両としては，アルナ工機（現・アルナ車両）が，一部低床式車両の開発に成功し，2002（平成14）年に鹿児島市交通局に導入し，以降，各路面電車事業者も導入している．アルナ車両は，100％低床車も開発し，2010（平成22）年に富山地方鉄道に導入するなど，各地に導

図12.11　熊本市交通局車両の低床化台車（熊本市交通局パンフレットより）[9]

図12.12　ジーメンス社のコンビーノの低床化台車（ジーメンス社ホームページより）[10]

入している．

　1997（平成9）年に導入した熊本市のLRVに続いて，100％低床式車両としては，広島電鉄がグリーンムーバーとして，ドイツのジーメンス社の車両を1999（平成11）年に導入し，日本の技術基準に適合させるため，さまざまな改良を施したうえで，導入がなされた．こうした外国製のLRV導入の動きに触発され，日本でも，100％低床式車両を開発しようという動きが出て，運輸省（現・国土交通省）を中心に2001（平成13）年に「超低床LRV台車技術研究組合」が設立され，国産での100％超低床車車両グリーンムーバーマックスが，三菱重工，近畿車輛，東洋電機などにより開発され，2005（平成17）年に広島電鉄で導入され，さらに，2013（平成25）年には車両長さを短くし，ワンマン運転にも対応した1000形車両を導入した[11]（**図12.13**）．

4 路面電車からLRTへ

図12.13 広島電鉄1000形車両（著者撮影）

表12.3 現在の路面電車の営業状況[12]

（2013年12月現在）

事業者名等	開業年※	営業キロ[km]	架線電圧[V]	低床式車両の導入状況
土佐電気鉄道	1904（明治37）	25.3	直流600	3連接式
阪堺電気軌道	1910（明治43）	18.7	直流600	3連接式
京福電気鉄道　嵐山線	1910（明治43）	11.0	直流600	
伊予鉄道　市内軌道線	1911（明治44）	9.6	直流600	単車
東京都交通局　荒川線	1911（明治44）	12.2	直流600	
岡山電気軌道	1912（明治45）	4.7	直流600	2連接式
京阪電気鉄道　大津線	1912（大正元）	21.6	直流1 500	
広島電鉄　市内軌道線	1912（大正元）	19.0	直流600	5連接式・3連接式
鹿児島市交通局	1912（大正元）	13.1	直流600	3連接式・5連接式
函館市交通局	1913（大正2）	10.9	直流600	単車・2連接式
富山地方鉄道　市内軌道線	1913（大正2）	7.3	直流600	2連接式・3連接式
長崎電気軌道	1915（大正4）	11.5	直流600	3連接式
札幌市交通局　軌道線	1918（大正7）	8.5	直流600	3連接式
熊本市交通局	1924（大正13）	12.1	直流600	2連接式
東京急行電鉄　世田谷線	1925（大正14）	5.0	直流600	
豊橋鉄道　市内軌道線	1925（大正14）	5.4	直流600	単車・3連接式
福井鉄道	1933（昭和8）	21.4	直流600	単車・3連接式
万葉線（富山）	1948（昭和23）	12.8	直流600	2連接式
富山ライトレール	2006（平成18）	7.6	直流600	2連接式

※現存する区間の最初の電化開業年（現在の事業者名と異なる場合がある）

現在，日本では，その大半の路線で低床式車両が導入されていることがわかる（**表12.3**）．ヨーロッパで開発されたLRVを日本流にアレンジして製作したLRV（新潟トランシス）や日本で開発されたLRV（アルナ，近畿車輛，三菱重工など）が各地の路面電車路線に導入されつつあり，「路面電車＝古くさい，遅い」というイメージが，「LRV＝新しい，バリアフリー」に変わりつつある．今後は，さらにこうしたLRV導入が進むとともに，街づくりと連動したLRTの動きとなることが期待される．さらには，日本でも，フランスのように新たに路線を新設して，LRVを中心とした街づくりの実現（既存の路線のLRTではなく，新たにLRTを作る）を期待したい．

参考文献

(1) 原田勝正：「日本の鉄道」，吉川弘文館，1991年
(2) 廣岡治哉：「近代日本交通史」，法政大学出版局，1987年
(3) 和久田康雄：「私鉄史ハンドブック」，電気車研究会，1993年
(4) 小野寺一郎：「函館案内」，函館工業館，1902年
(5) 鉄道電化協会編：「電気鉄道発達史」，鉄道電化協会，1983年
(6) 「箱根登山鉄道－グラフ90」，1978年
(7) 「鉄道の百科事典」，丸善，2012年
(8) 電気学会：「電気鉄道ハンドブック」，コロナ社，1962年
(9) 熊本市交通局パンフレットより
(10) ジーメンス社ホームページより
(11) 広島電鉄ホームページより
(12) 運輸政策研究機構「数字で見る鉄道2012」をもとに最近の状況を加筆

第13章

ゴムタイヤ式鉄道

 ゴムタイヤ式鉄道は，低騒音，低振動という長所があり，環境が重要な課題である都市交通システムとしては，従来の鉄道に比べて有利な条件を備えている．一般に，ゴムタイヤ方式鉄道は，車両の支持をゴムタイヤで行うが，車両の案内方式により更に分類可能であり，法規上は懸垂式鉄道，跨座式鉄道，無軌条電車および案内軌条式鉄道に分類される．

 懸垂式鉄道および跨座式鉄道とは，一般にいう「モノレール」がこれらに該当する．無軌条電車は「トロリバス」である．案内軌条式鉄道は，一般にいう「ゴムタイヤ式地下鉄」，「新交通システム」および「ガイドウェイバス」がこれに該当する．

第13章 ゴムタイヤ式鉄道

① モノレール（単軌鉄道）の誕生と日本への導入

1.1 黎明期[(1)]

1821年，英国の特許発明第461号として，モノレール（monorail，単軌鉄道）の最初の記録が残されている．この発明者ヘンリー・パルマは1824年，ロンドン埠頭内で貨物輸送用としてモノレールを敷設した．当時のレールは木製で，これを支柱で支え，このレールに車をまたがらせ，貨物を積み，馬で引っ張ったという．1888年には，フランスのシャルル・ラルティーニュの考案になる跨座式モノレールがアイルランドで約15 kmの距離をもって旅客・貨物の輸送を行うに至り，1924年まで実用された（**図13.1**）．

一方，ドイツにおいて，鉄車輪と鉄レールを用いた懸垂式モノレールがオイゲン・ランゲン氏によって考案された．このモノレールは，ヴッペルタール（wuppertal）に13.3 km建設され，1901年から営業を開始し，現在に至っている（**図13.2**）．

その後，1952年に，ドイツのケルン郊外でアルウェーグ式（alweg type・跨座式）モノレールの模型実験が行われ，これを基礎とし，1957年，同所に1.8 kmの実物大の実験線が建設された．また，1960年には，フランスのオルレアン近郊にサフェージュ式（safege type・懸垂式）モノレールの実験線が建設された．

図13.1 ラルティーニュ式モノレール Lartigue Monorail (http://lartiguemonorail.com/) [(2)]

図 13.2　ランゲン式モノレール（Die Wuppertaler Schwebebahn パンフレットより）[3]

1.2　日本への導入

　わが国初の本格的なモノレールは，東京都交通局の上野懸垂線である．これは，これからの都市内交通の実用化モデルとして東京都が上野動物園内に建設した懸垂式モノレールで，地方鉄道法（現・鉄道事業法）による免許を受けたモノレールの第1号として，1957（昭和32）年に開業した[4]．**図 13.3** に示すように，上野懸垂線は，他の懸垂式モノレールとは異なる独自の構造となっている．すなわち，上述のランゲン式（langen type）モノレールと同様に，レールは片持ちで支えられ，レール上を走行する台車から，レール支持部とは反対側下方に伸ばされたアームで車体を懸垂する構造となっている．その一方で，ランゲン式と異なり，鋼桁の走行面をモルタル仕上げし，ゴムタイヤで走行する．構造上，左右動に対する安定が不十分で横揺れが多いため，高速走行には不向きで最高速度 15 km/h となっている．電気方式は直流 600 V，剛体架線方式（2線式）である．上野動物

図 13.3　東京都交通局上野懸垂線（著者撮影）

園東園駅～上野動物園西園駅間 0.3 km の単線運転をしている．1999（平成 11）年から開始された構造物の耐震強化工事の終了を機に，4 代目の車両となる 40 形車両（VVVFインバータ制御方式）が 2001（平成 13）年に営業運転を開始した．

その後，海外の技術を導入した国内車両メーカーが技術開発に努め，新しい交通機関として跨座式モノレールおよび懸垂式モノレールの研究が進んだ．跨座式モノレールは，アルウェーグ式の技術を導入したもので，軌道桁にコンクリート桁または鋼箱桁を用い，ゴムタイヤの走行輪が桁の上面を走行して上下方向の荷重を支持するとともに，桁の側面上部を案内輪が，側面下部を安定輪がそれぞれ左右から桁を抱きかかえるようにして左右方向の荷重を支持するとともに車両の安定を保つ構造である．軌道桁の両側に剛体電車線をがいしで支持し，集電靴で集電している．懸垂式モノレールは，サフェージュ式の技術を導入したもので，軌道桁は，断面下部に開口を持つ鋼箱桁となっており，走行輪と案内輪を有する台車が軌道桁内部を走行し，軌道桁の下に位置する車体を懸垂支持する構造である．電車線は剛体複線式で，正側は軌道桁内上部に，負側は桁内両側部に取付けられている．

跨座式モノレールとしては，名古屋鉄道が 1962（昭和 37）年に犬山ラインパーク（現・日本モンキーパーク）に開業したものが最初である（**図 13.4**）．電気方式は直流 1 500 V，剛体架線方式（2 線式）である．犬山遊園駅～動物園駅間 1.2 km の単線運転をしていたが，車両・施設の老朽化などにより，2008（平成 20）年に廃止された．

この路線の技術は，1964（昭和 39）年に開業した東京モノレール羽田線に

図 13.4　犬山モノレール－跨座式（著者撮影）

発展した.当時開催された東京オリンピックをはじめ,現在も羽田空港のアクセス輸送として活用されている.電気方式は直流750 V,剛体架線方式(2線式)である.浜松町駅～羽田駅間13.1 kmの複線運転で開業したが,その後,羽田空港の沖合展開に伴い,路線長を延長している.1997(平成9)年に営業運転を開始した2000形車両は6両固定編成で,開業当時の車両から採用されていた抵抗制御と異なり,モノレールとして初めてVVVFインバータ制御を採用した.また,2002(平成14)年のワンマン運転化に伴い,全駅にホームドアを設置した[4].

さらに,1970(昭和45)年に大阪で開催した万国博覧会会場で,当時としては画期的な自動運転の跨座式モノレール(4両編成,単線周回路線長4.3 km)が無事故で会期中の輸送を終えるなど,新しいタイプの都市交通機関として注目を浴びるようになった[4].

一方,懸垂式モノレール(サフェージュ式)としては,名古屋市交通局協力会が1964(昭和39)年に東山公園に開業したもの(**図13.5**)が最初である.電気方式は直流600 V,剛体架線方式(2線式)である.動物園駅～植物園駅間0.5 kmの単線運転をしていたが,乗客の減少などに伴い,1974(昭和49)年に廃止された.

この路線の技術は,1970(昭和45)年に開業した湘南モノレールに発展した.湘南モノレールは,周辺の住宅地開発に伴いバスに代わる軌道系交通機関として計画され,主に既設の自動車専用道上空を走行する路線で,電気方式は直流1 500 V,剛体架線方式(2線式)である.大船駅～西鎌倉駅間の単線運転で開業したが,開業翌年に,西鎌倉駅～湘南江の島駅間が延伸され,営業キロ6.6 kmとなっている[4].

図13.5 東山公園モノレール－懸垂式(著者撮影)

1.3 都市モノレール

1972（昭和47）年には「都市モノレールの整備の促進に関する法律」が公布・施行され，都市交通機関としてモノレールの整備の促進が図られることになった．この法律において，「都市モノレール」とは，主として道路に架設される一本の軌道桁に跨座し，または懸垂して走行する車両によって人または貨物を運送する施設で，一般交通の用に供するものであって，その路線の大部分が都市計画区域内に存するものと定義づけられている．1974（昭和49）年度には「都市モノレール建設のための道路整備事業に対する補助制度」（いわゆるインフラ補助制度）が発足した[5]．

この制度を活用して，北九州モノレール，大阪モノレール，多摩都市モノレール，沖縄都市モノレール（以上，跨座式モノレール）および千葉都市モノレール（懸垂式モノレール）が開業して現在に至っている．このうち，千葉都市モノレール（図13.6）は，1988（昭和63）年に2号線のスポーツセンター駅～千城台駅間8.0 kmが先行開業したのち延伸を続け，1999（平成11）年には全線15.2 kmが開業し，上述のヴッパルタールを抜いて懸垂式モノレールとしては営業距離世界最長となった．また，大阪モノレールは，1994（平成6）年の柴原駅～千里中央駅間の開業を皮切りに順次営業距離を伸ばし，1997（平成9）年の大阪空港駅～門真市駅間全線21.2 kmが開業したことにより，営業距離が世界最長のモノレールとなった．多摩都市モノレールは1998（平成10）年に立川北駅～上北台駅間5.4 kmが先行開業し，続いて多摩センター駅～立川北駅間10.6 kmも2000（平成12）年に開業した（図13.7）．VVVFインバータ制御を採用した1000形車両（4両固定編成）を用い，ワンマン・ATO運転を行っている．また，ワンマン・

図13.6　千葉都市モノレール－懸垂式（著者撮影）

図 13.7 多摩都市モノレール－跨座式（写真提供：交通安全環境研究所）

表 13.1 モノレールの一覧

事業者名	路線名	開業年	当初開業区間	距離[km]	形式	電気方式	備考
東京都交通局	上野懸垂線	1957（昭和32）	上野動物園本園〜上野動物園分園	0.3	懸垂式	直流600 V	
名古屋鉄道	ラインパークモノレール線	1962（昭和37）	犬山遊園〜動物園	1.2	跨座式	直流1 500 V	2008（平成20）年廃止
関東レース倶楽部	読売遊園地線	1964（昭和39）	西生田〜ゴルフ場	1.8	跨座式	直流600 V	1978（昭和53）年廃止
名古屋市交通局協力会	東山公園線	1964（昭和39）	動物園〜植物園前	0.5	懸垂式	直流600 V	1974（昭和49）年廃止
東京モノレール	東京モノレール羽田空港線	1964（昭和39）	モノレール浜松町〜羽田	13.1（17.8）	跨座式	直流750 V	
ドリーム交通	モノレール大船線	1966（昭和41）	大船〜ドリームランド	5.3	跨座式	直流1 500 V	1967（昭和42）年休止，2002（平成14）年廃止
湘南モノレール	江の島線	1970（昭和45）	大船〜西鎌倉	4.7（6.6）	懸垂式	直流1 500 V	
日本万国博覧会協会	大阪万博モノレール	1970（昭和45）	中央口〜中央口	4.3	跨座式	直流1 500 V	博覧会会期内の営業
北九州高速鉄道	小倉線	1985（昭和60）	小倉〜企救丘	8.4（8.8）	跨座式	直流1 500 V	
千葉都市モノレール	2号線	1988（昭和63）	スポーツセンター〜千城台	8.0（15.2）	懸垂式	直流1 500 V	
大阪高速鉄道	大阪モノレール線	1990（平成2）	千里中央〜南茨木	6.7（28.0）	跨座式	直流1 500 V	
多摩都市モノレール	多摩都市モノレール線	1998（平成10）	上北台〜立川北	5.4（16.0）	跨座式	直流1 500 V	
舞浜リゾートライン	ディズニーリゾートライン	2001（平成13）	リゾートゲートウェイ・ステーション〜リゾートゲートウェイ・ステーション	5.0	跨座式	直流1 500 V	
沖縄都市モノレール	沖縄都市モノレール線	2003（平成15）	那覇空港〜首里	12.9	跨座式	直流1 500 V	

※距離項目のカッコ内は現在の状況

ATO運転のため,モノレールとして初めて可動式ホーム柵を設置している[4].

これらの都市モノレールは,法律の記載にもあるように,道路に架設されるものであるので,鉄道事業法ではなく,路面電車と同じく,軌道法が適用され,「道路の路面以外に敷設する」軌道と位置づけられる.日本におけるモノレールの一覧を**表13.1**に示す.

モノレールの電気方式については,軌道構造の制約から電車線路のスペースが小さく,直流方式としている.さらに,輸送量をある程度大きく設定するため,直流1 500 Vを採用する例が多い.また,車両はゴムタイヤで絶縁されているため,駅停車時には車体接地装置で車体を接地している.最高速度は一部を除き60〜80 km/hである.

② トロリバス（無軌条電車）の発展と衰退

トロリバス(trolley bus:無軌条電車)とは,ゴムタイヤを有する車両に電動機を備え,架空電車線から集電して道路または専用道を運行するもので,軌条を有しない路面電車ともいえる[5].

1912(明治45)年には東京市電気局によって,1926(大正15)年には日立製作所によって,それぞれトロリバスが試作されたとの記録がある[6].

阪急宝塚本線の花屋敷駅近くから長尾山中の遊園地(新花屋敷)まで1.3 kmを,1928(昭和3)年に開業した「日本無軌道電車」が,わが国で最初の営業用トロリバスである.当時,第一次大戦の好景気に沸き,この地域でも沿線開発が進んだが,アクセスが急勾配であること,世間の興味を引けること,などによりトロリバスが採用されたようである[7].前例がなく,軌道法によらず内務省により事業許可を受けたものであるが,一転して金融恐慌などの不況に見舞われ,早くも1932(昭和7)年に廃止された.

その後,戦前・戦中(太平洋戦争,1941(昭和16)〜1945(昭和20)年)には京都市,名古屋市に,戦後は川崎市,東京都,大阪市および横浜市に建設されている.これらは都市内の道路を運行するもので,軌道法によるものである.これらの路線は,ディーゼルバスの発達,路面電車の廃止,車両の耐用期限などに伴い,1972(昭和47)年の横浜市を最後に廃止され

表 13.2 日本のトロリバス一覧

事業者	開業年	開業区間	距離[km]	現在
日本無軌道電車	1928（昭和3）	花屋敷〜新花屋敷	1.3	1932（昭和7）廃止
京都市	1932（昭和7）	京都市内	1.6	1969（昭和44）廃止
名古屋市	1943（昭和18）	名古屋市内	6.1	1951（昭和26）廃止
川崎市	1951（昭和26）	川崎市内	3.6	1967（昭和42）廃止
東京都	1952（昭和27）	東京都内	15.5	1968（昭和43）廃止
大阪市	1953（昭和28）	大阪市内	5.7	1970（昭和45）廃止
横浜市	1959（昭和34）	横浜市内	9.5	1972（昭和47）廃止
関西電力	1964（昭和39）	扇沢〜黒部ダム	6.1	現存
立山黒部貫光	1996（平成8）	室堂〜大観峰	3.7	現存

ている.

一方，1964（昭和39）年に，扇沢〜黒部ダム間6.1 kmで専用道を有する関西電力のトロリバスが営業を開始している．これは，黒部ダム建設工事用の道路を，ダム竣工後に観光客受け入れのためにも利用するため，排気ガスを出さず勾配の運行に強いトロリバスを導入したもので，鉄道事業法に基づく初めての無軌条電車である．架線は架空複線式で，直流600 V（±300 V）としている．車両の最高速度は60 km/h以下である．

さらに，この路線とともに立山黒部アルペンルートに属する，立山黒部貫光の室堂〜大観峰間3.7 kmは，トンネル区間で，当初ディーゼルバスにより運行されていたが，自然環境保全などのため，1996（平成8）年より，トロリバスが営業を開始している．

上記トロリバスの一覧を**表13.2**に示し，トロリバスの回路の一例を**図13.8**に示す．現在営業しているトロリバス路線は，鉄道事業法に基づく関電トンネルトロリバスおよび立山黒部貫光トロリバスの2路線のみである．関電トンネルトロリバスの写真および主回路を**図13.9**および**図13.10**にそれぞれ示す．

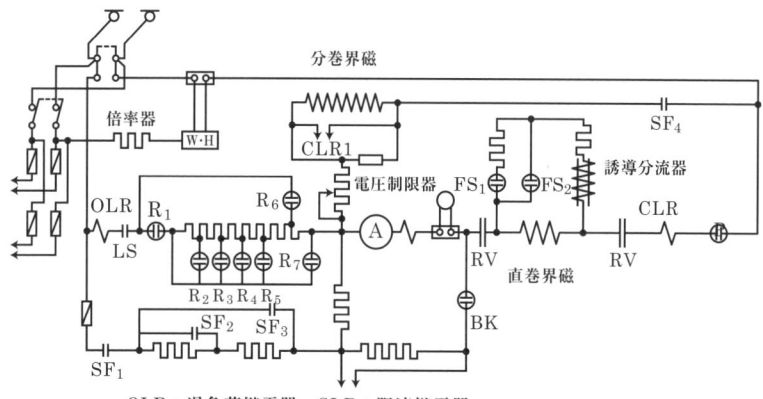

第13章 ゴムタイヤ式鉄道

図13.8 複巻電動機主回路接続
OLR：過負荷継電器　CLR：限流継電器
(電気鉄道ハンドブック編集委員会：「電気鉄道ハンドブック」，コロナ社，2007年)[8]

図13.9 関電トンネルトロリバス－300形・VVVFインバータ制御，誘導電動機駆動 (著者撮影)

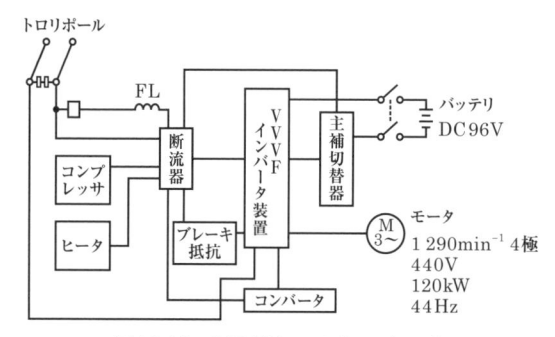

図13.10 300形トロリバスの主回路
モータ 1 290min^{-1} 4極　440V　120kW　44Hz
(吉川文夫：「日本のトロリーバス」，電気車研究会，1994年)[6]

3 ゴムタイヤ式地下鉄

3.1 導入経緯

1962（昭和37）年以来，札幌市の地下鉄建設の検討にあたり，市の財政規模からみて全線地下鉄とすることは不可能であり，郊外部で高架を主とする計画のため，騒音対策が最重要課題となっており，全輪ゴムタイヤを採用することとした．また，大量輸送に対応するため，パリの地下鉄に用いられているゴムタイヤ方式車両にヒントを得て，跨座式モノレールと異なり，左右の走行車輪が車体の上下方向荷重およびローリングモーメントに対応する一般の鉄道車両と似た構造のゴムタイヤ方式車両を導入した[6]．

東京，大阪，名古屋に次ぐ全国で4番目の地下鉄として，1971（昭和46）年に札幌で初めての地下鉄南北線が直流750 V，サードレール方式で開業し，翌年開催された冬季オリンピックの主会場（真駒内）への足として活躍した[7]．図 **13.11** に地下鉄南北線の車両と軌道の例を示す．その後，1976（昭和51）年に東西線，1988（昭和63）年に東豊線がそれぞれ直流

図 13.11　札幌市地下鉄南北線（著者撮影）

図 13.12 札幌市地下鉄東西線（著者撮影）

1 500 V，架空単線式（剛体架線）で開業した．なお，各路線とも開業後の延伸を経て現在に至っている．**図 13.12** に地下鉄東西線の車両の例を示す．

3.2 設備の特徴

　軌道は，中央に設けられた案内軌条とタイヤ用の走行路面で構成されており，列車は案内軌条を抱きかかえる構造の案内輪によって，案内軌条に沿って走行する．高架部に冬の除雪対策としてシェルターを設置し，冬期の定時運転に役立っているほか，防音効果もある．一般の鉄輪の地下鉄との主な違いは，案内方式により，台車が独特な構造であることと，軌道回路と車軸短絡による列車検知ができないため，他のゴムタイヤシステムと同様にチェックイン・チェックアウト方式を採用していること，電車線の帰線として案内軌条を用いることである．車体はゴムタイヤで大地と絶縁されているため，駅においては車両とホーム間を車体接地装置で接地している．

4 ゴムタイヤ式新交通システム（案内軌条式鉄道）

4.1 導入経緯

　一般に，新交通システム（案内軌条式鉄道）とは，ゴムタイヤの走行輪による車両支持，案内輪による車両案内を行い，回転モータで駆動を行う中量軌道輸送システムを指す[8]．

わが国では，1960（昭和35）年代から始まった高度経済成長が自動車交通の飛躍的な伸びを促し，それに伴って，公害，渋滞という都市特有の社会問題を引き起こし始めた．同時期，米国においても都市の再生が大きな問題となり，混雑している巨大都市地域には「新しい輸送システム」が必要であるとした検討報告書が1968（昭和43）年に議会に提出され，新しい交通システムは総称してART（automated rapid transit）と呼ばれた．こうした流れを受けて，わが国でも都市特有の社会問題解決の手段としての新しい交通システムの開発が始まった．1971（昭和46）年の運輸技術審議会で新交通システムの開発の必要性が答申され，「連続輸送システム」「軌道輸送システム」「無軌道輸送システム」「複合輸送システム」の4種類が提唱された．それを受けて，当時の運輸省と建設省が1974（昭和49）年に新交通システムの安全基準，設置基準などを作成した[6]．

1975（昭和50）年に沖縄で開催された国際海洋博において，中量軌道輸送システムであるKRT（KOBELCO rapid transit）と個別輸送システムであるCVS（computer-controlled vehicle system）が会場内輸送施設として実用化された．その成果を受けて，中量軌道輸送システムである神戸新交通ポートアイランド線と大阪南港ポートタウン線が1981（昭和56）年に相次いで開業した．その後，1982（昭和57）年には山万・ユーカリが丘線，1983（昭和58）年には埼玉新都市交通・伊奈線，1985（昭和60）年には西武鉄道山口線が相次いで開業するなど普及が進んだ．埼玉新都市交通は，1982（昭和57）年の東北・上越新幹線大宮開業に伴う地域振興策として，上越新幹線の線路に併設されている．各地に普及が進むにつれ，降雪に対する課題も顕在化し，当初，走行路に積もった雪による車両の動揺，スリップによる走行不能や電車線凍結によるパンタグラフの損傷などの苦い経験から，車両側対策としてスノープラウの改良取付け，スノータイヤの使用，軌道側対策として，走行路勾配区間へのロードヒータの設置，分岐器への消雪装置の設置などの対策が取られてきている[9]．

先に述べたインフラ補助制度と同様に，1975（昭和50）年度には新交通システムの建設に関する補助制度が創設され，1991（平成3）年開業の新交通システム桃花台線（愛知県小牧市，2006（平成18）年廃止）に対して初めて適用されている[5]．

4.2 仕様の標準化

　新交通システムは，在来鉄道の鉄輪－鉄レールのように支持と案内を兼用することができず，案内は支持と別の機構を必要とする．実用化されている方式には，側方案内方式と中央案内方式がある．側方案内方式は台車の左右に突き出た案内輪が，軌道の左右側方に設けた案内軌条にガイドされるしくみである．中央案内方式は，車両の下に位置する軌道の中央に設けた案内レールを案内輪が左右から挟んでガイドされるしくみである．

　鉄道に比べ車両の規模が小さいため，軌道側の電車線の位置，車両側の集電子の位置に関して寸法上の制約が大きく，必要な離隔距離確保のため低圧（直流 750 V，交流三相 600 V）となっている．側方案内方式の電車線は軌道側壁に敷設され，Al（アルミ）-SUS（ステンレス）を用いている．中央案内方式の電車線は軌道中央に敷設され，正側が Al-SUS を，負側が鋼を用いている．ゴムタイヤのため，駅では車体を接地している．一般に，直流方式は電圧降下が小さいために変電所数が少なく，き電線が不要のため，電路設備が安くなる．一方，交流方式は電圧降下が大きいため，変電所数が多く，き電線を必要とするため電路は複雑になる．

　制御方式は，基本的には在来の電気鉄道と同様であるが，低圧，ゴムタイヤを使用しているという点で若干異なる傾向を示している．電気方式が交流の場合，サイリスタレオナード制御装置によって直流電流に変換し，直流分（複）巻モータをサイリスタブリッジの位相制御や分巻界磁の制御により駆動する．この方式では，回生失効することなく回生電流を低速まで制御できる．電気方式が直流の場合，抵抗制御，チョッパ制御，VVVFインバータ制御があるが，1台のインバータで複数個のモータを直列に制御するという在来鉄道のような制御方式を採用すると，ゴムタイヤの径の管理を厳しくする必要が生じ，VVVFインバータ制御の採用が難しいとされてきたが，モータを1台1台独立に制御できる個別制御インバータ方式により，近年は VVVFインバータ制御が普及している[8]．側方案内方式の例を**図 13.13** に示し，中央案内方式の例を**図 13.14** に示す．

　新交通システムの低廉化の一環として，1982（昭和57）年度に「新交通システムの標準仕様」（**図 13.15**）が定められた．これにより期待される効果は次のとおりである[5]．

4 ゴムタイヤ式新交通システム（案内軌条式鉄道）

図 13.13 大阪南港ポートタウン線（側方案内方式）　図 13.14 桃花台新交通（中央案内方式）

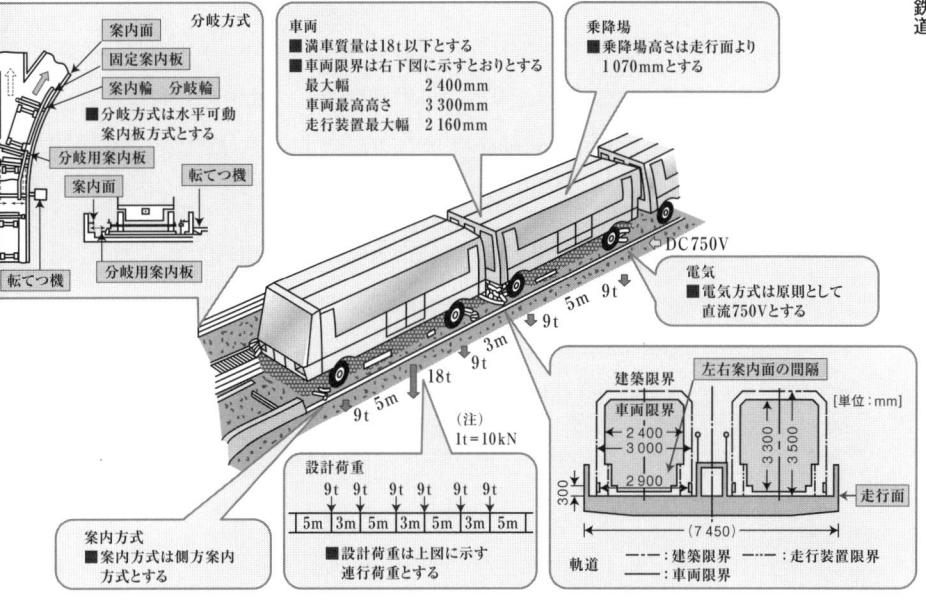

図 13.15 新交通システムの標準仕様[5]（日本交通計画協会）

① インフラ部，インフラ外部の設計を個別に行うことができ，設計作業の効率化を図ることができる．
② 基本仕様に基づく車両が量産化され，車両をはじめとする機器の低廉化が期待できる．
③ 将来の新交通システムの導入を前提として必要な導入空間の確保が行える．

「新交通システムの標準仕様」においては，軌道断面は，若干大きくなるものの，軌道を避難路として利用できる点や操向方式の選択のフレキシビリティという点から，側方案内方式が標準仕様として選ばれている．電気方式については，路線長が長く，車両数が少ない場合には直流方式が有利

第 13 章　ゴムタイヤ式鉄道

図 13.16　金沢シーサイドライン－側方案内方式（著者撮影）

となり，路線長が短く車両数が多い（ピーク時需要が多い）場合には交流方式が有利となる．すなわち，導入地区の特性により評価が異なることとなり，どちらが有利かは一般的にはいえない．しかし，半導体技術，パワーエレクトロニクス技術の進展を見込んで，将来の車載機器の小型軽量化，

表 13.3　新交通システムの一覧

（2014 年 2 月現在）

事業者名	路線名	開業年	当初開業区間	距離[km]	形式	電気方式	備考
神戸新交通	ポートアイランド線	1981(昭和56)	三宮～中公園	6.4(10.8)	側方案内	三相交流600 V	
大阪市交通局	南港ポートタウン線	1981(昭和56)	中ふ頭～住之江公園	6.6(7.9)	側方案内	三相交流600 V	
山万	ユーカリが丘線	1982(昭和57)	ユーカリが丘～中学校	2.8(4.1)	中央案内	直流750 V	
埼玉新都市交通	伊奈線	1983(昭和58)	大宮～羽貫	11.6(12.7)	側方案内	三相交流600 V	
西武鉄道	山口線	1985(昭和60)	西武遊園地～西武球場前	2.8	側方案内	直流750 V	
横浜新都市交通	金沢シーサイドライン	1989(平成元)	新杉田～金沢八景	10.6	側方案内	直流750 V	
神戸新交通	六甲アイランド線	1990(平成2)	住吉～マリンパーク	4.5	側方案内	三相交流600 V	
桃花台新交通	桃花台線	1991(平成3)	小牧～桃花台東	7.4	中央案内	直流750 V	2006（平成18）年廃止
広島高速交通	広島新交通1号線	1994(平成6)	本通～広域公園前	18.4	側方案内	直流750 V	
ゆりかもめ	東京臨海新交通臨海線	1995(平成7)	新橋～有明	12.1(14.7)	側方案内	三相交流600 V	
東京都交通局	日暮里・舎人ライナー	2008(平成20)	日暮里～見沼代親水公園	9.7	側方案内	三相交流600 V	

※距離項目のカッコ内は現在の状況

VVVFインバータ制御技術への対応という点から，直流方式（750 V）が標準仕様として選ばれている．そのほか，満車質量 18 t 以下，軸重 9 t 以下，車両限界の最大幅 2.4 m などが標準仕様として規定されている[10]．

1989（平成元）年に，金沢シーサイドライン（**図13.16**）が「新交通システムの標準化とその基本仕様」に沿ってインフラ補助の適用を受けた第1号として開業した．その後，1990（平成2）年には，神戸新交通六甲アイランド線（三相交流 600 V），1994（平成6）年には，広島高速交通アストラムライン（直流 750 V），1995（平成7）年には，ゆりかもめ（三相交流 600 V）がそれぞれ開業している．

日本における新交通システムの一覧を**表13.3**に示す．最高速度は 50〜60 km/h となっており，列車検知方式は，チェックイン・チェックアウト方式または点制御方式が用いられている．また，電気方式についてみると，標準仕様と異なる三相交流 600 V 方式も採用されているが，基本仕様では原則を規定しているものであり，各路線特性に応じて適した方式の選択が示されていると解釈できる[11]．

5 ガイドウェイバス

新交通システムの段階的な整備方策の一つの考え方として，通常仕様のバスに簡易な案内装置を取付け，道路の混雑区間に設置した専用軌道上を安全かつ円滑に走行させ，道路混雑の少ない区間においては一般道路も走行可能とするガイドウェイバスが開発された[5]．

事業者の費用負担をできるだけ軽減するため，既存のバスの改造が軽微なものにとどまるようにしている．ガイドウェイについては，新交通システムへの移行が可能なように，「新交通システムの標準仕様」を考慮して設計することとしている[12]．将来はガイドウェイに電車線や信号通信線を取付けることにより新交通システムに転換することが可能である．ガイドウェイバス専用の走行路として，走行路面の両側には案内レールを設置する．案内レールの間隔は新交通システムと同等の 2.9 m を標準とする．一般の路線バス車両の改造により車両の前軸に取付けた案内装置が，ガイドウェ

図 13.17　名古屋ガイドウェイバス (著者撮影)

イ走行時に案内レールと接触して，機械的に車両を案内する．ガイドウェイ走行時に運転手はハンドル操作が不要となる．後軸に取付けた案内装置は，車体幅内に固定されていて，スリップなどが発生した際に後輪を保護するストッパの働きをする．ガイドウェイ区間と一般道路の境界にはモードインターチェンジが設けられ，ガイドウェイ区間で使用していた案内装置を収納し，通常の自動車として一般道路に出て行く．

　1985 (昭和 60) 年度から官民共同で開発が進められ，1989 (平成元) 年に福岡市で開催されたアジア太平洋博覧会の会場内輸送施設として約 840 m の専用走行路を敷設して運行されたのが始まりである．2001 (平成 13) 年に名古屋ガイドウェイバス大曽根駅～小幡緑地駅 6.5 km の区間において，本格的な営業運行が開始された (**図 13.17**)．新交通システムと同様にガイドウェイ区間には軌道法が適用され，「道路の路面以外に敷設する」軌道と位置づけられる．

6 運転の自動化

6.1　自動運転

　わが国における列車の自動運転の本格的実用化は，1976 (昭和 51) 年に開業したゴムタイヤ式地下鉄である札幌市・地下鉄東西線が第 1 号である[13]．その後，神戸市，福岡市，仙台市の各地下鉄のほか，1985 (昭和 60) 年には北九州モノレールが自動運転で開業した．地下鉄，モノレールでの自動

運転は，車両の操縦は自動化されているが，運転士等の乗務員が乗車しており，発車時にボタンを圧下し，ドアの開閉は乗務員が手動で行う方式がとられている．その後開業した多摩都市モノレールにも，上述のとおり自動運転が導入されている．

なお，モノレールは新交通システムと異なり，軌道構造上，異常時における乗客の救出が課題となり，乗務員の添乗を必要とするため，無人自動運転は実施されていない[14]．しかし，2001（平成13）年に開業した舞浜リゾートラインでは，運転士ではなく，添乗員が乗車した（ドライバレス）自動運転を行っている．

6.2 無人自動運転

1981（昭和56）年に相次いで開業した上述の神戸新交通ポートアイランド線と大阪南港ポートタウン線は，本格的な都市交通システムに無人自動運転が導入された最初の2路線である．その後，1994（平成6）年から金沢シーサイドラインに無人自動運転が導入された．1995（平成7）年に開業したゆりかもめにも無人自動運転が導入されている．

これらの各路線では，運行管理システムと連動してドアの開閉まで自動的に行っている．また，列車の状態監視と遠隔制御を中央指令所から行うことができる．無人自動運転の導入の条件としては，踏切のない専用の高架線路であること，非常時に駅間に停車した列車から線路内または併設された避難路を歩いて避難することができること，駅ホームには，列車のドアと連動して開閉するホームドアが設けられ，乗客の線路内への立ち入りや転落を防止していることなどがあげられる[6]．

なお，新交通システムでは無人自動運転が実用化されているものの，線区の実情に合わせて，ワンマン運転，有人の自動運転を実施している線区もある．ゴムタイヤ方式鉄道における自動運転の導入路線を**表13.4**に示す．

表 13.4　自動運転の導入路線一覧
(電気鉄道ハンドブック編集委員会:「電気鉄道ハンドブック」, コロナ社, 2007 年)[10]

事業者名	路線名	種類	自動運転の形態	導入年	備考
札幌市交通局	東西線	ゴムタイヤ地下鉄	ATO（運転士乗務）	1976（昭和51）	
神戸新交通	ポートアイランド線	新交通システム	無人自動	1981（昭和56）	
大阪市交通局	南港ポートタウン線	新交通システム	無人自動	1981（昭和56）	
北九州高速鉄道	小倉線	モノレール	ATO（運転士乗務）	1985（昭和60）	
横浜新都市交通	金沢シーサイドライン	新交通システム	無人自動	1994（平成6）	開業当初は運転士乗務
神戸新交通	六甲アイランド線	新交通システム	無人自動	1990（平成2）	
ゆりかもめ	東京臨海新交通臨海線	新交通システム	無人自動	1995（平成7）	
多摩都市モノレール	多摩都市モノレール線	モノレール	ATO（運転士乗務）	1998（平成10）	
舞浜リゾートライン	ディズニーリゾートライン	モノレール	ドライバレス	2001（平成13）	
東京都交通局	日暮里・舎人ライナー	新交通システム	無人自動	2008（平成20）	

7　ゴムタイヤ方式の今後

　ゴムタイヤ方式としてこのほか，自動車のITS（intelligent transport systems）技術を利用し，専用のガイドウェイで無人自動運転のバスが隊列走行を行うIMTS（intelligent multi-mode transit system）（**図 13.18**）が，2005（平成17）年に愛知万博会場内で磁気誘導式鉄道という位置づけで営

図 13.18　IMTS － 磁気誘導式鉄道（著者撮影）

業運転を行った[15].一般道路では運転士による通常のバスとして走行を行うというデュアルモードの機能も有することから,利便性の向上が期待できるシステムと考えられ,本格的な実用が望まれる.また,現在のところわが国では導入されていないものの,中央案内軌条式ゴムタイヤ交通システム「トランスロール」が開発され,2005（平成17）年から2007（平成19）年にかけて,大阪府堺市の実験線で走行実験が行われた[14].

ゴムタイヤ方式は,すでに導入から50年以上経過した上野懸垂線のように,施設や車両の更新を経て,現在も運行を継続しているものが大半である.さらに,大阪や沖縄など延伸が予定されている路線もあるほか,海外への展開も進められている（中国・重慶モノレール,シンガポール・セントーサモノレール,シンガポール・センカンAPM,香港・マカオAPM等).したがって,現在のモノレール,新交通システムを中心とするゴムタイヤ方式は,今後とも都市内交通システムとして持続・発展するものと思われる.

今後開発が期待される都市交通システムは,従来の鉄道の考え方による構成だけではなく,ゴムタイヤで走行する点で同じ自動車技術などの汎用技術や,燃料電池などの先端技術も積極的に取入れ,低コスト,人に優しいという観点から,高齢化社会に適用可能で,かつ地方にも導入可能なものが望まれる[14].

参考文献

(1) 日本モノレール協会:「20年のあゆみ」,1984年
(2) Lartigue Monorailホームページ（http://lartiguemonorail.com/）
(3) Die Wuppertaler Schwebebahnパンフレット
(4) 日本モノレール協会:「日本のモノレール 動向と課題」,鉄道車両と技術,No.87,2003年
(5) 土木学会編:「土木工学ハンドブック」,技報堂出版,1954年
(6) 吉川文夫:「日本のトロリーバス」,電気車研究会,1994年
(7) 森五宏:「トロリーバスが街を変える」,リック,2001年
(8) 電気学会:「電気鉄道ハンドブック」,学献社,1962年
(9) 大川勝敏:「新交通システム等当面の課題と今後の展望」,土木技術,42巻,12号,1987年
(10) 持永芳文・曽根悟・望月旭監修:「電気鉄道ハンドブック」,コロナ社,11章 都市交通システム,2007年

(11) 兼平春光：「札幌市地下鉄の現状と展望」，運転協会誌，No.398，1992年
(12) 水間毅：「ゴムタイヤ式新交通システムとモノレール」，電学論D，113巻，6号，1993年
(13) 吉川貞夫：「埼玉新都市交通ニューシャトルの概要」，運転協会誌，No.410，1993年
(14) 日本交通計画協会：「新交通システムの標準化とその基本仕様」，1983年
(15) 日本交通計画協会：「普及型新交通システムの研究開発調査報告書」，2000年
(16) 神崎紘郎：「ガイドウェイバス」，土木技術，42巻，12号，1987年
(17) 松本陽：「列車運転の自動化・無人化」，鉄道と電気技術，Vol.6，No.10，1995年
(18) 持永芳文編著：「電気鉄道技術入門」，オーム社，2008年
(19) 日本機械学会：「機械工学便覧応用システム編交通機械」，2006年

第14章

リニアメトロ電車・常電導磁気浮上式鉄道

　リニアモータは，回転モータの固定子および回転子の一部を切り開き，直線状に展開したものであり，リニア誘導モータ，リニア同期モータ，リニア直流モータに分類される．

　これまでの鉄道においては，回転モータが主流であった．しかし，リニアモータが非粘着駆動であることによる，登坂能力の高さ，車体断面積の低減などから，都市交通システムや，磁気浮上式鉄道の駆動方式として最適である．本章では，リニアモータの原理，車輪支持式リニアメトロ電車および常電導吸引式磁気浮上式鉄道（リニモ）について述べる．

第14章 リニアメトロ電車・常電導磁気浮上式鉄道

1 リニアモータの方式

1.1 電気鉄道におけるリニアモータの種類

モータはロータリモータ（通称：回転モータ）とリニアモータの2つに大きく区分され，リニアモータのリニア（linear）は直線を意味し，回転モータに対して，直線モータと称することもある．この回転モータを供給電源により区分すると，直流（DC）モータと交流（AC）モータになる．前者の直流モータを親機（mother machine）とする直流リニアモータ（Linear Dc Motor：LDM）と，後者の交流モータには誘導モータ（induction motor）と同期モータ（synchronous motor）があり，それぞれの親機に対応して，リニア誘導モータ（Linear Induction Motor：LIM）とリニア同期モータ（Linear Synchronous Motor：LSM）がある．この電気鉄道分野におけるリニアモータの区分を**図14.1**と**図14.2**に示す．

さらに，電機子を地上側に，界磁を車上に搭載しているものを地上一次方式，その逆を車上一次方式という．

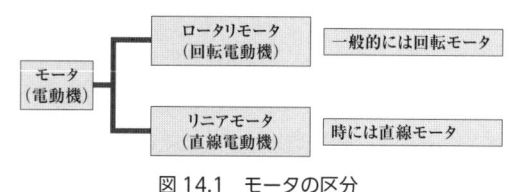

図14.1 モータの区分

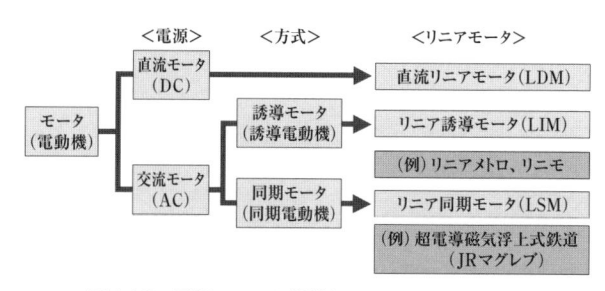

図14.2 回転モータの親機とリニアモータの3種

リニアメトロ電車およびHSST・リニモのリニアモータは，**図14.2**に区分して示したLIMで，車上一次・地上二次方式である．

一方，上海のトランスラピッドおよびJRの超電導磁気浮上式鉄道はLSMで，地上一次・車上二次方式である．

1.2　リニア誘導モータの原理

LIMの原理は，かご形誘導モータと同一で，**図14.3**のごとく，かご形誘導モータの円筒形固定子（一次側）の1箇所を切って引き伸ばしたものである．この直線（linear）形固定子に施された巻線に三相電流を供給することにより移動磁界をつくり，二次側を直線的に駆動する．なお，リニアメトロ電車は，車上一次（リニアメトロ電車に搭載），地上二次（軌道間に設置）の方式を採用している．極ピッチ（N-S極中心間隔）をτ(m)とすると，一周期で2τ(m)であり，周波数をf[Hz]，滑りをs[p.u.]とし，一次または二次を固定すれば，他は相対的に，

$$v=2f\tau(1-s)(\text{m/s})$$

の速度で動く．

1.3　リニアモータの歴史[(1)]

リニアモータは1841年に，英国のWheatstone社が世界で最初に誕生させた．1841年の前年はわが国の年号では，天保9年で，隣国の中国でアヘン戦争が起きた年であった．また，科学技術の分野では，エネルギー保存の法則（ドイツ）の論文が発表され，英国のArmstrong社が水車発電機を誕生させた．

すなわち，回転モータが出現したとほぼ同世代にリニアモータは誕生し

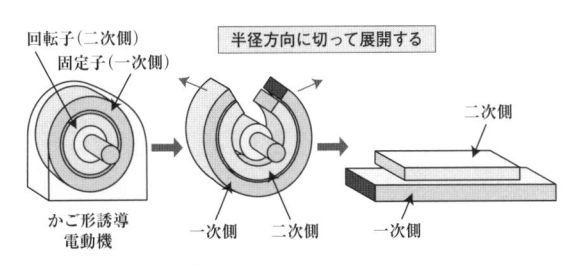

図14.3　かご形誘導モータを展開したLIMの原理

たが，その後リニアモータは 1900 年代に入るまで発展しなかった．

他方，回転モータは機械工学分野の機構学の進歩により，モータの回転運動力を水平運動力や垂直運動力に，効率よく変換することが可能となり大きく発展した．

また，リニアモータの用語の 1 つである「LIM」が，1891（明治 24）年に，フランスの Lebramce や米国の Bradly の移動磁界の論文に LIM の表現で使用されていた．

その後，リニアモータの研究は紆余曲折を経ながら，1960 年代になると LIM を応用した輸送システムの機器が出現してきた．1970 年代に入ると，リニアモータに関する爆発的な研究開発ブームが世界的に起こり，リニアモータに関する論文が数多く発表され，同時に，リニアモータの書籍も発刊された．

2　リニアメトロ電車の概要と特徴

リニアモータ（LIM）で走行する地下鉄電車の愛称が「リニアメトロ電車」である．

2.1　リニアメトロ電車の概要
（1）リニアメトロ電車の仕組み

リニアメトロ電車を正面や側面から見ると，従来の回転モータ電車より

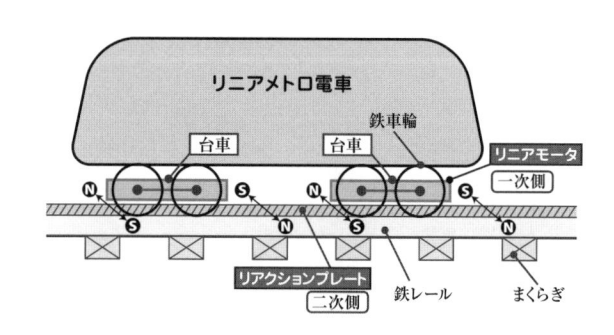

図 14.4　リニアメトロ電車の主要装置の位置関係

床下部分が低いと感じる以外は，外観はほぼ同じである．リニアメトロ電車と従来の回転モータ電車の仕組みを構成する装置の中で大きな違いは，リニアモータ，リニアモータを取り付ける台車，およびリアクションプレートである．このリニアメトロ電車におけるこの3つの主要装置の位置関係を**図14.4**に示す．

このリニアメトロ電車は従来の回転モータ電車と同じようにリニアモータ（一次側）を台車に取り付けて，一次側コイルに交流電流を流して磁界（移動磁界）を発生させ，相互誘導作用でまくらぎに固定した二次側導体（リアクションプレート）に発生する磁界との磁気力（吸引力と反発力）でリニアメトロ電車を推進走行する．

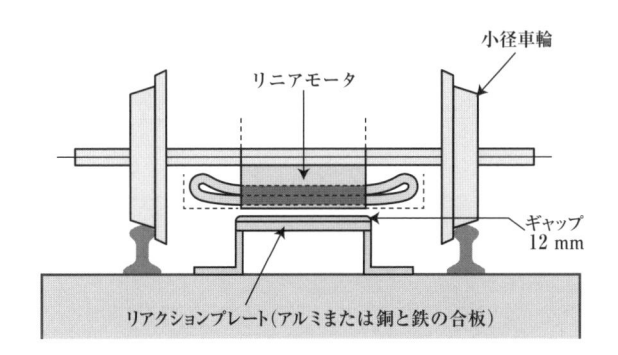

図14.5　リニアモータ（一次側）とリアクションプレート（二次側）のギャップ（12 mm）

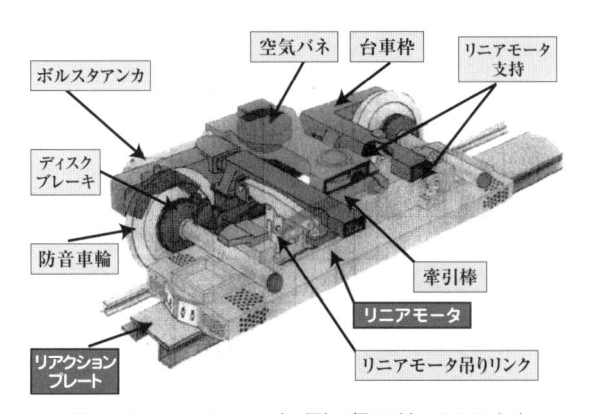

図14.6　リニアモータ（1個）が取り付けられた台車

（2）リニアモータの一次側と二次側の位置関係

リニアモータの電機子コイル（一次側）とリニアモータ（二次側）のリアクションプレートが12 mmのギャップを保って別々に取り付けられている．この状況を**図14.5**に示す．この電機子コイル（一次側）の寸法は，長さ方向2.5 m，幅方向0.7 m，高さ0.4 mで質量は500 kgである．このリニアモータがリニアメトロ電車1車両に2台ある台車にそれぞれ1個ずつ取り付けられている．なお，台車は4個の車輪と2個の車軸などより構成され，その状況を**図14.6**に示す．

リニアモータを取り付ける台車の寸法は長さ方向2.5 m，幅方向1.6 m，高さ方向0.7 mで，質量は4 tである．

（3）リアクションプレート

リニアモータの二次側となるリアクションプレートは，リニアメトロ電車が走行する軌道の中央に鉄レールと並行に取り付けられている．寸法は長さ方向5 m，幅方向36 cm，高さ方向2.7 cmであり，厚さ5 mmのアル

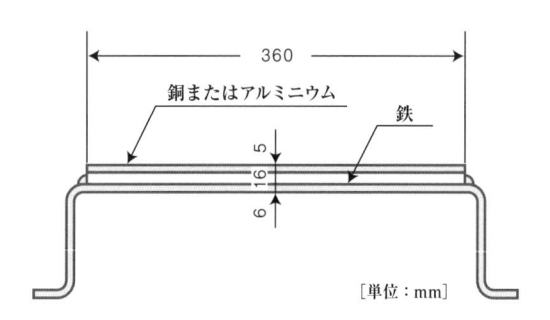

図14.7　リアクションプレートの断面図

図14.8　軌道内のリアクションプレート

ミニウム板（高速区間）または銅板（起動・停止区間）と厚さ 2.2 cm の鉄板を重ねた合板（厚さ 2.7 cm）である．なお，リアクションプレートの断面図を**図 14.7** に，軌道内に取り付けられたリアクションプレートの状況を**図 14.8** に示す．

（4）推進制御

図 14.9 はリニアメトロ電車の主回路方式である．

電気方式は直流 1 500 V を用いており，架空電車線とパンタグラフを用いている．

車両の推進は VVVF（可変電圧可変周波数）制御インバータでリニア誘導モータを制御して行う．

定格速度までは滑り周波数一定制御で定トルクを確保し，定格速度以上では滑り一定制御を行い，効率を最大に制御する．

リニアモータを推進に利用する場合，**図 14.10** に示すように，推力とともに吸引力も発生する．リニアメトロ電車では吸引力は鉄車輪で支持するため，滑りが小さく推力の大きい領域で制御することが効率の面から望ましい．

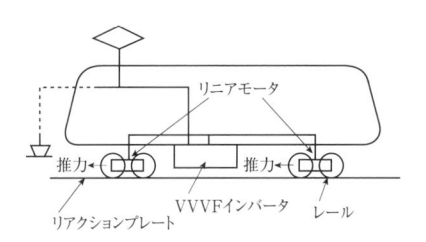

図 14.9　リニアメトロ電車の主回路方式

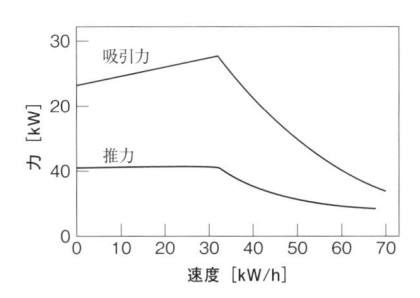

図 14.10　リニアメトロ電車の推力・吸引力

2.2 リニアメトロ電車の特徴

(1) 小断面トンネルで建設コストが低減

リニアメトロ電車は床下の高さが低くなるため，高さ3.1 m，幅は2.5 mである．このため，**図14.11**に示すように，トンネル断面は従来の回転モータ電車のトンネル内径に比較して約半分に縮小でき，トンネルの建築費が低減できる．なお，リニアメトロ電車の高さが，従来の回転モータの電車に比較して0.5 mも低くできるのはリニアモータの平扁形状により，電車の床面高さが0.5 m低くなったことに起因する．

(2) 70 ‰の勾配路線を走行可能

回転モータ電車が走行する路線勾配は30 ‰（千分率）程度が限度である．しかし，リニアメトロ電車は**図14.12**に示すように，リニアモータの特徴，すなわち非粘着駆動方式により60〜70 ‰程度の急勾配を走行できる．路線の急勾配によって，地下鉄区間から地上の車両基地までのトンネル区間の長さを短縮したり，または，郊外で地上走行する場合は地下区間から地上区間までのトンネル区間が短縮できたことで，建設コストが大幅に低減で

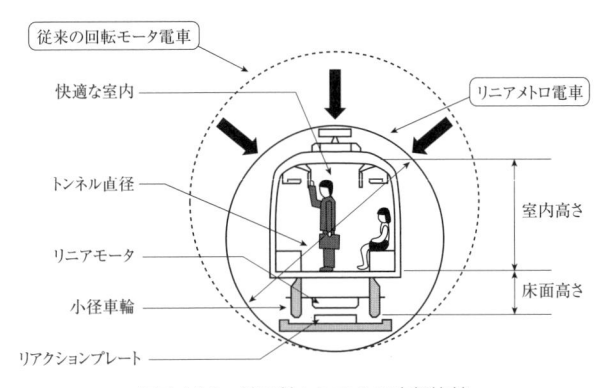

図14.11　地下鉄トンネルの内径比較
(電気鉄道ハンドブック編集委員会：「電気鉄道ハンドブック」，コロナ社，2007年)[2]

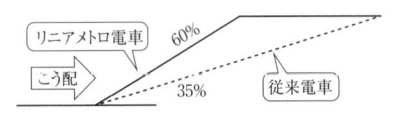

図14.12　最急勾配の走行比較 (持永芳文・曽根悟・望月旭 監修：「電気鉄道ハンドブック (11.4 リニアモータ式都市交通システム)」，コロナ社，2007年)[2]

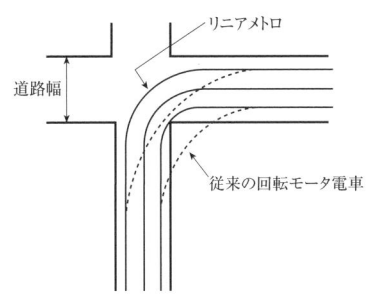

図 14.13 路線（曲線）形状比較
(電気鉄道ハンドブック編集委員会：「電気鉄道ハンドブック」, コロナ社, 2007 年)[(2)]

きる.

（3）急曲線も小回り走行

回転モータ電車は，台車に回転モータの回転数を減少する歯車装置や，回転モータと減速歯車を接続する装置などが取り付けられる複雑な構造となっている．一方，リニアモータ電車はリニアモータが台車に取り付けられているだけの簡単な構造になっている．このため，リニアモータ台車は曲線の具合に応じて車軸（両側の鉄車輪を一体に結び付けている軸）の向きが変化するステアリング（案内）機構が容易に採用できる．この機構により，半径 50m までの急曲線での小回り走行ができ，柔軟な路線設定が可能となる．したがって，**図 14.13** に示すように，公用道路の下部空間のみにトンネルを建設することができ，私有地を購入しなくても済むことから建設費が低減できる．

3 リニアメトロ電車の研究開発

3.1 基本構想の提言

1976（昭和 51）年にリニアメトロ電車を研究開発するにあたり，LIM の一次側をリニアメトロ電車に搭載する車上一次リニアモータ方式と，LIM を軌道の鉄レール間に敷設する地上一次リニアモータ方式を比較検討することからスタートした．1978（昭和 53）年に「リニアモータ方式による小

断面地下鉄用電車」のタイトルで「提案書その1」と「その2」の2冊を作成し，その提案書を当時の運輸省（現・国土交通省）や地下鉄事業者に説明した．なお，「リニアモータ方式による小断面地下鉄電車」は，現在のリニアメトロ電車のことで，リニアメトロ電車の呼び方は1990（平成2）年以降に愛称として呼ばれるようになり，現在は定着済である．リニアメトロ電車の実用化が実現した理由は，以下の3つの事柄が偶然にも1つの考え方にまとまったことに起因している．

（1）国鉄の貨車操車場用リニアモータカーの技術

1965（昭和40）年頃，国鉄では全国に大小約50箇所の貨物操車場が存在した．その操車場では多くの人員を必要とする仕分線対応のライダー（貨車に乗り，貨車の行先方面別の仕分線まで行き，貨車にブレーキをかけ貨車を停止させることを業務とする人）がいた．このライダーの業務内容が3K（きつい，きたない，きけん）の代表格で，ライダー要員の省力化のためにリニアモータ駆動方式の仕分線内貨車加減速装置が実用化されつつあった．この装置は通称L_4カーと呼ばれ，リニアモータの駆動力を使用して貨車を移動させ，定められた位置に停止させることができる自動化装置であった（**図14.14**）．平扁なリニアモータを使用しており，最大高さ寸法はわずかに20cmで，貨車の床下に十分に入る容積の装置であった．

L_4形貨車加減速装置（L_4カー）は，加減速用の簡単なプログラムを内蔵している．常時は仕分線入口の定点に待機している．貨車の進入を検知す

図14.14　リニアモータカー（L_4形貨車加減速装置）による貨車の仕分
（武井謙二・秋浜雄一・高山雅幸・高橋宏・安藤正博：「リニアモータ式L_4型貨車加減速装置」，日立評論, Vol.52, No.12, 1970）（日立評論（1970年12月号）に掲載）[3]

ると助走を開始し，貨車をキャッチすると13～15 km/hで走行し，停留貨車の手前で減速して，1 m/s前後で貨車を突放する．そして，次に備えて直ちに定点に戻る[4]．

このL$_4$カーは国鉄・富山貨車操車場で実用化試験後，神奈川臨海鉄道・塩浜貨車操車場（川崎市），東北本線北上貨車操車場（岩手県）および周防富田貨車操車場（山口県）の仕分線に導入され，ライダーのかわりに貨車の仕分作業を自動的に行った．その後，L$_4$カーは全国の貨物操車場で普及する予定であったが，国鉄改革（分割・民営・JRの発足）にともない貨車操車場の大半が廃止された．筆者（安藤）がメーカーの立場で，このL$_4$カーを担当した経験から，この技術を小断面地下鉄を走行するリニアメトロ電車に応用できないかと発想した．すなわち，このL$_4$カーのリニアモータ（LIMの一次側コイルと軌道内に敷設するLIMの二次側リアクションプレート）およびリニアモータ制御する技術があったおかげで，リニアメトロ電車の研究開発は大きく促進した．

（2）地下鉄建設費の高騰に伴う建設費の縮減

1973（昭和48）年頃にオイルショックが起こり，その後の物価高騰などで地下鉄の建築費は1 km当たり，約150億円となった．また，建設費の約70 %が土木工事費で，この土木工事費を縮減するためのトンネル内径を小さくする小断面地下鉄の構想が提示されていた．この小断面地下鉄内を走行する電車として，貨物操車場で使用されたL$_4$カーの技術を応用した電車で，その電車の床面高さ寸法が従来の回転モータ電車のほぼ1/2に縮減できるリニアメトロ電車の構想を提案することにした．

（3）1時間当たり片道の輸送乗車人員が2万人程度のサブメトロ構想

例えば，大阪市では，1970（昭和45）年頃から地下鉄御堂筋線の混雑が非常に激しくなってきた．この対策として，小断面地下鉄を梅田から難波の間に建設して混雑緩和に役立てようというサブメトロのアイデアが出てきた．このサブメトロの構想のほかに，人口80～100万人程度の地方中核都市の地下鉄として低建設費で建設できる小断面地下鉄の検討もスタートしていた．このような地下鉄を走行する電車として，リニアメトロ電車が適応でき，かなりの市場となると判断された．

3.2 リニアメトロ電車のバイブル

　リニアメトロ電車の基本コンセプトをとりまとめた提案書に対して，地下鉄事業者より，リニアメトロ電車の実用化に際して色々な課題がなげかけられた．この課題に対して一つ一つ技術的な検討を加えて回答し，時には部分的な実証により賛同を得るように，リニアメトロ電車の実現のために数少ない関係者が一丸となり頑張った．一つの具体的な事例を挙げると，車輪径が小さくなると，鉄レール面上で車輪踏面圧力（ヘルツ応力）値が高くなることは定性的には理解していた．そこで，実用化するために鉄レールの使用材質・形状をパラメータにして，車輪径とヘルツ応力の関係を，過去の実績値を海外を含め詳細に調査した．その結果をベースに車輪径650 mmと決め，地下鉄事業者に回答し，納得していただいた．全てにおいて，このように一つ一つ同様なプロセスにより回答し，リニアメトロ電車の具体化のために努力しながら，研究開発の関係者は少しずつリニアメトロ電車の実用化に対する確信を高めていった．

　しかし，当時はリニアメトロ電車の実用化に疑問を持つ人が予想以上に多かったことが思い出される．このような方々に，より具体的な技術検討書「リニアモータ方式による小断面地下鉄電車」を関係者と数日間徹夜の上で1980（昭和55）年4月に作成し，実用化に疑問を持つ方々に説明して歩いた．なお，この検討書は現在では「リニアメトロ電車のバイブル」と呼ばれており，一般社団法人日本地下鉄協会（JSA）が1冊を大切に保存している．

3.3 リニアメトロ方式による小断面地下鉄電車の研究（その1）

(1) 1981（昭和56）年4月〜1984（昭和59）年3月

　1976（昭和51）年から約5年間にわたり，地下鉄の建設費を縮減するために「リニアメトロ電車」の基本コンセプトを提言し，それを実用化するための研究開発に着手すべきことを行政機関および地下鉄事業者に提言して日時が過ぎた．その提言努力が実を結び，当時の財団法人日本船舶振興会の補助金により，当時の社団法人日本鉄道技術協会（JREA）が主催する検討員会を組織するとともに，本研究開発の全体を取り締めてプロモートすることとになった．この研究開発は結果的には4ヶ年間にわたり推進された

が，当時はリニアメトロ電車の実用化に懐疑的な方々が多く，毎年度の研究成果を評価しながら，次年度の見通しがかなり明確になってから，研究補助金の認可がおりるというプロセスであった．そのため，当時本研究開発に携わっていた方々は，次年度の補助金を確保するために研究開発に全力をあげて推進した．この4年間の研究開発の概要を述べる．

(2) 昭和56年度（1981年4月～1982年3月）

小断面地下鉄電車の車両性能を満足する高効率のリニアモータ（一次側コイルと二次側リアクションプレート）を開発するに際して，まずアーチ形リニアモータと回転試験装置を設計・製作した．その装置を使用してリニアモータの基礎データを測定し，リニアモータの設計定数を見つけ出した．なお，この測定試験のためにアーチ形リニアモータを駆動するインバータ装置が必要となり，手持ちのインバータ装置をリニアモータ向けの低周波インバータ装置に設計変更し改造した．このアーチ形リニアモータと回転試験装置の概略寸法は横が6 m，幅が3 m，高さが3.5 mで，質量が32 tとかなり大きな試験装置であった．

(3) 昭和57年度（1982年4月～1983年3月）

昭和56年度の研究結果をベースに，リニアメトロ電車の試験電車用リニアモータ（一次側コイル）140 kW，2台とそれを搭載するリニアモータ台車2台を設計・製作し，各種試験を実施した．また，リニアメトロ電車が走行するに必要なリアクションプレート（リニアモータの二次側）を使用材料の組み合わせと構造を変えることにより4種類，各5 mで合計20 mを設計・製作した．そのリアクションプレートを日立製作所水戸工場内試験線の軌間1 067 mm鉄レール間に敷設して各種試験を実施した．

(4) 昭和58年度（1983年4月～1984年3月）

昭和57年度に製作した140 kWリニアモータ，インバータ装置，台車および必要な装置（例：ブレーキ装置）をぎ装して，日本で最初のリニアメトロ電車を製作した．同時に電車が試験走行するのに必要なリアクションプレート310 mを設計・製作した．昭和57年度に製作した20 mと合わせて330 mのリアクションプレートとなり，日本で最初のリニアメトロ電車の各種走行試験を開始した．なお，小断面地下鉄用リニアメトロ電車としては世界最初の走行となり記念すべき出来事であった．1984（昭和59）年1月29日にJREAが主催する研究委員会を開催し，100 mカーブを走行する立

会試験を実施し,軋(きし)み音を発生することなく走行した.

3.4 NHK朝7時ワイドショー放送・小断面地下鉄電車の研究（その2）

（1）リニアメトロ電車がNHK朝7時ワイドショーで全国に放送

　　NHKのTV放送で朝7時のニュースがワイドショースタイルになったのは,1984（昭和59）年4月2日（月曜日）からであった.このワイドショーの中で日本で最初に走行したリニアメトロ電車が約7分間全国に放映された.この放送をきっかけにしてJREA主催でリニアメトロ電車の試乗会を開催し,5日間で約1 000名の方々に試乗して頂き,リニアメトロ電車が実用に供されるようになった印象を与えることができ,大きな効果があった.

（2）リニアメトロ方式による小断面地下鉄電車の研究（その2）

- 昭和59年度（1984年4月～1985年3月）

　　1984（昭和59）年4月にNHKで放映され,日本で最初に走行したリニアメトロ電車として多くの方々に知られた.同時に,今迄実用化に対して懐疑的に見ておられた方々から長期走行試験の実施を要求されると共に,リニアメトロ電車へ支援をしていただくサイドに変身していただくことになった.1984（昭和59）年4月より追加1年間,日本船舶振興会の補助事業として認可がおり,リクションプレートをさらに330 m延長し,全長660 mの距離となった.リアクションプレートが660 mになり,最高速度70 km/hの確認をはじめ,電力消費量の測定および信号装置に対する誘導障害の影響の確認がなされ,実用上の問題がないことを地下鉄事業者に分かっていただいた.

3.5 リニアメトロ電車の実用化に向けて

（1）リニアモータ駆動小型地下鉄実用化検討委員会

　　JSAで1979（昭和54）年より「小断面トンネルに適応する小型地下鉄車両の調査研究」のテーマで検討が進められており,1983（昭和58）年までに小型地下鉄システムによる建築費,採算性について検討結果がまとまっていた.しかし,小型地下鉄に走行させる電車について具体的な検討が進んでいなかった.そこで,JREAで実用化のために研究開発してきた,リニア

メトロ電車を採用することで，JSA でも「リニアモータ駆動小型地下鉄の実用化に関する検討会」を 1984（昭和 59）年度から開始した．

小型地下鉄の実現のためにご尽力された当時の今岡鶴吉大阪市交通局長の助言により，リニアメトロ電車の実用化開発体制を JREA より JSA に移管した．そのことによりリニアメトロ電車の実用化開発に対して多くの地下鉄事業者が参画した．同時にリニアメトロを適用する具体的路線名と建設の話題も出るようになった．基礎的な研究開発から実用化するための研究開発にウエイトが移り，同時に研究開発母体の移行にともない JSA が主体となった．

1985（昭和 60）年 4 月から 1987（昭和 62）年 3 月までの 3 年間に「リニアモータ駆動小型地下鉄の実用化研究」のタイトルで，当時の運輸省（現・国土交通省）により JSA に実用化研究が委託された．この実用化研究開発の内容は以下の通りであった．

① 1 年目（昭和 60 年度）は安全性と経済性の評価項目の設定，その評価方法の検討，および試験線設置場所や，試験施設とリニアメトロ電車の基本仕様を決定することであった．

② 2 年目（昭和 61 年度）は試験線の施設およびリニアメトロ電車の設計・製作をした．同時に走行試験に係わる安全性と経済性の評価項目の見直しを実施した．

③ 3 年目（昭和 62 年度）は各種走行試験，耐久試験を実施した後に，施設とリニアメトロ電車の標準仕様を作成した．また，安全基準の作成および経済性の定量的把握も実施した．

（2）大阪南港でのリニアメトロ電車の各種試験

大阪南港に試験線を建設，1987（昭和 62）年から 1988（昭和 63）年末まで各種の性能確認試験および安全性や信頼性の確認のため長期間の走行試験を実施した．この大阪南港の試験線は全長 1.85 km で，曲線半径 50 m，100 m と勾配 40 ‰ と 60 ‰ の箇所を設けた．リニアメトロ電車は 2 両固定編成で電圧は DC1 500 V で，最高速度 70 km/h の性能を有した．この試験線で各種走行試験を行うと同時に，リニアメトロ電車を関係者に広く知っていただくために，1987（昭和 62）年 6 月 16 日から 19 日までの 3 日間に試乗見学会を開催し，当時の東京都の鈴木俊一知事をはじめ約 1 800 人がリニアメトロ電車に試乗した．

（3）大阪市交通局・長堀鶴見緑地線にリニアメトロ電車を採用

　1988（昭和63）年9月に大阪市交通局は第7号線（長堀鶴見緑地線）を走行する電車にリニアメトロ電車を採用することを決定した．1976（昭和51）年9月より「リニアメトロ電車」の構想を提言して，その研究開発をプロモートしてきた筆者（安藤）は当事者の1人として満12年目にようやく夢が実現することになった．この長堀鶴見緑地線のリニアメトロ電車は，南港試験線での各種試験結果をベースに設計・製作され，1990（平成2）年3月20日に日本で最初のリニアメトロ電車が営業運転に入り，日本の地下鉄の歴史において記念すべき日になった．

　図 14.15 は長堀鶴見緑地線の地下鉄電車70系の外形で，**図 14.16** は在来の地下鉄トンネルとリニアメトロのトンネルの断面比較である[5]．リニアメトロのトンネルは，従来に比べて内径で3/4の大きさである．

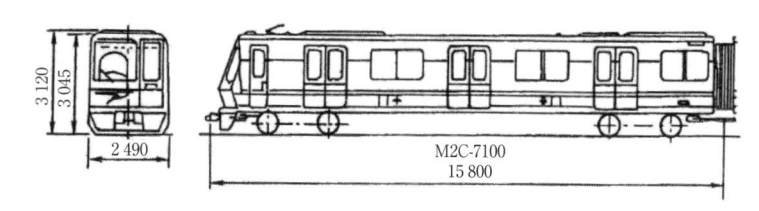

図 14.15　長堀鶴見緑地線の地下鉄電車70系の外形

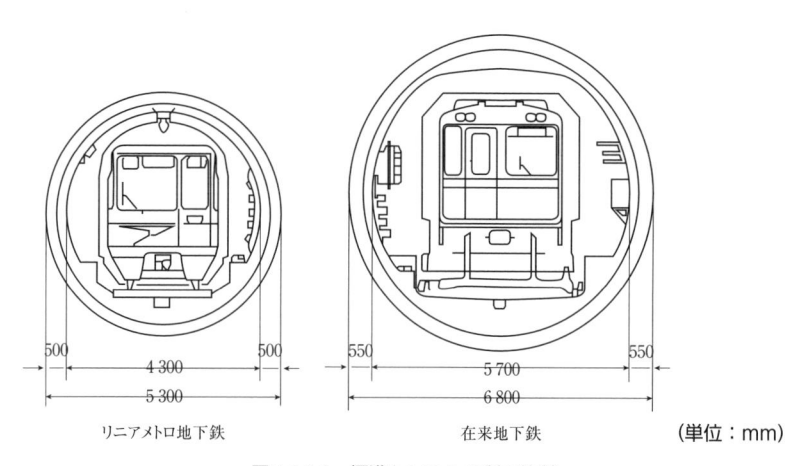

図 14.16　標準トンネルの断面比較
（前田豊：「リニアモータ地下鉄の運行実績」，鉄道と電気技術，Vol.3, No.11, P28、
日本鉄道電気技術協会，1992年11月）[5]

3 リニアメトロ電車の研究開発

表 14.1 リニアメトロ電車の研究開発史

年代（昭和/平成）	項目と内容	備考
① 1970（昭 45.3）	小型地下鉄電車の構想（1 km 当たり 150 億円となり建設費の高騰）	大阪地下鉄御堂筋線の混雑の緩和策として小断面トンネル（内径 4 m）で低床型電車の検討
② 1973（昭 48.9）<リニアモータを応用する構想がスタートし，カナダの UTDC※ より早くスタート>	国鉄貨車ヤードでリニアモータ応用装置（通称 L_4 カー）が塩浜ヤードで営業開始	1968（昭 43）年から国鉄富山貨車操車場で L_4 カー（リニアモータ駆動方式の仕分線内貨物車加減速装置）の実用化試験を開始
③ 1978（昭 53.4）<床面高さ寸法 70 cm が明確化>	(社) 日本鉄道技術協会（JREA）は小型地下鉄施設の標準規模を提案し，低床型電車の開発目標が明確化	片道輸送量 2 万人/時とすると電車長さ 15.5 m，幅 2.2 m，高さ 3 m で，床下寸法（レール面より床面までの高さ）は 0.7 m 等を提示
④ 1979（昭 54.4）<イノベーション技術の採用>	インバータ電車による低床型電車の構想．誘導電動機と制御用インバータの組み合わせで低床型電車を実用化．インバータの小型化のために GTO サイリスタ技術の採用方向	リニアモータ駆動方式の電車では小型インバータの実用化は不可欠．GTO サイリスタ，マイコン，光ファイバの技術が実用化する可能性が高くなりつつある時期
⑤ 1979（昭 54.4）～1982（昭 57.3）	(社) 日本地下鉄協会（JSA）で小規模トンネル断面に適応する小型地下鉄車両の調査研究が開始．<技術面より規則面など行政上の課題>	小型地下鉄と車両の基本仕様，標準建設費，採算性などに関して，1982（昭 57）まで調査研究を継続
⑥ 1980（昭 55.4）<L_4 カーの技術とインバータ技術を結合して，リニアメトロ電車の構想が確立>	技術検討書「リニアモータ方式による小断面地下鉄車両」を作成し，当時の運輸省と地下鉄事業者に説明．この検討書は現在ではリニアメトロ電車のバイブルと呼ばれている	国鉄に大小約 50 箇所の貨物ヤードがあり，そのヤードに L_4 カーを導入するために開発．ところが，その後，国鉄改革に伴い，L_4 カーの拡販は中止．この開発技術を低床式電車に導入するアイデアで技術検討書を作成
⑦ 1981（昭 56.4）～1987（昭 62.3）<リニアメトロ電車の黎明期>	JREA 主催で「リニアモータ方式による小型地下鉄電車の研究」を実施．<世界初のリニアメトロ電車が走行>	1984（昭 59）年 4 月に，試験電車（LM-1）が一般公開走行し，リニアメトロ電車（この呼び方は平成 2 年以降の愛称で現在は定着）の可能性を実証
⑧ 1984（昭 59.4）～1990（平 2.3）<リニアメトロ電車の実用化推進期>	JSA 主催で 1984（昭 59）年度は「リニアモータ駆動小型地下鉄の実用化に関する調査」をスタート．その後，運輸省の指導の下，「リニアモータ駆動小型地下鉄の実用化研究」を開始し，1987（昭 62）年度は大阪南港試験にて LM-2 を走行試験	1988（昭 63）年度の試験結果を受けて大阪市交通局 7 号線（現在の長堀鶴見緑地線），東京都交通局 12 号線（現在の大江戸線）用としてリニアメトロ電車の採用が決定．1985（昭 60）年 4 月から JREA での技術結果を JSA に移管し一本化
⑨ 1988（昭 63.4）<リニアメトロ電車の実用化推進期>	大阪市交通局 7 号線用試験車両と東京都交通局 12 号線試験車両が各種試験走行	リニアメトロ電車の採用決定し，大阪市交通局で各種試験走行．1990（平成 2）年 3 月 20 日に大阪市 7 号線が部分開業（花の万博）．1991（平成 3）年 12 月 10 日に東京都 12 号線が部分開業
⑩ 1993（平 5.4）～現在<リニアメトロ電車の普及推進期>	1993（平成 5）年以降は波状摩耗の研究，標準化仕様の決定，海外普及の調査などの活動を通じて，国内外の各都市に向けて，リニアメトロ電車の整備と普及活動の促進	・1997 年（平 9）8 月 29 日に大阪市 7 号線全線開業 ・2000 年（平 12）12 月 12 日に東京都 12 号線全線開業 ・2001 年（平 13）7 月 7 日に神戸市海岸線開業 ・2003 年（平 15）2 月 3 日に福岡市七隈線開業 ・2006 年（平 18）12 月 24 日に大阪市今里筋線開業 ・2008 年（平 20）3 月 30 日に横浜市グリーンライン線開業

※ UTDC：Urban Transportation Development Corporation Ltd.

リニアモータ電車の制御は，回生ブレーキ付きのVVVF制御となっており，変電所には回生電力の吸収装置としてサイリスタチョッパによる抵抗吸収方式を採用している．

以上のリニアメトロ電車の研究開発史をまとめると，**表14.1**になり，①から⑥までが，構想や基礎研究の時期で，⑦がリニアメトロ電車の黎明期，⑧と⑨がリニアメトロ電車の実用化推進期，⑩以降がリニアメトロ電車の普及推進期である．

3.6 リニアメトロ電車の現状

1990（平成2）年3月20日大阪市7号線が花の万博開催に合わせて部分開業し，東京都12号線が1991（平成3）年12月に，光が丘～練馬間の3.8 kmを開業した．その後，1997（平成9）年8月に前者の大阪市7号線（長堀鶴見緑地線）が全線開通し，後者の東京都12号線（大江戸線）が2000（平成12）年12月に全線開業した．**図14.17**は東京都12号線の12-600系電

図14.17　都営地下鉄大江戸線－12-600系電車（著者撮影）

表14.2　リニアメトロ電車の現状

交通局名	大阪		東京	神戸	福岡	横浜	仙台	合計
路線名	長堀鶴見緑地	今里筋	大江戸	海岸	七隈	グリーンライン	東西（建設中）	7路線
開業	1990（平成2）年3月	2006（平成18）年12月	1991（平成3）年12月	2001（平成13）年7月	2005（平成7）年2月	2008（平成20）年3月	2015（平成27）年予定	－
営業距離 [km]	15.0	11.9	40.7	7.9	12.0	13.1	13.9	114.5
電車両数 [両]	100 (4R × 25H)	68 (4R × 17H)	424 (8R × 53H)	40 (4R × 10H)	68 (4R × 17H)	60 (4R × 15H)	80（計画）	840

(注) R:両，H:編成

車の外観である．上部に直流1 500 V剛体電車線，レールの中央にリアクションプレートが見える．それ以降，神戸市海岸線，福岡市七隈線，横浜市グリーンライン線が開業した．また，仙台市東西線は2015（平成27）年度に開業する予定になっている．

国内におけるリニアメトロ電車の現状を**表14.2**に示す．

4 常電導磁気浮上式鉄道

4.1 開発の経緯

非接触支持の高速鉄道のアイデアは1870年代後半から存在し，1923～1938年にドイツのヘルマン・ケンペル（Hermann Kemper）により磁気浮上に関する重要な特許が出され，試験機による実証が行われた．

その後，ドイツでは1970年代からリニア同期モータ（LSM）推進で，常電導磁石で吸引浮上する，常電導磁気浮上式鉄道としてトランスラピッド（Transrapid）の開発が行われている．実用化システムとして2002年に中国の上海空港アクセス線が開通し，30 kmの区間を最高速度430 km/hで8分で結んでいる．

日本では，1960年代からリニア誘導モータ（LIM）で推進する常電導吸引磁気浮上式鉄道の研究が行われ，代表的なものが運輸省（現・国土交通省）のEML（electro-magnetic levitation）と，日本航空のHSST（high speed surface transport：高速地表輸送機関）である．

その後，EMLは中断し，HSSTは博覧会などの機会を利用してモジュール支持方式の実用車両の開発が進められ，1989（平成元）年8月に名古屋鉄道も加わって，中部HSST開発（株）により引き継がれ，2005（平成17）年3月に愛知高速鉄道がリニモ（Linimo）として，東部丘陵線・藤が丘～八草間で営業運行を開始した．

4.2 HSST・リニモの概要
（1）HSSTの構造[6]

HSSTは初期には各種の方式の試みがなされたが，HSST-4よりモジュール車体支持方式・VVVFインバータ装置の車体搭載とした現在のシステムになっている．

図14.18は中部HSST開発により，1991（平成3）年から名古屋の大江実験線で試験が行われた，HSST-100S型車両である．1両が長さ8.5m，幅2.6mでゴムタイヤの新交通システムとほぼ同程度の寸法で，1両あたり3台の浮上台車（1台車に左右2個のモジュール）を装備して，荷重を均等に分散させている．

図14.19は軌道構造図で，電力は直流1 500 Vを用いており，剛体電車線で側方接触方式としている．

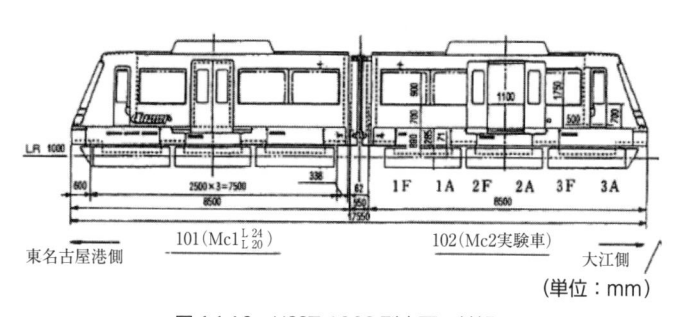

図14.18　HSST-100S型車両の外観

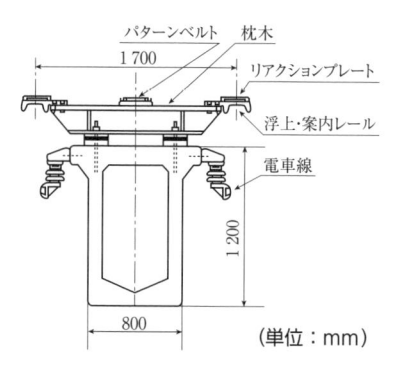

図14.19　標準軌道構造図
（藤野政明・武藤淑郎・田中正夫：「HSST-100型走行実験結果」，鉄道と電気技術，Vol.3，No.11，P33、日本鉄道電気技術協会，1992年11月）[6]

その後のHSST-100L型車両は，車両長さがモノレールに近い14 mに延長されており，1両あたり5台の浮上台車が装備され，100S型より大きな輸送需要に対応できる．東部丘陵線の車両（リニモ）には，この100L型が採用された．

（2）推進方式・浮上案内[7]

浮上力および案内力を発生するマグネット4個と，推進力を発生するリニア誘導モータ1個などをまとめてユニット化したものをモジュールといい，1台車の左右に2個のモジュールを配置している．

モジュールの構造を**図14.20**に示す．

HSSTおよびリニモは，車両の推進はリニアメトロ電車と同様にリニア誘導モータ（LIM）で行うが，車体の支持・案内を車載の常電導磁石と軌道側のレールで行う点に特徴がある．したがって，軌道側にリアクションプレート（二次側）が，車両側に一次側モータが装荷される．リニア誘導モータはVVVF（可変電圧可変周波数）制御インバータで駆動され，滑り周波数一定制御方式としている．

常電導磁石はU字形で，逆U字形の鉄製レールとの間に吸引浮上力を発生させ，数100 Hzのチョッピング周波数による吸引浮上制御で車体を約1 cm浮上させて支持を行う．

案内はU字形レールを使用していることから，横ずれに対して自然の復元力を持っている．

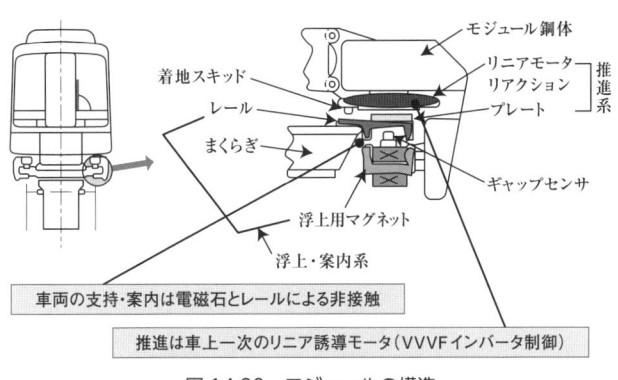

図14.20　モジュールの構造

4.3 HSST・リニモの特徴

HSSTおよびリニモは，常電導吸引磁気浮上・リニア誘導電動機推進方式であり，その特徴は以下のようである．

① 浮上式鉄道のため，乗心地よく高加減速が実現でき，高速化が図れる．

HSSTおよびリニモは，浮上式鉄道のため走行抵抗が小さく（**図14.21**），リニアモータ駆動のため，高加減速の実現が可能なため，高速化が実現しやすい．もともとのシステム設計では，最高速度200 km/hのコンセプトも有していた．

② 急勾配路線，急曲線を走行可能である．

リニアメトロ電車と同様，非粘着駆動であるため，急勾配，急曲線走行が

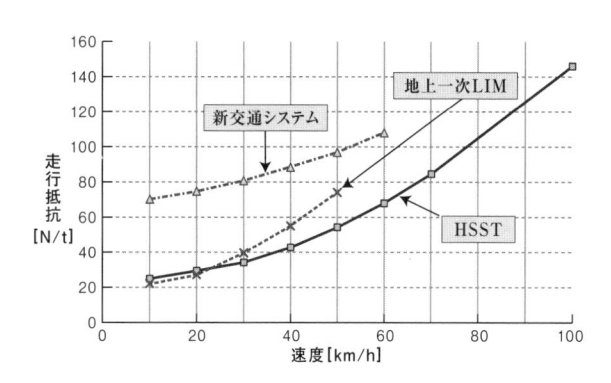

図14.21 HSST，新交通システム，地上一次LIMの走行抵抗計算例

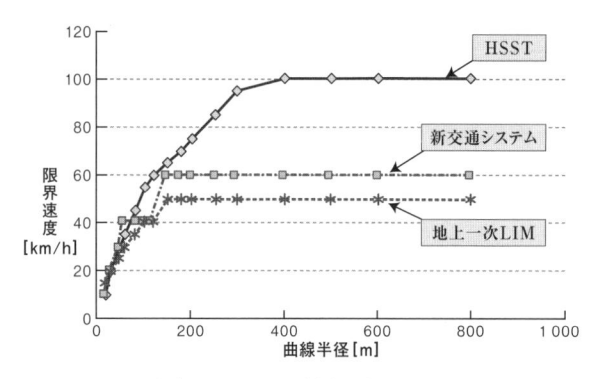

図14.22 HSST，新交通システム，地上一次LIMの曲線通過性能計算例

可能である．また，非接触案内のため，曲線通過性能が新交通システム等に比して優れている（**図 14.22**）．

③ 浮上式鉄道のため，接触部分が少なく，低騒音，低振動，省保守が実現可能である．

接触部分は，集電シューと集電レールのみであり，騒音，振動が低いほかに保守コストの低減化も図れる．

4.4 HSSTの開発とリニモの実用化
(1) HSST の開発

リニモの前身は，日本航空が 1974（昭和 49）年から開発を開始したHSST に始まる．

① HSST-01 で，基本的な浮上制御技術を確立させ，補助ロケットブースターを搭載して，川崎市扇島の 1 600 m の実験線において，最高速度 307.8 km/h を実現した．

② HSST-02 では，二次サスペンションによる浮上制御を行い，乗心地を改善するとともに，最高速度 110 km/h で，1 456 回の運行回数を重ねた．

③ HSST-03 では，リニモの原型であるモジュール機構を採用して，モジュール内に 1 台の LIM，4 個の電磁石，二次エアバネ，ブレーキ装置等を一体搭載し，鉄道の台車に当たる機能を担うこととした．この車両は，筑波科学博覧会（1985（昭和 60）年：386 m の軌道で 30 km/h，611 068 人輸送），岡崎公園（1987（昭和 62）年～1990（平成 2）年：175 m の軌道で 439 000 人輸送）で実際に乗客を乗せた走行を行った．ただし，このシステムの推進制御は，地上側に設置された VVVF インバータで行うなど完全な車上一次システムではなかった．

④ HSST-04 では，車上一次方式として，現在の基本的なシステム（モジュール構造，車上一次 LIM，車載 VVVF インバータ駆動）が完成し，1988（昭和 63）年の埼玉博覧会において，327 m の軌道で 241 203 人の輸送を行った．

⑤ HSST-05 では，1989（平成元）年の横浜博覧会において，2 両連結車両を用いて，期間限定ではあるが，鉄道事業免許を取得して，570 m の軌道で 1 262 046 人の輸送を行った．会期中のシステム稼働率は，99.9 % であった．

（2）中部 HSST 開発の設立とリニモの開発

　HSST-05 までの成功を受けて，1989（平成元）年に，日本航空と名古屋鉄道が出資した第三セクターの中部 HSST 開発が設立され，実用化に向けての開発が開始された．

　1991（平成 3）年に完成した名古屋市の名鉄常滑線大江駅に設けられた実験線（約 1.5 km）において，HSST-100S 型の走行試験を実施し，最高速度 110 km/h を実現した．**図 14.23** は大江実験線の概要，**図 14.24** は急勾配を走行する HSST-100S 型車両である[6]．

　その間に，産官学が共同して「都市内交通型磁気浮上式リニアモーターカー実用化調査研究委員会」を立ち上げ，その中で，安全性評価を行い，1993（平

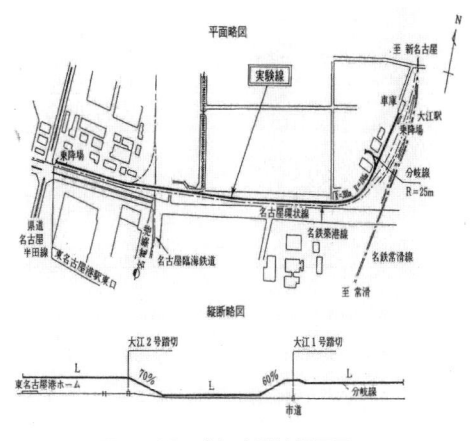

図 14.23　大江実験線概要図

図 14.24　急勾配を走行する HSST-100S 型車両
（藤野政明・武藤淑郎・田中正夫：「HSST-100 型走行実験結果」，鉄道と電気技術，Vol.3, No.11, P31、日本鉄道電気技術協会，1992 年 11 月）[6]

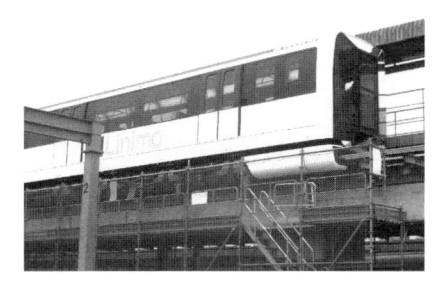

図 14.25 大江実験線におけるリニモ車両 (著者撮影)

図 14.26 東部丘陵線とリニモ (著者撮影)

成 5) 年に当時の運輸省より,「100 km/h での実用化に技術的に問題なし」と結論づけられた.

さらに,1995 (平成 7) 年に,HSST-100L 型車両 2 両 1 編成が製作され,大江実験線で試験走行が行われた.基本技術は 100S 型と同じであるが,100L 型は長さが 14 m で,5 台の浮上台車を装備しており 100S 型より大きな輸送需要に対応できる.

この結果を受けて,1999 (平成 11) 年に,「東部丘陵線導入機種選定委員会」において,磁気浮上式システムが最適と結論づけられ,東部丘陵線 (藤が丘〜八草間) 8.9 km に HSST-100L 型のシステムが採用されることになり,2005 (平成 17) 年 3 月に愛・地球博に合わせて,リニモとして開業に至った.**図 14.25** は,大江実験線におけるリニモ車両である.

図 14.26 は東部丘陵線とリニモであり,車体下部に 5 個のモジュールと,リアクションプレートの下部にがいしで支持された剛体電車線がある.

第14章　リニアメトロ電車・常電導磁気浮上式鉄道

(3) 常電導磁気浮上式鉄道の評価

表14.3に，HSST-100L型の性能概要を示す．常電導磁気浮上式鉄道は，従来の鉄道に比して，LIMによる推進，常電導磁石とレールによる車体の支持・案内という違いを有していたため，安全性評価については，**図14.27**のような手順で実施した．評価は，これまでのデータだけでなく，大江実験線における走行試験結果を中心に実施した．

また，浮上式鉄道であることより，在来の鉄道で使用していた軌道回路

表14.3　HSST-100L型の車両性能概要

●3両固定編成	定員：244人（座席104人）
●モジュール	10台（1両・両側）、左右連結したペアモジュール
●車体	アルミニウム合金のセミモノコック構造で，新交通と同じ14 m（先頭車） 13.5 m（中間車）車両長
●浮上・案内	U字型電磁石と逆U字型軌道による支持・案内兼用 8 mm（レールと電磁石コア）浮上制御
●推進	LIM（三相8極）－VVVFインバータ（IGBT，2レベル方式，5直列2並列接続）
●制動	電気ブレーキ（回生、逆相）＋油圧ブレーキの電油協調制御 保安ブレーキ（スキッドブレーキ：浮上系故障時）
●非常用ローラ装置	スキッドで着地後の回送用
●信号保安	パターンベルトによる連続位置検知と固定閉そく（ATC：自動列車制御装置）
●運転	ATO（自動列車運転装置）

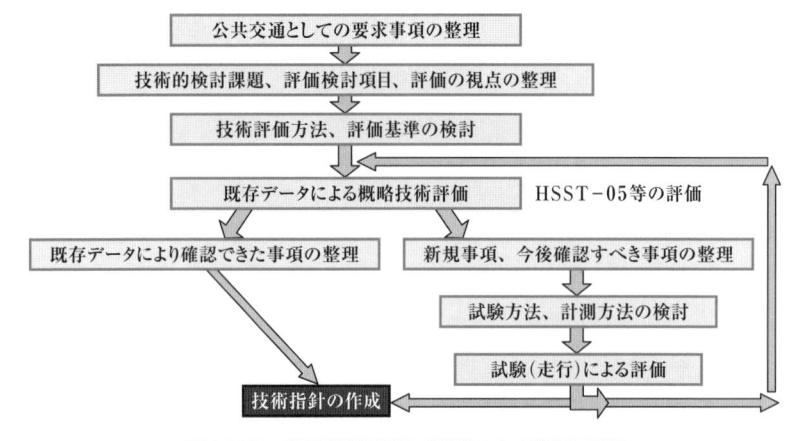

図14.27　常電導磁気浮上式鉄道の安全性評価手順

が使えないことより，信号・保安システムも新たな要素があることとして，**表14.4**のように評価の視点を定めて在来の鉄道と異なる点を重点的に評価した．ただし，LIMについては，リニアメトロ電車での評価経験に基づいた走行試験，評価を実施し，信号・保安系については，新交通システムで実用化されていたループ式列車検知システムを応用したパターンベルト式列車検知方式であったため，従来の信号・保安系と同様な試験，評価を行った．

図14.28に，大江実験線における浮上，案内制御の安全性評価試験結果例を示すが，ギャップ変動は速度とともに増加するものの，100 km/hまでであれば，十分に基準値以内であることが確認され，安全な走行が確保されると評価された．

リニアメトロ電車の安全性評価が，在来鉄道の回転モータからリニアモータへの変化に関する評価を中心に行ったのに対し，HSSTやリニモは，リニアモータの安全性は既知として，浮上制御に関する評価を中心に行ったと

表14.4 HSSTの重点的な評価の視点

(1) 浮上・案内系	①車両が軌道に接触しない安定した浮上力、案内力の確保 ②駆動系、集電系、信号・保安系、車体との相互干渉がないこと ③異常時にも安定して着地できること
(2) 推進系（LIM）	①安定した推進力の確保 ②安定した制動力の確保 ③浮上・案内系、集電系、信号・保安系、車体との相互干渉がないこと ④異常時にも安定して停止できること
(3) 信号・保安系	①列車位置、速度検知が確実に行えること ②故障、異常時には、フェールセーフに動作すること

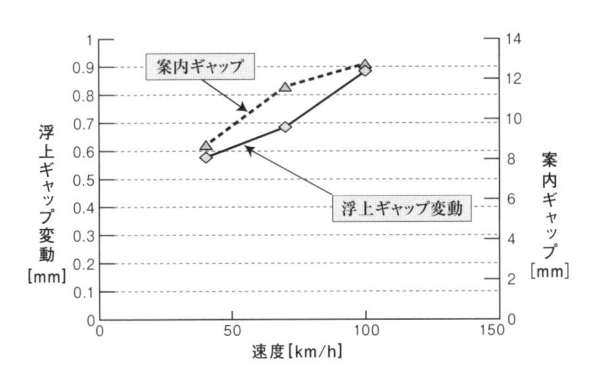

図14.28 速度による浮上，案内制御ギャップ変動例

表 14.5 リニアメトロ電車, HSST (リニモ) の評価の視点の変化

	推進	車両の支持・案内	評価の視点
在来鉄道	回転モータ	鉄輪－鉄レール	
リニアメトロ	LIM	鉄輪－鉄レール	LIM の推進が回転モータの推進と同等
HSST (リニモ)	LIM	U 型電磁石－逆 U 型レール	電磁石による浮上が鉄輪による支持・案内と同等

いえ，回転モータ → リニアモータ → 常電導磁気浮上という技術の変化に対して，回転モータ → リニアモータ＝リニアメトロ電車，リニアモータ → 常電導磁気浮上＝HSST，リニモと，一歩一歩対応してきたことが，それぞれのシステムがスムーズに実用化に至ったといえる．その流れを**表14.5**に示す．

4.5　リニモの現状と将来

　リニモは 2005 (平成 17) 年に開業以来，大きな問題もなく営業を続けている．また，当初の目論み通り，100 km/h の高速を低振動，低騒音で走行し，省保守効果も大きいと報告されている．しかし，残念ながら，東部丘陵線以外の実用例がなく，その後の開発も進んでいない．この原因としては，建設費が高く，かつエネルギー消費量が大きいことが挙げられている．リニアメトロ電車でも課題となっている LIM の電力消費量の多さに加えて，常電導磁石を使用することによる浮上電力も課題となっている．したがって，今後は，浮上電力低減を図った建設コストの低いシステム開発が行われれば，さらなる展開も可能となると思われる．

　また，近年は，鉄道の海外展開が叫ばれているが，リニモの低騒音，低振動性，省保守性のメリットを活かした海外展開の可能性の検討も望まれる．その場合は，上述のような省エネルギー，省コストの開発のほかに，より高速化を指向した開発も必要となってくる．HSST はもともとの設計思想に 100 km/hタイプだけでなく，200 km/hタイプ，300 km/hタイプも含まれていたことより，需要さえあれば，開発可能と思われる．常電導吸引磁気浮上式鉄道は，日本の鉄道技術の進化の一つの方向性を有するシステム (回転モータ駆動からリニアモータ駆動へ，車輪－レール接触支持案内から磁気浮上非接触支持案内へ) であると思われるので，さらなる開発が望まれる．

参考文献

（1） 山田一編著：「リニアモータ応用ハンドブック（リニアモータ開発年史）」，pp.XIV-XX，工業調査会，1986 年
（2） 持永芳文・曽根悟・望月旭 監修：「電気鉄道ハンドブック（11.4 リニアモータ式都市交通システム）」，コロナ社，2007 年
（3） 武井謙二・秋浜雄一・高山雅幸・高橋宏・安藤正博：「リニアモータ式 L 4 型貨車加減速装置」，日立評論，Vol.52，No.12，1970
（4） 丸山弘志・片岡軌夫編著：「電気・電子技術者のための鉄道工学」，丸善，昭和 56 年
（5） 前田豊：「大阪地下鉄鶴見緑地線リニアモータ地下鉄の運行実績」，鉄道と電気技術，Vol.3，No.11，日本鉄道電気技術協会，1992 年 11 月
（6） 藤野政明・武藤淑郎・田中正夫：「HSST-100 型走行実験結果」，鉄道と電気技術，Vol.3，No.11，日本鉄道電気技術協会，1992 年 11 月
（7） 持永芳文編著：「電気鉄道技術入門」，オーム社，2008 年

第15章

超電導磁気浮上式鉄道

　新幹線の次の超高速鉄道としてリニアモータ方式鉄道の研究が始まったのは，東海道新幹線開業の2年前の1962（昭和37）年である．原理研究を経て1972（昭和47）年の鉄道100年記念に，超電導磁気浮上とリニア誘導モータを組み合せたML100が鉄道技研で公開された．次いで，1977（昭和52）年に宮崎実験線が開設され，超電導磁石とリニア同期モータを組合せた方式で基本的な性能について開発試験が行われ，ML500が無人走行で517 km/hを記録した．さらに，実線区での条件を備えた実験線が必要になり，山梨実験線が1997（平成9）年に開設され，設計最高速度550 km/hで，実用化に向けた開発・走行試験が行われている．

第15章 超電導磁気浮上式鉄道

1 開発の経緯

1.1 開発に至る経緯[1]

　車輪がレール上を粘着で走る従来の鉄道では，最高速度350 km/hを目指した高速車両の開発が行われている．しかし，車輪式鉄道の場合，軌道や集電系の保全を考慮すると，最高速度が350 km/hを超えるシステムの実現はかなり困難なように考えられる．

　これに対し，リニアモータで走行する磁気浮上式鉄道（magnetic levitated transport system：Maglev）による車輪の非接触走行方式では，走行騒音や振動を軽減することが期待され，以下に示すように，最高速度が400～500 km/hのシステムについて実用の可能性が示された．

　超電導現象は1911年にオランダのカマリン・オンネスにより発見された．その後，1961年に米国のベル研究所でSnNb3（ニオブ3スズ）に8.8 T（テスラ）の磁界を加えても，依然として電気抵抗が零ということが発見されたときから実用化の検討が進められた．さらに，1966年に米国のブルックヘブン国立研究所のJ.R.PowellとG.R.Danbyにより，超電導磁石を用いた磁気浮上の概念が米国機械学会に発表された[1]．さらに，1969年にPowellとDanbyがリニア同期モータ推進の組合せを発表している．

　国鉄では1960（昭和35）年ころに鉄道技術研究所動力研究室の宇佐美吉雄がリニアモータを取り上げており，リニアモータ式鉄道の研究が始まったのは，東海道新幹線開業の2年前の1962（昭和37）年で，車輪支持リニア誘導モータの研究が開始された．1966（昭和41）年には超高速鉄道研究会が発足し，新幹線の次に東京～大阪間を1時間で結ぶ超高速鉄道として，非接触駆動の超電導誘導反発方式が提案された．1968（昭和43）年には国鉄技師長室の調査役として京谷好泰が就任し，超電導磁気浮上式鉄道の開発がスタートした[2]．1970（昭和45）年に超電導磁気浮上基礎試験装置で浮上実験を開始している．

　このころ，常電導吸引方式がドイツの博覧会で展示された．ドイツの吸引式では電流を制御して浮上させる必要があり，浮上高さが10 mm程度で

図 15.1　大阪万博に展示された超高速鉄道の模型（日本政府館パンフレット，日立製作所）

小さいのに対して，誘導電流により反発して浮上する超電導誘導反発方式は電流の制御が不要であり，特にギャップが 10 cm と大きくとれて，軟弱地盤で地震の多い日本では超電導しかないとの考えで研究開発が進められた．

また，1970（昭和 45）年には，日本初の国際博覧会として，大阪万博[*1]が開催されたが，日本政府館にリニアモータで駆動し，永久磁石で約 1 cm 浮上して走行する超高速鉄道の模型が展示され（**図 15.1**），観客に大きな夢を与えた．

1.2　基礎開発

1972（昭和 47）年 10 月に鉄道 100 年記念[*2]に国鉄鉄道技術研究所で超電導磁気浮上とリニア誘導モータを組合せた ML-100 が一般公開され，5 cm 浮上して時速 60 km での走行に成功した（**図 15.2**）．車両の左右の案内は接触式案内であった．

超高速，低公害をめざしてリニアモータ駆動方式，支持浮上方式，案内方式，制御方式など，個々の要素の技術開発が進められ，1973（昭和 48）年

[*1]　大阪万博，入場券

[*2]　鉄道技研，鉄道 100 年記念券

図 15.2　ML-100（著者撮影）

図 15.3　ガイドウェイ試験装置（「鉄道技術研究所の概要」パンフレット，p.17，国鉄鉄道技術研究所，1977 年）[3]

に**図 15.3** に示す逆 T 形のガイドウェイを試作して，大形試験機で各部の変形・振動特性などについて試験が行われた．

さらに，1974（昭和 49）年 3 月に瀧山 養 技師長を議長とする「浮上式鉄道開発推進会議」が設置され，実規模に近い設備での実験を行う段階として，宮崎実験線で各種の試験を実施することになった．実験線として北海道白老地区などいくつかの候補地があったが，長い直線がとれて雪が降らないことなどから日向地区に決定したといわれている．

また，1975（昭和 50）年には ML100 を改良し，駆動にリニア同期モータ，浮上に超電導磁石を用いて，Powell と Danby により提案された，中央位置で鎖交磁束がゼロになるヌルフラックス（null flux）方式[4]の誘導反発案内により，三次元的に浮上走行した**図 15.4** に示す ML-100A による走行試験が行われた．

図 15.5 は誘導反発の原理であり，車両が地上コイルの中心にあるときは

図 15.4　ML-100A
(「鉄道技術研究所の概要」パンフレット, p.17, 国鉄鉄道技術研究所, 1977 年)[3]

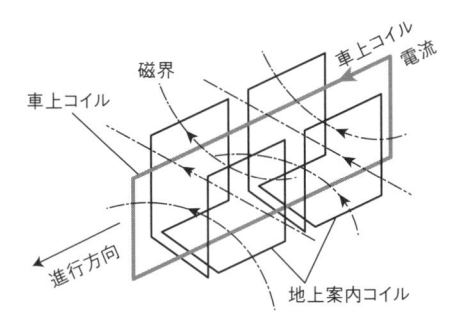

図 15.5　誘導反発（ヌルフラックス）の原理

地上コイルに電流が流れず，どちら側かに近づいたとき，その側のコイルに反発電流が流れ，反対側のコイルには吸引電流が流れるように，図のとおり両側のコイルの電流の向きを変えて直列接続している．

2　宮崎実験線

2.1　実験線の構成と車両の変遷 [1], [4], [5]

　宮崎実験線は，**図 15.6** に示すように日向灘に面した約 7 km の区間で日豊線の美々津から都農間に隣接並行しており，1977（昭和 52）年に宮崎浮上式鉄道実験センターが開設され，当初は 1.3 km の走行路で試験が開始さ

第 15 章　超電導磁気浮上式鉄道

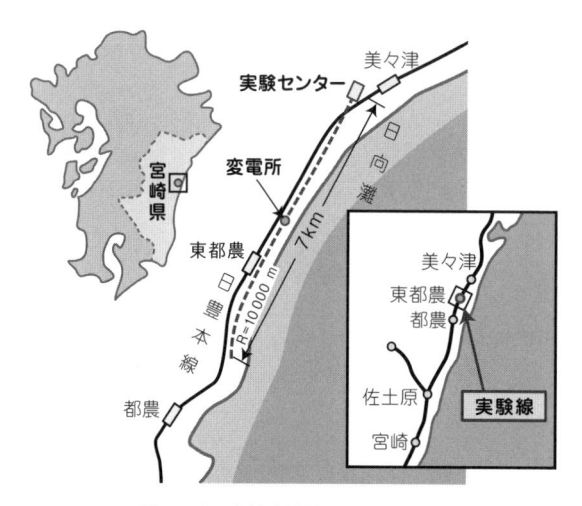

図 15.6　宮崎実験線の位置図

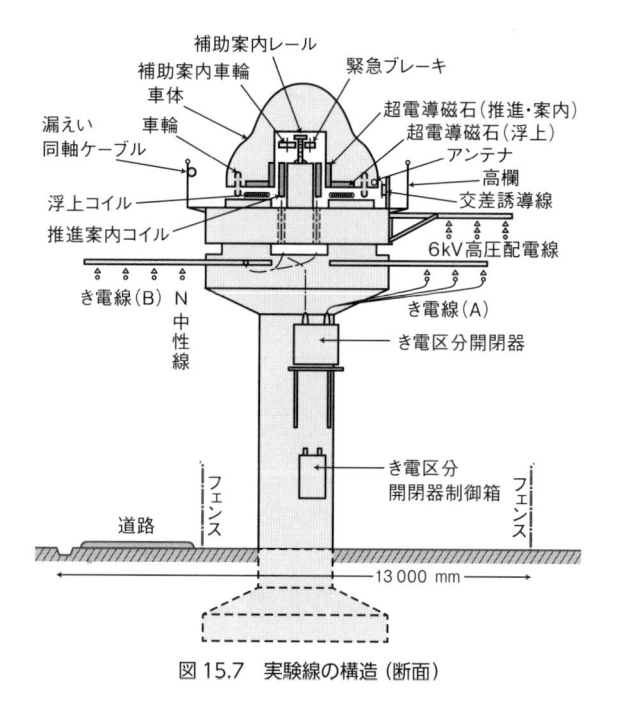

図 15.7　実験線の構造（断面）

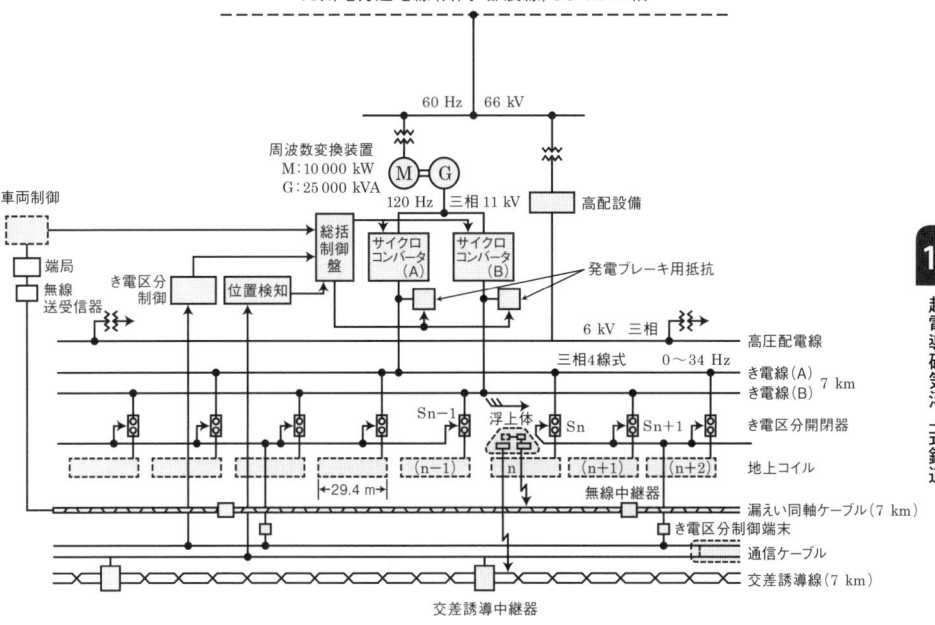

図 15.8 システム構成（二重き電方式）

れた．

　線路はほぼ直線で，北側に実験センターがあり，南の終点側に R = 10 000 m の緩やかな曲線を有している[5]．

　図 15.7 は実験線の構造（断面）であり，逆 T 形のガイドウェイと，突起物側面両側に推進・案内コイル，コンクリートスラブ表面に浮上コイルが配置されている[5]．

　推進・案内コイルには，き電線から，き電区分開閉器を経て，区切られたセクションごとに走行に必要な電力が供給される．

　当初，逆 T 形の構造としたのは，車両の中央に推進力を持ってきた方がリニアモータカーの運動解析が行いやすいと考えられたためである．

　図 15.8 は二重き電方式のシステム構成であり，2 組のサイクロコンバータで車両の速度に同期した周波数に変換して，2 回線のき電線とき電区分開閉器を介して，車両が存在するセクションに電力を供給している．また，車両の位置と速度検知は交差誘導線で行っている[5]．

　1977（昭和 52）年より，**図 15.9** に示す逆 T 形のガイドウェイと実験車

図 15.9　ML500(「21世紀への挑戦」パンフレット, 浮上式鉄道, 国鉄下関工事局, 1981年)[6]

図 15.10　MLU001(「21世紀への挑戦」パンフレット, 浮上式鉄道, 国鉄下関工事局, 1981年)[6]

ML500を用いて走行試験を行い,1979(昭和54)年12月には当時の世界記録である最高時速517 km/hの記録を達成した.ML500は,長さ13 m,幅3.8 m,高さ2.7 m,重さ10 tである.

超電導磁石は,浮上用と推進・案内用のL形としている.

液体ヘリウムを回収して再液化する車載冷凍システムは,1979年にML500Rに搭載されて走行実験が行われ,次いでMLU001搭載用の冷凍機が開発された.

その後,有人走行可能なシステムとすること,および連結走行が必要であることが考慮されて,1980(昭和55)年にガイドウェイを逆T型からU字型にするとともに,セクション長も29.4 mから58.8 mに長くする改造が行われた.1981(昭和56)年から**図 15.10**のMLU001が2両連結で試験員を乗せた有人走行を開始し,1986年に3両編成で352 km/hを達成し,さらに翌年に無人走行で405 km/hを達成している.MLU001用の超電導磁石は,1種類で浮上・推進・案内の作用を兼用している.

図 15.11　MLU002（「LINEAR MOTOR CAR MAGLEV」パンフレット, p.3, 鉄道総合技術研究所, 1990 年（推定））[7]

　1987（昭和 62）年の国鉄改革で浮上式鉄道の所管は財団法人鉄道総合技術研究所となり，新たな体制で実用化開発がスタートした．

　一方で，運輸省は超電導リニアの実用化に向けた調査の検討を開始し，1988（昭和 63）年に東京大学の松本嘉司教授を委員長とする「超電導磁気浮上式鉄道検討委員会」を設置して，実用化のために備える条件が議論された．その結果，トンネルや勾配などの構造条件を備えており，将来の中央新幹線への転用が可能なことなどから，山梨県が新実験線として選定された．

　1987（昭和 62）年 5 月には，営業線プロトタイプ用の車両としてボギー台車を用いて，超電導磁石を軽量化した，**図 15.11** に示す MLU002[*3] による走行試験が開始された．

　この車両は 1989 年に最高時速 395 km/h を達成している．また，この車両で，駆動用電力を供給する異なった変電所の渡り試験を実施したり，**図 15.12** のトラバーサ分岐装置の試験が行われた．

　しかし，1991（平成 3）年 10 月に MLU002 のタイヤがパンクして火災を起し，車両が消失するという出来事が発生している．その約 1 年後の 1993（平成 5）年に，事故の教訓を生かして対策を施した MLU002N 車両

＊3　MLU002 新鉄道事業体制発足記念切手

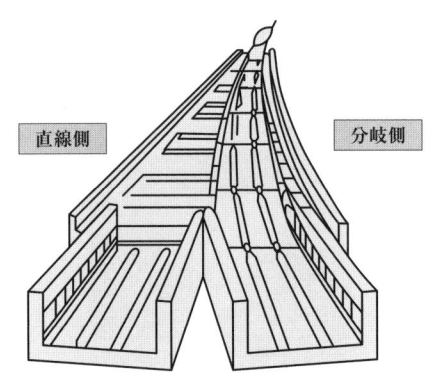

図 15.12　トラバーサ分岐装置
(鉄道総合技術研究所編:「第 2 版 鉄道技術用語辞典」, 丸善, 2006 年)[8]

が完成して走行試験を開始し, 1994 年に無人走行で最高時速 431 km, 有人走行で最高時速 411 km を記録して, 1996 (平成 8) 年に宮崎実験線での実験は終了し, 山梨実験線に引き継がれた.

2.2　推進・案内と浮上の原理 [1], [5], [6]

(1) 超電導磁石

超電導は, ニオブチタンのような金属を, 絶対零度 (−273℃) 近くまで冷却したときに, 電気抵抗が零になる現象である (**図 15.13**). このような線材でコイルを作り, 低温断熱容器 (クライオスタット) に入れておよそ −269℃ の液体ヘリウムで冷却するとコイルは超電導状態になる.

このコイルに一度電流を流すと, いつまでも電流が減少せずに強力な磁

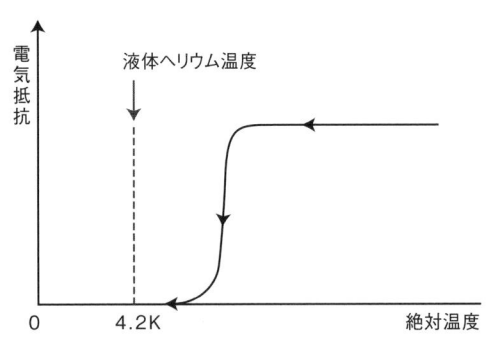

図 15.13　超電導現象 (「山梨リニア実験線」パンフレット, 鉄道総合技術研究所, 2000 年)[9]

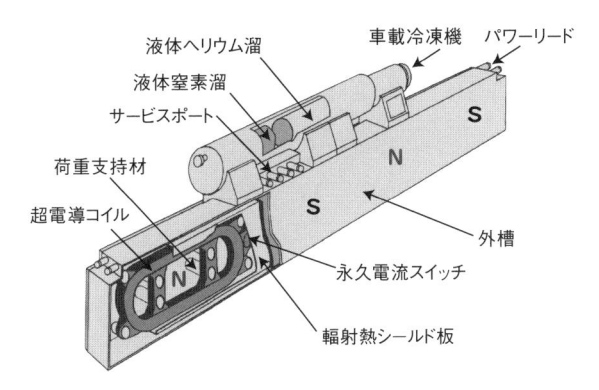

図15.14 超電導磁石（鉄道総合技術研究所編：「ここまで来た！超電導リニアモータカー」，p.192・p.224，交通新聞社，2006年）[10]

石になる．**図15.14**に超電導磁石（super conducting magnet：SCM）を示す．永久電流スイッチは熱式が採用されている．

車載用冷凍機は，U形車両であるMLU001から用いられている．

（2）推進・案内方式[11],[12]

推進は，地上一次リニア同期モータを用いている．車両の台車両側に取付けられた超電導磁石（SCM）が同期モータの回転子の界磁巻線，地上の推進コイルが固定子巻線に相当する．

車上の超電導磁石はN-S-N-Sと極性を交互に配置し，地上の推進コイルには速度に応じて電流の大きさや周波数を変えた三相交流を給電し，**図15.15**に示すような移動磁界を発生させて，推進力を得ている．

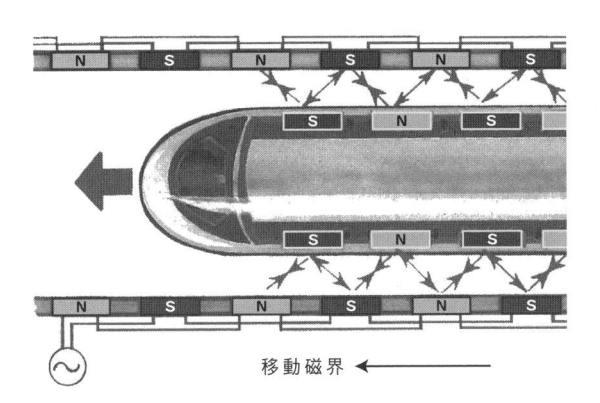

図15.15 推進の原理（「LINEAR MOTOR CAR MAGLEV」パンフレット，p.9，鉄道総合技術研究所，1990年（推定））[11]

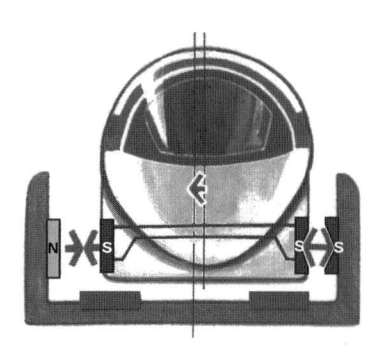

図 15.16　案内の原理（「LINEAR MOTOR CAR MAGLEV」パンフレット, p.9, 鉄道総合技術研究所, 1990 年（推定））[11]

車両が横方向に変位すると不安定力が働くので, 復元力を与えて車両を案内することが必要である. この方法の 1 つとして, 図 15.16 に示すように, 誘導反発を利用し, 車両の超電導磁石の両側に地上案内コイルを配置したヌルフラックス方式を用いている.

(3) 浮上方式[1], [5], [12], [13]

宮崎実験線では, 図 15.17 に示すように地上に超電導磁石に対向して閉ループの地上コイルを並べた対向浮上方式を採用している. 車両が走行することにより, フレミングの右手の法則に従って地上コイルに車両の磁界の変化を妨げる方向の誘導電流が流れる. この電流は超電導磁石と地上コイルが反発する方向に働き, 車体が浮き上がる.

車両の浮上力は高速走行で発生するので, 低速時は車輪走行とし, 120 km/h 以上（設定変更可能）で車輪を上げて浮上走行に移行しており, 浮上高さは約 12 cm である. このことは, 浮上式鉄道の車輪は浮上や着地の瞬間を分担する重要な役目を担うことになるので, 航空機用のタイヤをベースに開発が行われた.

しかし, 対向浮上方式は図 15.18 のように, 車輪走行している速度 40 km/h 程度で, 最大の磁気抗力（いわゆる走行抵抗）が発生し[10], [13], 低速時に大きな推進力を必要とすることが悩みであった.

1983（昭和 58）年ころになると, 2 つのコイルを 8 の字に結線して上下に並べて側壁に取付けて, ヌルフラックス接続する案が鉄道技術研究所の藤原俊輔らから提案された. 当時はそれ以上の検討はされなかったが, 鉄道総研発足後間もないころのシステム検討会で改めて側壁浮上方式が提案さ

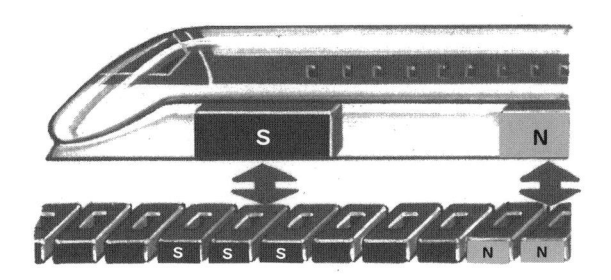

(a) 磁石の反発力（「LINEAR MOTOR CAR MAGLEV」パンフレット，p.9，鉄道総合技術研究所，1990 年（推定））[11]

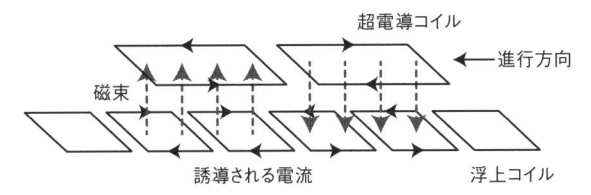

(b) 誘導反発浮上の原理
（電気鉄道ハンドブック編集委員会：「電気鉄道ハンドブック」，コロナ社，2007 年および三浦梓：「国鉄・浮上式鉄道実験線について」，信号ゼミナール，信号保安協会，1978 年）[1], [13]

図 15.17　対向浮上方式の原理

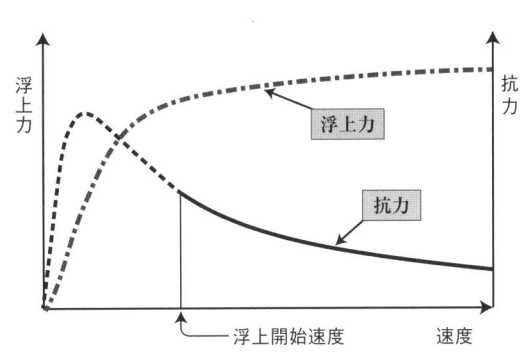

図 15.18　速度－浮上力・磁気抗力特性（鉄道総合技術研究所編：「ここまで来た！超電導リニアモータカー」，p.192・p.224，交通新聞社，2006 年）[10]

れた[14]．

図 15.19 は側壁浮上・案内の原理である[1], [12]．低速の車輪走行時は，上下変位がないように地上コイル中央の高さに車両の超電導磁石があれば誘導電流は流れず，浮上力が発生する速度になったときに車輪を上げて浮

(a) 側壁浮上　　(b) 案内

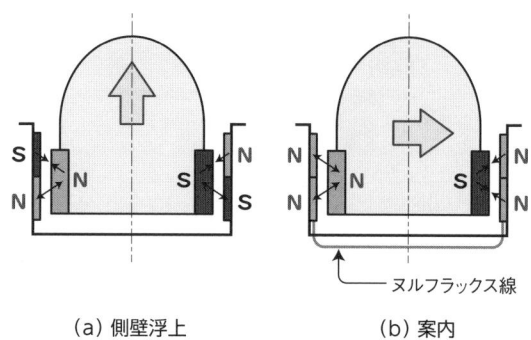

図 15.19　8 の字コイルによる側壁浮上と案内

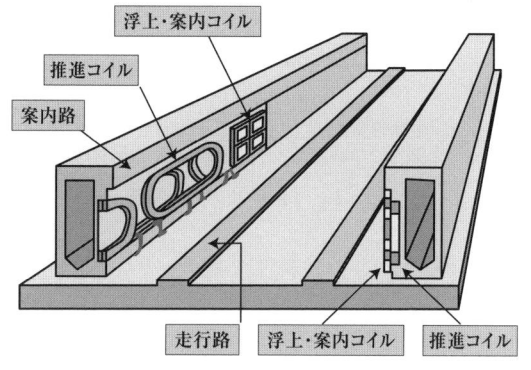

図 15.20　側壁浮上ガイドウェイの構成[15]

上走行に移行することにより，低速時の磁気抗力をなくせることが分かり，1991（平成 3）年に宮崎実験線で側壁浮上方式に変更されて基礎試験が行われ，山梨実験線で採用されることになった．案内はヌルフラックス方式であり，車上コイルが左右に変位したときに，中央位置に復元させるように案内コイルに電流が流れる．

最初は，浮上コイルは単独で推進・案内コイル（高圧ヌルフラックス）の裏または表に配置されたが，その後，推進コイルを別にして，浮上・案内コイルとすることで両側の側壁のコイルを接続するヌルフラックス線に，600 V 級の低圧線で可能なことも明らかにされた[15]．

図 15.20 は，ビーム式 U 字形ガイドウェイと二層推進コイルの例である．二層コイルは空間高調波が小さいが，取付が複雑である[1]．

さらに，鉄道総研の藤江恂治技師長により，側壁浮上・案内コイルが推進コイルを兼用できることが提案され，推進浮上案内コイル（PLGコイル：combined propulsion, levitation and guidance coil）[4]が，宮崎実験線で基礎的な試験が行われた．

2.3 電力供給設備[5], [13]

(1) 電力変換装置

同期形リニアモータは，**図15.21**のように車上界磁と地上コイルを配置しており，速度v[ms]と周波数f[Hz]の間には，ポールピッチをτ[m]として，推進コイルの一周期は2τ[m]であるから，次式の関係がある[1], [5]．

$$f = v/2\tau$$

宮崎実験線では$\tau = 2.1$ mであるから，速度500 km/hのときの周波数は33.1 Hzになるので，変電所からは0～33.1 Hzの可変周波数の電力を供給する必要がある．

可変周波数を得るには，サイクロコンバータ，インバータおよびM-G方式などがあるが，当時は自己消弧形の半導体素子はなくインバータは転流回路が必要なこと，M-Gは急速な出力変化に対応できないことから，サイクロコンバータ方式が採用されることになり，鉄道技術研究所の西條隆繁らにより開発が行われた．

図15.22は，サイクロコンバータの構成と出力波形例である．電圧は任意の周波数の電流を作るため，かなり複雑な様相を呈するが，電流はきれいな正弦波である[5], [13]．

サイクロコンバータが変換できるのは電源周波数の1/3以下であり，商用周波数の60 Hzから直接33.1 Hzを得るのは困難なこと，および初めての大容量変換器のため，電源に高調波や無効電力の影響を与えないように，

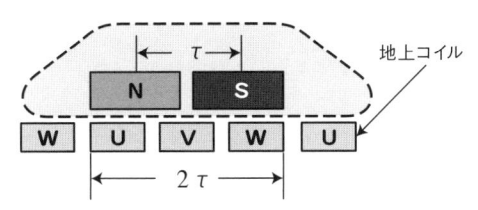

図15.21　コイル配置とポールピッチ－基本形
（「21世紀への挑戦」パンフレット，浮上式鉄道，国鉄下関工事局，1981年）[5]

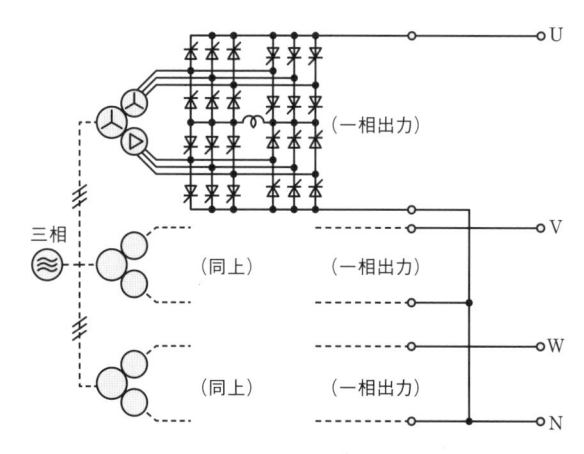

(a) 主回路構成（12 パルス方式）

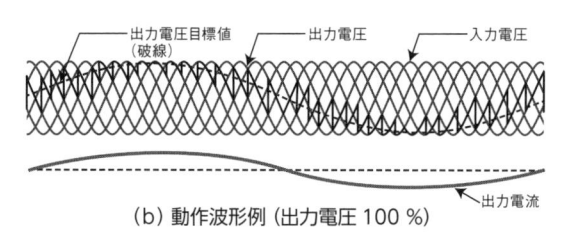

(b) 動作波形例（出力電圧 100 %）

(c) 総括制御盤

図 15.22　サイクロコンバータ
（「浮上式鉄道実験線電気工事誌」，国鉄門司電気工事局，1980 年）[16]

電源側には 60 Hz を 120 Hz に変換する**図 15.23** に示す回転形の周波数変換機を設けている[16]．

当初のサイクロコンバータは 1988 年まで運転されたが，1980 年に無効

図 15.23　60/120 Hz・11 kV 周波数変換機
(「浮上式鉄道実験線電気工事誌」,国鉄門司電気工事局,1980 年)[16]
(左奥 ACG：25MVA・右手前 SYM：10MW)

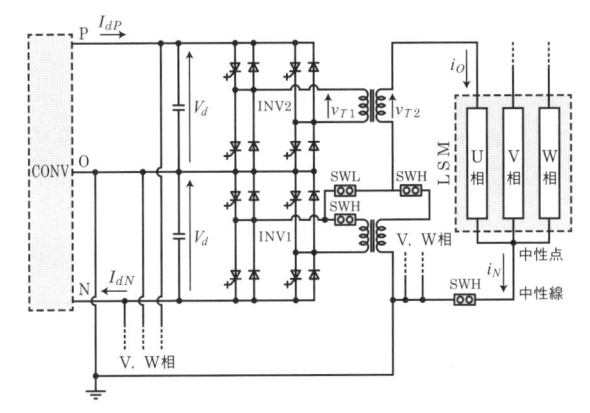

図 15.24　GTO インバータの主回路構成 (1 相分)
(加賀重夫・深田成之・奥井明伸・池田春男：「LSM 駆動用インバータの開発」,
鉄道総研報告, Vol.5, No.12, p.30, 1991 年を改変)[17]を改変

電力を変換器自身で補償する無効電力補償形，その後 1986 年に周波数変換機を省略できる循環電流式が開発されて宮崎実験線の終了まで用いられた．

一方，パワーエレクトロニクス技術の進歩により，自己消弧形の GTO サイリスタ素子が開発され，山梨実験線は可変周波数範囲が 0～57 Hz 程度になることから，サイクロコンバータに代わりインバータが使用されることになり，GTO インバータが開発され，宮崎実験線で試験が行われた．

図 15.24 はインバータの主回路構成であり，下 1 段を，出力変圧器を必要としないハーフブリッジインバータ，上段をフルブリッジインバータとして，低速走行～高速走行の運転を行っている．

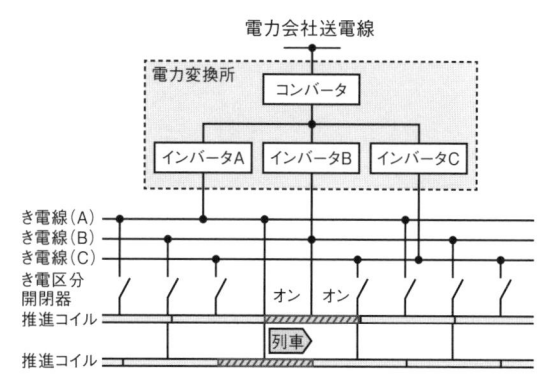

図15.25　三重き電方式の構成（加賀重夫・川口育夫ほか：「大容量インバータにおける中性点バイアス制御」，鉄道総研報告，Vol.13, No.9, p.1, 1999年）[19]

（2）き電方式

き電方式は，ガイドウェイの両端に設置された推進コイル（14セル）を並列にして1セクションとし，交互にA・Bの2系統を構成した二重き電方式を用いていた．

しかし，1系統が故障すると走行ができなくなることから，地上コイルを2分割してそれぞれのき電区間をずらして三系統の電力変換器から電力を供給する，冗長性を持った**図15.25**の三重き電方式が1981（昭和56）年に鉄道技術研究所の水野次郎らから提案された[18],[19]．

変換器は3系となるが，変換器2系で運転する二重き電方式に比べて変換器の総容量が3/4に低下し，1系故障でも運転を継続できる冗長性がある．

三重き電方式は，宮崎実験線で基礎試験が行われて，山梨実験線のき電方式として採用された．

3　山梨実験線

3.1　山梨実験線と車両の変遷 [1],[9],[11],[15],[20],[21]

宮崎実験線では超電導リニアの基本的な性能について実験が行われたが，単線で，トンネルや営業線で想定される急勾配，高速通過できる曲線がな

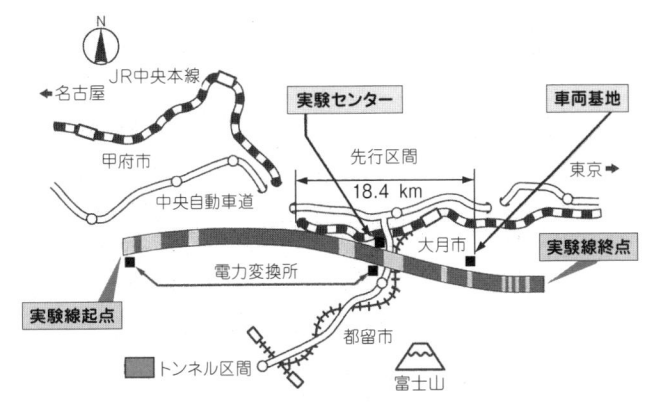

図15.26 山梨実験線路線図
(「山梨リニア実験線」パンフレット,鉄道総合技術研究所,2000年を改変)[9]を改変

いことから,これらを備えた新しい実験線が必要になり,1989(平成元)年に山梨実験線が建設されることになった.

1990(平成2)年6月に,運輸省(当時)通達「超電導磁気浮上式鉄道に係る技術開発の円滑な推進について」に基づき,鉄道総研と東海旅客鉄道(JR東海)が策定した計画が運輸大臣の承認を受け,実用化技術の開発が始まるとともに,日本鉄道建設公団を加えた三者により,建設を行うことになった.

図15.26は,山梨実験線のルートの概要で,全長42.8 kmで,1990(平成2)年11月に建設が始まり,1997(平成9)年に先行区間18.4 kmが完成した.

また,実験線車両MLX01(**図15.27**)が1995(平成7)年7月に山梨実験線に搬入された.

山梨実験線の車両は営業線車両のプロトタイプとして開発されており,車体の長さは先頭車が28 m,標準中間車が21.6 m,最大幅が2.9 m,高さが3.1 mである[4].

先頭車の形状は,空気抵抗・空力音の低減のため,ダブルカスプ形状(鴨の口形,甲府方)とエアロウェッジ形状(くさび形,東京方)が開発された.現在,前者はJR東海リニア・鉄道館で,後者(**図15.28**)は鉄道総合技術研究所で見ることができる.

1997(平成9)年4月3日に山梨実験線での走行試験が始まり,低速での

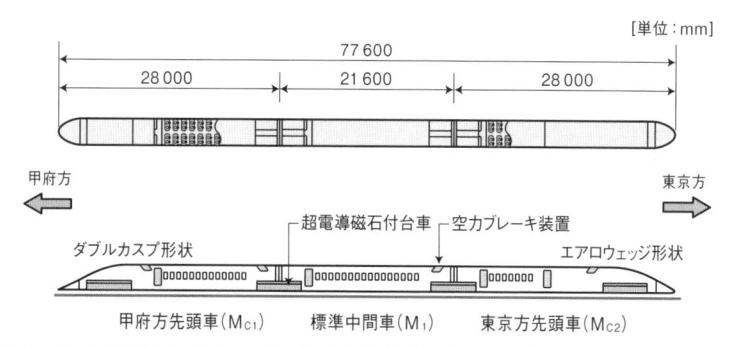

図 15.27 実験線車両 MLX01 第一編成（松平頼治・高尾喜久雄：「山梨実験線用車両の車体構体と先頭形状の開発」，鉄道総研報告，Vol.8, No.10, p.7, 1994 年）[22]

図 15.28 山梨実験線車両 MLX − 01「くさび形」（写真提供：鉄道総合技術研究所）

車輪走行から特性確認を始め，5 月 30 日に浮上走行に成功した．引き続き速度向上を進め，11 月 28 日には 500 km/h を超え，12 月 24 日には設計最高速度である 550 km/h を記録，試験開始から約 9 箇月で目標速度を達成した．

1998（平成 10）年からは，営業線で想定されるさまざまな機能を確認するため，高速すれ違い試験（1999 年 11 月，相対速度 1 003 km/h），変電所渡り試験，複数列車制御試験，満車状態での 5 両編成走行試験（1999 年 4 月 14 日，最高速度更新 552 km/h）などが行われた．

これらの成果に対し，2000（平成 12）年 3 月，運輸省（当時）・超電導浮上式鉄道実用技術評価委員会において，「超高速輸送システムとして，実用化に向けた技術上のめどが立ったものと考えられる」との評価を受けた．

2000（平成 12）年以降は，信頼性・長期耐久性の検証，コスト低減，車両の空力特性を課題とし，技術開発と走行試験が進められ，新しい IGBT（insulated gate bipolar transistor）半導体素子を用いた高効率変換器や，空

気抵抗を低減した新形式車両（先頭MLX01-901，中間01-22）が開発され，実験線に導入して成果が確認された．

2003（平成15）年には，将来の営業線設備の最適設計に反映するため，設計仕様を上回る高性能確認試験を実施した．まず11月7日には，1日で2 876 km（実験線89往復）を走行した．続いて，12月2日には最高速度581 km/hを記録し，自らが持つ世界最高記録を更新した．また，2004（平成16）年11月16日に，すれ違い相対速度1 026 km/hを記録した．

3.2 山梨実験線のシステム構成[1], [9], [12], [20], [21]

(1) ガイドウェイとコイル配置

超電導リニアは，上下線にそれぞれ設けられたガイドウェイと呼ばれるU字形断面の溝の中を走行する．側壁には，推進コイルと浮上・案内コイルが設置され，取付けられている．

a 推進コイル

推進コイルには三相交流を給電し，移動磁界を発生させて推進力を得る．当初の二層構造から単層配置に更新され，コスト低減と施工性向上が可能になった．

両側の超電導磁石，地上コイルは電源の異なるモータを構成し，片側だけでも走行できるようになっている．

b 浮上・案内コイル

浮上・案内コイルは8の字とし，両側のコイルはヌルフラックス配線で接続されている．

浮上は側壁浮上方式で，超電導磁石が8の字コイルの中心高さから上下に変位すると，誘導電流が流れ，変位と逆方向の電磁力が発生する．浮上力が得られる速度になり，車輪を格納すると，電磁力が車両質量と均衡するため，超電導磁石中心が地上コイル中心から下側に変位した状態で約10 cm浮上走行する．

案内も同じ原理で，車両が左右に変位するとヌルフラックス配線を通して誘導電流が流れ，復元力を発生する．

(2) 車両構造

車両構造は，車体と車体の間に台車を配置する「連接台車方式」とし，台

車を車体に埋め込み車両断面積を縮小して空気抵抗低減を図っている.

台車に取付けられた超電導磁石はN-S-N-Sの4極からなり,車載冷凍機により液体ヘリウム無補給で連続運転できる.

冷凍機や照明など車両内で使用する電力は,高い周波数の電気を用いて,低速から高速まで非接触で電力を地上から車上へ供給する誘導集電方式の技術が確立されたことが,2011(平成23)年9月に発表されている[23].

(3) 電力供給

山梨実験線では,電力会社から受電した特別高圧の三相電力を降圧し,コンバータ＋VVVFインバータでLSM駆動に必要な可変電圧可変周波数の電力に変換している.

また,車両を左右別々のモータで駆動し,進行に従って切替える「三重き電方式」を採用している.三重き電方式は1系故障でも運転を継続できる.

(4) 運行制御

超電導リニアにおいては,すべて自動運転を行う.運転管理システムがダイヤに基づいてランカーブを作成し,駆動制御システムは与えられたランカーブを実現するように,リニアモータの電流指令値を調節して速度制御を行う.

保安制御・ブレーキシステムに関しては,高精度の位置検知情報に基づいて連続的な位置・速度照査を行うとともに,発電ブレーキ,車輪ディスクブレーキ,空力ブレーキにより高い安全性を確保している.

4 実験線から実用化へ [24]〜[27]

東海旅客鉄道(JR東海)では,東海道新幹線のバイパスとして,超電導磁気浮上式鉄道による2027(平成39)年の中央新幹線(東京〜名古屋間)の開業を目指している.

山梨実験線については,2005(平成17)年3月,国土交通省の評価委員会において,「実用化の基盤技術が確立した」との評価を受けた[24].

その後,長期耐久性,メンテナンスを含めたコスト低減など,営業線に必要な技術について検証が行われ,2007(平成19)年1月に国土交通省か

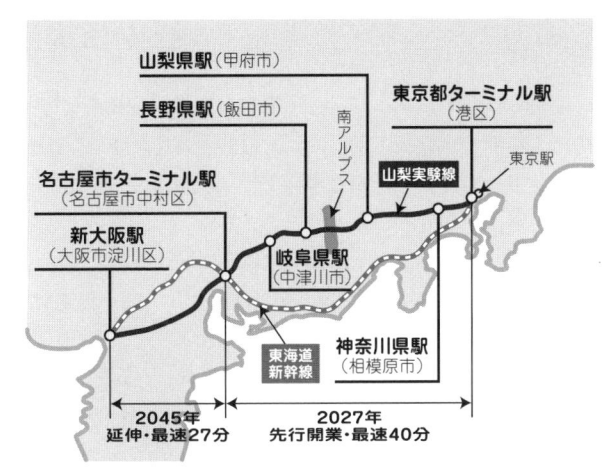

図 15.29 リニア中央新幹線想定ルート
(朝日新聞 2013 年 9 月 18 日掲載「リニア詳細ルートを発表」を改変)[27]を改変

ら「技術開発基本計画」および「山梨実験線建設計画」の変更について承認を受け，JR 東海は基盤技術が確立した設備を実用化仕様に全面的に変更するとともに，18.4 km から 42.8 km に延伸する計画とした．2013（平成 25）年 8 月に 42.8 km 延伸は全線が完成し，8 月 29 日に出発式を行い，新形の L0 系車両による走行試験が再開された．

中央新幹線の想定ルートは，南アルプスを迂回するルートと，南アルプスルートの複数のルートがあった[25]．これらの想定ルートについて，JR 東海では，2007（平成 20）年から調査を続け，2011（平成 23）年 6 月に，長大トンネルを通過できる技術が確立されたことから，コストが低く，時間的な短縮効果が大きい南アルプスルートとする中間駅案（一部を除く）が示された[26]．

さらに，2013 年 9 月に**図 15.29** に示す詳細なルートと駅の場所が発表された[27]．

これにより，東京（品川）〜名古屋間は約 40 分で結ばれる．夢の超特急リニア実現への期待は大きい．

参考・引用文献

(1) 持永芳文・曽根悟・望月旭監修：「電気鉄道ハンドブック」，12 章 磁気浮上式鉄道，コロナ社，2007 年

(2) 京谷好泰:「京谷好泰のリニアへの夢:リニアカー時代はくるか」,エコノミスト,1989 年
(3) 「鉄道技術研究所の概要」パンフレット,p.17,国鉄鉄道技術研究所,1977 年
(4) 電気学会編:「最新 電気鉄道工学」,10 章 磁気浮上式鉄道,コロナ社,2000 年
(5) 三浦梓:「自力走行を開始した超電導磁気浮上式鉄道」,OHM,Vol.64,No.9,pp.81-87,オーム社,1977 年
(6) 「21 世紀への挑戦」パンフレット,浮上式鉄道,国鉄下関工事局,1981 年
(7) 「LINEAR MOTOR CAR MAGLEV」パンフレット,p.3,鉄道総合技術研究所,1990 年(推定)
(8) 鉄道総合技術研究所編:「第 2 版 鉄道技術用語辞典」,丸善,2006 年
(9) 「山梨リニア実験線」パンフレット,鉄道総合技術研究所,2000 年
(10) 鉄道総合技術研究所編:「ここまで来た!超電導リニアモータカー」,p.192・p.224,交通新聞社,2006 年
(11) 「LINEAR MOTOR CAR MAGLEV」パンフレット,p.9,鉄道総合技術研究所,1990 年(推定)
(12) 持永芳文・北野淳一:「電気鉄道技術ガイド」,⑭リニアモータ式鉄道,電気と工事,Vol.48,No.12,オーム社,2007 年
(13) 三浦梓:「国鉄・浮上式鉄道実験線について」,信号ゼミナール,信号保安協会,1978 年
(14) 藤江恂治:「超電導磁気浮上式鉄道こぼればなし」,JREA,Vol.52,No.10,2009 年
(15) 藤本健:「地上コイルの耐久性を検証する」,特集 浮上式鉄道,RRR,Vo.58,No.9,p.4,鉄道総合技術研究所,2001 年
(16) 「浮上式鉄道実験線電気工事誌」,国鉄門司電気工事局,1980 年
(17) 加賀重夫・深田成之・奥井明伸・池田春男:「LSM 駆動用インバータの開発」,鉄道総研報告,Vol.5,No.12,p.30,1991 年
(18) 水野次郎・岡井政彦・三浦梓・持永芳文:「リニアモータ式鉄道の三重き電による電力供給方法」,日本国特許公報・第 1452008 号,1988 年
(19) 加賀重夫・川口育夫ほか:「大容量インバータにおける中性点バイアス制御」,鉄道総研報告,Vol.13,No.9,p.1,1999 年
(20) テーマ技術資料,山梨リニア実験線,鉄道と電気技術,Vol.8,No.7,日本鉄道電気技術協会,1997 年
(21) 「THE LINEAR TECHNOLOGY PRESS」パンフレット,JR 東海,2000 年(推定)
(22) 松平頼治・高尾喜久雄:「山梨実験線用車両の車体構体と先頭形状の開発」,鉄

道総研報告,Vol.8, No.10, p.7, 1994 年
(23) 超電導磁気浮上式鉄道実用技術評価委員会:「誘導集電による車上電源に関する超電導磁気浮上式鉄道実用化技術評価」, 2011 年
(24) 国土交通省:「超電導磁気浮上式鉄道評価委員会技術評価報告書」, 2005 年
(25) JR 東海プレス発表, リニア中央新幹線想定ルート, 2009 年 6 月
(26) JR 東海プレス発表, リニア・ルートと中間駅案を公表, 2011 年 6 月 8 日
(27) 朝日新聞, リニア詳細ルートを発表, 2013 年 9 月 18 日など(東海道新幹線を追加)

おわりに（情報化社会と電気鉄道）

1. 情報化社会と交通[1]

　これまでは主にハードの面から電気鉄道の技術変遷を述べてきた．ここでは電気鉄道について，情報化の面から概説して終わりとしたい．
　情報通信に対するニーズは高度化かつ多様化しており，インターネットの普及や，携帯電話のスマートフォン化に代表される携帯端末の著しい進化など，情報化社会の変化と発展はめざましい．携帯端末の発展はアナログ通信技術からディジタル通信技術の進展によって，アナログ時代には考えられなかった通信チャンネル数の多重化，高品質で高速度の情報伝送技術とコンピュータの高速度情報処理の進歩に裏打ちされている．
　情報化が進めばかなりの用事が済ませられるから，交通のニーズは減少するかというとそうではなく，交通と通信は相互依存性があり，電話が便利になったお陰で交通需要も急増したといわれている．
　情報化時代の交通は，通信ではできない目的の移動が増していくと思われる．すなわち，顔を合わせて懇談することや，買い物，観光など，目的の多様化が挙げられ，より質の高い交通サービスが必要になっていくであろう．

2. 電気鉄道が採り入れるべき情報化

　情報技術が未成熟な時代の鉄道は，あらかじめ定められた編成で，決められたダイヤに従って走らせればよかった．情報化時代の鉄道輸送では，列車運行，列車内，旅客営業（駅設備）など，さまざまなステージでの情報化が進行している．特に以下に述べるチケットレス化やICカード乗車券による鉄道輸送の商品としての販売状況データを基に，需要状況に柔軟に対応できる輸送サービスへの脱却が求められるものと考える．

(1) 列車運行と情報化

　東海道新幹線の新幹線運行管理システム（COMputer aided TRAffic Control system：COMTRAC）に代表されるコンピュータ管理の列車運行管理システムは，現在ではJR東日本の東京圏輸送管理システム（Autonomous decentralized Transport Operation System：ATOS）など，在来鉄道でも不可欠なシステムとなっている．

特に高密度運転・相互乗り入れが行われる都市圏鉄道への導入では，列車の遅れが生じた場合に正常な列車運転への迅速な回復と運転整理を図ったり，また，旅客のニーズに応じた列車の設定もフレキシブルに行われるようになる．

（2）列車内の情報化

列車内の情報化としては，JR東日本の車両情報制御システム（Train Information Management System：TIMS）が挙げられる．JR東日本のE231系では，本格的にTIMSを採用して制御回路のディジタル伝送が取り入れられ，それまでのE209系の低圧引通し線を80本から15本に低減している．TIMSでは，乗務員支援機能，車両制御・検査機能，旅客案内などの各種サービス機能，制御機能などを備えており，例えば乗務員は車両故障などに的確に対応できるようになる．また運行管理システムと連動して運行情報を車内に案内表示するなど，利用者は便利に安心して移動や旅行ができるようになる．

この車載の情報システムは、国際的にはTCN（train communication network）と称され、最初は列車のモニタリング機能として1981（昭和56）年に東北・上越新幹線車両200系に搭載して運転中の列車の各装置の状況を監視・記録できる装置とした。非常に高価であったが、運転士の一人乗務を可能にする装置となったので、その後の発展を期待して装備した。事実、200系の初期故障の解明にも威力を発揮し、東海道新幹線の100系電車では、一人乗務となり、機能が拡大し車内の乗客案内にも使うようになった。その後、コストは大幅に下がり、機能は著しく拡大して、今日の新製車両にはすべて装備されている。上記はその一例である。

（3）旅客営業と情報化

旅行に必要な乗車券の販売は，利用者の鉄道への最初の接点である．インターネット予約による優等列車の乗車券類の販売は，今日ではJR各社をはじめ大手私鉄でも実施されており，乗車券類は駅や旅行会社で買うばかりではなく利用者の端末からでも購入できる．

鉄道乗車券の管理・販売と情報化技術（Information Communication Technology：ICT）の結びつきは，優等列車の指定券の販売から始まった．

図1　手作業による指定券の予約（1967年著者撮影）

図2　MARS101の駅端末（国鉄資料）

国鉄では，各地区の乗車券センター内で，回転台の上に載せた台帳に対し，電話と手作業によって座席を書き込んで管理を行っていた（**図1**）．コンピュータの発展とともに、自動的に座席を予約できるシステムが開発され、1959（昭和34）年に国鉄でマルス1（Multi-Access Reservation System：MARS）が、また、1960（昭和35）年に近畿日本鉄道でASUKA SYSTEMが稼働開始し、その後、各民鉄も導入している。

さらに国鉄では、東海道新幹線が開業した1964（昭和39）年に、コンピュータによる大規模システムとしてMARS101が本格的なオンラインリアルタイムシステムとして登場した（**図2**）。しかし、MARS101は容量的に新幹線には対応できず、新幹線を含めたMARS102が、1965（昭和40）年9月に使用開始されている。

近年のICT技術では，インターネットや携帯電話による完全なチケットレスで列車の予約と乗車が可能となってきており，JR西日本や，西武鉄道などの大手私鉄で実施しているチケットレス特急券の扱いや，ICカードと組み合わせた東海道新幹線の「エクスプレス予約」などが定着している．また，インターネットや専用ソフトウェアで，目的地までの経路や電車の時刻，最短時間，最低運賃などを検索できるシステムも発達しつつある．

駅に入場して列車に乗車する場合は，改札・集札が必要である．当初は駅員が硬券にハサミを入れていたが，磁気式自動改札になり，さらに非接触ICカード乗車券へと進化している．SUICA（Super Urban Intelligent CArd）に代表される交通系ICカード乗車券も全国の鉄道事業者間で共通化が進められつつあり，1枚のカードで全国の主要な鉄道やバスに乗車できるようになってきている．

このICカードには電子マネー機能も付属していることから，駅機能は交通手段としての乗降場のみではなく，ICカードを仲立ちにした駅中ショッピング街としても賑わいを増して来ている．

鉄道と鉄道利用者の接点であるICカード乗車券の利用記録による旅客移動の膨大な情報は，鉄道会社にとっては有用なビッグデータであるが，これを分析することでさらなる鉄道システムのサービス向上と新たな営業展開が図られることであろう．

3. 今後の情報化社会に向けて

通信手段のディジタル化による情報量の拡大や，移動体無線技術の進展により地上と車両間の情報のさらなるやりとりが期待される．

列車の運行管理で述べたように，無線式の列車管理システム（Communication Based Train Control：CBTC）も実現してきている．

また，携帯電話やICカードによるビッグデータを基に鉄道利用者の動向を的確に把握することで，旅客のニーズに合ったきめ細かな列車サービスの提供が可能になるであろう．そのためには，多様化する情報の顧客に配慮した入手手段の構築と，情報を生かすことができるシステム作りが必要である．

さらに，地震や風水害などの自然災害に対しては，被害を抑えるために，センサ技術の応用による監視も行われるなど，情報技術による安全対策も拡充してきている．

電気鉄道のハード的な進化とともに，ICT技術とさらなる融合化を図ることで，電気鉄道が安全で快適な基幹交通システムとして今後も進化することが期待される．

参考文献

(1) 電気学会編：「最新　電気鉄道工学（改訂版）」1章総論，コロナ社，2012年

付録1　鉄道年表

年代	日本の技術および鉄道関連の法令など	海外の鉄道、技術およびできごとなど	日本の鉄道
1800（寛政12）年～1879（明治12）年		1825年9月　ジョージ・スチーブンソンによる世界最初の蒸気鉄道（英）	
		1851年　エドワード・タイヤー、閉塞電信機を発明（英）	
	1855（安政2）年10月　薩摩藩が日本初の蒸気船の試運転に成功		1855（安政2）年8月　佐賀市で、中村奇輔、田中久重、石黒寛次が日本初の蒸気車と貨車の模型を製作
		1863年　ロンドン地下鉄が蒸気運転で誕生（英）	
			1869（明治2）年　北海道茅沼炭鉱で海岸までの軌道（2.8km）開業
			1872（明治5）年10月　新橋～横浜間29km鉄道開業
		1876年3月　アレキサンダー・グラハム・ベルが電話の実験に成功（米）	1876（明治9）年9月　大阪～京都間が開通、初めて鋳鉄製平底レールを使用
		1879年5月　エルンスト・ヴェルナー・フォン・ジーメンスがベルリン勧業博覧会に電気機関車を出展（独）	
1880（明治13）年～1889（明治22）年		1880年　メンロパーク研究所でトーマス・アルバ・エジソンが考案した電気機関車を運転（米）	1880（明治13）年10月　官営幌内鉄道（手宮～札幌間）開業
	1882（明治15）年3月　上野公園に農商務省博物館が開館。付属施設として上野動物園が開園		1882（明治15）年6月　日本初の馬車鉄道として、東京馬車鉄道が運行（軌間1 372mm）
		1889年5月　第4回パリ万国博覧会（エッフェル塔完成）（仏）	1889（明治22）年7月　東海道線（新橋～神戸間）開通
1890（明治23）年～1899（明治32）年	1890（明治23）年8月　藤岡市助（白熱舎）による炭素線電球の製造	1890年　電気式地下鉄の始め（英）	1890（明治23）年5月　第三回内国勧業博覧会で東京電燈（藤岡市助）が米国製（スプレーグ式）電車を公開
	1891（明治24）年3月　度量衡法公布（1951年に計量法に変わる）		1891（明治24）年9月　日本鉄道東北線（上野～青森間）全通
	1892（明治25）年7月　逓信省鉄道庁の設立		
	1892（明治25）年6月　鉄道敷設法の公布		
			1893（明治26）年4月　直江津線全通および碓氷峠（横川～軽井沢間）でアプト式とドイツ製蒸気機関車3900形を採用
		1895年夏　グリエルモ・マルコーニによる無線通信の発明（伊）	1895（明治28）年1月　京都電気鉄道で日本初の電車運行開始
1900（明治33）年～1909（明治42）年	1900（明治33）年3月　鉄道営業法と私設鉄道法の公布		1900（明治33）年4月　山陽鉄道で日本初の寝台車の誕生

期間			
		1902年　クーパー・ヒューイットによる水銀蒸気アークが電流に対して弁作用があることの発見（米）	
	1906（明治39）年3月鉄道国有法の公布		1906（明治39）年3月日本、山陽、九州など大手私設鉄道17社を国が買収
	1908（明治41）年12月帝国鉄道庁が鉄道院に改組	1908年5月　南満洲鉄道（満鉄）全線広軌（1 435 mm）で開通	
	1909（明治42）年10月鉄道院による国有鉄道線路名称の制定		1909（明治42）年12月鹿児島線門司〜鹿児島間全通
1910（明治43）年〜1919（大正8）年	1910（明治43）年3月電気事業法の公布	1910年　単相交流16 2/3 Hz、15 kV電化開発（瑞）	1910（明治43）年6月宇高連絡船（宇野〜高松）の就航
	1910（明治43）年4月軽便鉄道法の公布		
			1911（明治44）年5月中央線（御茶ノ水〜名古屋間）全通
		1912年　ニューヨークで交流25 Hz、22 kV、ATき電方式電化（米）	1912（明治45）年5月信越線（横川〜軽井沢間）を直流600 V下面接触第三軌条とアプト式で電化
			1914（大正3）年12月東京駅開業
	1919（大正8）年4月地方鉄道法の公布（地方鉄道法と軽便鉄道法が統合）		
	1919（大正8）年7月鉄道院に鉄道電化調査会発足		
1920（大正9）年〜1929（昭和4）年	1920（大正9）年5月鉄道院が鉄道省に昇格	1920年頃　セレン整流器の実用化	
	1921（大正10）年4月軌道法の公布		
	1923（大正12）年9月関東大震災（M7.9）		1923（大正12）年4月大阪鉄道（大阪天王寺〜布忍間）で初の直流1 500 V電化（同時に布忍〜道明寺間も1 500 V電化）
			1925（大正14）年7月客車、機関車、貨車の自動連結器取替工事施工
	1927（昭和2）年9月改正電気事業法の施行	1927年　ニューヨークセントラル鉄道、列車集中制御装置（CTC）使用開始（米）	1927（昭和2）年12月東京地下鉄道（浅草〜上野間）が開業（直流600 V上面接触第三軌条）
	1928（昭和3）年3月世界初のテレビジョン実験成功（浜松高等工業　高柳健次郎）		1928（昭和3）年6月高野山鉄道が日本初の電力回生（直流1 500 V）
1930（昭和5）年〜1939（昭和14）年	1930（昭和5）年8月東京〜大阪間の写真電送が朝日新聞社で開始		
	1931（昭和6）年8月東京飛行場（現、羽田空港）開場		1931（昭和6）年9月　全長9 702 mの清水トンネルが開通。上越線が全通
		1932年　ブタペスト近郊で50 Hz、16 kV電化。回転式相変換機で単相を三相に変換・誘導電動機駆動	

年代			
	1933 (昭和 8) 年 7 月 山形で気象観測史上初の 40.8 ℃観測		1933 (昭和 8) 年 5 月 大阪市地下鉄 (梅田～心斎橋間) が開業 (直流 750 V 上面接触第三軌条)
		1934 年 11 月　南満洲鉄道に「あじあ」号がデビュー	1934 (昭和 9) 年 12 月 1918 年に着工した丹那トンネル (7 804 m) が開通
		1936～1939 年　ヘレンタール線で単相交流 50 Hz、20 kV 電化方式の試験 (独)	
	1939 (昭和 14) 年 5 月 NHK 無線テレビ実験放送公開	1939 年 9 月　第二次世界大戦始まる	
1940 (昭和 15) 年 ～1949 (昭和 24) 年	1941 (昭和 16) 年 7 月 帝都高速度交通営団法の公布	1941 年 12 月　太平洋戦争始まる	1941 (昭和 16) 年 7 月 東京地下鉄道と東京高速鉄道が交通営団に吸収
	1941 (昭和 16) 年 8 月 配電統制令。電鉄業と電気事業が分離		
			1942 (昭和 17) 年 6 月 関門トンネル直流 1 500 V 電化工事完成 (下り線完成)
		1945 年 8 月　太平洋戦争 (第二次世界大戦) 終戦	1945 (昭和 20) 年 8 月 八高線で列車衝突事故 (死者 104 名、負傷者 67 名)
		1948 年 6 月　ベル研究所にてトランジスタの発明を発表 (米)	1948 (昭和 23) 年 8 月 武蔵境変電区に鉄道技研の高速度遮断器実験所を設置
	1949 (昭和 24) 年 5 月 日本国有鉄道法の施行		
	1949 (昭和 24) 年 6 月 公共企業体「日本国有鉄道」の誕生		
1950 (昭和 25) 年 ～1959 (昭和 34) 年		1951 年　仏国鉄サボア線で商用周波 20kV 交流電化の実験成功	1951 (昭和 26) 年 4 月 桜木町事故 (電車焼損：死者 106 名・軽傷者 92 名)
	1953 (昭和 28) 年 2 月 NHK テレビ放送開始		
	1953 (昭和 28) 年 9 月 国鉄に交流電化調査委員会を設置		
		1958 年　GE 社、シリコン制御整流器 (SCR、現在はサイリスタという) の商業生産開始 (米)	1958 (昭和 33) 年 11 月 東海道線 (東京～大阪・神戸間) に 151 系特急電車「こだま」運転開始
	1959 (昭和 34) 年 6 月　メートル法完全実施。尺貫法廃止		1959 (昭和 34) 年 11 月 汐留～梅田間にコンテナ特急「たから号」運転開始
1960 (昭和 35) 年 ～1969 (昭和 44) 年	1960 (昭和 35) 年 9 月 カラーテレビ放送開始		1960 (昭和 35) 年 2 月 座席予約装置 (MARS-1) が東京駅に設置され運用開始
			1960 (昭和 35) 年 5 月 都営 1 号線・直流 1 500 V カテナリ方式電車線で京成電鉄と相互乗入れ
		1961 年 4 月　世界初の有人宇宙船「ウォストーク 1 号」打上げに成功 (ソ連)	1961 (昭和 36) 年 3 月 日比谷線 (南千住～仲御徒町間) 直流 1 500 V 剛体電車線で開通
			1962 (昭和 37) 年 5 月 三河島列車多重衝突事故 (死者 160 名・負傷者 296 名)

			1962（昭和37）年5月 日比谷線・人形町延長され、東武伊勢崎線と北千住で相互延長
	1964（昭和39）年10月 東京オリンピック		1964（昭和39）年10月 東海道新幹線（東京～新大阪間）交流25 kV・BTき電方式で開業・0系新幹線電車210 km/hでデビュー
	1967（昭和42）年6月 社団法人日本民営鉄道協会発足・私鉄経営者協会解散		
	1967（昭和42）年8月 公害対策基本法公布		
	1968（昭和43）年5月 十勝沖地震（M7.9）	1968年　ロンドン地下鉄自動運転開始（英国）	1968（昭和43）年8月 東北線全線電化（交流20 kV・BTき電）および複線化
		1969年7月 アポロ11号月着陸（米国）	1969（昭和44）年4月 トラックとのコンテナ協同輸送・フレートライナー運行開始
			1969（昭和44）年5月 等級制の廃止・グリーン車の誕生
1970（昭和45）年 ～1979（昭和54）年	1970（昭和45）年2月 日本初の人工衛星「おおすみ」打上げ成功		1970（昭和45）年9月 鹿児島線全線電化完成・初の交流20 kV・八代～鹿児島間 ATき電方式の採用・特急「有明」が485系電車化
	1970（昭和45）年3月 日本初の万国博覧会（大阪万博）開催		1970（昭和45）年9月 北陸線全線電化完成（交流20 kV・BTき電）・複線化
	1970（昭和45）年5月 全国新幹線鉄道整備法公布		
		1971年4月　ビジコン社（日本）・インテル社（米国）がマイクロコンピュータを共同発明	1971（昭和46）年10月 札幌市交通局、ゴムタイヤ地下鉄開業（直流750 V・上面接触第三軌条）
		1971年5月　旅客鉄道公社アムトラック設立（米国）	
	1972（昭和47）年10月 鉄道開業100周年		1972（昭和47）年12月 山陽新幹線（新大阪～岡山間）開業（交流25 kV・ATき電方式の採用）
			1972（昭和47）年3月 鉄道技研内で超電導磁気浮上式リニアML100走行公開テスト
	1973（昭和48）年10月 江崎玲於奈がノーベル物理学賞受賞		1973（昭和48）年7月 中央線全線電化（直流1 500 V）完成
			1973（昭和48）年7月 日本初の381系振子式電車「しなの」が中央線に投入
		1975年　ベトナム戦争終結	1975（昭和50）年3月 山陽新幹線（岡山～博多間）開業（交流25 kV・ATき電）
	1976（昭和51）年10月 日本ビクターが家庭用VHSビデオを発売	1976年　コンバータ＋インバータ方式誘導電動機駆動の交流電気機関車が完成（独）	1976（昭和51）年3月 国鉄の蒸気機関車全廃
	1978（昭和53）年5月 新東京国際空港（現・成田国際空港）開港・国鉄と京成が乗入れ	1978年　エドモントンでLRT導入（カナダ）	1978（昭和53）年10月 ダイヤ改正で貨物列車が大幅に削減. 下り列車が奇数番号・上り列車が偶数番号を使用

年代			
1980（昭和55）年 ～1989（平成元）年		1978（昭和53）年6月 宮城県沖地震（M7.4）	
		1980年 規制緩和を認めたスタッガーズ鉄道法が成立（米国）	
		1981年9月 TGV 南東線（パリ～リオン間）で260 km/hで営業開始（仏）	1981（昭和56）年2月 神戸新交通ポートライナー開業
			1981（昭和56）年2月 大阪市交通局ニュートラム開業
	1982（昭和57）年2月 日本航空・羽田空港着陸直前で海に墜落		1982（昭和57）年2月 東北新幹線（大宮～盛岡間）開業・200系新幹線電車（サイリスタ混合ブリッジ制御）デビュー
	1982（昭和57）年10月 国鉄非常事態宣言を政府発表		1982（昭和57）年6月 上越新幹線（大宮～新潟間）開業
	1985（昭和60）年4月 専売公社・電電公社が民営化		1985（昭和60）年3月 東北・上越新幹線（上野～大宮間）開業・上野～田端間で同軸ケーブルき電方式の採用
			1985（昭和60）年10月 東海道・山陽新幹線で一部2階建100系新幹線電車デビュー
	1987（昭和62）年10月 国鉄分割民営化・JRグループの発足		
	1988（昭和63）年2月 東京ドームの完成	1988年 車体傾斜式ペンドリーノETR450が使用開始（イタリア）	1988（昭和63）年3月 青函トンネル（津軽海峡線）の開業と青函連絡船の廃止
	1988（昭和63）年9月 日本初パソコンへのコンピュータウイルス感染		1988（昭和63）年4月 瀬戸大橋（本四備讃線）の開業と宇高連絡船の廃止
1990（平成2）年 ～1999（平成11）年	1990（平成2）年4月 大阪で国際花と緑の博覧会（花の万博）		1990（平成2）年4月 大阪市交通局・車輪支持式リニア地下鉄長堀鶴見緑地線開業
		1991年6月 ICE1が280 km/hで営業運転（独）	1991（平成3）年3月 東海道新幹線変電設備更新（AT化）完了
			1991（平成3）年3月 東北新幹線（東京～上野間）が同軸ケーブルき電方式で開業
		1992年4月 AVE（セビリア～マドリード間）を300 km/hで開業（スペイン）	1992（平成4）年7月 JR東日本・奥羽線（福島～山形間）を狭軌から標準軌へ改軌、400系電車で開業
			1992（平成4）年11月 東海道新幹線300系新幹線電車（インバータ制御車）「のぞみ」270 km/hでデビュー
	1994（平成6）年9月 関西空港開港・JR 西日本と南海電車が乗入れ	1994年5月 英仏海峡トンネル開通・11月からユーロスター運転開始（英・仏）	1994（平成6）年3月 東北新幹線オール2階建新幹線「Max」誕生
	1995（平成7）年1月 阪神・淡路大震災（M7.2）		1995（平成7）年7月 交通営団・地下鉄サリン事件
	1997（平成9）年12月 地球温暖化防止京都会議（COP3）	1997年9月 香港地下鉄でICカード「オクトパス」導入	1997（平成9）年3月 秋田新幹線営業開始・「こまち」デビュー・山陽新幹線で最高速度300 km/hの500系電車デビュー

付録

			1997（平成9）年10月 北陸新幹線（長野新幹線・高崎～長野間）開業
	1998（平成10）年7月 日本初の火星探査機「のぞみ」打ち上げ成功		
2000（平成12）年 ～2009（平成21）年	2000（平成12）年12月 BSデジタル放送始まる		
	2002（平成14）年10月 小柴昌俊がノーベル物理学賞・田中耕一がノーベル化学賞受賞		2002（平成14）年12月 東北新幹線（盛岡～八戸間）開業・初のディジタルATC採用
	2003（平成15）年12月 地上波ディジタルテレビジョンが関東・中京・近畿の三大都市圏で放送開始	2003年12月 上海でトランスラピッド（常電導磁気浮上・リニア同期モータ式）が430 km/hで開業（中国）	
	2004（平成16）年4月 帝都高速度交通営団の民営化・東京地下鉄株式会社（東京メトロ）の設立	2004年4月 韓国高速鉄道KTXが最高速度300 km/hで部分開業（ソウル～東大邱）	2004（平成16）年3月 九州新幹線（八代～鹿児島中央間）開業・800系新幹線電車デビュー
	2004（平成16）年10月 新潟県中越地震（M6.8）発生		2004（平成16）年3月 JR貨物が東京貨物ターミナル～安治川口間にM250系高速貨物電車の営業運転開始
	2005（平成17）年2月 気候変動枠組に関する京都議定書（COP3）発効		2005（平成17）年3月 愛知高速交通・東部丘陵線「リニモ」開業（常電導磁気浮上・リニア誘導モータ式）
	2005（平成17）年3月 名古屋で愛知万博（愛・地球博）		2005（平成17）年4月 福知山線脱線事故（死者107名、負傷者562名）
			2005（平成17）年8月 つくばエクスプレス（秋葉原～つくば間）開業（PWM整流器の採用）
	2007（平成19）年10月 郵政民営化	2007年3月 台湾高速鉄道（台北～高雄間）340 kmが最高速度300 km/hで開業	2007（平成19）年10月 東京神田の交通博物館が大宮に移転・鉄道博物館としてオープン
		2007年4月 TGV（開業前の東ヨーロッパ線）が5両の特別編成（永久磁石同期電動機）で574.8 km/hを記録・営業速度320 km/h運転（仏）	
		2008年8月 中国高速鉄道（北京～天津間）が最高速度350 km/hで開業	
		2009年12月 イタリア高速新線のトリノ～ミラノ～ローマ～ナポリ間918.9 kmが全線開通	
2010（平成22）年～	2010（平成22）年5月 宇宙ヨット「イカロス」が種子島宇宙センターから打ち上げ（宇宙航空開発機構・JAXA）	2010年11月 京釜高速線（東大邱～釜山）が最高速度300 km/hで開業（韓国）	2010（平成22）年12月 東北新幹線（八戸～新青森間）開業
	2010（平成22）年6月 小惑星探査機「はやぶさ」が地球に帰還（JAXA）	2010年12月 スペイン・フランス国境高速新線（バルセロナ～フランス国境）	
	2011（平成23）年3月 東日本大震災（M9.0）と巨大津波による災害・東電福島第一原発事故	2011年6月 中国高速鉄道（北京～上海）1 318 kmが最高速度約310 km/hで開通（中国）	2011（平成23）年3月 九州新幹線（博多～新八代間）開業・新幹線が青森から鹿児島までつながる

449

2011（平成23）年7月 地上アナログテレビが地上デジタル放送へ完全移行	2011年12月 京広高速鉄道の北京～鄭州間が開通し、北京～広州間2 298 kmが全線開業（中国）	2011（平成23）年3月 JR東海リニア・鉄道館が名古屋にオープン
		2011（平成23）年10月 仙石線（あおば通り～東塩釜間）無線による列車制御・ATACS使用開始
2012（平成24）年5月 日本で金環日食	2012年9月 アップル社がタッチスクリーンベースの携帯電話iPhone 5を発表（米国）	2012（平成24）年3月 JR西日本・100系新幹線電車が引退
2012（平成24）年6月 東京スカイツリー完成（高さ634 m）		2012（平成24）年3月 東海道・山陽新幹線から300系電車が引退
2012（平成24）年12月 中央自動車道笹子トンネルでコンクリート天井板が崩落		2012（平成24）年12月 気仙沼線（柳津～気仙沼間）BRT（バス高速輸送システム）運行開始
2013（平成25）年1月 ボーイング787の蓄電池が焼損・耐空性改善通報	2013年9月 国際オリンピック委員会が、2020年に第32回夏季五輪を東京で開催することを決定	2013（平成25）年2月 東北・上越新幹線から200系電車が引退
2013（平成25）年6月 富士山が世界文化遺産に登録		2013（平成25）年3月 東北新幹線・E5系「はやぶさ」が320 km/h運転
2013（平成25）年8月 高知県四万十市で観測史上最高気温41.0℃を観測		2013（平成25）年3月 東京地下鉄副都心線と東急電鉄東横線が渋谷駅で相互乗入れ
		2013（平成25）年3月 10種類のICカード乗車券が全国相互利用サービス
		2013（平成25）年8月 浮上式鉄道山梨実験線の42.8 km延伸が完成・L0系車両で9月から走行試験が再開
		2013（平成25）年9月 函館線大沼駅構内で貨物列車が脱線
		2013（平成25）年10月 JR九州が「ななつ星in九州」を運行
2014（平成26）年4月 消費税が5％から8％になる	2014年3月 クアラルンプールから北京へ向かうマレーシア航空370便（乗員12名を含む239名）がタイランド湾上空で消息を絶ちインド洋南部で墜落したとみられる	2014（平成26）年3月 JR東日本烏山線で、電化区間と非電化区間を走行する蓄電池電車EV-E301系「ACCUM」デビュー
2014（平成26）年6月 富岡製糸場と絹産業遺産群が世界文化遺産に登録	2014年4月 韓国旅客船セウォル号が珍島付近で沈没（乗員を含む476名乗船、死亡・行方不明合わせて304名）	2014（平成26）年3月 北陸新幹線（高崎～長野）E7系新幹線電車デビュー
		2014（平成26）年4月 三陸鉄道が東日本大震災から全線復旧
		2015年春 北陸新幹線（長野～金沢）228 kmが開業・W7系新幹線電車デビュー（予定）
		2015年春 東海道新幹線N700A電車で最高速度285 km/h運転（予定）

付録2　直流電気鉄道（国鉄・JR在来線）の主な変遷

日付	線区	起点	終点	電化キロ [km]	累計 [km]	記事（買収鉄道会社）
1906（明治39）年10月1日	中央線	御茶ノ水	中野	12.1	12.1	(甲武鉄道)
1908（明治41）年4月19日	中央線	昌平橋	御茶ノ水	0.4	12.5	
1909（明治42）年12月16日	東海道線	品川	烏森	4.9	47	
	東北線	上野	田端	3.5		
	山手線	品川	池袋	15.4		
		池袋	赤羽	5.5		現・赤羽線
		池袋	田端	5.2		
1910（明治43）年6月25日	東海道線	有楽町	烏森	1.1	48.1	
1910（明治43）年9月15日	東海道線	呉服橋	有楽町	0.8	48.9	
1912（明治45）年4月1日	中央線	万世橋	昌平橋	0.3	49.2	
1912（明治45）年5月11日	信越線	横川	軽井沢	11.2	60.4	
1914（大正3）年12月20日	東海道線	品川	高島町	22	82.4	高島町は現・横浜
1915（大正4）年8月15日	京浜線	高島町	桜木町	2	84.4	高島町は現・横浜
1919（大正8）年1月25日	中央線	中野	吉祥寺	7.8	92.2	
1919（大正8）年3月1日	中央線	東京	万世橋	1.9	94.1	
1922（大正11）年11月20日	中央線	吉祥寺	国分寺	8.9	103	
1925（大正14）年11月1日	東北線	東京	上野	3.6	106.6	
1925（大正14）年12月13日	東海道線	横浜	国府津	48.9	155.5	
	横須賀線	大船	横須賀	15.9	171.4	
1926（大正15）年1月27日	東海道線	国府津	小田原	6.2	177.6	
1928（昭和3）年2月1日	東北線	田端	赤羽	6.1	204.4	
1928（昭和3）年2月25日	東海道線	小田原	熱海	20.7	198.3	
1928（昭和3）年12月7日	東海道貨物線	汐留	品川	4.9	209.3	
1929（昭和4）年3月10日	中央線	国分寺	国立	3.1	212.4	
1929（昭和4）年6月15日	中央線	国立	立川	3	215.4	
1930（昭和5）年12月20日	東海道貨物線	新鶴見	鶴見	3.9	219.3	
	中央線	立川	淺川	15.6	234.9	淺川は現・高尾
1931（昭和6）年4月1日	中央線	淺川	甲府	81	315.9	
1931（昭和6）年9月1日	上越線	水上	石打	41.5	357.4	
1932（昭和7）年7月1日	総武線	御茶ノ水	両国	2.8	360.2	
1932（昭和7）年9月1日	東北線	赤羽	大宮	17.1	377.3	
1932（昭和7）年10月1日	横浜線	東神奈川	原町田	22.5	399.8	
1932（昭和7）年12月1日	片町線	片町	四条畷	13.3	413.1	
1933（昭和8）年2月16日	城東線	大阪	天王寺	10.7	423.8	現・大阪環状線
1933（昭和8）年3月15日	総武線	両国	市川	12.1	435.9	
1933（昭和8）年4月	東北支線	王子	須賀	2.5	438.4	
1933（昭和8）年9月15日	総武線	市川	船橋	7.8	446.2	
1933（昭和8）年9月	福塩南線	福山	府中町	22	468.2	(両備)
1934（昭和9）年4月2日	中央支線	国分寺	東京競馬場前	5.6	473.8	
1934（昭和9）年7月20日	東海道線	吹田	神戸	40.7	514.5	
	山陽線	神戸	須磨	7.3	521.8	
1934（昭和9）年9月20日	山陽線	須磨	明石	11.9	533.7	
1934（昭和9）年12月1日	東海道線	熱海	沼津	21.6	555.3	
1935（昭和10）年3月30日	伊東線	熱海	網代	8.7	564	
1935（昭和10）年7月1日	総武線	船橋	千葉	16.7	580.7	
1935（昭和10）年12月14日	福塩南線	福山構内		1.6	582.3	
1936（昭和11）年9月	可部線	横川	可部	13.7	596	(広浜)
1936（昭和11）年12月11日	常磐線	日暮里	松戸	15.7	611.7	
1937（昭和12）年6月1日	大糸南線	松本	信濃大町	35.1	646.8	(信濃)
1937（昭和12）年10月10日	東海道線	京都	吹田	35.2	682	
1937（昭和12）年11月10日	仙山線	作並	山寺	20	702	

年月日	線名	起点	終点	営業キロ	累計	備考
1938（昭和13）年12月15日	伊東線	網代	伊東	8.2	710.2	
1939（昭和14）年8月1日	東海道貨物	品川	新鶴見	13.9	724.1	
1941（昭和16）年3月	身延線	富士	甲府	88.1		（富士身延）
1941（昭和16）年4月5日	横浜線	原町田	八王子	20.1		
1941（昭和16）年5月1日	西成線	大阪	桜島	8.1	840.4	現・環状・桜島線
1942（昭和17）年7月1日	山陽線	幡生	門司	9.8	850.2	
1943（昭和18）年5月1日	宇部東線	小郡	西宇部	33.3		（宇部）
	宇部西線	宇部港	新沖山	8		（小野田）
		宇部港	沖山新鉱	1.8		
		雀田	長門本山	2.3		
1943（昭和18）年6月1日	富山港線	富山	岩瀬浜	8		（富山地方）
		富山	奥田	1.9		
		大広田	富山港	1.4		
1943（昭和18）年7月1日	鶴見線	鶴見	扇町	7		（鶴見臨港）
		浅野	海芝浦	1.7		
		武蔵白石	大川	1		
1943（昭和18）年8月1日	飯田線	豊橋	辰野	192.3		（豊川・鳳来寺・三信・伊那）
		豊川	西豊川	2.4		
1944（昭和19）年3月2日	山陽線	明石	西明石	3.2	1 114.5	
1944（昭和19）年4月1日	横須賀線	横須賀	久里浜	8		
	南武線	川崎	立川	35.5		（南武）
		尻手	浜川崎	4.1		
		向河原	新鶴見	0.8		
	青梅線	立川	御岳	27.2		（青梅）
		福生	福生河原	1.8		
1944（昭和19）年5月1日	阪和線	天王寺	東和歌山	61.3		（南海）
		鳳	東羽衣	1.7		
	仙石線	仙台	石巻	50.5		（宮城）
		陸前山下	釜	1.8		
1944（昭和19）年5月	富山港線	大広田	富山港	-1.4		
1944（昭和19）年7月1日	青梅線	御岳	氷川	10	1 315.8	（奥多摩）
1947（昭和22）年4月1日	上越線	高崎	水上	59.1		
1947（昭和22）年10月1日	上越線	石打	長岡	65		
	宇部西線	雀田	小野田港	2	1 443.1	現・小野田線
1949（昭和24）年2月1日	東海道線	沼津	静岡	54	1 497.1	
1949（昭和24）年4月24日	奥羽線	福島	米沢	43		昭和43年9月22日交流化
1949（昭和24）年5月15日	伊東線	熱海	網代	8.7		
1949（昭和24）年5月20日	東海道線	静岡	浜松	76.9		
1949（昭和24）年6月10日	常磐線	松戸	取手	21.7	1 638.7	
1950（昭和25）年4月1日	小野田線	居能	岩鼻	1.4		
1950（昭和25）年8月10日	小野田線	小野田	小野田港	5.1		
1950（昭和25）年12月25日	片町線	長尾	四条畷	13.4	1 658.6	
1951（昭和26）年4月14日	中央線	三鷹	武蔵野競技場前	3.2	1 661.8	
1952（昭和27）年4月1日	高崎線	大宮	高崎（操)	74.7		
	東北線	日暮里	赤羽	7.6		
1952（昭和27）年4月20日	宇部線	宇部	居能	1.8		
		宇部	岩鼻	-3.3		線路付替え
1952（昭和27）年9月1日	関西線	竜華操	杉本町	10.5	1 750.6	貨物線
1953（昭和28）年7月21日	東海道線	浜松	名古屋	108.9		
1953（昭和28）年11月11日	飯田線	名古屋	稲沢	11.1	1 870.6	
1954（昭和29）年4月10日	福塩線	府中町	下川辺	4.3	1 874.9	
1955（昭和30）年7月20日	東海道線	稲沢	米原	68.8		
		大垣	関ヶ原	13.8		
1955（昭和30）年11月11日	飯田線	豊橋	辰野	3.7	1 961.2	

付録

年月日	線名	区間（始）	区間（終）	km	累計	備考
1956（昭和31）年11月19日	東海道線	米原	京都	67.7	2 026.5	東海道線全線電化（589.5 km）
1957（昭和32）年12月1日	両毛線	新前橋	前橋	2.5	2 027.2	
1958（昭和33）年4月10日	山陽線	西明石	姫路	32.4		
1958（昭和33）年4月14日	東北線	大宮	宇都宮	79.2		
1958（昭和33）年12月15日	東北線	宇都宮	宝積寺	11.7	2 166.2	
1959（昭和34）年5月22日	東北線	宝積寺	黒磯	42		
1959（昭和34）年7月17日	大糸線	信濃大町	信濃四谷	24.6		
1959（昭和34）年9月22日	山陽線	姫路	上郡	34.8		
	日光線	宇都宮	日光	40.5	2 303.1	
1960（昭和35）年6月1日	山陽線	西宇部	厚狭	9.8		
1960（昭和35）年10月1日	山陽線	上郡	倉敷	69.7		
	宇野線	岡山	宇野	32.9		
1960（昭和35）年10月24日	仙山線	山寺	羽前千歳	9.3		昭和43年9月8日交流化
	奥羽線	山形	羽前千歳	4.8		昭和43年9月8日交流化
1961（昭和36）年3月1日	赤穂線	相生	播州赤穂	10.5	2 440.1	
1961（昭和36）年4月17日	五日市線	拝島	武蔵岩井	13.8		
1961（昭和36）年6月1日	山陽線	小郡	西宇部	25.3		
		厚狭	幡生	30.3		
1961（昭和36）年9月6日	山陽線	倉敷	三原	74		
1962（昭和37）年3月15日	福塩線	府中	下川辺	-4.3	2 584.8	電化廃止
1962（昭和37）年5月12日	山陽線	三原	広島	72		
1962（昭和37）年5月21日	中央線	上諏訪	辰野	18		
1962（昭和37）年6月10日	信越線	長岡	新潟	63.3		
1962（昭和37）年7月15日	信越線	高崎	横川	29.7		
1962（昭和37）年10月1日	可部線	横川	可部	0.3	2 770.5	線路付替
1963（昭和38）年6月21日	信越線	軽井沢	長野	74.9		
1963（昭和38）年7月26日	常磐線	田端	三河島	1.6		
1963（昭和38）年12月1日	常磐線	三河島	南千住	7.5	2 853.8	貨物
1964（昭和39）年5月19日	根岸線	桜木町	磯子	7.5		
1964（昭和39）年6月21日	東海道線	浜川崎	横浜（操）	4.9		貨物
1964（昭和39）年7月25日	山陽線	広島	小郡	154.5		山陽線全線電化
1964（昭和39）年8月23日	中央線	甲府	上諏訪	68		
1964（昭和39）年9月25日	総武線	新小岩	金町	7.1		貨物
1964（昭和39）年10月1日	篠ノ井線	南松本	松本	2.4		
1965（昭和40）年5月20日	中央線	辰野	塩尻	17.7		
	篠ノ井線	塩尻	南松本	11.4	3 122.3	
1966（昭和41）年7月1日	中央線	瑞浪	名古屋	50.1		
1966（昭和41）年8月24日	信越線	長野	直江津	75		
1967（昭和42）年6月10日	長野原線	渋川	長野原	42.3		現・吾妻線
1967（昭和42）年12月20日	大糸線	信濃森上	南小谷	8.5		
1968（昭和43）年3月28日	総武線	千葉	佐倉	16.1		
	成田線	佐倉	成田	13.1		
1968（昭和43）年4月27日	御殿場線	国府津	御殿場	35.5		
1968（昭和43）年7月1日	御殿場線	御殿場	沼津	24.7		御殿場線全線電化
1968（昭和43）年7月13日	房総東線	千葉	蘇我	3.8		
	房総西線	蘇我	木更津	31.3		
1968（昭和43）年8月16日	中央線	中津川	瑞浪	29.8		
1968（昭和43）年9月1日	両毛線	小山	前橋	81.9		
1969（昭和44）年7月11日	房総西線	木更津	千倉	65.3		
1969（昭和44）年8月24日	赤穂線	播州赤穂	東岡山	46.9		赤穂線全線電化
	信越線	直江津	宮内	70		信越線全線電化
1970（昭和45）年3月17日	根岸線	磯子	洋光台	4.6		
1970（昭和45）年4月1日	梅田貨物線	梅田	福島	0.9		貨物

453

年月日	線名	区間		キロ	累計	備考
1970（昭和45）年9月15日	呉線	三原	海田市	87		呉線全線電化
1971（昭和46）年3月7日	吾妻線	長野原	大前	13.3	3 799.7	吾妻線全線電化
1972（昭和47）年7月1日	房総西線	千倉	安房鴨川	22.8		内房線全線電化
1972（昭和47）年7月15日	総武線	東京	錦糸町	4.8		
	外房線	蘇我	安房鴨川	89.5		外房線全線電化
1973（昭和48）年4月1日	篠ノ井線	松本	篠ノ井	54.1		篠井線全線電化
	武蔵野線	府中本町	新松戸	57.5		
		新小平	国立	5		貨物
		西浦和	与野	4.9		貨物
		北小金	馬橋	6.6		貨物
	中央支線	国分寺	東京競馬場前	-5.6		廃止
1973（昭和48）年4月9日	根岸線	大船	洋光台	8		
1973（昭和48）年5月27日	中央線	塩尻	中津川	95.4		中央線全線電化
1973（昭和48）年9月26日	東金線	成東	大網	13.8		
1973（昭和48）年9月28日	成田線	成田	我孫子	32.9		
	東金線	大網	成東	13.8		東金線全線電化
1973（昭和48）年10月1日	関西線	奈良	湊町	41.2		
	東海道線	汐留	塩浜操	16.5		貨物
	南武線	尻手	鶴見	5.4		貨物
1974（昭和49）年7月20日	湖西線	山科	永原	68.3		
1974（昭和49）年10月27日	総武線	佐倉	銚子	65.2		総武線全線電化
	成田線	成田	松岸	62.3		成田線全線電化
	鹿島線	香取	北鹿島	17.4		鹿島線全線電化
1976（昭和51）年3月1日	武蔵野線	鶴見	府中本町	28.8		貨物
		梶ヶ谷貨物ターミナル	尻手	10.3	4 592.0	貨物
1976（昭和51）年4月26日	岡多線	岡崎	新豊田	10.8		
1978（昭和53）年9月1日	紀勢線	新宮	和歌山	200.7		
1978（昭和53）年10月2日	武蔵野線	新松戸	西船橋	14.3		
1979（昭和54）年8月1日	関西線	名古屋	八田	4.3		
1979（昭和54）年10月1日	東海道線	鶴見	戸塚	20.2		貨物線
1980（昭和55）年3月3日	草津線	柘植	草津	36.7		草津線全線電化
	桜井線	奈良	高田	29.4		桜井線全線電化
	和歌山線	王子	五条	35.8	4 944.0	
1981（昭和56）年4月1日	福知山線	尼崎	宝塚	17.8		
1982（昭和57）年5月17日	関西線	八田	亀山	55.6		
1982（昭和57）年7月1日	伯備線	倉敷	伯耆大山	139.6		
	山陰線	伯耆大山	知井宮	71.2		
1983（昭和58）年3月22日	唐津線	唐津	西唐津	2.2		
	筑肥線	姪浜	唐津	42.6	5 284.7	
1983（昭和58）年7月5日	中央線	岡谷	塩尻	11.7	5 295.0	
1984（昭和59）年4月8日	越後線	柏崎	新潟	83.8		越後線全線電化
	弥彦線	弥彦	東三条	17.4		
1984（昭和59）年10月1日	関西線	木津	奈良	7		
	奈良線	木津	京都	34.7		奈良線全線電化
	和歌山線	五条	和歌山	52.1		和歌山線全線電化
	紀勢線	和歌山	和歌山市	3.3	5 493.3	
1985（昭和60）年9月30日	東北線	赤羽	大宮	18		
	川越線	大宮	高麗川	30.6		川越線全線電化
1986（昭和61）年3月3日	京葉線	西船橋	蘇我	22.4	5 564.3	
1986（昭和61）年10月29日	福知山線	宝塚	福知山	88.7		福知山線全線電化
	山陰線	福知山	城崎	69.5		
1987（昭和62）年3月23日	予讃線	高松	坂出	21.6		
		多度津	観音寺	23.8		
	土讃線	多度津	琴平	11.3	5 822.2	

日付	線名	区間始	区間終	キロ	累計	備考
1987（昭和62）年4月1日	武蔵野線	梶ヶ谷貨物ターミナル	尻手	-10.3		貨物・キロ程無
1987（昭和62）年10月2日	予讃線	坂出	多度津	11.4		
1988（昭和63）年3月13日	関西線	加茂	木津	6		
1988（昭和63）年3月20日	本四備讃線	茶屋町	児島	12.9	5 768.8	
1988（昭和63）年4月10日	本四備讃線	児島	宇多津	18.1		
1988（昭和63）年12月1日	京葉線	新木場	市川塩浜	24.5		
1989（平成元）年3月11日	片町線	木津	長尾	18	5 835.1	片町線全線電化
1990（平成2）年3月10日	山陰線	京都	園部	34.2	5 877.1	
	京葉線	東京	新木場	7.4		
1990（平成2）年11月21日	予讃線	伊予北条	伊予市	29.1		
1991（平成3）年3月16日	相模線	茅ヶ崎	橋本	33.3	5 935.3	相模線全線電化
1991（平成3）年3月19日	成田線	成田	成田空港	10.8		
1991（平成3）年9月1日	七尾線	津幡	和倉温泉	59.5		七尾線全線電化
1991（平成3）年9月14日	北陸線	田村	長浜	3	5 999.9	
1992（平成4）年7月23日	予讃線	観音寺	新居浜	46.6		
		今治	伊予北条	32		
1993（平成5）年3月18日	新居浜線	新居浜	今治	41.8	6 123.2	
1994（平成6）年6月15日	関西空港	日根野	関西空港	11.1		
1995（平成7）年4月20日	山陰線	綾部	福知山	12.3		
1996（平成8）年3月16日	山陰線	園部	綾部	42		
	八高線	八王子	高麗川	31.1	6 215.0	
1997（平成9）年3月8日	東西線	京橋	尼崎	12.5		
1997（平成9）年10月1日	信越線	横川	軽井沢	-11.2		廃止
		軽井沢	篠ノ井	-65.6		第三セクター化
1998（平成10）年3月14日	播但線	姫路	寺前	29.6		
1998（平成10）年3月30日	東海道線	名古屋	名古屋貨物ターミナル	3.9		貨物
1999（平成11）年10月2日	舞鶴線	綾部	東舞鶴	26.4	6 194.2	舞鶴線全線電化
2001（平成13）年7月1日	山陽線	兵庫	和田岬	2.7		
2003（平成15）年3月15日	小浜線	東舞鶴	敦賀	84.3	6 280.8	小浜線全線電化
2004（平成16）年12月19日	加古川線	加古川	谷川	48.5	6 318.9	加古川線全線電化
2006（平成18）年3月1日	富山港線	富山	岩瀬浜	-8	6 310.9	第三セクター化
2006（平成18）年9月24日	湖西線	永原	近江塩津	5.8		交流→直流化
	北陸線	長浜	敦賀	38.2		
2008（平成20）年3月15日	片町線	放出	八尾	-10.4		廃止
	大阪東線	放出	久宝寺	9.2	6 354.5	大阪外環状鉄道
2009（平成21）年3月31日	関西線	八尾	杉本町	-11.3	6 343.2	廃止
2010（平成22）年3月25日	信越線	上沼垂（信）	沼垂	-1.8	6 341.4	貨物線・廃止
2016年予定	可部線	可部	新河戸	1.6		平成26年2月25日許可

注：昭和20年度以降の累計は鉄道電化協会・日本鉄道電気技術協会の年度統計を表示

参考文献

- 鎌原今朝雄：「電気鉄道の歩み」、新電気、オーム社、昭和50年1月～昭和51年3月
- 「鉄道電化と電気鉄道のあゆみ－創立30周年記念－」社団法人鉄道電化協会、昭和53年3月
- 「電気運転統計」鉄道電化協会・日本鉄道電気技術協会、昭和50年～平成25年
- 「鉄道電気設備年鑑」鉄道界出版社、2011
- 「鉄道要覧」国土交通省鉄道局、平成23年

付録3　交流電気鉄道の変遷
付録3-1　交流電気鉄道（国鉄・JR在来線）の変遷

日付	線区	起点	終点	電化キロ[km]	累計[km]	方式	記事
1957（昭和32）年9月5日	仙山線	仙台	作並	28.7	28.7	BT	50 Hz
1957（昭和32）年10月1日	北陸線	田村	敦賀	41.1	69.8	BT	60 Hz
1959（昭和34）年7月1日	東北線	黒磯	白河	25	94.8	BT	黒磯以南直流
1960（昭和35）年3月1日	東北線	白河	福島	84.6	179.4	BT	
1961（昭和36）年3月1日	福島	福島	仙台	79.3	258.7	BT	
1961（昭和36）年6月1日	常磐線	取手	勝田	83.7	342.4	BT	取手以南直流
	鹿児島線	門司港	久留米	115.4	457.8	BT	門司以東直流
1962（昭和37）年2月15日	鹿児島線	久留米	荒木	4.9	462.7	BT	
1962（昭和37）年3月21日	北陸線	今庄	福井	34.8	497.5	BT	
1962（昭和37）年6月10日	北陸線	敦賀	今庄	19.3	516.8	BT	
1962（昭和37）年10月1日	常磐線	勝田	高萩	41.4	558.2	BT	
1962（昭和37）年12月28日	北陸線	米原	田村	4.7	562.9	BT	
1963（昭和38）年4月4日	北陸線	福井	金沢	76.8	639.7	BT	
1963（昭和38）年5月1日	常磐線	高萩	平	46.9	686.6	BT	
1963（昭和38）年9月30日	常磐線	平	草野	5.4	692	BT	
1963（昭和38）年12月1日	鹿児島線	吉塚	竹下	-0.5	691.5	BT	博多駅改良
1964（昭和39）年8月24日	北陸線	金沢	富山・操	62.5	754	BT	
1965（昭和40）年8月25日	北陸線	富山・操	泊	46.3	800.3	BT	
1965（昭和40）年9月10日	鹿児島線	荒木	熊本・操	79.1	879.4	BT	
1965（昭和40）年9月30日	北陸線	泊	糸魚川	29.9	909.3	BT	
1965（昭和40）年10月1日	東北線	仙台	盛岡	183.6	1 092.9	BT	
		長町	東仙台	6.6	1 099.5	BT	
1966（昭和41）年10月1日	日豊線	小倉	新田原	30.2	1 129.7	BT	
1967（昭和42）年2月1日	水戸線	小山	友部	50.2	1 179.9	BT	
1967（昭和42）年6月15日	磐越西線	郡山	喜多方	81.2	1 261.1	BT	
1967（昭和42）年8月20日	常磐線	草野	岩沼	128.3	1 389.4	BT	
1967（昭和42）年9月15日	日豊線	新田原	大分	102.8	1 492.2	BT	
1967（昭和42）年10月1日	日豊線	大分	幸崎	18.9	1 511.1	BT	
1968（昭和43）年8月22日	東北線	盛岡	青森	204.7	1 715.8	BT	
1968（昭和43）年8月28日	函館線	小樽	滝川	117.3	1 833.1	BT	
1968（昭和43）年9月1日	東北線	黒磯	石越	-0.5	1 832.6	BT	線増
		盛岡	青森	-0.8	1 831.8	BT	線増
1968（昭和43）年9月8日	仙山線	作並	羽前千歳	29.3	1 861.1	BT	直流→交流
	奥羽線	羽前千歳	山形	4.8	1 865.9	BT	直流→交流
1968（昭和43）年9月20日	鹿児島線	熊本・操	川尻	4	1 869.9	BT	
1968（昭和43）年9月22日	福島	福島	米沢	43	1 912.9	BT	直流→交流
1968（昭和43）年9月23日	奥羽線	米沢	山形	47	1 959.9	BT	直流→交流
1969（昭和44）年9月29日	北陸線	糸魚川	梶屋敷	交直境		BT	以北直流
1969（昭和44）年9月30日	函館線	滝川	旭川	53.3	2 013.2	BT	
1969（昭和44）年10月1日	北陸線	米原	富山	-0.4	2 012.8	BT	線増
1970（昭和45）年9月1日	鹿児島線	川尻	八代	30.4	2 043.2	BT	
		八代	鹿児島	166.2	2 209.4	AT	
1971（昭和46）年8月25日	奥羽線	秋田	青森	185.8	2 395.2	AT	青森 BT 7 km
		津軽新城	東青森	10.2		BT	貨物別線
1972（昭和47）年8月5日	羽越線	村上	秋田	212.3	2 607.5	AT	村上以南直流
1974（昭和49）年4月25日	日豊線	幸崎	津久見	27.1	2 634.6	AT	
		津久見	南宮崎	163.6	2 798.2	AT	
1974（昭和49）年7月20日	湖西線	永原	近江塩津	5.8	2 804.0	BT	
1975（昭和50）年3月10日	鹿児島線	香椎	福岡貨物ターミナル	3.7	2 807.7	BT	貨物支線博多臨港線
1975（昭和50）年11月25日	奥羽線	羽前千歳	秋田	206.8	3 014.5	AT	
1976（昭和51）年6月6日	長崎線	鳥栖	伊賀屋	20.2	3 034.7	BT	
		伊賀屋	長崎	105.1	3 139.8	AT	
	佐世保線	肥前山口	佐世保	48.8	3 188.6	AT	
1978（昭和53）年10月2日	東北線	岩切	利府	4.2	3 192.8	BT	
1979（昭和54）年10月1日	日豊線	南宮崎	鹿児島	120.1	3 312.9	AT	

日付	線区	起点	終点	電化キロ[km]	累計[km]	方式	記事
1980（昭和55）年7月9日	日豊線	豊後豊岡	亀川	-0.1	3 312.8	BT	営業キロ改正
1980（昭和55）年10月1日	千歳線	白石	沼ノ端	56.6	3 369.4	AT	
	室蘭線	室蘭	沼ノ端	74.9	3 444.3	AT	
1982（昭和57）年11月15日	田沢湖線	盛岡	大曲	75.6	3 519.9	AT	
1988（昭和63）年3月13日	津軽海峡	中小国	函館	129	3 648.9	AT	非同期対策
	津軽線	青森	中小国	31.4	3 680.3	AT	
1990（平成2）年4月1日	博多南	博多	博多南	8.5	3 688.8	AT	25 kV 標準軌
1990（平成2）年12月20日	上越線	越後湯沢	ガーラ湯沢	1.8	3 690.6	AT	25 kV 標準軌
1991（平成3）年9月14日	北陸線	米原	長浜	-7.7	3 682.9	BT	直流化
1992（平成4）年3月10日	大村線	早岐	ハウステンボス	4.7	3 687.6	BT	
1992（平成4）年7月1日	千歳線	南千歳	千歳空港	2.6	3 690.2	AT	
	山形新幹線	福島	山形	-2.9	3687.3	BT	標準軌改軌
1996（平成8）年7月18日	日南線	南宮崎	田吉	2	3 689.3	BT	
	空港線	田吉	宮崎空港	1.4	3 690.7	BT	
1997（平成9）年3月22日	秋田新幹線	盛岡	秋田			AT	標準軌改軌・三線軌条
1997（平成9）年10月1日	室蘭線	室蘭	東室蘭	-1.1	3 689.6	AT	線路付替え
1999（平成11）年7月2日	鹿児島線	枝光	八幡	-1	3 688.6	BT	営業キロ改正
1999（平成11）年10月1日	豊肥線	熊本	肥後大津	22.6	3 711.2	BT	
2001（平成13）年10月6日	篠栗線	吉塚	桂川	25.1	3 736.3	AT	
	筑豊線	折尾	桂川	34.5	3 770.8	AT	筑豊変電所
2002（平成14）年12月1日	東北線	盛岡	八戸	-107.9	3 662.9	BT	第3セクター化
2003（平成15）年9月1日	宗谷線	旭川	北旭川	4.8	3 667.7	BT	貨物駅
2004（平成16）年3月13日	鹿児島線	八代	川内	-116.9	3 550.8	AT	第3セクター化
2006（平成18）年10月21日	北陸線	長浜	敦賀	-38.2	3 512.6	BT	直流化
	湖西線	永原	近江塩津	-5.8	3 506.8	BT	直流化
2010（平成22）年12月5日	東北線	八戸	青森	-96	3 410.8	AT	第3セクター化
2011（平成23）年3月12日	博多南線	博多	共用区間	-7.5	3 403.3	AT	南線 1.0 km
2012（平成24）年12月7日	札沼線	桑園	北海道医療大	28.9	3 432.2	BT	

付録3-2 交流電気鉄道（第3セクター・交流20kV）の変遷

日付	線区	起点	終点	電化キロ[km]	累計[km]	方式	記事
1988（昭和63）年7月1日	阿武隈急行	福島	槻木	54.9	54.9	AT	不等辺スコット
2002（平成14）年12月1日	いわて銀河	盛岡	目時	82	136.9	BT	旧・東北線
	青い森鉄道	目時	八戸	25.9	162.8	BT	旧・東北線
2004（平成16）年3月13日	肥薩おれんじ	八代	川内	116.9	279.7	AT	旧・鹿児島線
2005（平成17）年8月24日	つくばエクスプレス	守谷	つくば	17.6	297.3	AT	
2007（平成19）年3月18日	仙台空港鉄道	名取	仙台空港	7.1	304.4	BT	不等辺スコット
2010（平成22）年12月5日	青い森鉄道	八戸	青森	96	400.4	BT	旧・東北線

付録3-3 交流電気鉄道（新幹線・交流25kV）の変遷

日付	線区	起点	終点	電化キロ[km]	累計[km]	方式	記事
1964（昭和39）年10月1日	東海道	東京	新大阪	515.4	515.4	BT	
1972（昭和47）年3月15日	山陽	新大阪	岡山	160.9	676.3	AT	超高圧受電
1975（昭和50）年3月10日	山陽	岡山	博多	392.8	1069.1	AT	吸上ロケータ
1982（昭和57）年6月23日	東北	大宮	盛岡	505	1574.1	AT	
1982（昭和57）年11月15日	上越	大宮	新潟	303.6	1877.7	AT	
1985（昭和60）年3月14日	東北	上野	大宮	26.7	1904.4	AT	同軸 2.7 km
1986（昭和61）年7月15日	東海道	向日町	塚本			AT	初のAT化
1987（昭和62）年2月26日	東海道	東京	大崎	8.4		同軸	
1990（平成2）年3月3日	東海道	東京	新大阪			同軸	AT化完了
1991（平成3）年6月20日	東北	上野	東京	3.6	1 908.0	同軸	
1997（平成9）年10月1日	北陸（長野）	高崎	長野	117.4	2 025.4	AT	異周波対策・SFC
2002（平成14）年12月1日	東北	盛岡	八戸	96.6	2 122.0	AT	RPC
2004（平成16）年3月13日	九州	新八代	鹿児島中央	126.8	2 248.8	AT	
2010（平成22）年12月5日	東北	八戸	新青森	81.8	2 330.6	AT	∧Δ変圧器
2011（平成23）年3月12日	九州	博多	新八代	129.9	2 460.5	AT	

付録3-4　JR各社のき電方式別交流電化キロ（営業キロ表示・2013年3月現在）

事業者名		線区	区間	き電方式	電化キロ
北海道	在来線 BT：204.3 AT：262.0 計　466.3	函館線	小樽〜旭川	BT	170.6
		千歳線	白石〜沼ノ端	AT	56.6
			南千歳〜千歳空港	AT	2.6
		室蘭線	沼ノ端〜室蘭	AT	73.8
		宗谷線	旭川〜北旭川（貨物駅）	BT	4.8
		札沼線	桑園〜北海道医療大学	BT	28.9
		津軽海峡線	中小国〜函館	AT	129
東日本	在来線 BT：969.8 AT：713.7 計　1 683.5	津軽海峡線	青森〜中小国	AT	31.4
		東北線	黒磯〜盛岡	BT	372
		東北線（別線）	長町〜東仙台	BT	6.6
			岩切〜利府	BT	4.2
		田沢湖線	盛岡〜大曲	BT	75.6
		常磐線	取手〜岩沼	BT	305.7
		奥羽線	福島〜羽前千歳	BT	91.9
			羽前千歳〜青森	AT	392.6
		羽越線	村上〜秋田	AT	212.3
		水戸線	小山〜友部	BT	50.2
		仙山線	仙台〜羽前千歳	BT	58
		磐越西線	郡山〜喜多方	BT	81.9
		上越線	越後湯沢〜ガーラ湯沢	AT	1.8
東日本	新幹線 AT：1 128.4 同軸：6.3 計　1 134.7	東北新幹線	東京〜田端	同軸	6.3
			田端〜盛岡	AT	529
		東北（北）	盛岡〜新青森	AT	178.4
		上越新幹線	大宮〜新潟	AT	303.6
		北陸新幹線	高崎〜長野	AT	117.4
東海	新幹線 計　552.6	東海道新幹線	東京〜大崎	同軸	8.4
			大崎〜新大阪	AT	544.2
西日本	在来線 計　277.6	北陸線	敦賀〜梶屋敷（糸魚川）	BT	269.1
		博多南線	博多〜博多南	AT	8.5
	新幹線計　644.0	山陽新幹線	新大阪〜博多	AT	644
九州	在来線 BT：462.1 AT：546.5 計　1 008.6	鹿児島線	門司港〜八代	BT	232.3
			川内〜鹿児島	AT	49.3
		日豊線	小倉〜津久見	BT	178.9
			津久見〜鹿児島	AT	283.7
		長崎線	鳥栖〜伊賀屋	BT	20.2
			伊賀屋〜長崎	AT	105.1
		佐世保線	肥前山口〜佐世保	AT	48.8
		大村線	早岐〜ハウステンボス	BT	4.7
		筑豊線	折尾〜桂川	AT	34.5
		篠栗線	吉塚〜桂川	AT	25.1
		豊肥線	熊本〜肥後大津	BT	22.6
		日南線	南宮崎〜田吉	BT	2
		空港線	田吉〜宮崎空港	BT	1.4
	新幹線計　288.9	九州新幹線	博多〜鹿児島中央	AT	288.9
日本貨物	在来線	鹿児島線	香椎〜福岡貨物ターミナル	BT	3.7
合計	在来線	BT：1 909.0 km	AT：1 530.7 km	計　3 439.7 km	
	新幹線	AT：2 605.5 km	同軸：14.7 km	計　2 620.2 km	

注：福島〜山形・越後湯沢〜ガーラ湯沢・博多〜博多南の新幹線は在来線扱い

参考文献

- 「鉄道電化と電気鉄道のあゆみ－創立30周年記念－」（社）鉄道電化協会、昭和53年3月
- 「鉄道電気設備年鑑」鉄道界出版社、2011年
- 「鉄道要覧」国土交通省鉄道局、平成23年
- 「鉄道と電気技術（電気運転統計）」日本鉄道電気技術協会、1989（平成元）年－2013（平成25）年

- 本書の内容に関する質問は，オーム社雑誌部「電気鉄道技術変遷史」係宛，書状またはFAX（03-3293-6889），E-mail（zasshi@ohmsha.co.jp）にてお願いします．お受けできる質問は本書で紹介した内容に限らせていただきます．なお，電話での質問にはお答えできませんので，あらかじめご了承ください．
- 万一，落丁・乱丁の場合は，送料当社負担でお取替えいたします．当社販売課宛お送りください．
- 本書の一部の複写複製を希望される場合は，本書扉裏を参照してください．

JCOPY <（社）出版者著作権管理機構 委託出版物>

電気鉄道技術変遷史

平成26年11月25日　第1版第1刷発行

監修者　持永芳文・望月　旭・佐々木敏明・水間　毅
著　者　電気鉄道技術変遷史編纂委員会
発行者　村上和夫
発行所　株式会社　オーム社
　　　　郵便番号　101-8460
　　　　東京都千代田区神田錦町 3-1
　　　　電話　03(3233)0641(代表)
　　　　URL　http://www.ohmsha.co.jp/

© 電気鉄道技術変遷史編纂委員会 *2014*

組版　トップスタジオ　　印刷・製本　三美印刷
ISBN978-4-274-50517-1　Printed in Japan

関連書籍のご案内

電気工学分野の金字塔、
充実の改訂！

電気工学ハンドブック
一般社団法人 電気学会 [編]
第7版

1951年にはじめて出版されて以来、電気工学分野の拡大とともに改訂され、長い間にわたって電気工学にたずさわる広い範囲の方々の座右の書として役立てられてきたハンドブックの第7版。すべての工学分野の基礎として、幅広く広がる電気工学の内容を網羅し収録しています。

編集・改訂の骨子

■ 基礎・基盤技術を固めるとともに、新しい技術革新成果を取り込み、拡大発展する関連分野を充実させた。

■ 「自動車」「モーションコントロール」などの編を新設、「センサ・マイクロマシン」「産業エレクトロニクス」の編の内容を再構成するなど、次世代社会において貢献できる技術の取り込みを積極的に行った。

■ 改版委員会、編主任、執筆者は、その分野の第一人者を選任し、新しい時代を先取りする内容となった。

■ 目次・和英索引と連動して項目検索できる本文PDFを収録したDVD-ROMを付属した。

- B5判・2706頁・上製函入
- 本文PDF収録DVD-ROM付
- 定価(本体45000円[税別])

主要目次 数学／基礎物理／電気・電子物性／電気回路／電気・電子材料／計測技術／制御・システム／電子デバイス／電子回路／センサ・マイクロマシン／高電圧・大電流／電線・ケーブル／回転機一般・直流機／永久磁石回転機・特殊回転機／同期機・誘導機／リニアモータ・磁気浮上／変圧器・リアクトル・コンデンサ／電力開閉装置・避雷装置／保護リレーと監視制御装置／パワーエレクトロニクス／ドライブシステム／超電導および超電導機器／電気事業と関係法規／電力系統／水力発電／火力発電／原子力発電／送電／変電／配電／エネルギー新技術／計算機システム／情報処理ハードウェア／情報処理ソフトウェア／通信・ネットワーク／システム・ソフトウェア／情報システム・監視制御／交通／自動車／産業ドライブシステム／産業エレクトロニクス／モーションコントロール／電気加熱・電気化学・電池／照明・家電／静電気・医用電子・一般／環境と電気工学／関連工学

もっと詳しい情報をお届けできます。
◎書店に商品がない場合または直接ご注文の場合も右記宛にご連絡ください。

ホームページ http://www.ohmsha.co.jp/
TEL/FAX TEL.03-3233-0643 FAX.03-3233-3440

(定価は変更される場合があります)

A-1403-125